비만의 진화

비만의 진화

마이클 L. 파워 · 제이 슐킨 지음 | 김성훈 옮김

The Evolution of Obesity

현대인의 비만을 규명하는 인간생물학

비만의 진화
현대인의 비만을 규명하는 인간생물학

지은이 마이클 L. 파워 · 제이 슐킨
옮긴이 김성훈

펴낸이 이리라
편집 이여진 한나래
편집+디자인 에디토리얼 렌즈
로고 디자인 이지영

표지 디자인 엄혜리
Cover art by Jacqueline Schaffer

2014년 1월 25일 1판 1쇄 펴냄
2020년 4월 20일 1판 4쇄 펴냄

펴낸곳 컬처룩
등록 2010. 2. 26 제2011-000149호
주소 03993 서울시 마포구 동교로 27길 12 씨티빌딩 302호
전화 02.322.7019 | 팩스 070.8257.7019 | culturelook@daum.net
www.culturelook.net

The Evolution of Obesity by Michael L. Power and Jay Schulkin
© 2009 The Johns Hopkins University Press
All rights reserved. Published by arrangement with The Johns Hopkins University Press,
Baltimore, Maryland
Korean Translation Copyright © 2014 Culturelook
Printed in Seoul

ISBN 979-11-85521-00-8   03470

* Special Thanks To 이고운 한승원 이화연 Jacqueline Schaffer

차례

일러두기

· 한글 전용을 원칙으로 하되, 필요한 경우 원어나 한자를 병기하였다.

· 한글 맞춤법은 '한글 맞춤법' 및 '표준어 규정'(1988), '표준어 모음'(1990)을 적용하였다.

· 외국의 인명, 지명 등은 국립국어원의 외래어 표기법을 따랐으며, 관례로 굳어진 경우는 예외를 두었다.

· 사용된 기호는 다음과 같다.

　신문 및 잡지 등 정기 간행물, 논문, 노래, 그림: 〈　〉

　책(단행본): 《　》

· 본문에 있는 주(*)는 독자들의 이해를 돕기 위해 옮긴이와 컬처룩 편집부에서 넣었다.

인류의 크기와 형태가 변하고 있다. 과체중이나 비만인 사람의 숫자가 놀라울 정도로 급증하고 있다. 그 변화의 속도가 너무 빨라 인류 전체 수준에서 일어나는 유전적 변화가 원인이라고 보기는 어렵지만, 비만이 유행하게 된 데는 생물학적인, 따라서 유전적인 요소가 개입되어 있는 것은 분명해 보인다. 그렇다고 모든 사람이 일률적으로 뚱뚱해지고 있는 것도 아니다. 환경은 본질적으로 똑같은데, 그 안에서 사람들의 '평균 체중'이 갑자기 변하고 있으며 체중 분포가 다양해지고 있는 것이다. 이런 현상을 어떻게 설명할 수 있을까?

이 책은 비만을 인간의 대사적, 생리적, 행동적 측면에 초점을 맞춰 알아볼 것이다. 이런 요소들은 인간이 환경에 적응하기 위해 진화해 온 결과라고 할 수 있다. 그런데 이런 생물학적 요소들이 현대의 생활 환경과 부딪히면서 인류를 체중 증가에 취약하게 만들고 있다. 물론 생물학만으로 인류의 비만을 연구하고 이해할 수 있는 것은 아니다. 예를 들면, 문화적, 사회경제적, 기술적 요소들로 접근할 수도 있다. 이러한 요소들은 체중이 증가하는 경향의 밑바탕에 있는 섭식의 활동 패턴과 신체 활동의 패턴에 영향을 미치기 때문이다. 이런 주제들은 따로 책을 내어 다룰 만한 가치가 있다. 하지만 결국 인간은 생물이고, 우리를 비만으로 이끄는 것은 환경과 생명 활동 사이의 상호작용이다. 그리고 저자들이 생물학자이다 보니 자연스레 관심과 전문 지식도 비만이 유행하게 된 생물학적 이유에 초점이 맞춰졌다.

기본적으로 이 책은 인간생물학human biology을 다룬다. 생물학적 지식은 현재 급속히 발전하고 있다. 인간 게놈genome의 전체 염기 서열이 밝혀져서, 생명을 구성하는 기본 요소에 대한 비밀이 드러나고 있다. 이러한 지식의 확장에 힘입어 생명의 다양성과, 생명체들의 공통된 기반에 대해서도 인식하게 되었다. 생명을 구성하는 분자와 분자 경로molecular pathway는 매우 보수적이기 때문에 좀처럼 변화하지 않는다. 인간과 꿀벌이 유전적으로 같은 분자들을 공유하고 있는 것은 이 때문이다. 반면 생명을 구성하는 분자의 기능은 엄청나게 다양해져 왔다. 우리 몸에서 생산되는 분자들은 각각 다양한 기능을 수행한다. 이들은 유기체를 구성하는 다양한 조직에서 다양한 역할을 하고 있다. 그렇기 때문에 인간의 생명 활동, 즉 인간생물학을 이해하기 위해서는 DNA에서 시작해 호르몬과 대사 과정을 거쳐, 몸 전체의 생리와 행동에 이르기까지 생물학의 여러 분야의 연구를 통합해야만 한다.

또한 이 책은 식욕과 음식 섭취의 조절, 신체 에너지를 저장하는 장소의 재편성에 이르기까지 우리 몸에서 만들어지는 에너지의 흐름과 그것이 생리적으로 조절되는 과정에 대해서도 살펴본다. 이를 위해 해부학, 신경내분비학, 생리학, 생태학적 관점뿐만 아니라 세포, 신체의 각 기관, 유기체 전체의 수준에서도 접근하였다. 더불어 진화적인 측면을 토대로 인간을 다른 동물들과 비교하는 작업도 병행했다. 이 책은 인간에 초점을 맞추고 있지만, 인간을 제대로 이해하려면 진화적 관점이 대단히 중요하다고 믿기 때문이다. 인간은 다른 동물들, 특히 인간과 가까운 유인원에 대한 연구로부터 인간 자신에 대해 더 많이 배울 수 있다. 따라서 내용을 이해하는 데 도움이 되거나, 우리가 살펴볼 개념과 원칙에 관련된 흥미로운 예가 될 수 있는 부분에서는 다른 동물의 생물학을 함께 다루었다. 예를 들면, 침팬지의 섭식 행동, 흑곰이 번식하는 데 저장 지방이 하는 역할, 쥐처럼 작은 동물이나 코끼리처럼 큰 동물이 에너지 대사적인 측면에서 유리한 점은 무엇인지를 살펴보았다. 이를 통해 쥐와 코끼리의 중간 크기인 인간은 에너지 대사적인 측면에서 어떤 이점이 있는지, 환경에 어떻게 적응했는지 등을 살펴보았다.

비만의 생리학은 대단히 광범위하고 복잡해서 이 한 권의 책에 모든 것을 담을 수는 없다. 그래서 우리 저자들은 체계론적 접근법systems approach을 채택했다. 다양한 분야의 생물학을 하나의 포괄적인 생물학으로 통합하려고 시도했던 것이다. 또한 많은 독자에게 도움이 되기를 바라는 마음에서 최대한 이해하기 쉽게 서술하면서도 학문적인 엄격함을 잃지 않으려 노력했다. 중요한 개념에 초점을 맞추면서 동시에 실증적 자료를 통해 충분한 근거를 제시하려고 했다. 독자들 중에서는 너무 세세한 부분까지 들어간다고 생각하는 사람도 있을 것이고, 반대로 좀더 자세하게 다루어 주지 않아 아쉬움을 느끼는 사람도 있을 것이다. 어떤 경우든 모든 독자들이 핵심적인 개념만은 제대로 이해할 수 있기를 바라 마지않는다. 한 가지 짚고 넘어가야 할 중요한 점이 있다. 진화를 통해 탄생한 시스템은 설계를 통해 창조된 것과는 본질적으로 다르다는 사실이다. 다른 모든 생명체와 마찬가지로 우리 인간도 과거로부터 이어온 유산을 몸에 지니고 있다. 인간의 생물학은 과거 선조들이 직면했던 자연의 도전에 대한 진화적인 적응을 반영하고 있다. 인간의 생리적 메커니즘과 행동을 조절하는 주요 신호 분자(정보 분자)들은 대단히 오래전부터 이어져 내려온 것이며, 그 과정에서 여기저기에서 끌어들여 사용했기 때문에 조직의 종류나, 발달 단계, 신체 내부의 조건에 따라 여러 기능을 수행하게 되었다. 그래서 분자와 대사 경로들 사이에는 기능이 중복되고 중첩되는 경우가 흔하다. 생물학이란 본질적으로 유전자에서 대사, 행동에 이르기까지 모든 것이 조절과 관련되어 있다. 생명의 특징인 유연성과 다양성을 가능하게 해주는 것이 바로 이러한 조절이다.

이 책에 표현된 생각은 우리 두 명의 저자들이 한 것이지만, 우리에게 영감을 주고, 훌륭한 정보들을 제공해 준 수많은 동료들이 있다. 이 자리를 빌어 모두에게 감사드리며, 그중에서도 특별히 언급하고 싶은 몇몇이 있다. 우선 오랜 동료 수제트 타디프에게 감사드린다. 그녀와는 생물학과 과학에 대한 귀중한 대화를 여러 차례 나누었고, 공동 연구를 생산적으로 함께 진행할 수 있어 좋았다. 저자 제이 슐킨은 마크 프리드먼, 로렌 힐, 팀 모란에게 특히 감사드리며, 이 책을 그들에게 바친다.

비만의 진화

인간생물학과 진화, 그리고 비만

대니얼 램버트Daniel Lambert는 1770년 3월 13일 영국 레스터에서 태어났다. 그의 삶은 그리 길지 않았지만(그는 39세에 세상을 떠났다), 그래도 꽤 유명인이었다. 그는 영국 국왕과 귀족들을 만났으며, 사람들은 그를 보기 위해 기꺼이 돈을 내기도 했다(Bondeson, 2000). 그는 오늘날까지도 꽤 유명한 인물이다. 그가 태어난 레스터와 그가 죽은 스탬포드 지역에 가면 박물관에 그의 옷가지와 개인 유품이 전시돼 있다. 스탬포드 시청 시장실에는 그의 초상화가 걸려 있으며, 〈계간 의학 저널Quarterly Journal of Medicine〉 표지에 그 초상화가 실리기도 했다(그림 0.1). 그가 이렇게 유명해진 이유는 무엇일까? 그가 사망한 1809년 6월 21일 당시, 그의 체중은 330kg이 넘었다(표 0.1).

그림 0.1 대니얼 램버트는 당시 영국에서 가장 뚱뚱한 사람이었다. 그는 무척 유명했으며, 사람들도 그를 좋아했다.

표 0.1 사망 당시 대니얼 램버트의 신체 관련 수치

키: 180cm

허리: 285cm

종아리 둘레: 94cm

체중: 335kg

우리는 특이하고 보기 드문 것을 값지고 훌륭한 것으로 여기는 경우가 많다. 영어 'portly'를 한번 살펴보자. 요즘 사전에서는 이 단어를 '비대한,' '통통한'이라는 뜻으로 정의한다. 하지만 옛날 사전에서는 '위풍당당한,' '인상적인'이라는 뜻으로 정의돼 있다. 'portly gentleman'은 인생에서 성공한 부유한 신사로 통했다. 비만이 흔치 않았던 시절에 'portly'는 칭찬으로 통하는 단어였다. 하지만 오늘날에는 이 단어가 전혀 칭찬으로 들리지 않는다.

비만은 현대적인 현상이 아니다. 이전에는 없었던 비만이 어느 날 갑자기 생긴 것이 아니다. 단지 비만의 유병률prevalence*이 달라진 것이다. 2만 년 전에도 비만이 있었다는 증거가 남아 있다. 독일 빌렌도르프 고고학 유적지에서 발견된 빌렌도르프의 비너스Venus of Willendorf는 기원전 2만 년 혹은 그보다 더 전에 만들어진 것이다(그림 0.2). 이 조각품이 한 인물을 실제로 재현한 것인지는 알 길이 없지만, 대단히 구체적이고 사실적이어서 조각가가 매우 비만한 여성을 본 적이 있었음을 시사한다.

역사를 살펴보면 극단적인 비만에 대한 많은 기록이 있다. 1700년대

---

* 어느 시점에서 특정 지역 내에 있는 인구 중 환자가 차지하는 비율을 말한다.

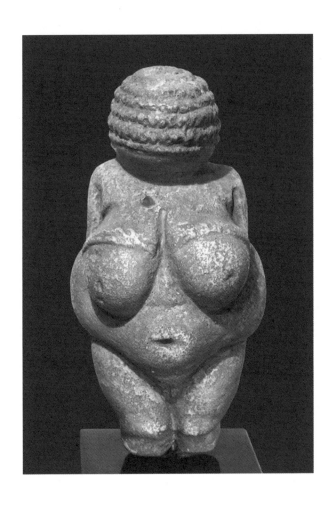

그림 0.2 빌렌도르프의 비너스는 22,000년도 넘은 조각상이다. 따라서 인류의 비만이 적어도 그때부터
존재했음을 암시한다.

와 1800년대 유럽에서 비만은 호기심의 대상이었다. 반면 너무 삐쩍 말라서 '인간 해골'이라고 불리는 사람도 있었다. 미국 서커스단에서는 인간 해골로 불리는 남성이 같은 서커스단에 있는 뚱뚱한 여성과 결혼하는 경우가 종종 있었는데, 이는 주로 마케팅 목적으로 이루어진 일이었다. 이렇듯 극단적인 형태의 인체는 오랫동안 알려져 왔다. 역사에 등장하는 극단적인 비만 사례를 보면 유전적, 병리적 요소가 강하게 작용하고 있음을 알 수 있다. 이런 부류의 사람들은 어린 시절부터 비만인 경우가 많았으며, 어린 나이에 체중이 50kg에 육박하기도 했다.

대니얼 램버트는 왜 비만해졌을까? 우리로서는 알 길이 없다. 젊은 시절에도 체구가 컸지만, 키가 크고(180cm로 당시 영국에서는 큰 키에 속했지만, 그렇다고 유별나게 큰 것은 아니었다) 통통하다는 의미였지, 뚱뚱하다고 여겨질 정도는 아니었다. 그는 건강한 젊은이였고 힘이 아주 세서 230kg이 넘는 물건도 번쩍 들어 올린다고 명성이 나 있었다. 그는 뛰어난 수영 선수였으며 레스터 지역의 젊은이들에게 수영을 가르치기도 했다(Bondeson, 2000). 램버트는 스물한 살에 레스터 주 교도소 관리직이었던 아버지의 일을 물려받았다. 그는 사무적인 일을 주로 맡았다. 여전히 사냥을 즐겼지만, 몸 쓸 일이 거의 없는 직업이라 근무 시간 대부분을 담배를 피우며 그냥 건물 앞에 앉아서 보냈다. 이때부터 체중이 꾸준히 증가하기 시작했다(Bondeson, 2000).

살아 있는 동안 대니얼 램버트는 영국에서 가장 뚱뚱한 사람으로 알려졌다. 하지만 이 별명에 경멸의 뜻이 담겨 있지는 않았다. 사람들은 그의 커다란 몸집과 막대한 체지방량에 큰 관심을 보이기는 했지만, 그에 대한 일반적인 느낌은 대단히 우호적이었던 것으로 보인다. 그는 경이로운 인간으로 여겨졌다. 그와 요제프 보루브라스키Jósef Boruwlaski*의 만남은 세상에서 가장 거대한 사람과 가장 왜소한 사람이 만나는 큰 이벤트였다. 대니얼 램버트의 이미지는 정치 풍자 만화에 등장하기도 했는데, 보통 영국의 위대함을 상징하는 긍정적인 것이었다. 윌리엄 메이크피스 새커리William Makepeace Thackeray의 《배리 린든Barry Lyndon》이나 찰스 디킨스Charles Dickens의 《니콜라스 니클비Nicholas Nickleby》 같은 문학 작품에도 그에 대한 언급이 등장한다. 여기서도 마찬가지로 그의 이름은 긍정적인 거대함을 나타내는 의미로 사용되었다. 아직도 그의 이름을 딴 술집이나 여관이 많다. 아마도 그의 거대한 체구를 좋은 음식이나 술과 연관 짓기 때문일 것이다. 하지만 역설적이게도 대니얼 램버트는 식사량도 많지 않았고 맥주를 마시지도 않았다고 한다(Bondeson, 2000).

친구들은 분명 그를 무척 좋아했던 것으로 보인다. 그가 사망하자 친구들은 꽤 많은 돈을 들여 묘비를 세우고, 거기에 그의 놀라운 신체적 특성과 선한 성품에 대해 헌사를 새겨 놓았다.

> 돌이켜보면, 레스터의 토박이 대니얼 램버트는 행복하고 유쾌한 정신의 소유자였으며, 거대함으로는 그를 따를 자가 없었다. 그의 다리 둘레는 94cm, 몸통 둘레는 284.5cm, 체중은 335kg이었다! 그는 1809년 6월 21일 39세로 이승에서의 삶을 마감하였다.
>
> 친구 대니얼 램버트를 기리기 위해 친구들이 이 묘비를 세우다.

오늘날의 정서로 보면 이런 표현은 그리 호의적으로 느껴지지 않을 것이다. 최근에 누군가가 그의 묘비에 스프레이로 '뚱보Fatty'라고 낙서를 휘갈겨 놓은 것만 봐도 알 수 있다(Bondeson, 2000).

---

* 요제프 보루브라스키(1739~1837)는 폴란드 태생의 난쟁이(89cm)로 유럽과 터키 등을 순회했다.

인간생물학

이 책은 인간생물학을 다룬다. 물론 이것은 한 권에 담아 내기에는 너무나 방대한 주제다. 인간생물학의 매력적인 부분을 모두 탐험하려면 한 권의 책으로는 턱없이 모자란다. 이 말을 먼저 꺼낸 것은 이 책이 일반적인 비만 관련 서적과는 다르다는 점을 강조하고 싶기 때문이다. 물론 이 책은 과체중과 비만인 사람들의 비율이 극적으로 증가하는 데서 분명하게 드러나는 '비만의 유행epidemic'에 대해 다룰 것이다. 또 과도한 지방 축적에 따르는 건강상의 문제점에 대해 논의하고, 식욕, 에너지 균형, 섭식 등의 저변에 깔려 있는 관련 생물학에 대해서도 탐험할 것이다. 하지만 비만 그 자체가 이 책의 초점이라기보다는 인간생물학 그리고 생물학적 조건과 환경 간의 상호작용을 이해하기 위해 끌어들인 예라고 해야 더욱 적절할 것이다. 비만을 '예방'하고 '치료'하는 법에 대한 조언을 하기 위해 이 책을 쓴 것이 아니라 비만이 일어나는 원리와 이유를 이해하고자 한다. 이러한 이해가 밑바탕이 되지 않는다면 비만을 고치려는 시도가 꼭 실패한다고 할 수는 없지만, 여러 난관에 부딪히게 될 것이 분명하다.

인류의 비만이 증가하게 된 것은 우리 종species이 자연에서 적응해 살아남기 위해 진화시킨 생물학적 특성이 현대의 생활 환경과 잘 들어맞지 않기 때문이라는 것이 저자들의 주요 논지다. 인류가 오랜 시간에 걸쳐 진화를 거쳐 온 환경과 현대의 환경 사이에는 극적인 변화가 있었다. 좋든 싫든 우리는 우리 종의 생물학적 과거를 몸에 지니고 산다. 환경이 얼마나 바뀌었고, 또 인간이 생물의 한 종으로서 환경을 변화시키는 데 얼마나 능통한가에 상관없이, 이러한 생물학적 과거는 우리가 환경에 반응하는 방식에 영향을 미친다. 이 개념은 인간의 비만을 이해하는 데 대단히 중요하다. 하지만 현대 사회의 다양한 건강 및 웰빙 관련 주제들을 이해하는 것 역시 중요하다. 현대의 수많은 질병 중 상당수는 당혹스러운 환경 조건 때문에 부적절하게 발현된 생리적 메커니즘과 근본적으로 관련되어 있다고 본다. 즉 진화를 통해 형성된 몸의 메커니즘이 현대 환경에 적응하지 못한 결과이다.

인간의 비만은 이런 주장을 뒷받침하는 더할 나위 없이 좋은 사례라 할 수 있다. 몸에 지방을 축적하는 것은 환경에 적응하는 데 유리한 특성이다. 지방은 생존에 필수불가결하다. 인류는 지방을 잘 저장할 수 있게 진화해 왔고, 지방은 인류의 진화에서 아주 중요한 역할을 한 것으로 보인다. 예를 들면, 인간의 아기는 모든 포유류 중에서도 가장 뚱뚱하다(Kuzawa, 1998). 신생아가 이렇게 뚱뚱한 것은 인간이라는 종이 생존하는 데 핵심 요소였다. 갓 태어난 아기가 너무 마르면 질병의 이환율comorbidity*과 사망률이 높아진다. 여분의 체중이 있으면 질병으로부터 보호받을 수 있다는 것은 누구나 알고 있는 상식이었다. 실제로 최근에 이루어진 역학 조사에 따르면 이런 민간 지식이 근거가 있는 것으로 밝혀졌다. 특정 질병의 경우 과체중은 사망률을 낮추는 효과가 있었기 때문이다(Flegal et al., 2007). 하지만 역으로 과체중은 다른 이유로 인한 사망 위험을 높인다(Adams et al., 2006; Flegal et al., 2007). 우리 몸속 여분의 지방은 양날의 칼인 셈이다.

과거에는 외부 환경의 영향 때문에 대부분의 사람들은 지방을 축적하는 데 한계가 있었다. 삶은 고되고 음식은 부족했기 때문이다. 이것은 음식 섭취와 관련된 생태학적 관점이다. 물론 섭식생물학feeding biology에는 이런 생태학적 관점과는 전혀 다른 관점도 존재한다. 어쨌든 생태학적 관점에서는 동물을 먹이 섭취를 극대화하려는 존재라고 상정한다(Stubbs & Tolkamp, 2006). 그래서 이 관점에서 진화는 동물이 좀더 효율적으로 먹이를 찾고 먹

---

* 일정한 기간 내에 발생한 환자 수의 특정 인구에 대한 비율을 말한다.

이를 섭취하려는 동기를 더 높이는 쪽으로 진행되어 왔다고 본다. 또한 동물이 음식을 섭취하는 데 제약을 가하는 요인은 대개 동물을 둘러싼 외부적인 환경에서 온다고 본다(Stubbs & Tolkamp, 2006). 이것은 실험생리학의 관점과는 사뭇 다르다. 실험생리학자들은 먹이(음식) 섭취는 신체의 항상성 유지를 위해 작동하는 내부 메커니즘에 의해서 조절된다고 본다. 이 패러다임에서 보면, 동물은 무조건 최대한 많은 먹이를 섭취하려는 존재가 아니다. 먹이를 언제, 얼마나 섭취하느냐 하는 것은 동물 내부의 생리적 상태에 따라 달라진다는 것이다. 물론 생태학적 관점과 실험생리학의 관점 모두 근거가 있는 주장이다. 따라서 이 둘을 결합해서 생각하는 것이 바람직하다고 본다.

이를테면 동물이 소비한 에너지만큼을 보충하기 위해 매우 힘들게 많은 시간을 들여 애써야 하는 경우와, 에너지를 많이 소비해도 어렵지 않게 얼마든지 보충할 수 있는 경우는 먹이의 섭취 방식, 에너지 소비 및 저장 방식과 관련해 진화 과정에서 서로 다른 방법으로 환경에 대한 적응이 진행되었을 것이다. 평소에 음식 섭취가 외부적인 조건에 의해 제한되는 상황을 생각해 보자. 이 경우에는 어쩌다 음식이 넘치게 제공되는 귀한 기회가 찾아오면 먹고자 하는 동기가 높아지고, 에너지 소비도 경제적으로 조절하는 능력이 높아지고, 몸에 에너지를 저장하는 능력도 높아지는 쪽으로 적응이 일어날 것이라고 예측할 수 있다. 동물이 사는 곳은 거의 어디든 계절에 따라서, 혹은 산발적으로라도 어떤 종류의 먹잇감이 무제한으로 넘쳐나는 순간이 있기 마련이다. 아무리 먹이가 제한된 환경이라 해도, 때로는 짧은 기간이나마 수많은 동물들이 대량의 먹이와 마주치는 경우가 생긴다. 예를 들면 자기 체중보다 더 무거운 동물의 사체를 만난 육식 동물의 경우를 들 수 있다. 그러나 이런 외부적인 조건뿐 아니라 신체 내부의 생리적 조건도 분명 먹이의 섭취에 영향을 미친다. 먹는 행동에는 외부적인 제약과 내부적인 제약이 동시에 존재하는 것이다.

현대에 들어와서는 인류의 환경이 과거 선조들과는 아주 크게 달라졌다. 음식은 넘쳐나고 시간이나 노력을 별로 들이지 않고 쉽게 얻을 수 있다. 물론 모든 인류에게 해당하는 말은 아니다. 고되게 노동해도 입에 간신히 풀칠할 정도의 음식을 겨우 얻으며 사는 지역이 아직도 있다. 전 세계적으로 보면, 주요 식품 가격의 가파른 상승으로 인해 사회 불안이 야기되고 심지어 폭동이 일어나는 경우도 많다. 일부 경제학자들은 값싼 식품의 시대가 끝날지도 모른다고 경고하기도 한다. 이것은 전 세계 빈민층에게 끔찍한 재앙을 낳을 수도 있다. 그럼에도 불구하고 지난 몇십 년 동안 자기 몸에 여분의 지방을 축적하는 사람의 수가 점차로 늘어났다. 비만은 분명 새로운 현상이 아니지만, 많게는 전체 인구의 1/3 정도가 비만에 해당하는 국가들이 등장하기 시작한 것은 최근의 일이다. 우리가 흥미를 느끼는 점은 바로 이런 현상이다. 그것을 이해하기 위해 우리가 선택한 도구가 바로 생물학이다.

지방의 생물학

우리는 이 책의 상당 부분을 지방의 생물학을 살펴보는 데 할애했다. 결국 비만의 유행epidemic은 과도한 체중 문제가 아니라, 과도한 지방 문제이기 때문이다. 지방이 우리 몸에서 하는 역할이 무엇이며, 또 지방이 지나치게 많을 때 생기는 대사의 문제가 무엇인지에 대한 연구는 상당히 많이 진척돼 왔다. 이 부분은 대단히 흥미로운 생물학 연구 분야다.

대부분의 지방은 지방 조직에 저장된다. 지방과 지방 조직에 대한 기존 개념에서는 '저장'이라는 단어를 말 그대로 기계적인 의미로 사용했다. 지방 조직은 지방을 저장하기 위한 수단이며, 지방은 에너지를 저장할 수 있는 효율적인 신체 기관으로만 바라보았다. 한번에 과도하게 섭취된 여분의 에너지를 지방 조직에 지방으로 저장했다가 나중에 음식 공급이 불충분할 때 꺼내 사용할 수 있는 매우 편리한 시스템이라는 개념이 자리잡았다. 물론 지방의 다른 생물학적 역할을 간과한 것은 아니었다. 지방은 인간의 몸에 필수불가결한 존재이다. 인체에서 지방이 하는 역할과 부분적으로 비슷하거나 다른 것도 있지만, 결국 지방은 모든 동물에게 매우 중요하다. 예를 들면 해상 포유류에게 피하 지방은 단열 기구로서 대단히 중요한 역할을 한다. 물은 대단히 뛰어난 열 전도체라서 공기보다 25배나 빨리 물체로부터 열을 빼앗아 간다. 따라서 해양 포유 동물에게 지방은 단열 효과를 통해 몸에 에너지를 보존하는 기능을 수행한다.

이렇듯 지방은 환경에 적응하는 데 매우 중요하다는 인식이 학자들 사이에 뚜렷이 자리 잡고 있었다. 그러나 기존의 개념은 지방과 지방 조직에 대해 대체로 수동적인 역할만을 부여했다고 할 수 있다. 지방의 축적은 몸의 에너지 균형이 플러스(즉 소비한 칼로리보다 섭취한 칼로리가 더 높을 때)일 때 생기는 결과로 여겼고 중요한 기능을 수행하기 위해 축적되는 경우도 있지만, 본질적으로는 대단히 정적인 기능을 한다고 간주했다. 지방 조직은 신체의 대사적인 측면에서는 그다지 활성이 없다고 보았다. 지방 조직은 과도하게 섭취된 에너지를 저장했다가 나중에 음식이 부족해지면 '연료'를 공급해 주는 조직이라는 생각이 주류를 이루었다.

하지만 지방과 지방 조직에 대한 개념은 극적인 변화를 맞이했다. 지금은 지방 조직이 단순히 에너지 균형이 플러스일 때 생기는 수동적 결과물이 아니라 생리적 메커니즘과 대사 과정을 능동적으로 조절하는 주체임을 알게 되었다. 사실 지방 조직은 내분비기관이다(Kershaw & Flier, 2004). 다양한 펩티드와 스테로이드는 물론이고, 면역 기능 분자까지도 생산하고 대사한다

(Fain, 2006). 비만 때문에 생기는 많은 건강 문제는 이 내분비기관 겸 면역 기관인 지방의 크기가 지나치게 커져서 생기는 경우가 대부분이다. 지방이 비대해지면 몸의 생리적인 균형이 깨지기 때문이다.

우리는 왜 뚱뚱해질까? 간단하게 말하면, 일정 기간 동안 소비하는 칼로리보다 섭취한 칼로리가 더 많으면 뚱뚱해진다. 그런데 사실 이 단순한 대답 속에는 엄청난 복잡성이 숨겨져 있다. 비만을 이해하려면 에너지와 신체의 대사에 대한 이해가 필수적인데, 둘 모두 아주 복잡하면서도 심오한 개념이다. 나아가 신체의 대사와 인간의 행동이 어떻게 연결되어 있는지를 따지고 들어가면 복잡성은 훨씬 더 커진다. 지방을 축적하려면 에너지 소비량보다 음식 섭취량이 더 많아야 하지만, 그런 일이 일어날 수 있는 경로는 한두 가지가 아니기 때문이다.

생물학의 시대

20세기 초반과 중반에는 물리학이 과학적 발견에 가장 큰 영향을 미쳤다. 상대성 이론, 양자 역학, $E=mc^2$, 핵폭탄, 달 착륙, 팽창 우주론 등이 세상에 대한 우리의 사고방식을 극적으로 바꾸어 놓았다. 20세기 말에는 정보 통신 기술과 재료 과학이 막강한 영향력을 떨쳤다. 과거의 메인프레임 컴퓨터보다도 더욱 막강한 휴대용 컴퓨터가 등장했고 도서관 전체의 정보를 담아놓을 수 있는 컴퓨터 저장 장치가 등장했고 플라스틱을 비롯한 합성 물질이 등장했다. 우리가 일하고 노는 방식에 혁명을 불러온 인터넷도 물론 빠뜨릴 수 없는 발전이다. 21세기가 시작된 지금은 생물학 지식이 그에 건줄 만한 영향력을 떨칠 준비를 마친 것 같다. 게놈 전체의 염기 배열이 밝혀졌고, 복제 동물이 탄생했으며, 50년 전에는 상상하기도 힘들었던 다양하고 강력한 도구를 이용해 생명의 기본 요소들을 연구하고 있다. 하지만 이러한 발견에도 불구하고 생명의 복잡성에 대한 이해는 초라하기 그지없다. 흥미진진하고 놀라운 발견 뒤에는 우리가 기존에 진리라 생각했던 것들이 사실은 순진하고 지나치게 단순하고 기껏해야 전체 이야기의 일부분에 불과했다는 깨달음이 뒤따르는 경우가 많다. 배우면 배울수록 배워야 할 것이 더 많다는 것을 우리는 깨닫고 있다.

오늘날 생물학 연구에 사용되는 도구들은 실로 놀랍다. 유전자 제거 모델knockout model에 대해 생각해 보자. 실험 동물에게서 특정 유전자를 제거하거나 활성을 억제하는 것이 가능해졌고, 그것을 몸 전체에 적용하거나 특정 조직에 국한해서 적용하는 것도 가능해졌다. 이런 동물들은 불활성화되거나 제거된 유전자에 의해 암호화(부호화)되는 특정 펩티드를 생산할 수 없다. 이 같은 '유전자 제거' 실험을 통해 아주 놀라운 결과들을 얻어냈지만, 그중에는 직관과 어긋나는 결과도 상당수 있었다.

예를 들어보자. 옥시토신oxytocin 유전자를 제거한 생쥐는 옥시토신이 결여되었기 때문에 분만하는 데 문제가 생길 것으로 예상했다. 잘 알려진 대로 옥시토신은 자궁 수축을 자극하는 호르몬이기 때문이다. 그래서 산모의 분만을 유도할 때는 합성 옥시토신을 투여하기도 한다. 임신한 포유류가 옥시토신 합성 능력이 없을 경우에는 당연히 문제가 생길 것이다. 하지만 이 암컷 생쥐들은 별문제 없이 능숙하게 새끼를 분만했으며, 대조군과 비교했을 때도 평균 임신 기간에 차이가 없었다(Young et al., 1996; Russell & Leng, 1998; Muglia, 2000). 그런데 이 새끼들은 건강하게 태어났지만 출생 후 머지않아 죽고 말았다. 어미 생쥐의 육아 행동도 꽤 정상이었고 옥시토신 결핍이 임신과 분만 과정에서도 큰 영향을 미치지 않았지만, 유즙의 분비가 이루어지지 않았기 때문이다. 어미 생쥐는 새끼에게 젖을 먹이지 못했으며, 결국 새끼들은 굶어 죽을 수밖에 없었다(Young et al., 1996; Russel & Leng, 1998; Muglia,

2000). 모든 포유류의 번식에서 옥시토신은 분만, 육아 행동, 유즙 분비 이 세 측면에서 결정적인 역할을 한다고 여겼는데, 생쥐 실험에서 보니 옥시토신의 결여가 결정적인 영향을 미친 것은 유즙 분비밖에 없었던 것이다.

옥시토신이 비만하고는 대체 무슨 관계가 있을까? 사실 그다지 관련이 없다. 우리가 옥시토신에 대해 언급한 것은 이 책에서 거듭 반복해서 등장할 주제를 보여 줄 원칙의 사례로 적절했기 때문이다. 살아 있는 생명체는 진화를 통해 탄생한 시스템이다. 오랜 진화 과정을 통해 생명체의 각 기관들은 서로 기능이 중첩되기도 하고, 시간이 흐르면서 더 다양한 기능을 수행하게 되기도 한다. 또 동물들은 분명 필수적인 요소라 생각되었던 부분이 결여되어도 어떻게든 그것을 보상하는 경우가 종종 있다. 대부분의 대사 경로는 아주 복잡하기 때문에, 한 경로가 막히면 그것을 대체할 다른 경로가 있는 경우가 많다.

진화는 옥시토신처럼, 유기체의 생리적 메커니즘과 행동을 형성하고 지배하는 강력한 정보 분자를 만들어 냈다. 이러한 분자들의 숫자는 무척 많다. 이들 대부분은 아주 고대에 등장한 것이라 모든 척추 동물은 물론이고 일부 무척추 동물에서도 발견된다. 이 분자들은 몸속 여기저기에 퍼져서 다양한 기능을 수행하도록 적응해 왔다. 이 분자들의 유전자가 복제되고 그 복제된 유전자가 바뀌고 적응하며 자기만의 진화 과정을 거치는 경우도 많았다. 따라서 이런 분자와 그 수용체들은 기능이 중첩되는 경우도 흔하다.

과학자들은 새로운 정보 분자를 계속해서 발견하고 있다. 또한 이미 알려진 정보 분자에 대해서도 기존의 기능에 더하여 새로운 기능과 복잡성을 계속 밝혀가고 있다. 따라서 진화 원리와 과거 교훈을 바탕으로 우리는 이렇게 예측한다. 과학자들에 의해 새로운 분자가 발견되고 그 기능이 밝혀졌을 때는 다음과 같은 일이 일어날 가능성이 높다. 그 분자에 대해 알아낼수록 더 많은 기능이 밝혀질 것이다. 그 기능도 조직에 따라서, 생리적 메커니즘, 내분비, 대사와 관련된 다른 분자와의 맥락에 따라서 달라지며, 적어도 특정 맥락에서는 그 분자의 기능 중 일부나 전체를 대신해서 수행할 수 있는 다른 분자가 발견될 것이다.

진화 관점에서 바라본 비만

현재의 환경 아래서 우리를 비만에 취약하게 만드는 현대 인류의 생리적 메커니즘과 행동이 있을 텐데, 이 책의 목적 하나는 적응과 진화라는 측면에서 그러한 생리와 행동의 기원을 조사해 보는 것이다. 사실 이것은 새로운 개념이 아니다. 많은 연구자들이 서로 다른 맥락에서 이런 개념을 상정했다. 과거에는 식량 불안정 상태가 흔했기 때문에 인류가 식량 부족에 반응해 적응하도록 진화해 왔다는 개념인데(예를 들면, Neel, 1962), 이 개념을 담기 위해 '절약 유전자형thrifty genotype'과 '절약 표현형thrifty phenotype'이라는 용어가 사용되었다. 절약 유전자형의 원래 개념은 인슐린 저항을 적응의 관점에서 고려한 데서 유래했다(Neel, 1962). 예측 가능한(이를테면 계절적 요인에 의한), 그리고 예측 불가능한 식량 공급 감소는 지방의 저장을 통해 유기체를 기아의 영향으로부터 완충하려는 대사적 적응을 촉진할 수 있다. 흥미롭게도 겨울이 오기 전에 에너지 저장을 늘리는 동물의 대사 변화는 2형 당뇨병*에 의해 유발되는 변화와 흡사하다(Scott & Grant, 2006). 인슐린 저항은 지방산의 이동(즉 합성)이 지방 조직을 향하도록 만들기 때문에 결과적으로 지

---

* 주로 성인에게 생기는 당뇨병의 대부분을 차지하는 2형 당뇨병은 인슐린 분비 저하와 인슐린 저항체의 증가로 발생한다.

방이 축적된다. 음식이 부족할 때 살아남기 위해 음식이 풍족한 시기에 대한 활용 능력을 향상시키는 쪽으로 적응 반응이 촉진되었다고 가설을 세우는 것은 충분히 근거가 있다. 상당한 양의 지방을 체내에 저장하는 능력은 이러한 적응 유형의 한 예라 할 수 있다.

그렇다고 비만이 그 자체로 적응에 유리하다고 주장하는 것은 아니다. 절대로 그렇지는 않다! 이 책의 핵심 주제는 인간의 비만이 현대의 생활 환경에 대한 부적절한 적응 반응이라는 것이다. 인류의 선조인 직립 원인은 스캐빈저scavenger-채집인에서 수렵-채집인으로 진화하다가 결국에는 농업인으로 진화했다. 그리고 이제 이들의 후손은 패스트푸드 식당의 고객이 되어 있다. 인간의 진화를 이끈 생물학과 현대의 생활방식 사이에는 커다란 간극이 있다. 과거에는 이점으로 작용했던 체지방 축적이 오늘날에는 큰 단점으로 작용하게 된 것이다.

현재 비만을 줄이려는 노력이 개인과 사회적 차원에서 이루어지고 있다. 진화적 관점이 이런 노력에 어떤 정보를 제공해 줄 수 있을까? 비만을 병리학적 관점에서 바라보는 것과, 부적절한 적응이라는 관점에서 바라보는 것에는 큰 차이가 있다. 두 관점 모두 통찰을 제공할 수 있다. 체중을 조절하는 사람들에게 유용한 전략을 제공해 줄 수 있으며, 정책 입안자들에게 공중 보건 관련 전략과 개입 방법에 대한 정보를 제공해 줄 수 있다. 물론 이런 것들이 효과가 있을지, 없을지는 다른 문제다.

항상성과 알로스타시스

항상성homeostasis이라는 개념은 신체의 조절을 다루는 생리학에서 가장 핵심적인 원리다. 생의학biomedicine에서는 특히 그렇다(Bernard, 1865; Cannon, 1932,

1935; Richter, 1953). 비만은 '체중의 항상성' 유지에 실패한 결과로 생각할 수 있다. 비만은 플러스 에너지 균형이 지속된 결과이기 때문에 '신체 총에너지의 항상성' 유지에 실패했다고 하는 것이 더 정확한 표현일 것이다. 왜냐하면 체중 자체는 신체 내부의 생물학적 메커니즘으로는 체크가 잘 되지 않기 때문이다.

비만을 체중 항상성 이론weight homeostasis theory으로 접근하는 관점에서는 체내에 축적되는 에너지의 양을 중요시한다. 그런데 대부분의 체내 에너지는 지방 조직에 의해 지방의 형태로 저장되므로 '체중 항상성 이론'은 '지방 항상성 이론lipostatic theory'이라고 할 수 있다. 즉 식욕(에너지 섭취)과 에너지 소비에 영향을 미치는 생리적이거나 행동적인 여러 요인들을 잘 조절함으로써 신체 내부의 에너지 총량을 일정하게 유지하는 것이 중요하다고 보는 것이 '체중(지방) 항상성 이론'이다. 한마디로 비만은 지방의 축적에서 비롯된다고 보는 것이다. 항상성 모델에서는 비만을 병리학적 관점에서 바라보는데, 이는 지방을 일정하게 유지시켜 주는 메커니즘이 실패한 것으로 비만을 정의하기 때문이다.

지방 항상성 이론은 항상성 패러다임 안에서는 잘 맞아떨어지지만, 진화적 관점에서 바라보면 좀 이치에 맞지 않는 부분이 생긴다. 대부분의 야생 동물들은 체중의 변동, 특히 지방량의 변동을 일상적으로 경험하기 때문이다. 우리 인간의 선조들이 음식 공급의 급격한 변화에 따른 인한 체중 변동을 어느 수준까지 경험했는지는 분명하지 않지만, 그리 드문 일은 아니었을 것이라고 본다. 엄밀하게 보면 야생 동물이 체중의 항상성을 유지하는 경우는 무척 드물다. 오히려 야생 동물은 환경의 도전에 적응하기 위해 자신의 체중 상태를 끊임없이 변화시킨다. 계절의 변화처럼 주변 여건이 바뀌면 그런 조건에서 살아남기 위해 자신의 신체도 조절을 하는 것이다 (Wingfield, 2004). 이처럼 동물이 자신의 생리 상태를 주변 상황에 맞춰 조절하는 현상을 알로스타시스allostasis라고 부른다(Sterling & Eyer, 1988; Schulkin, 2003). 알로스타시스의 핵심 개념은 동물은 생존 능력(자신의 유전자를 다음 세대에게 넘겨 줄 수 있는 능력으로 정의된다)을 얻을 목적으로 자신의 생리적 메커니즘을 조절한다는 것이다(Power, 2004). 달리 표현하면, 생리적 조절은 항상성 유지가 아니라 진화적 적합성evolutionary fitness을 강화시키기 위해 작동한다. '알로스타시스'는 신체 내부 상태의 변화를 통해 생존 능력을 얻는 것인데 반해, '항상성'은 변화에 저항함으로써 생존 능력을 얻는 조절 방식이다(Power, 2004). 사실 이 두 용어는 신체의 생리 시스템이 (환경에의) 적응이라는 목적을 달성하기 위해 사용하는 두 가지 다른 방식을 기술한 것에 불과하다.

아주 좁은 범위 안에서 유지되어야 동물이 생존할 수 있는 핵심 매개변수의 경우는 항상성 패러다임이 잘 맞는다. 하지만 대부분의 영양소는 이런 모델과 맞아떨어지지 않는다. 특히 매우 장기간의 시간대를 놓고 보면 더욱 그렇다. 체지방의 경우도 인류가 생존 능력을 갖춘(자신의 유전자를 다음 세대에 전해 줄 능력이 있는) 생명체로 남는 데 필요한 최소 수준은 있지만, 최대치에 대한 제약은 훨씬 덜한 편이다. 그렇다고 체중 항상성이 없다거나, 지방 저장량이 어느 한도를 넘지 않도록 방어되고 있다는 개념이 틀렸다는 말은 아니다. 하지만 인간의 지방 항상성 유지 메커니즘이 지방 축적에 제동을 걸기보다는 지방 손실을 막는 데 더 능하다는 점은 분명하다.

생리적인 과정과 신진대사 과정 가운데는 지방 축적을 조장하는 것도 있고, 그것에 저항하는 것도 있다. 그것은 환경에 적응하는 데 어떤 것이 더 적합하냐에 따라 결정된다. 우리 저자들은 인간이 진화해 온 대부분의 기간 동안 이 두 가지 적응 방식, 즉 지방 축적을 조장하는 것과 저항하는 것 사이에는 비대칭이 있어 왔다고 믿는다. 지방 축적을 조장하는 적응 방식이 저항하는 방식보다 훨씬 우세했을 것이라고 보는 것이다. 일반적으로 말하면 인간의 진화 과정에서 지방을 축적하는 것은 단점보다는 이점이 훨씬 많았다. 오늘날과 같은 과도한 지방 축적에 따르는 문제점들은 환경적인 제약으로 인해 과거에는 찾아보기 힘들었다. 다시 말하면 인간은 생물의 한 종으로서 살아온 대부분 기간 동안 오늘날처럼 에너지 소비는 극적으로 줄고 칼로리 섭취량은 크게 늘어 비만에 노출될 수 있는 것과는 전혀 딴판인 상황에 놓여 있었다. 에너지 섭취와 소비를 제약하는 조건은 신체 내부의 생리적, 대사적 과정에도 있었지만 외부적인 환경에도 존재했었다.

기술적, 사회적 발전 때문에 이러한 외부적인 제약은 상당히 완화되었다. 그 바람에 이제 우리는 신체 내부의 생리적인 조절 메커니즘이 얼마나 형편없이 작동하는지를 보며 경악하고 있다. 그런데 모든 사람이 그렇지는 않다. 지방량을 건강한 범위 안에서 오랫동안 거의 일정하게 유지하는 사람들도 상당히 많다. 사람들은 제각기 서로 다른 특색을 갖고 있다. 이것은 진화로 탄생한 종의 또 다른 특징이다.

비만과 관련된 병리는 부분적으로는 과도한 지방 조직으로 인한 신진대사의 불균형 때문에 발생한다. '알로스타 부하allostatic load'라는 개념을 정리하면, 생리적인 시스템은 적절한 한도 안에서 기능하기 때문에 만약 환경에 적응하기 위해 그 한도를 넘어서다 보면 결국 시스템 전체를 약화시킬 수 있다는 것이다(McEwen, 2000; Schulkin, 2003). 적응을 위한 신체의 생리적인 반응이 적정선을 넘어 과도해지면 병리 현상으로 발전할 수 있다는 말이다. 비만과 관련된 알로스타 부하로는 염증 지표*(Fain, 2006)나 호르몬 불균형을 들 수 있다. 이 둘은 일종의 대사성 조절 장애로서, 지방 조직의 기능과 직간접적으로 관련돼 있다. 즉 지방이 과도하게 늘어나게 되면 지방 조직은 정상적으로 작동하더라도 지방 조직과 다른 기관들 사이의 균형이

---

* 대표적인 염증 지표로는 혈액의 백혈구 수의 변화를 들 수 있다. 염증 시 백혈구 수는 증가한다.

무너짐으로써 대사 조절에 장애가 생기는 것이다. 지방 조직은 내분비기관으로, 타고난 기능 때문에 크기가 엄청나게 커지거나 작아질 수 있다. 지방 조직은 원래부터 변동이 큰 신체 기관인 것이다. 하지만 오늘날처럼 지방의 축적량이 엄청나게 되면 지방 조직이 감당할 수 있는 범위를 넘어섬으로써 내분비 기능과 면역 기능에 차질이 생기게 된다.

이 책의 구조

비만이라는 주제는 여러 측면에서 접근할 수 있다. 사람이 비만에 얼마나 취약한지를 이해하는 데는 영양, 에너지학, 내분비학, 생식생물학, 소화기관생리학, 신경내분비학, 심리학 등이 모두 관련되어 있다. 앞에 열거한 것들은 생물학 범주 중 일부일 뿐이다. 이 책에서 모든 주제를 만족스럽게 다루기를 기대하는 것은 무리다. 이 이야기에는 시작, 중간, 끝이라는 것이 없기 때문에, 우리는 이 책의 내용을 가급적 논리적이고 일관된 순서에 따라 다루려고 최선을 다했다.

1장에서는 비만이 실제로 유행하고 있는지를 살펴본다. 달리 말하면, 과체중이나 비만인 사람들의 비율이 정말 그렇게 극적으로 증가했는지, 만약 그렇다면, 그 변화와 관련된 건강 문제들이 '유행병'이라는 말을 사용해야 할 정도로 심각해진 것인지 살펴본다. 이와 관련된 증거들을 제시하고, 유행병이라는 용어를 사용하는 것이 적절하다고 확신하는 이유를 설명할 것이다.

비만과 관련된 건강 문제를 지나치게 '위기의식'을 담아 이야기하는 풍토에 대해 한마디 경고를 하고 싶다. 비만에 대해 '위기의식'을 강조하다 보면 의도치 않게 어떤 사람들(예를 들면 음식 조절 장애가 있거나, 자신의 뚱뚱한 몸에 대해 나쁜 이미지를 가지고 있는 사람들)에게 피해를 줄 수 있기 때문이다. 물론 과도한 지방 조직 때문에 생기는 질병이 늘어났고, 비만이 전 세계적으로 각종 질병과 사망률에 영향을 미치는 가장 중요한 요소 중 하나로 자리 잡았다는 가설을 지지하는 증거들은 많이 나오고 있다. 비만의 유병률과 관련 질병의 이환율이 당분간 지속적으로 증가할 가능성이 높다는 주장을 지지하는 증거들도 많다. 따라서 비만이 현대인의 건강에 치명적인 위험인지 아닌지와 별개로 비만을 제대로 이해할 필요가 있는 것은 분명하다.

2장에서는 진화에 대한 여행을 시작한다. 대략 200만 년 전에 시작되어 최근까지 이루어진 사람속genus Homo의 진화를 탐구한다. 인간 몸의 형태에 대해 살펴보고, 그동안 변화한 부분과 변화하지 않은 부분은 무엇인지 알아본다. 몸의 크기와 소화기관은 물론이고, 뇌에 대해서도 알아볼 것이다. 이 장은 고인류학을 소개하기 위한 부분이 아니다. 사실 이 책을 쓰면서 가장 힘들었던 부분은 거의 모든 장이 한 권의 책으로 엮어낼 수 있을 만큼 큰 주제라는 점이었다. 그래서 진화에 대한 탐구를, 인간의 대사와 섭식생물학에 중요한 영향을 미쳤으며, 현재는 크게 줄어들었지만 과거에는 엄청난 도전으로 작용했던 환경에 적응하기 위해 진화했던 우리 몸의 핵심 영역에 국한시켰다.

인간의 섭식 행위에서 아주 흥미롭고도 특이한 부분은 끼니meal를 정해서 먹는다는 점이다. '한 번 앉은 자리에서 제공되어 먹는 음식, 혹은 관례적으로 정해진 식사 시간'라는 끼니의 사전적 정의만을 얘기하는 것은 아니다. 끼니에는 인간의 섭식 행위와 관련된 흥미롭고도 중요한 암시가 있으며, 이것은 인간이 다른 대부분의 포유류와 다른 점이기도 하다. 이것은 인간과 가장 가까운 유인원의 섭식 행위와도 분명 다르다. 야생 상태에서 대부분의 유인원은 끼니를 정해서 먹지 않고 방목된 듯이 먹는다. 나아가 인간의 끼니에서 핵심적인 측면은 그 속에 사회적 의미가 담겨 있고 경우에 따라서는 그것이 영양 섭취보다 더 중요한 경우가 많다는 점이다. 인간에게 음식이란 단순히 칼로리만을 의미하지 않는다. 인간에게는 음식을 먹는 일과 사회적 행동이 분리할 수 없을 정도로 얽혀 있다.

3장에서는 끼니의 진화에 대해 알아보고 '끼니'가 우리의 행동에서 일어난 가장 중요한 진화적 변화 중 하나였다는 주장을 펼칠 것이다. 사회적, 정치적, 심지어 성적인 함축이 담겨 있는 끼니 행위는 상당히 중요한 선택압selective pressure으로 작용해서 지능의 발달을 촉진하고 결국 사람속의 특징인 뇌의 크기 증가를 이끌어 냈다. 또한 끼니는 먹는 행위를 영양 섭취라는 부분과 어느 정도 분리시켜 냈다. 음식 섭취의 동기가 더 이상 영양 섭취에만 국한되지 않게 된 것이다. 우리는 음식을 영양 섭취를 위해서도 먹지만, 심리적 이유로도 먹는다.

4장에서는 항상성, 알로스타시스, 알로스타 부하, 불일치 패러다임 등에 대해 논의한다. 인간은 다양한 환경 아래서 살아남을 수 있으며, 자신이 진화해 온 환경과 크게 동떨어진 조건에서도 살아남는 능력을 갖추고 있다. 그래서 인간은 (현재의) 환경 조건과 (과거의 환경으로부터) 진화된 적응 사이에서 불일치를 겪는 경우가 많다. 이것이 진화의학evolutionary medicine의 핵심 주장이며(Williams & Nesse, 1991; Trevathan et al., 1999, 2007), '불일치 패러다임mismatch paradigm'이라고 불린다(Gluckman & Hanson, 2006). 이것은 인간의 비만과도 대단히 관련이 깊다. 적응 반응은 과거의 환경에서는 대단히 성공적인 해결책이었다. 하지만 진화는 미래를 예측하거나 미리 대비하지 않는다. 이 장에서는 진화의 기본 이론을 설명하고 과거에는 적응에 유리했던 특성이 현대에 와서는 병리 현상을 일으키게 된 몇 가지 사례를 소개한다.

5장에서는 2장부터 4장까지 다루었던 정보와 이론을 바탕으로 현대의 환경에 대해 살펴본다. 인간의 진화와 현대 세계 사이의 불일치는 어디에서 오는가? 오늘날 비만이 유행하게 된 원인으로 꼽을 수 있는 것은 무엇인가?

이 장에서는 또 음식, 활동의 습관화 정도, 구축 환경built environment, 수면 패턴에 대해서도 알아본다. 소화기관의 미생물에 대해서도 논의할 것이다.

6장은 에너지와 대사에 대해 다룬다. 비만은 일정 기간 동안 체내로 유입되는 에너지가 대사를 통해 소비된 에너지보다 많을 때 생긴다. 에너지와 대사는 복잡하고 강력한 개념이지만 종종 혼동되는 개념이다. 이 장에서는 유기체의 작동 원리인 열역학 법칙에 대해 알아본다. 서로 다른 종류의 생물학적 에너지에 대해 알아보고, 그들이 생체 내에서 어떻게 사용되며, 과학자들은 이들을 어떻게 측정하는지 알아볼 것이다. 이 장의 핵심 내용은 대사가 조절된다는 사실이다. 직관적으로 보면 너무 당연한 얘기이기는 하지만, 사실 에너지 대사와 관련된 함축적 의미가 간과되는 경우가 많다. 에너지 섭취와 에너지 소비는 원리적으로만 따지면 아주 간단한 개념이지만 실제 생리적인 면에서는 대단히 복잡하다. 칼로리 섭취는 줄이고, 칼로리 소비는 늘려서 체중을 줄인다는 해결책은 아주 간단하고 쉬워 보이지만 그에 따른 신체 기관들의 적응이 대사 과정에서 일어나기 때문에 성공하기가 대단히 어렵다.

7장에서는 뇌-장관 펩티드gut-brain peptide에 대해 알아본다. 뇌-장관 펩티드는 소화기관과 뇌를 이어주어 식욕과 포만감을 조절하는데, 적절한 양의 음식을 먹고 소화시키도록 돕는 호르몬이다. 정보 분자information molecules라는 개념에 대해서도 얘기한다. 정보 분자란 세포에 의해 만들어지는 분자로, 다른 세포와 말단기관 시스템에 정보를 전달해 대사 기능을 연결하고 조절하고 조화시키는 분자다. 펩티드와 스테로이드 호르몬이 좋은 예다. 이 정보 분자들은 전부는 아닐지라도 상당수가 아주 오랜 고대부터 있어 온 것으로 보인다. 이들은 모든 척추 동물에서 발견될 뿐 아니라, 일부는 무척추 동물에서도 발견되기 때문이다. 진화적 관점에서 볼 때 이 정보 분자들의 기능과 조절 작용이 어떤 의미를 함축하고 있는지도 논의한다. 렙틴leptin에 대해서도 상세히 알아볼 것이다. 렙틴은 지방 조직에서 생산되고 분비되는 펩티드 호르몬으로 체지방량에 비례해서 만들어진다.

음식 섭취와 에너지 소비에 영향을 미치는 대사 신호와 내분비 신호가 있다. 즉 에너지 섭취와 에너지 소비는 조절되고 있다. 8장에서는 일부 내분비 신호와 대사 신호에 대해 알아보고, 음식 섭취와 에너지 소비에 영향을 미치는 그 신호들의 말초신경회로와 중추신경회로에 대해서도 살펴본다. 개인마다 대사 과정에 차이가 있는데, 이는 섭취된 지방이 어느 정도까지 산화되어 소비되고 어느 정도까지 지방 조직에 축적될 것인지에도 영향을 미친다. 포도당 대사와 지방산 대사 사이에서 전환하는 능력은 사람마다 차이가 나는데, 이는 비만 취약성을 결정할 때 중요한 역할을 한다. 하지만 행동도 중요한 역할을 하고 있다. 식욕과 포만을 중계하는 신경회로가 인간의 비만을 이해하는 데 핵심적이라는 뜻이다. 뇌 전체에 흩어져 있는, 섭식 행동에 중요한 신경회로에 대해서도 간략하게나마 알아본다.

동물은 미래를 예측한다. 생리적 메커니즘은 단순히 자극에 대한 반응으로 그치지 않는다. 생리적 메커니즘은 필요에 반응해서 변화하기도 하지만, 필요를 예상하고 변화할 때도 있다. 이것은 섭식생물학과 관련된 적응에서도 해당되는 얘기다. 파블로프의 연구로부터 '식사 초기 반응cephalic-phase response'이라는 개념이 나왔다. 음식의 시각적, 후각적, 미각적, 그 밖의 측면에 의해 유발된 중추의 반응이 먹이를 섭취하고 소화하고 흡수하고 대사할 수 있도록 동물을 준비시켜 준다는 개념이다. 9장에서는 섭식생물학에서 등장하는 이런 예측 반응과 그와 관련된 미각의 생물학 등의 주제를 다룬다.

우리는 먹어야 산다. 인간의 내적 환경 속에는 제한적인 범위 안에서 유지되지 않으면 건강에 심각한 문제가 생기는 중요한 매개 변수들이 있다. 먹는 행위는 생명 유지를 위한 재료를 공급해 주기도 하지만, 항상성 유지를 위협하는 심각한 도전적 과제를 낳는 것도 사실이다. 먹는 행위는 항상성을 보호하면서 동시에 위협하는 행위다. 포만감의 역할은 먹는 행동을 제한함으로써 항상성을 보호하는 것이다. 10장에서는 섭식 행위의 모순을 살펴보면서, 그것이 식욕과 포만에 어떻게 영향을 미치는지 알아본다. 또한 섭식 행위의 통제가 적어도 단기적으로는 반드시 에너지 균형하고만 관계된 것은 아니며, 이런 모순이 어디까지 영향을 미치는지도 살펴본다.

11장에서는 지방의 생물학을 살펴본다. 비만은 과다한 체중이 아니라 과다한 지방을 의미한다. 물론 퇴행성 관절염처럼 과도한 체중 때문에 생기는 질병도 없지는 않지만, 비만으로 인한 건강 문제들은 체중이 많이 나가서 생기는 것이 아니라, 과도한 지방 조직 때문에 생긴다. 지방 조직은 대사를 적극적으로 조절하는 조직이다. 그래서 지방 조직이 너무 많아지면 생리적 메커니즘과 대사 과정의 여러 측면들에 대한 조절이 붕괴될 수 있다. 정상적인 생리적 메커니즘이라도 지나치면 병리 과정으로 넘어갈 수 있다. 이 개념을 알로스타 부하라고 한다(McEwen & Stellar, 1993; McEwen, 2000, 2005; Schulkin, 2003). 일례로, 비만은 염증 상태와 관련이 있다. 염증 상태는 전구염증호르몬proinflammatory hormone*과 사이토카인cytokines**의 농도로 측정된다. 이 물질들 중 상당수는 지방 조직에서 만들어져 분비된다. 지방 조직의 기능 자체는 정상적이라 해도 지방 조직의 체내 비중이 비정상적으로 커지면 적응에 불리하게 작용할 수 있다.

남자와 여자는 다르다. 이런 차이가 있어야 하는 생물학적 이유가 있다. 12장에서는 지방의 생물학에서 나타나는 성별 차이를 살펴본다. 이런 차이 중 상당수는 여성의 생식 기능을 돕기 위한 적응적 변화이다. 지방은

---

*　염증 반응을 유발하는 호르몬을 지칭한다.
**　염증 반응과 면역 반응 등에 중요한 역할을 하는 물질이다.

남성의 생식 기능보다 여성의 생식 기능에서 더 중요하다. 예를 들면, 산모의 신체 조건은 태아의 신체 조성과 연관성이 있다. 흥미로운 사실이 있는데, 인간의 아기는 포유류의 신생아 중에서 가장 뚱뚱하다. 평균적으로 보면 친척 관계인 유인원의 신생아보다도 훨씬 지방이 많다. 인간 신생아에서의 지방량 증가는 생후에 일어나는 막대한 뇌 성장을 돕는 데 중요한 역할을 했을 수 있다. 그리고 이런 사정 때문에 산모의 체내 지방량도 거기에 맞추어 늘어나야 했을 것이다. 우리는 비만이 여성의 생식에 미치는 영향에 초점을 맞추면서 지방, 렙틴(지방 조직의 중요한 호르몬), 생식 사이의 연관성을 살펴본다. 하지만 남성의 생식 능력에 대한 부분도 빠뜨리지 않고 다룬다. 그렇다고 비만이 생식에 유리하게 작용한다고 주장하는 것은 아니다. 비만은 남성이나 여성 모두에게 생식에 해로운 결과를 낳는다. 하지만 지나치게 마른 것도 좋지 않기는 마찬가지다. 아마도 과거에는 너무 말라서 문제가 되는 경우가 더 많았을 것이다. 지방 과다, 렙틴, 성적 성숙, 생식 기능, 출생 결과 사이의 연관성에 대해서도 검토한다.

비만에 대한 취약성은 유전의 영향을 받는다. 몸집의 크기가 유전된다는 것은 잘 확립된 사실이다. 하지만 아주 드문 단일 유전자 돌연변이를 제외하고는 비만의 유전적 위험도genetic risk에 대해 제대로 정의된 바가 아직 없다. 비만 감수성susceptibility에 영향을 미칠 수 있는 후보 유전자의 수가 워낙 많고, 비만은 유전자와 환경 사이의 복잡한 상호작용으로 야기될 가능성이 크기 때문이다. 13장에서는 비만의 유전적 연관성, 인구 집단들 사이에서 나타나는 비만 취약성의 차이, 그와 관련된 질병에 대해서 살펴본다. 인구의 지형적 분포에서 나타나는 이런 다양성은 대부분 무작위적인 돌연변이의 축적에 의한 결과일 수 있다. 일부는 그 지역에서 나오는 음식의 유형에 적응한 결과를 반영하는 것일 수도 있다. 어쨌거나, 사람들 사이에서 나타나는 이런 비만 감수성의 차이는 과거에는 외부 환경적인 제약 때문에 드러나지 않았을 가능성이 크다. 과거의 인류는 음식을 과다하게 섭취하기도 힘들었고, 살아남기 위해서 소비해야 하는 에너지양도 상당했기 때문이다.

이런 주제들을 탐험하는 데 필요한 자료는 턱없이 부족한 실정이다. 그럼에도 불구하고 우리는 비만에 대한 취약성이 어떻게 다양하게 나타나는지 이해하는 것이 대단히 중요하다고 생각한다. 아마도 인류 전체에 무작위로 퍼져 있는 많은 유전자와 다형성polymorphism*이 체중 증가 경향에 영향을 미치고 있을 것이다. 비만에 대한 감수성, 서로 다른 수준의 비만에 따르는 건강 문제, 주어진 체질량지수(BMI: body mass index)에 대한 비만의 정도, 지방의 체내 분포, 지방을 대사 연료로 사용하는 능력 등은 인종별, 민족별로 차이가 있다. 인종은 유전적 차이를 나타내는 지표로 사용하기에는 부족하지만, 이런 것들은 인류의 게놈 안에 있는 유전적 다양성을 반영하고 있을 수 있다.

13장에서는 대사의 자궁 내 프로그래밍 현상에 대해 살펴본다. 출생 시 체중에 따르는 성인 비만의 위험은 U자형 분포를 나타낸다. 몸집이 너무 작은 아이나, 너무 큰 아이는 장래에 비만으로 발전할 위험이 크다. 출생 시의 저체중이 비만으로 발전하는 이유를 진화적으로 설명하기 위해 제안된 절약 유전형, 절약 표현형 가설을 비판적으로 살펴본다. 지금까지 다양한 가설들이 제기되었지만 이들 모두 약점이 있다. 하지만 태아의 자궁 내 환경과 훗날의 생리적 메커니즘, 대사, 건강 사이의 연관 관계만큼은 실제로 존재한다.

결론에서는 저자들의 전체적인 진화 가설을 요약해 담았다. 인간의 식

---

* 생물의 같은 종에서 개체가 어떤 형태와 형질 등에 대해 다양성을 나타내는 상태를 말한다.

생활과 몸에서 지방이 중요해진 것은 더욱 커진 뇌를 뒷받침하기 위한 적응상의 변화 때문이었을 가능성이 크다. 이 가설은 인간의 아기가 뚱뚱한 이유를 설명해 주며 여성이 남성보다 지방을 축적하는 경향이 더 큰 이유도 설명해 준다. 물론 우리 선조들로 하여금 지방 축적을 촉진하는 체질로 변하도록 선택압을 가했던 요소가 이것만은 아니었다. 병원균 밀도의 증가 또한 지방 축적, 특히 유아의 지방 축적을 촉진하는 데 역할을 했을 수 있다. 많은 질병들, 그중에서도 특히 위장관 질병인 경우 여분의 지방을 가지고 있으면 음식을 먹지 못해도 오래 살아남을 수 있기 때문에 적응에 유리하다. 인류가 한곳에 오래 머무는 경향이 강해지면서(특히 농업의 등장 이후에) 인구 밀도가 증가하고 동물을 가축으로 사육하게 되면서부터는 새로운 병원균과 가까이 접촉하게 되어서 결국 한 개인이 평생 동안 축적하는 병원균 부하pathogen load가 인구 밀도가 낮았던 수렵-채집인 시절에 비해 늘어나게 되었다. 이 이론을 지지해 주는 증거가 있다. 인간의 젖은 지금까지 조사했던 모든 동물의 젖 중에서 항균 기능을 띤 분자의 농도가 가장 높다. 과거에 인간의 아기들은 다른 동물의 새끼들보다 훨씬 많은 병원균에 노출되었을 것이다.

음식 섭취는 외부적 요인에 제약되는 반면, 소비해야 하는 에너지는 많았기 때문에 큰 비대칭이 발생했을 것이다. 따라서 뚱뚱하게 만드는 다형성은 불완전하게 발현되고, 마른 체형으로 만들어 주는 유전자들은 완전히 발현되었을 것이다. 모든 것을 감안할 때, 이런 환경은 마른 체형 유전자에게는 불리하게 작용하고 드문 기회나마 찾아오면 지방을 축적하는 체질로 만들어 주는 유전자에게는 우호적으로 작용했을 것이라 볼 수 있다. 이렇게 해서 현대 인류를 비만에 취약하게 만든 다양한 다형성이 축적될 환경이 조성된 것이다.

비만의 유행을 멈추고 가능하다면 역전시킬 수도 있는 다양한 전략에 대해 살펴본다. 현대인의 비만 증후군은 복잡하게 상호작용하는 수많은 요소들로부터 발생한다. 따라서 쉬운 해결책이란 존재하지 않는다. 비만이 먹기는 너무 많이 먹고 운동은 하지 않아서 생기는 문제라고 보는 것은 일견 맞는 말이기는 하지만, 지나치게 단순화한 것이다. 우리는 에너지 밀도가 높은 음식을 좋아하는 종으로 진화했다. 과거에는 그런 음식을 얻으려면 상당한 노력이 필요했으며, 진화는 우리로 하여금 그런 노력을 기울이도록 동기를 부여하는 쪽으로 몸을 적응시켰다. 인류는 환경을 바꾸는 재주가 뛰어나서 음식, 특히 고칼로리 음식에 쉽게 접근할 수 있고 동시에 거기에 접근하는 데 필요한 에너지 소비는 줄이는 쪽으로 환경을 변화시켜 왔다. 이러한 능력이 인류가 성공적으로 지구에 자리 잡게 된 가장 큰 이유였을 것이다. 그것은 생존에 필수적인 능력이었다. 하지만 우리는 지금 그 성공의 대가를 치르고 있다.

그러나 우리에겐 환경을 변화시킬 수 있는 능력이 있다. 우리에겐 자기 자신과 주변의 세상을 이해할 수 있는 힘이 있다. 우리는 세상과 우리 자신을 바라보는 방식을 바꿀 수 있는 경제적, 사회적, 정치적 전략이 있다. 문제를 극복하기가 쉽지는 않겠지만, 그래도 극복 불가능한 것은 아니라고 생각한다. 게다가 우리의 목표는 건강이다. 비만에는 건강의 위험이 따르지만, 사람들 사이에서 나타나는 건강의 차이를 모두 과도한 지방으로 설명할 수는 없는 노릇이다. 신체적 건강과 심리적 특성 같은 요인도 무척 중요하다. 극적으로 체중을 줄이지 않고도 건강을 증진시킬 수 있는 방법이 있다. 신체 활동은 가장 중요한 요소 중 하나다. 인간이라는 종은 적절한 운동을 유지할 수 있도록 적응되어 있다. 종으로서 생존하는 데 필수적인 부분이었기 때문이다. 역학 조사를 해보면 중등도의 운동을 꾸준하게 하면 건강이 증진된다는 사실을 입증하는 연구가 계속 나오고 있다. 식생활과 체중에 대해 강박적으로 집착하기보다는 개인과 공동체, 그리고 사회 전체의 신체 활동을 증가시킬 수 있는 전략을 고민하는 것이 건강에 훨씬 큰 영향을 미칠 수 있을 것이다.

　마지막으로, 임시변통의 약물 치료는 실패할 가능성이 높다. 비만해지거나 마른 상태로 남아 있으려는 경향의 밑바탕에 있는 대사 신호 체계는 무척 복잡하다. 수많은 요소들이 동적 평형 속에서 상호작용하고 통합되고 있다. 이 중 한 요소에 변화를 주었을 때 나머지 요소들이 어떤 영향을 받을지 예측하는 일은 무척 어렵지만, 의도하지 않았던 결과가 생길 가능성이 무척 높다. 비만에 따르는 건강 문제는 아주 심각하며, 분명 다루고 넘어 가야 할 부분이다. 하지만 건강의 지표라 생각되는 몇 가지 변수만을 골라 그것을 '정상' 수치로 되돌린다고 해서 몸 전체가 건강해지는 것은 아니다. 이런 접근 방식은 예상치 못한 부작용들을 낳는 경우가 많다. 비만이 일으키는 건강 문제를 개선하기 위해서는 몸을 하나의 전체로 바라보는 관점이 필요하다.

01

인류는 점점 뚱뚱해지고 있다

인류는 뚱뚱해지고 있다. 모두가 그런 것은 아니지만, 지구 곳곳에서 수많은 사람들이 뚱뚱해지고 있다. 이는 남녀노소, 계층을 불문하고 모든 인종과 민족에게 일어나는 현상이다. 전 세계적으로 비만이 유행처럼 퍼지고 있으며, 역전은 고사하고 그 확산 속도가 줄어들 기미조차 찾아보기 힘들다.

얼마나 빠르게 인류의 체중 변화가 일어나는지 놀랍고도 두렵다. 몇 세대 만에 인류의 체중 분포 곡선이 오른쪽으로 이동했다. 오늘날의 중간 체중이면 불과 얼마 전까지만 해도 평균을 훨씬 웃도는 체중이었을 것이다.

이런 경향은 진행형인 것으로 보인다. 미국에서 그나마 다행스러운 소식은 저체중 인구의 비율이 지난 20년에 걸쳐 감소되어 왔다는 점이다. 기아로 인한 질병과 사망은 거의 사라지다시피 했다. 불행하게도 이러한 현상을 보고 미국에서 건강 체중 인구의 비율이 증가했다고 해석하기는 힘들다. 그 대신 과체중과 비만인 사람의 비율이 증가했다. 그리고 아주 걱정될 정도의 속도로 계속 증가 추세에 있다. 고도(병적) 비만으로 생각되는 인구의 비율이 가장 크게 늘어났다(Freedman et al., 2002). 미국에서 고도 비만으로 판단되는 사람의 숫자는 1960년 이후로 세 배나 증가했다.

왜 이런 일이 일어날까? 그리고 하필이면 왜 지금 일어나고 있을까? 현대의 환경에 와서 왜 그렇게 많은 사람들이 지속적인 체중 증가 상태에 놓여 있을까? 역사적으로도 언제나 비만인 사람은 있었지만, 비만은 대부분 진기하고 예외적인 것이었다. 과거에는 뚱뚱한 것을 부와 지위의 상징으로 여기는 문화가 많았다(그림 1.1). 뚱뚱해지기가 무척 어려웠기 때문이다. 오늘날에는 오히려 마른 체형이 진기하고 예외적인 것이 되어 명성과 부의 상징으로 자리 잡았다.

비만이 전 세계적으로 급격하게 일어난 원인이 인류 전체 수준에서 유전적으로 변화가 일어났기 때문이라고 볼 수는 없다. 인류에게 갑자기 유전적인 변화가 생겨 갑자기 비만에 취약하게 되었을 가능성은 희박하다. 현대의 환경에서 비만 인구가 크게 늘어나는 데 기여한 유전적, 생물학적 요소들은 오랜 시간에 걸쳐 인류가 선조들로부터 이어받은 것일 가능성이 크다. 진화를 통해 만들어진 인간의 게놈은 현재 극적으로 변화하는 환경과 상호작용하고 있다. 그 상호작용의 결과가 많은 사람들에게 비만이라는 형태로 나타나는 것이다.

기술적, 경제적, 문화적 요인들이 전 세계적으로 과체중과 비만이 증가하는 환경을 만들어 낸 것은 사실이지만, 이런 요소들이 왜 비만으로 이어졌는지 알려면 그 밑바탕에 깔린 생물학을 이해해야만 한다. 그리고 비만과 관련된 생물학을 완전히 이해하려면 진화적으로 일어났던 사건이나 선택압 등을 꼼꼼하게 고려해 보아야 한다. 진화는 선조들로 하여금 배고픔, 식량, 에너지를 이용하고 저장하는 법 등에 대해 어떻게 대응해야 하는지를 가르쳐 주었지만, 이런 진화 과정이 과거와는 달리 오늘날의 환경에서는 부적절한 대응이 되었을 수도 있다. 모든 생명체는 자기 몸속에 과거를

그림 1.1 바로크 시대의 프랑스 화가 샤를 멜랭Charles Mellin(1597~1649)이 그린 토스카나의 장군이
자 귀족인 알레산드로 델 보로Alessandro del Borro(1600~1656)의 초상화(1630). 델 보로는 크게 성
공한 인물이었고, 이를 매우 자랑스러워했다. 그는 초상화에 그려진 자신의 모습이 뚱뚱해 보이길 원했
다. 사진: Bilarchiv Preussischer Kulturbesitz/Art Resource, NY.

＊ 영국의 일간지 〈가디언〉이 2012년 새해 다짐과 관련된 예술 작품을 보도했는데, 그중 체중 관리의 의
미로 이 작품을 실었다.

짊어지고 있다. 오늘날의 생명체가 갖고 있는 모습은 과거 선조들의 모습에 달려 있다. 우리가 사는 모습은 과거의 선조들과 크게 달라졌지만, 우리 몸 속에는 선조들의 생물학적 토대가 그대로 이어지고 있다. 진화는 오늘날의 우리에게 능력을 부여해 주기도 하지만, 우리를 속박하기도 한다. 따라서 지금의 우리 자신을 이해하려면 인간 진화의 역사를 살펴보아야 한다.

전통적인 생활방식을 그대로 따르며 사는 사람은 점점 드물어지고 있다. 대부분의 사람들은 선조들과 다른 방식으로 살아간다. 물론 이런 변화에 따르는 좋은 점도 많다. 예를 들면 수명이 길어졌고, 유아 사망률이 낮아졌다. 과거를 미화하지는 말자. 전통적인 생활방식은 인류라는 종의 생존에는 성공적인 전략이었지만, 개개인의 입장에서는 정말 가혹하고 고되기 그지없는 삶의 방식이었다. 이 책의 목적은 생활방식에 대한 가치 판단이 아니라, 현대의 환경 변화로 인해 찾아온 도전적 과제와 문제를 이해하는 데 선조들이 과거의 생활방식에 어떻게 적응했는지 이해하는 일이 얼마나 가치 있는 것인지 알아보려는 것이다. 우리는 5000년 전, 5만 년 전, 50만 년 전, 그리고 그보다 훨씬 더 오래전 선조들이 도전에 맞서 진화시킨 생물학을 몸에 지니고 있다. 현재를 이해하려면 이 과거를 이해하는 것이 중요하다. 그렇다고 우리 저자들이 과거로 돌아가 선조들처럼 살고 싶은 마음은 없다.

이 책에서는 비만과 관련된 인간의 생물학을 탐사한다. 섭식생물학, 소화, 에너지 대사, 지방의 생리학과 내분비학 등을 살펴볼 것이다. 뇌에서 소화기관에 이르기까지, 우리 몸에 대해 탐험할 것이다. 이 탐험 과정에서 저자들을 밑바탕에서 이끌어 주는 것은 바로 진화의 원리가 될 것이다.

하지만 이에 앞서 역학epidemiology*을 먼저 살펴보아야 한다. 현대 인류

---

* 질병이나 건강 상태에 대해 집단을 대상으로 통계적으로 연구하는 학문이다.

가 비만해지는 데 크게 기여한 것이 현재의 환경과 진화된 적응 반응 사이의 불일치라는 우리의 논지가 옳다면, 실제로 비만이 과거보다 지금 더욱 널리 퍼져 있어야 마땅하다. 이것이 사실인지 알아보기 위해 최근에 일어난 비만의 확산에 대해 알려진 사실들을 먼저 소개한다.

비만의 측정

비만을 어떻게 측정할 것인가? 이것은 매우 중요한 질문이다. 체중에 영향을 미치는 요소는 대단히 많다. 사람들마다 체중이 다르게 나타나는 중요한 원인을 몇 가지 들자면, 키, 성별, 나이, 체격, 골밀도, 근육량 등이다. 한 국가의 구성원들이 세대를 거치면서 비만도에는 아무런 차이가 없이 체중만 증가할 수도 있다. 실제로 미국에서는 최근까지도 전반적으로 신장이 증가했다. 영양 상태가 개선된 덕분에 유전적인 성장 잠재력이 발현되는 사람의 숫자가 늘어난 것이다. 그에 따라 체중도 함께 증가했다. 평균적으로 볼 때, 키가 커지면 체중도 늘어나기 때문이다. 하지만 지난 25년 동안은 상황이 달랐다. 신장의 증가는 느려지거나 멈추었지만, 체중 증가는 지속된 것이다(Ogden et al., 2004; 그림 1.2).

비만 유병률을 살펴보면 확실하지는 않지만 선진국 중에서는 미국이 선두를 달리고 있을 것이다. 아마도 미국은 오랫동안 일관된 자료 수집 프로토콜을 가동해 왔으며, 인구에서 일어난 변화들을 지난 20~30년까지 거슬러 추적할 수 있다. 따라서 이 조사를 시작하기에는 미국이 가장 적합하다고 본다.

미국에서 비만 및 과체중과 관련된 국가 자료의 1차 소스는 미국 보건 영양 조사(NHANES: National Health and Nutrition Examination Survey)다. 전국적으로 자료

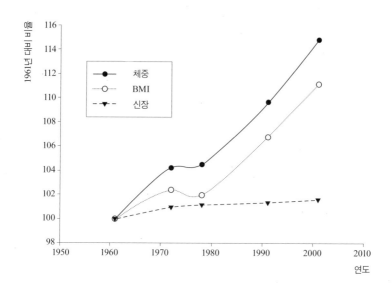

그림 1.2 미국 보건 영양 조사(NHANES)의 자료를 보면 미국에서 20~74세 성인의 평균 신장은 거의 변화가 없었던 반면(약 1%), 평균 체중은 상당히 증가했다(2002년 조사에서 15% 정도 상승). 그 결과 평균 BMI 수치도 동반 상승했다(약 11%). 　　　　　　　　　　　자료 출처: Ogden et al., 2004.

를 수집하기 위해 연간 3000만 달러 정도의 비용을 투입했다. NHANES 에서는 대규모 설문 조사(2~3시간가량 소요)와 이동식 검진 센터를 통한 신체 검사를 함께 시행한다. 이 조사의 핵심적인 특징은 신장과 체중의 표준화된 측정이 가능하다는 점이다. 그 덕분에 킬로그램 체중을 미터 신장의 제곱으로 나눈 값으로 정의되는 BMI(체질량지수)의 계산이 가능하다. 완벽한 것은 아니지만, BMI는 신장 대비 체중의 관계를 가장 잘 나타내는 지표로 알려져 있으며, 지금까지 조사된 모든 인종과 민족 그룹에서 BMI는 체내 지방의 비율과 상관관계가 가장 큰 것으로 나타난다(예를 들면, Norgan & Ferro-Luzzi, 1982; Norgan, 1990; Gallagher et al., 2000). 그래서 BMI는 과체중과 비만을 평가할 때 선호되는 지표로 자리 잡았다(Ogden et al., 2006). 미국 성인의 평균

BMI 값은 1980년 이후로 매우 가파르게 올라갔다(그림 1.2 참조).

BMI는 그 범위에 따라 건강의 위험 수준이 달라진다. BMI가 아주 낮은 경우(병적으로 마른 몸)와 아주 높은 경우(과체중과 비만) 모두 이환율과 사망률이 크게 높아진다. 최적의 건강 상태를 나타내는 BMI의 상한과 하한을 정의하기 위한 논의는 아직도 진행 중이다. BMI에 따른 건강의 위험 정도는 인종별로 차이가 있는 것으로 보인다(Araneta et al., 2002; Yajnik, 2004). 또한 허리둘레나 허리-엉덩이 둘레 비율 등의 다른 변수에 따라 BMI 범주 내에서 예상되는 위험이 달라진다. BMI 자체만 가지고 개인의 건강 위험을 평가하기에는 무리가 있다. 개인적 특성에 따라서 BMI와 연관된 건강의 위험이 달라질 수 있기 때문이다. 예를 들면, 근육량이 많아서 높아진 BMI 수치와 지방량이 많아서 높아진 BMI 수치는 건강의 위험도가 같지 않다. 마찬가지로, 건강할 것으로 추정되는 BMI 수치라 해도 근육량이 적어서 BMI 수치로 예측한 것보다 지방의 비율이 더 높은 경우라면 오해를 불러일으킬 수 있다. 대부분의 경우 과체중과 비만이 건강에 미치는 영향은 과도한 지방에 따른 대사 문제 때문이지, 체중 그 자체가 과도해서 생기는 것이 아니다.

그러나 BMI는 건강의 위험도를 평가하는 데 여전히 유용한 도구다. BMI는 측정이 쉽고 저렴하며, 검사 과정에서 몸을 상할 일도 없다. BMI가 개인의 건강에 대해서 의미하는 바는 개인의 환경이라는 넓은 맥락에서 파악해야 하겠지만, 인구 집단 수준에서 비만과 관련되어 나타나는 다양한 건강 상태를 검사하는 데는 유용한 도구다. 일반적으로 백인 인구 집단의 경우 $18.5{\sim}25kg/m^2$의 BMI 범위를 정상 체중으로 분류한다. 그리고 $18.5kg/m^2$ 이하는 저체중으로, $25kg/m^2$ 이상은 과체중으로 분류한다. 그리고 과체중 중에서도 BMI가 $30kg/m^2$ 이상인 경우를 비만으로 정의하고 고도 비만, 혹은 병적 비만은 $40kg/m^2$ 이상으로 정의된다. 현재 WHO에

표 1.1 BMI에 따른 성인 저체중, 과체중, 비만의 국제 분류

분류	BMI(kg/m^2)	
	일차 기준점	부가적 기준점
저체중	<18.50	<18.50
중증 저체중	<16.00	<16.00
중등도 저체중	16.00~16.99	16.00~16.99
경도 저체중	17.00~18.49	17.00~18.49
정상	18.50~24.99	18.50~22.99
		23.00~24.99
과체중	≥25.00	≥25.00
비만 전단계	25.00~29.99	25.00~27.49
		27.50~29.99
비만	≥30.00	≥30.00
비만 1단계	30.00~34.99	30.00~32.49
		32.50~34.99
비만 2단계	35.00~39.99	35.00~37.49
		37.50~39.99
비만 3단계	≥40.00	≥40.00

출처: WHO, (www.who.int/bmi/index.jsp?introPage=intro_3.html).

서 사용하고 있는 더 폭넓은 BMI 분류는 표 1.1에 나와 있다.

비만은 실제로 유행성 질환인가

'epidemic'(유행, 유행성 질환)이라는 단어를 들으면 건강했던 수많은 사람들이 갑자기 심각한 질병에 걸리는 장면을 떠올리게 된다. 유행성 질환이라고 하면 보통 전염병이 연상되기 때문이다. 실제로 'epidemic'의 사전적인 정의 중 하나는 '전염성 질환의 급속한 확산'이다. 비만은 분명 이 정의에

해당하지 않는다. 하지만 epidemic에는 '급속한 확산, 성장, 전개'라는 뜻도 있다. 예를 들면 '강도 사건의 유행' 등이다. 따라서 epidemic이라는 말은 감염성 질환에만 국한되는 것은 아니고, 건강이나 질병에만 국한된 것도 아님을 알 수 있다. 비만 연구자 캐서린 M. 프레겔Katherine M. Flegal(2006)은 《역학 사전Dictionary of Epidemiology》 등을 참조하여 'epidemic'에 관한 여러 정의를 꼼꼼히 검토한 후 비만 유병률에서 일어난 최근의 변화가 실제로 '유행성 질환'의 특성을 갖고 있다고 결론 내렸다. 그는 'epidemic'의 역학적 정의를 주로 따랐다. 이 정의에 따르면 'epidemic'이란 '일반적인 예상 이상으로 자주 나타나는 건강 관련 사건'을 의미한다. 프레겔은 지난 25년간의 비만 유병률의 증가 정도가 1980년대 이전의 비만 유병률 자료로는 예상할 수 없는 것이었다고 결론 내렸다.

'유행'이란 말을 비만에 사용하는 것을 비판하는 사람들도 있다(예를 들면, Campos et al., 2006). 자칫 비만 문제에 대한 우려를 부적절하게 키우는 역할을 한다는 것이다. 이들은 과체중과 비만의 증가가 그렇게 극적으로 증가하고 있지 않으며, 그로 인한 건강 문제들도 그리 심각하지 않기 때문에 '비만의 유행'이라는 개념은 적절하지 않다고 주장한다. 폴 캄포스Paul Campos* 등은 체중 증가에 대한 과장된 우려로 인해 기득권을 누리는 경제적 이익 단체들(예를 들면 다이어트 산업, 건강식품 산업, 심지어 생의학 연구자들)이 많다고 경고했다(Campos et al., 2006). 반면, 다른 연구자들은(예를 들면 Kim & Popkin, 2006) 경제적으로 막강한 힘을 가진 그룹 중에서도 비만에 대한 우려가 사라져야 이득을 보는 이들이 있음을 지적하기도 했다(예를 들면 패스트푸드 산업, 청량음료 산업).

---

* 법학자인 캄포스는 비만과 사망률의 관련성에 의문을 제기한 저서 《비만과 신화The Obesity Myth》(2004)로 잘 알려져 있다.

어쨌거나 '유행,' 또는 '유행성 질환'이라는 단어는 위기를 암시하는 것인 만큼, 오늘날 우리 문화 속에 깊숙이 침투해 있는 위기의식을 지나치게 부채질하는 일이 없도록 과학자들은 신중해야 한다. 정상적인 체형과 비만도에 대한 기준은 역사적으로 여러 차례 변화를 거쳤다. 이런 변화 중 일부는, 특히 여성과 관련해서는 생물학적으로 바람직하지 못한 경우도 있었다. 한때 여성들은 허리둘레를 18인치로 만들기 위해 코르셋을 착용했으며, 이것이 당시에 사회적으로 통용되던 여성의 신체 기준이었다. 하지만 이것은 옷맵시를 위한 기준이었지, 건강을 기반으로 해서 생긴 것은 아니었다. 우리에게 필요한 것은 건강을 기반으로 하는 비만의 지침이다.

'유행'을 정량적으로 정확하게 정의할 수는 없다. 왜냐하면 유행하는 현상들의 시간적 규모나 증가 방식이 상당히 다른 경우가 많기 때문이다. 콜레라의 유행은 HIV(human immunodeficiency virus인체 면역 결핍 바이러스) 감염의 유행과는 다르다. 그리고 이 둘은 비만의 유행과도 상당한 차이를 보인다. 비만의 유병률 변화는 세대 단위로 일어난다. 이러한 시간적 규모에서 바라보면 지난 20년간 일어난 비만 인구의 증가는 대단히 극적이었고, 이전 세기에서 얻은 자료로는 예상할 수 없는 일이었다. 비만은 고립되어 지역적으로 일어나는 현상도 아니다. 예를 들면, 미국에서 비만 인구 비율은 모든 주에서 증가했다. 뭔가 달라졌으며, 인류는 점점 더 뚱뚱해지고 있다.

그렇다면 이런 변화가 중요한 건강 문제들을 일으키는가? 비만은 당뇨, 고혈압, 심혈관 질환, 골관절염 등 여러 만성 질환과 관련돼 있다. 비만 유병률이 높은 국가에서는 성인형 당뇨병(2형 당뇨병)의 유병률도 높다. 현대 의학이 과거에 흔했던 질병 중 다수를 치료하고 예방하고 심지어 근절하는 동안, 비만 관련 질병의 발생 건수는 오히려 증가했다. 불어나는 뱃살로 인한 보건 의료 비용과 과도한 질병 이환율 및 사망률은 점차 우리 사회를 짓누르는 짐이 되고 있다. 미국에서 비만과 관련해서 지출되는 의료비는 연간 610억 달러를 웃도는 것으로 추산된다(Stein & Colditz, 2004). 높은 BMI는 높은 의료비 지출과 잦은 결근으로 이어진다(Bungum et al., 2003). 남태평양의 섬나라 대부분에서는 사망 네 건당 세 건은 비전염성 질병 때문이라고 한다 (표 1.2). 그중에서도 가장 큰 사망 원인은 심혈관 질환과 당뇨다. WHO에 따르면, 이런 국가 중 일부에서는 비만과 관련된 질병 관리에 들어가는 비용이 전체 보건 의료 지출의 절반 가까이 차지한다고 한다.

선진국에서 전반적으로 비만이 유행하고 있는데, 이 유행이 개발도상국에도 급속하게 퍼지고 있을까? 이 질문에 대한 우리의 의견은 '그렇다'이다. 비만의 증가는 '일반적인 예상 이상으로 자주 나타나는 건강 관련 사건'이다. 이 결론은 우리와 뜻을 달리하는 다른 연구자들의 경고를 부인하거나 무시하는 것이 아니다. 건강은 여러 차원으로 구성된다. 체질량지수나 체지방률 등은 사람들의 건강이 다양하게 나타나는 이유를 부분적으로 설명해 줄 뿐이다. 한 가지 분명한 것은 인류의 BMI 수치는 지난 수십

표 1.2 남태평양 섬나라에서의 연령 표준화 사망률

국가	100,000명당 총 사망 건수	비전염성 질병으로 인한 사망 비율(%)
쿡제도	817	75
피지	1065	77
마셜제도	1333	75
나우루	1446	79
팔라우	968	77
사모아	1026	76
통가	888	77
투발루	1428	73
바누아투	1033	75

년간 극적인 변화를 거쳤으며, 이런 변화는 가까운 미래에도 전 세계적으로 지속될 가능성이 크다는 점이다. 이런 변화로 인한 문제들은 반드시 짚고 넘어가야 한다. 다음은 전 세계적으로 비만 유병률과 그와 관련된 질병의 위험이 커지고 있다는 증거들을 검토해 본다.

전 세계적인 비만 유병률

WHO에서 BMI를 기준으로 추정한 바에 따르면 현재 전 세계적으로 과체중이거나 비만인 사람의 숫자는 10억 명으로, 영양 결핍으로 고통 받는 사람의 숫자인 8억 명보다 훨씬 많다. 그런데 아시아인 혈통의 사람들은 같은 BMI라도 지방량, 특히 내장 지방의 양이 더욱 많다는 연구 결과가 일관되게 나오고 있고, 이는 이들이 성장한 지역에 상관없이 해당되는 내용이었다(Araneta et al., 2002 참조). 상황이 이렇다면 BMI를 기준으로 아시아인의 과체중과 비만을 정의할 때는 기준치를 좀더 낮출 필요가 있다. 이렇게 계산하면 과체중인 사람의 숫자가 대략 13억 명에 근접한다. 오늘날 살아 있는 사람의 1/5을 넘는 수치다. 체중에 관한 한, 전 세계적으로 이런 변화를 빗겨간 지역은 없는 것으로 보인다. 하지만 국가별 차이는 분명 있다.

선진국 중 비만 부분에서 선두를 달리는 미국에서 다시 시작해 보자. 1980년대 이후로 미국에서의 BMI 분포는 오른쪽으로 움직였고, 가장 무거운 사람의 몸무게도 더 무거워졌다. 정상 체중인 미국인의 비율은 사상 최저를 기록했다. 과체중으로 판단되는 사람의 비율은 그대로인 반면, 비만으로 판단되는 사람의 비율은 증가했다(그림 1.3). 고도 비만으로 판단되는 사람들의 비율이 가장 크게 증가했다(Freedman et al., 2002). 미국에서 BMI가 40kg/m² 이상인 사람의 숫자는 1200만 명을 넘어선 것으로 추정된다. 그

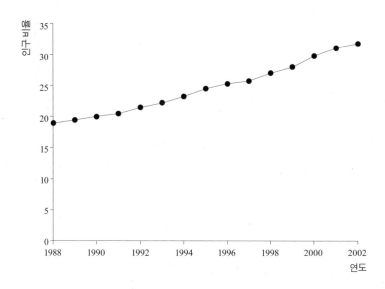

그림 1.3 행동 위험 요인 조사 시스템Behavioral Risk Factor Surveilance System의 자료를 이용해 조사한 1988~2002년까지의 미국의 성인 비만 유병률(BMI > 30kg/m2). NHANES 자료를 이용해서 자가 보고 편향self-reporting bias을 수정하였다.   출처: Ezzati et al., 2006.

리고 그들 중 대략 절반 정도는 BMI가 50kg/m² 이상이고, 대략 100만 명 정도는 BMI가 70kg/m² 이상이다.

남성과 여성, 그리고 모든 연령층이 영향을 받았다. 1999~2002년까지 만 20세 이상의 미국 여성 중 62%가 과체중이고(BMI > 25kg/m²), 33%가 비만이고(BMI ≧ 30kg/m²) (Hedley et al., 2004; Moore, 2004), 만 12~19세의 여자 청소년 중 15%가 과체중이었다(BMI ≧ 미국 질병통제예방센터의 성장 도표에 따른 95 백분위수 - 나이)(Hedley et al., 2004). 현재 BMI에 따른 미군의 입대 기준으로 보면 젊은 여성 중 40%, 젊은 남성 중 25%는 이를 충족시키지 못한다 (National Academy of Sciences, 2006). 체중이 너무 많이 나가기 때문이다.

가장 우려가 되는 부분은 이런 현상이 아동에게도 나타나고 있다는 점일 것이다. 아동 집단에서는 1960년대와 2000년 사이에 과체중은 3.4배, 고도 비만에 속하는 과체중은 7.8배 늘어났다. 따라서 미국의 비만 유병률이 앞으로 줄어들 거라는 조짐은 보이지 않고 있으며, 실제로 계속 증가할 가능성이 높다. 하지만 자료에 따르면 여성의 비만 유병률은 변동 없었다(Ogden et al., 2006). 이것은 희망적인 징조이기는 하지만 이 결과는 현대 서구의 환경에서 비만에 취약한 사람들의 비율이 대략 1/3 정도이고, 미국 인구가 그런 포화 상태에 접근했음을 나타내는 것에 불과한 것일 수 있다.

하지만 비만율이 가장 높은 곳은 미국이 아니다. 남태평양 지역의 비만율은 하늘을 찌른다. 이 작은 섬나라들 중 일부는 비만 유병률이 전 세계에서 가장 높다(그림 1.4a). 태평양의 섬나라 나우루Nauru에서는 주민 중 70% 이상이 비만으로 분류되고, 40%는 2형 당뇨병을 앓고 있다. 태평양 몇몇 섬나라도 과체중과 비만의 비율이 그에 버금가며, 동반되는 질병의 유병률도 대단히 높다. 당뇨병의 유병률도 극적으로 증가하는 중이다(그림 1.4b).

유럽의 비만율도 미국의 비만율에 근접하고 있다. 영국에서는 성인 비만 유병률이 30%에 육박하고 있으며, 2010년에는 성인 세 명 중 한 명이 비만일 것으로 예상된다(Department of Health, 2006). 15세 청소년의 과체중 및 비만 유병률은 나라별로 차이가 상당하지만 전체적으로는 걱정스러울 정도로 높다. 흥미롭게도 아일랜드를 제외하면 유럽 15세 청소년들의 과체중과 비만의 비율이 여자보다는 남자가 더 높게 나타난다.

심지어는 아프리카에서도 과체중과 비만의 비율이 증가 추세에 있다. 이런 경향은 특히 여성, 그리고 경제적 혜택을 더 많이 받는 국가의 도시 지역에서 두드러진다. 남아프리카 공화국의 비만율은 유럽의 비만율에 근접했다. 비만율이 흑인 남성에는 낮게 나오고(8%) 백인 남성에는 더 높게 나왔으며(20%), 흑인 여성에서 가장 높게 나왔다(30.5%)(van der Merwe & Pepper, 2006). 사하라 이남의 여러 지역에서는 같은 공동체 안에서 영양 결핍과 비

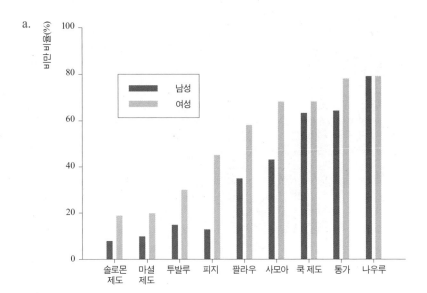

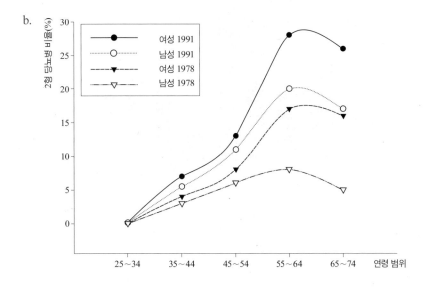

그림 1.4 a. 남태평양 아홉 섬나라의 비만율. b. 성별과 연령에 따른 비만과 결합된 당뇨병의 비율

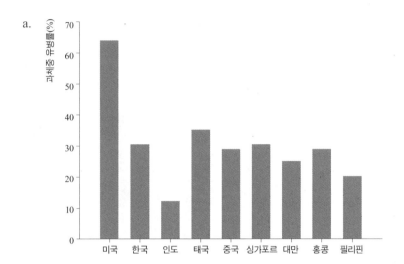

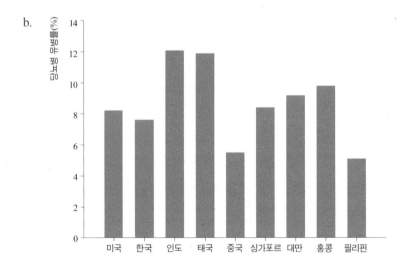

그림 1.5 a. 1990년대 미국과 일부 아시아 국가에서의 과체중 및 비만 유병률(BMI > 25kg/m²). b. 1990년대 후반의 당뇨병 유병률. 아시아 국가에서의 당뇨병 유병률은 미국의 자료를 바탕으로 했을 때 비만 유병률에서 기대되는 수치보다 크게 나온다.

만이 동시에 나타나기도 한다.

아시아 여러 국가에서도 과체중과 비만은 꾸준히 증가하고 있다. 백인에게 사용하는 표준의 BMI 분류법을 사용하면 아시아에서의 과체중과 비만의 유병률은 미국보다 여전히 낮다(그림 1.5a). 하지만 아시아인들은 BMI 수치가 낮아도 비만과 관련된 건강의 위험이 유럽 혈통의 사람들보다 더 높게 나온다. 아시아 국가의 2형 당뇨병 유병률은 미국과 비슷하거나 오히려 더 높은 편이다(그림 1.5b). 지난 20~30년간 아시아 국가들에서 당뇨병 증가율은 미국의 증가치보다 높았으며, 이들 국가의 BMI 수치도 나란히 증가했다. 아무래도 비만에 대한 취약성과 그로 인한 결과는 인종별, 민족별로 차이가 있는 듯하다. 특히 아시아인들은 내장 지방을 축적하는 경향이 강하기 때문에 당뇨나 기타 비만 관련 질환의 위험성이 높다(Yajnik, 2004). 따라서 아시아인, 사하라 이남 아프리카 지역 사람들, 유럽 혈통의 사람들 사이의 차이를 보완할 수 있도록 BMI 분류법을 새로 개선할 필요가 있다(13장 참조).

건강 문제

비만 유병률의 증가는 많은 비전염성 질환의 유병률 증가와 관련되어 있다. 뚱뚱한 사람은 크고 작은 다양한 질병에 걸릴 위험이 높다(Bray & Gray, 1988; 표 1.3). 이런 질병들 중에서도 가장 심각한 것은 심혈관 질환과 당뇨병이다. 최근에는 많은 암이 비만과 관련되어 있다는 연구 결과들이 나오고 있다(Renehan et al., 2008). 물론 이런 연관성은 비만과 암이 모두 신체 활동 수준의 저하와 관련이 있기 때문에 나온 결과일 가능성도 없지 않다.

BMI가 높은 경우와 낮은 경우 모두 사망 위험이 높아진다. 병적으

표 1.3 비만과 관련되었거나, 비만에서 위험이 높게 나타나는 건강 문제

표 1.3 비만과 관련되었거나, 비만에서 위험이 높게 나타나는 건강 문제

대사성 질환	암
2형 당뇨병	신장암
고혈압	자궁내막암
심혈관 질환	폐경기 후 유방암
뇌졸중	식도암
고지혈증	담낭암
비알코올성 지방간	대장암
생식 장애	기타
불임	골관절염
제왕절개 분만	수면 무호흡
사산	천식
선천성 결손	우울증
유산	
거대아	
임신 중독증	
임산부 사망	

로 낮은 BMI(BMI < 16kg/m²)는 영양 결핍과 관련이 있다. 고도 비만, 혹은 병적 비만인 사람들(BMI ≧ 40kg/m²)을 대상으로 연령 조정age-adjusted* 사망 위험을 평가해 보면 정상 BMI인 사람들보다 1.5~2배 정도 높다(Bray & Gray, 1988). 높은 BMI가 보호 작용을 해주는 골다공증을 제외한 나머지 질병에서는 비만이 고연령층의 질병을 악화시키는 것으로 나타났다(Roth et al., 2004a,b). 비만은 모든 남성의 사망률을 높이지만, 젊은 사람에게서 그 증가 폭이 훨씬 높다(Drnick et al., 1988). 중년에 비만인 사람은 병원에 입원할 위험과 관상동맥성 심장 질환으로 사망할 위험이 더 높다(Yan et al., 2006).

---

* 집단의 연령 구성을 동등화(표준화)하는 것을 말한다.

미국 여성들은 만 18세 때의 BMI 수치와 사망률이 상관관계가 있었다. 한 실험에서 24~44세 여성들에게 만 18세 때의 체중을 기억해 내도록 했다. 그리고 이 여성들을 12년에 걸쳐 추적하였다. 그 결과 만 18세에 비만이었던 여성은 BMI가 $25kg/m^2$ 미만이었던 여성과 비교했을 때 사망률이 거의 세 배에 가까웠다(van Dam et al., 2006; 그림 1.6). 18세 때의 BMI 수치를 기준으로 분류된 집단들의 BMI 중간값은 24~44세에 실측한 기준치를 기준으로 계산한 값보다 낮게 나왔는데, 이는 놀랄 일이 아니다. BMI는 나이가 들면서 증가하는 경향이 있기 때문이다. 자료에 따르면 분포 곡선이 전반적으로 BMI가 더 높은 쪽으로 이동한 것을 알 수 있다. 여기서도 마찬가지로 각각 집단의 비만율은 18세 때의 BMI와 깊은 상관관계가 있었다(그림 1.7). 만 18세 때 BMI가 낮았던 여성 중 비만해진 여성은 거의 없었

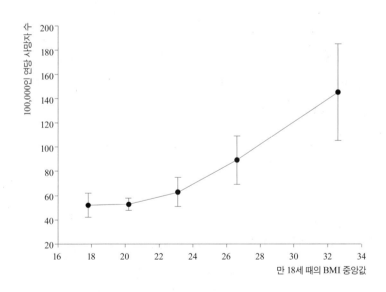

그림 1.6 만 18세 때의 BMI 중앙값으로 분류한 여성 집단들의 100,000인 연당 사망 수. 만 18세에 비만이었던 여성은 사망률도 높게 나타났다. 　　　　　　　　　　　　　　출처: van Dam et al., 2006.

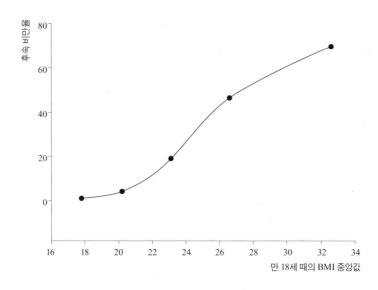

그림 1.7 만 18세 때의 BMI 중앙값으로 분류한 여성 집단의 후속 비만율.

출처: van Dam et al., 2006.

으며, 비만 유병률은 BMI가 높았던 집단에서 상당히 높게 나왔다. 만 18세 때 비만이었던 여성 중 나이가 들어서도 비만인 여성의 비율이 64%밖에 되지 않았다는 점은 희소식이다. 이들 여성 중 1/3 정도는 나이가 들면서 BMI 수치가 줄어들었다는 뜻이다. 하지만 이 그룹 전체의 BMI 중앙값이 $32.6kg/m^2$에서 $35.0kg/m^2$으로 증가했다는 점을 놓고 보면(van Dam et al., 2006), 여전히 비만인 상태로 남아 있던 나머지 여성들은 오히려 BMI가 더 크게 늘었다는 얘기가 된다. 자료에 보고되지는 않았지만, 이런 결과를 놓고 보면 중등도 비만이거나(BMI $\geq 35kg/m^2$), 고도 비만인(BMI $\geq 40kg/m^2$) 여성의 비율이 올라갔을 가능성이 크다.

아동용 카시트가 작다?

미국인들의 몸집이 커지는 현상은 건강 이외의 분야에도 영향을 미치고 있다. 몸집이 커짐에 따라 어쩔 수 없이 우리가 사용하는 물건들의 크기도 커진다. 지난 수십 년에 걸쳐 좌석의 표준 크기는 경기장 관중석, 교회 의자, 자동차 시트 등을 막론하고 모두 몇 인치씩 커졌다. 사무실 가구들도 직장인들의 몸집 변화를 수용하기 위해 변하고 있다. 회전문의 폭은 182cm가 표준이었으나 현재는 244cm다. 승객의 평균 체중 증가로 비행기 운항에 소요되는 연료량도 영향을 받는다. 미국인들의 평균 체중 증가로 2000년에만 2억 5000달러 정도의 연료비가 추가 발생한 것으로 추산된다(Dannenberg et al., 2004). 자동차의 연비도 탑승자의 체중에 영향을 받고 있다.

사회 기반 시설, 그중에서도 의료 관련 기반 시설에 변화가 생기고 있다. 몸집의 변화 때문이다. 병원에서는 비만인 환자들의 비율이 늘어남에 따라 그들을 수용하기 위해 특별 제작된 침대, 수술대, 휠체어 등의 장비들이 필요하게 되었다. 근육 내 주사와 같은 간단한 문제도 비만 때문에 사정이 복잡해지고 있다. 표준적인 피하주사침은 비만인 사람들에게 사용할 수가 없다. 주사 바늘이 두터운 지방층을 뚫고 근육에 도달하려면 더 긴 바늘이 필요하다(Chan et al., 2006). 침대에서 움직이지 못하는 비만 환자를 뒤집는 일도 여러 간호사가 달려들어야 하는 힘든 일이 되었다. 병원을 찾는 환자 중에서 표준 크기의 환자 가운, 휠체어, 침상, MRI로는 수용할 수 없는 환자의 숫자가 점차 늘고 있다. 표준적인 의료 영상 촬영 장비로는 병적 비만 환자에게서 나타나는 두터운 지방층 때문에 만족스러운 이미지 해상도를 얻기가 어렵다. 두터운 지방층 때문에 이미지가 흐려져서 X-레이 판독이 점점 어려워지는 실정이다(Uppot et al., 2007).

안전 또한 문제가 되고 있다. 미국 아동들의 체중이 무거워지는 바람에 아동용 카시트도 크기를 키워야 하게 생겼다. 몸집이 너무 커서 현재의 아동용 카시트에 제대로 앉지 못하는 아동도 25만 명가량으로 추산된다 (Trifiletti et al., 2006). 몸집 때문에 안전 시트에 앉지 못하는 아동은 사고에서 부상을 당하거나 사망할 위험이 대단히 높다. 자동차 사고에서의 성인 사망률도 BMI와 관련이 있다. BMI가 $35kg/m^2$ 이상인 성인은 자동차 사고 후 30일 내로 사망할 확률이 더 높다(Mock et al., 2002). 사망률 증가의 원인은 분명치 않으나, 동반 이환율이 높고 비만으로 인한 다른 위험(예를 들면, 마취에 따른 위험 증가 등)이 높은 것과 관련이 있을 수도 있다. 자료에 따르면 병적인 비만의 경우에는 자동차 충돌 사고에서 흉부에 심각한 부상을 당할 위험이 더 높음을 알 수 있다(Mock et al., 2002). 남성의 경우 BMI에 따른 사망 위험은 U자형 분포를 나타낸다. BMI가 아주 높거나 낮은 사람은 그만큼 위험도 커지는 것이다(Zhu et al., 2006). BMI가 $35kg/m^2$를 초과하는 사람은 모든 유형의 사고에서 그만큼 위험도가 높아지는 것으로 보인다(Xiang et al., 2005).

대부분은 읽지 않고 넘어가는 부분이지만, 엘리베이터 안에는 안전하게 탈 수 있는 최대 인원수가 적혀 있다. 이 인원수는 평균 체중의 사람을 기준으로 한 것이다. 체중이 달라지면 이 계산도 달라져야 한다. 2003년에는 노스캐롤라이나 샬럿에서 통근용 소형 비행기가 공항에서 이륙하고 머지않아 바로 추락하는 사고가 있었다. 이 추락 사고에 기여한 원인 중 하나는 승객과 수화물의 과도한 무게였다. 승객 인원수와 관련된 안전 조항은 25년 전의 평균 체중을 근거로 정해진 것이었다. 이 비극은 미국 교통부가 승객 및 수화물의 평균 무게에 대한 안전 지침을 갱신하게 만드는 계기가 되었다.

비만의 유행에 대한 이해 _____

어떤 사람은 뚱뚱해지는데, 어떤 사람은 그렇지 않은 까닭을 이해하기 위해 엄청난 연구가 이루어져 왔다. 그 결과 인간의 생물학에 대해서 상당히 많은 것을 알게 되었으며, 지방의 생물학에 대해서도 훨씬 많이 알게 되었다. 그렇지만 여전히 비만의 증가를 멈추지 못하고 있는 실정이다.

BMI와 체지방 분포에는 유전적인 요소가 있음을 알게 되었다(Samaras et al., 1997; Rice et al., 1999; Hsu et al., 2005). 유전이 어떤 역할을 하고 있다는 것은 분명하다. 비만의 원인을 뒷받침하는 유전적 요소를 찾기 위해 합동으로 조사가 이루어졌으며, 이런 노력을 통해 비만을 낳는 특수하고 보기 드문 장애에 대한 지식이 많은 진전을 본 것도 사실이다. 하지만 일반적인 비만과 관련해서는 연구 성과가 아직 미진하다. 비만인 사람들 중 호르몬, 생리, 분자유전학적 비정상을 확인할 수 있는 사람은 5%에도 미치지 못한다(Speiser et al., 2005). 대부분의 비만은 유전, 환경, 사회적 요소들 사이의 복잡한 상호작용을 반영하고 있을 가능성이 높으며, 이런 상호작용은 유전 외적인 요소에서 나온 대사적 변화를 통해 중재되는 경우가 많다.

비만 유병률의 증가는 너무 빨리 일어났기 때문에 그것을 인구 집단에서 일어난 유전적 변화 때문이라 볼 수는 없다. 그렇다고 해서 비만 인구의 증가에 유전적 요소가 작용하지 않았다는 의미는 아니다. 현대의 비만 중 상당 부분은 유전되는 것이 아니지만, 우리를 비만에 취약하게 만드는 유전적 원리가 인구 전체에 널리 퍼져 있음을 암시하고 있다. 아마도 양쪽 다 맞는 말일 가능성이 크다. 우리는 비만에 취약하게 만드는 유전적 다형성genetic polymorphism이 인류 진화 기간 대부분에서 자연 선택에 의해 배제되기보다는 선호되는 쪽으로 진행되었을 가능성이 크다고 본다. 지방을 축적하는 성향은 자연 선택의 압력을 받지 않는 경우가 많았을 것이다. 외부 환경으로 인해 그러한 표현형의 발현이 제한되었을 것이기 때문이다. 즉 유전적 요소에 상관없이 환경적 요소로 인해 체지방량이 낮게 유지될 수밖에 없었다. 진화적 관점에서는 비만에 대한 유전적 감수성과 마른 체형에 대한 유전적 감수성에 비대칭성이 있다고 예측한다. 진화는 지방 축적에 대한 감수성을 선호하는 방향으로, 혹은 적어도 그런 감수성을 저해하지 않는 방향으로 진행되었을 가능성이 크다는 것이다. 따라서 우리는 비만과 연관된 유전적 다형성은 많은 반면, 마른 체형을 유지하는 성향과 관련된 유전적 다형성은 그보다 훨씬 적을 것이라 예측한다.

유전자를 제거한 생쥐 모델에서 유전자를 제거했을 때 성장에 미치는 영향을 조사한 결과, 이러한 가설을 지지하는 결과가 나왔다. 한 유전자를 제거해도 상당수의 생쥐는 살 수 있다. 이것은 진화를 통해 만들어진 시스템의 특징이다. 잉여의 대사 메커니즘이 있는 경우가 많기 때문이다. 살아남아 조사를 받은 유전자를 제거한 생쥐 중 약 34% 정도가 야생형 생쥐와 비교해 성장에 변화가 있었으며, 이러한 변화가 몸의 크기에 반영되었다. 이 결과를 통해 추정해 보면 성장 과정, 그리고 어른 생쥐의 최종 크기에 영향을 미치는 유전자의 수는 대략 4,000개 정도로 볼 수 있다(Reed et al., 2008). 야생형의 크기 표현형phenotype*과 다르게 나타난 유전자를 제거한 생쥐는 10마리당 9마리 정도가 몸 크기가 작았다. 이는 유전자를 제거하면 당연히 어느 정도는 정상적인 성장이 저해된다는 것을 의미한다. 하지만 크기를 제한하는 유전자보다는 큰 몸집을 선호하는 유전자가 더 많이 있다는 의미이기도 하다.

과거에 고도 비만이었던 사람의 이야기를 들어 보면 유전자 프로파일

---

* 표현형은 유전자와 환경의 상호작용에 의해 나타나는 형질을 말한다. DNA가 지닌 유전 정보에 의해 결정되는 형질은 유전자형genotype이라고 한다.

과 맞는 것으로 보일 때가 많다. 이 사람들은 어릴 때부터 몸집이 컸고 계속해서 체중이 불었다고 한다. 어떤 사람은 식탐이 많았다고 하며, 또 어떤 사람은 먹는 양은 보통 사람들과 다를 것이 없었는데도 계속 체중이 불었다고 한다. 비만에 이르는 길은 여러 가지가 있는 것으로 보인다. 오늘날에 와서 달라진 점이 있다면 비만에 도달할 능력이 있는 사람이 많아졌다는 것이다.

비만과 진화

현대인을 비만에 취약하게 만든 유전, 생리적 메커니즘, 행동 등의 여러 측면이 과거에는 인류가 환경에 성공적으로 적응하는 데 필수적인 요소였다는 가설을 세우는 연구자들이 많다(예를 들면, Peters et al., 2002; Chakravarthy & Booth, 2004; O'keefe & Cordain, 2004; Prentice et al., 2005). 따라서 비만이 유행하게 된 것은 현대의 환경과 지금에 와서는 부적절해진 과거의 진화적인 적응이 상호작용한 결과다. 인간의 생물학과 현대의 생활방식은 체중 항상성 유지라는 측면에서는 더 이상 호응하지 않게 되었다. 비만은 질병을 낳고 그 자체로도 질병이라 할 수도 있지만, 비만이 생긴 원인은 에너지 소비는 많고 음식 섭취는 불안정했던 과거의 환경에 맞추어 인간이 진화해 왔기 때문일 수 있다.

과거와 확연히 달라진 중요한 변화는 음식을 획득하는 일이 육체적 노력과 분리되기에 이르렀다는 점이다. 인간은 열심히 노동을 해야 음식을 얻을 수 있는 종으로 진화해 왔다(Eaton & Eaton, 2003). 음식을 통해 에너지를 섭취하기 위해서는 먼저 음식을 얻기 위해 상당량의 에너지를 소비해야만 했다. 하지만 지금은 전화 한 통이면 피자가 문 앞에 배달된다. 이제는 음식을 획득하기 위해 에너지를 잔뜩 소비할 필요가 없어졌다. 이제 인류의 대부분은 하루에 소비하는 에너지양은 기초대사율basic metabolic rate 정도에 불과한데도, 소화가 잘 되고 에너지 밀도도 높고 맛도 좋은 음식은 언제 어디서든 손쉽게 구할 수 있게 되었다. 이것은 인류에게는 비만의 가능성을 높이는 매우 좋지 않은 상황이다.

진화를 통해 물려받은 해부적, 생리적, 대사적 도구들은 오래전에는 섭식 행위와 음식 찾기 행위 전략에 알맞은 훌륭한 적응 방식이었지만, 현대의 섭식 및 음식 찾기 환경에는 부적절한 것이 되고 말았다. 적어도 부분적으로는 이러한 불일치가 현대 환경에서 비만이 증가한 원인이라 할 수 있을 것이다. 과거의 도전에 직면해서 거두었던 성공이 오히려 지금은 우리에게 새로운 도전을 던져 주고 있으며, 진화를 통해 얻은 우리의 생리적 메커니즘, 몸의 구조, 행동은 그러한 도전에 아직 제대로 대응할 준비가 돼 있지 않은 셈이다.

이 정도로는 별거 아니다 싶다면 더 무시무시한 증거를 하나 제시하도록 한다. 현재 진행 중인 비만의 유행이 자기 지속적인self-sustaining 현상으로 자리 잡을 가능성이 있다. 소아 비만과 나중에 성인이 되었을 때 비만이 될 위험은 모두 자궁 내 환경에 크게 영향을 받는 것으로 보인다. 그리고 성인 비만과 관련된 성인병들은 적어도 부분적으로는 생리와 대사 과정의 자궁 내 프로그래밍in utero programming에서 비롯된다(예를 들면, Barker, 1991, 1998; Hales & Barker, 2001; Ramsey et al., 2002; Yajnik, 2004). 이 개념에 대한 초기 연구는 저체중출생아low birth weight baby에 주로 초점을 맞추었기 때문에 결국 '절약 유전형,' '절약 표현형'이라는 개념을 제안하기에 이르렀다. 즉 비만의 경향은 결핍에 적응해서 나타난 표현형과 출생 후에 만난 풍족한 성장 환경 사이의 불일치 때문에 생긴다는 것이다. 하지만 비만의 위험 증가, 그리고 더욱 중요한 비만 관련 질환들은 출생 시 체중과 관련해서 U자형 분포를 따른다. 재태 기간gestational age*에 비해 작거나 큰 아기는 모두 비만의 위험이 커진다는 뜻이다(Yajnik, 2004). 따라서 자궁 내에서 풍족함을 경험한 경우에도 마찬가지로 비만의 성향이 높아지는 것으로 보인다.

지난 20년간 거대아(출생 체중이 4.5kg 이상)가 태어나는 경우가 크게 증가했다(Lu et al., 2001). 산모가 원래 비만했거나, 임신 기간 중에 체중이 크게 증가한 경우 모두 거대아 출산과 관련이 있다(Beall et al., 2004). 영국인 집단에서는 산모의 BMI, 출생 체중, 그리고 자식의 성인 체중이 서로 상관관계가 높은 것으로 밝혀졌다. 아동이 장래에 성인이 되었을 때의 체중을 예측하는 데는 출생 체중보다는 산모의 BMI가 더 나은 예측 변수였다. 이처럼 출생 체중과 성인 체중이 서로 관련이 있는 것은 산모 BMI가 양쪽 모두에 영향을 미치기 때문임을 반영하는 것이다(Parsons et al., 2001). 엄마는 자신의 체중 장애weight disorder를 자식에게 '획득 형질 유전inheritance of acquired characteristics'**이라는 형태로 물려줄 수 있다(Beall et al., 2004). 이는 비만인 엄마가 딸에게 물려주는 특성 때문에 그 딸 역시 비만이 될 위험이 크며, 결과적으로 그 딸 또한 비만과 관련 질환의 위험이 높은 자식을 낳게 될 가능성이 크다는 얘기다.

무엇이 비만을 일으키는가

비만은 오랫동안 칼로리 섭취가 칼로리 소비보다 많아서 생기는 간단한 장애로 보이지만 사실은 대단히 복잡하다. 비만의 유행은 칼로리 소비는 줄어

---

* 임상적으로 최종 월경의 1일째부터 출산에 이르기까지 태아가 자궁 내 환경에서 발달하는 기간을 말한다.
** 유전자의 작용 없이 생명체가 환경에 영향을 받아서 후천적으로 얻는 형질을 말한다.

든 반면 칼로리 섭취는 점차 용이해져서 찾아온 당연한 논리적 결과로 이해할 수 있다(Prentice & Jebb, 2004). 하지만 인류의 몸집을 불리는 요인은 생물학적인 요인만 있는 것이 아니라 기술적, 경제적, 문화적, 행동적, 심리적 요인도 있다. 예를 들면, 식품 경제에서 일어난 사회의 구조적 변화로 인해 아주 맛있고 칼로리 밀도가 높은 음식들(예를 들면 설탕과 지방이 첨가된 음식)이 신선한 과일이나 채소 등 건강에 더 좋은 식품보다 일반적으로 가격이 더 저렴해진 것도 요인 중 하나다(Drewnowski & Darmon, 2005). 더군다나 이제는 일보다는 여가 활동이 주된 신체 활동으로 자리 잡은 사람이 많아졌다. 따라서 신체 활동을 통한 에너지 소비는 생존을 위해 필요한 것이 아니라 오히려 돈과 시간을 투자해야 하는 일이 되었다. 그 결과 건강한 식생활을 영위하고 충분한 운동을 하려면 패스트푸드를 먹고 가만히 앉아서 여가 시간을 보낼 때보다 더 많은 돈과 시간을 투자해야 하는 상황이 되었다. 인류는 건강한 생활방식이 오히려 사치가 되어 버릴 위험에 처한 것이다.

음식과 식생활은 여러 면에서 변화가 찾아왔다(표 1.4). 오늘날에는 고지방, 고당분의 고칼로리 식품을 거의 무제한으로 얻을 수 있다. 음식의 획득이 그만큼 쉬워진 것이다. 밤낮을 가리지 않고 손쉽게 음식을 손에 넣을 수 있을뿐더러, 계절 과일들도 거의 사시사철 만날 수 있게 되었다. 깨어 있는 동안 음식과 관련된 활동 시간의 비율은 놀라울 정도로 줄어들었다. 음식을 얻기 위해 들여야 하는 에너지와 시간은 그저 줄 서서 기다리는 정도에 불과하다. 오늘날에는 음식을 구하려면 필연적으로 따라오던 물리적 위험도 사라지고 없다. 오늘날의 먹거리들은 먹히지 않으려고 사람들에게 대들지도 않으며, 슈퍼마켓에 표범이 도사리는 경우도 없다.

건강에 좋지 않은 식습관은 어린 시절부터 시작된다. 조사에 따르면 미국 아동이 섭취하는 채소 중 거의 절반을 감자 튀김이 차지한다. 1977~1978년과 2001~2002년을 비교해 보면 미국 아동의 채소 섭취량

표 1.4 음식과 관련된 몇몇 측면의 비교

음식과 관련된 측면	선조들의 환경	선진국의 환경
가용한 양	충분하지만 넘치지는 않음	넘치고도 남음
시간적 가용성	계절을 많이 타고, 가끔씩 음식을 구하기 힘들 때도 있다	대부분의 음식을 사시사철 구할 수 있다
고칼로리 음식	드물다	흔하다
음식을 구하는 데 필요한 에너지 소비량	상당함	거의 없음
음식을 구하는 데 필요한 시간 소비량	상당함	거의 없음
음식을 구하는 데 따르는 피할 수 없는 위험	상당함	거의 없음
음식의 기능	약간의 사회적, 성적 기능을 제외하면 주로 영양 섭취 기능	영양적 측면보다는 사회적 기능이 중요할 때가 많다

은 43% 감소했다. 반면 같은 기간 동안 피자 소비량은 425%라는 놀라운 증가를 보였다. 아이들의 최대 탄수화물 공급원은 빵이다(Subar et al., 1998). 아이들이 마시는 우유의 양은 줄어들었고(38% 감소), 탄산음료 섭취량은 증가했다(70% 증가)(Isganaitis & Lustig, 2005). 아이들의 두 번째 탄수화물 공급원은 청량음료다(Subar et al., 1998).

음식만 문제가 되는 것은 아니다. 사람들은 점점 몸을 쓰는 일이 줄어들고, 기껏해야 기초대사율을 조금 넘는 정도의 에너지만 소비하는 사람도 많다. 사실 2005년에는 미국 성인 중 정기적으로 신체 활동을 한다고 보고한 사람이 절반에도 미치지 못했다. 하지만 좋은 소식도 들린다. 2001년 이후로는 정기적으로 여가 활동을 통해 몸을 움직인다는 성인의 비율이 늘어났다(CDC, 2007). 하지만 오늘날에는 신체 활동을 거의 하지 않는 사람들이 많아졌으며, 특히 선조들과 비교하면 거의 움직이지 않는 것이나 마찬가지다.

물론 그리 멀지 않은 과거에는 여가 활동이 에너지 소비에서 그렇게 중요한 결정 인자가 아니었다. 당시에는 사람들이 일상생활에서 소비하는 에너지양이 상당했다. 하지만 오늘날에는 앉아서 하는 일이 더 많다. 사람들은 걷기보다는 차를 모는 것을 좋아하고, 계단을 오르느니 차라리 엘리베이터를 탄다. 생활 환경을 구성하는 기반 시설 자체가 이런 면을 강화하는 측면이 없지 않다. 교통 시설 자체가 자동차를 위해 설계되었지, 보행자나 자전거 이용자를 위해 설계된 것이 아니다(Sallis & Glaz, 2006). 건물에 들어서면 엘리베이터는 쉽게 눈에 띄지만, 계단을 찾기는 무척 어렵다. 현대 인류가 만들어 놓은 환경 자체가 신체 활동의 감소를 조장하는 형국이다.

왜 모두가 뚱뚱해지지 않을까

일부 연구자들이 지적했듯이(예를 들면 Speakman, 2007) 오늘날에는 체중 증가를 부추기는 위험 요소들이 곳곳에 스며들어 있다. 따라서 이러한 환경 속에서도 그렇게 많은 사람들이 건강한 체중을 유지하는 이유가 무엇인지도 대단히 흥미로운 주제다. 현대의 생활 환경에서도 사람들이 모두 하나같이 체중이 늘지는 않는다. 이것은 우리의 비만 취약성에 영향을 미치는 요인들이 있다는 뜻이다. 이 요인 가운데 일부는 문화적, 행동적인 것일 수도 있다. 개인의 선택도 중요한 역할을 한다. 하지만 유전적, 대사적, 생리적 요인도 빼놓을 수 없다. BMI는 유전적 요소가 있는 것이 밝혀졌다(Samaras et al., 1997; Rice et al., 1999; Hsu et al., 2005). 신장이나 체격 같은 부분에도 유전적 요소가 강하게 작용하는 것을 보면 그리 놀랄 일은 아니지만, 이러한 연구 결과들은 사람을 체중 증가에 취약하게 만들거나, 아니면 현대의 생활 환경에서도 체중을 그대로 유지할 수 있게 만들어 주는 유전적 요소가 있다는 가설을 지지해 주고 있다.

인간이라는 종의 다양성은 극단적이라 할 수 있다. 오늘날 전 세계 인구는 70억에 육박하고 있으며, 인류가 발현하는 유전적 다양성도 유례가 없을 정도로 풍부해졌다. 역사를 보면 비만인 사람과 마른 사람은 늘 있어 왔다. 그리고 앞으로도 분명 그럴 것이다. 현대의 생활 환경이 인간을 비만에 취약하게 만든 것이 사실이기는 하지만, 그런 환경 변화에 내성이 있는 사람들도 분명 많다.

지난 25년간 부유한 국가에서는 과체중과 비만이 극적으로 증가했다. 이러한 경향은 개발도상국까지 퍼지고 있으며, 일부 남태평양 섬나라에서는 이미 비만 유병률이 유럽과 미국을 추월했다. 이런 체지방량의 증가와 더불어 심혈관 질환이나 당뇨 같은 비전염성 질병의 유병률도 함께 상승했다. '유행epidemic'이라는 단어를 넓은 의미에서 생각하면 전 세계적으로 비만이 유행하고 있다고 말할 수 있다.

비만 유병률의 증가 속도가 빠르다는 것은 다음을 의미한다. 비만의 증가는 환경 변화와 인간생물학의 상호작용으로 나타난 결과이며, 현대 환경 속에서 사람을 지속적인 체중 증가에 취약하게 만드는 생물학이 인구 전체에 널리 퍼져 있다는 것이다. 하지만 체중 변화에 내성이 있는 사람 역시 있다. 따라서 생물학적 다양성이 작용하고 있다고 볼 수 있으며, 과도한 지방 축적에 대한 취약성과 내성을 뒷받침하는 생물학을 이해하는 것이 건강 문제를 이해하는 데도 도움이 된다.

비만에 이르는 경로는 다양하다. 과거에는 드러나지 않았거나, 선택적으로 이롭게 작용했던 유전적 다양성이 지금에 와서는 적응에 불리한 반응을 낳고 있다. 우리의 섭식 행위를 이해하고, 왜 많은 사람이 기회만 되면 과식을 하는지 알려면 인간의 진화 역사를 이해하는 것이 필수적이다.

02

초기 인간에게
어떤 식생활의 변화가 있었나

인류(사람속genus Homo)는 우리의 선조가 침팬지와 별반 다를 것 없었을 때부터 지금까지 상당한 변화를 겪었다. 물론 그 당시부터 지금까지 그대로 유지하고 있는 특성도 많다. 인류는 다른 포유류보다 유인원들과 공통점이 많으며, 특히 침팬지나 보노보(판속genus Pan)와는 더욱 공통점이 많다. 하지만 인류의 혈통은 그들과 분리되어 대략 600만~700만 년 동안 독자적인 길을 걷기 시작했다(Glazko et al., 2005). 우리 선조에게는 판속genus Pan과 구분되는 독자적인 특성들이 있었다. 그중 가장 흔히 언급되는 것이 더욱 커진 뇌와 두 발 보행이다.

1925년에 해부학자이자 인류학자인 레이먼드 다트Raymond Dart는 〈네이처Nature〉지에 1924년 남아프리카 타웅에서 발견된 '인간-유인원'의 어린이 두개골에 대한 논문을 발표했다(Dart, 1925). 이 '타웅 차일드Taung child'는 몇 가지 이유에서 매우 중요했다. 이 두개골은 다윈이 선호했던 인류 아프리카 기원설에 힘을 보태 주었다. 또한 두 발 보행이 뇌 용적의 팽창보다 먼저 일어났음을 말해 주었다. 타웅 차일드의 두개골이 척추와 이어지는 방식은 직립 자세를 암시했으며, 따라서 두 발 보행이 이루어졌음을 강력하게 시사했다. 하지만 뇌의 크기는 침팬지의 크기와 다르지 않았다(Dart, 1925). 다트는 타웅 차일드의 종을 '오스트랄로피테쿠스 아프리카누스Australopithecus africanus'라 명명했다.

1950년에는 케냐 출신의 영국 고고학자 루이스 리키Louis Leakey와 메리 리키Mary Leakey 부부의 발견으로 인류의 혈통이 아프리카에서 시작되었고 뇌가 커지기 전에 두 발 보행이 먼저 시작되었다는 좀더 확실한 증거가 나왔다. 두 사람은 거의 200만 년 전의 두개골 화석을 발견했는데, 두개골의 용량이 증가되어(즉 뇌가 커져) 있었다. 여기에는 원시적인 돌 도구의 사용과도 관련되어 있었다(Leakey & Roe, 1994). 하지만 타웅 차일드는 우리의 선조가 아니다. 오스트랄로피테신류australopithecine*와 사람속의 초기 선조는 동시대에 살았던 것으로 보인다.

1970년대 초에 320만 년 된 비교적 완전한(40%) 오스트랄로피테신류의 여성 골격 화석이 에티오피아 하다Hadar에서 발견되었다. 루시Lucy(비틀스의 노래 〈Lucy in the Sky with Diamonds〉에서 딴 이름)로 명명된 이 화석은 뇌의 팽창보다 두 발 보행이 먼저 이루어졌다는 결정적인 증거를 제공해 주었다. 루시의 화석과 하다, 라에톨리Laetoli, 탄자니아 등에서 발견된 같은 종의 다른 화석들을 바탕으로 '오스트랄로피테쿠스 아파렌시스Australopethecus afarensis'라는 새로운 종명이 지어졌다(Johanson & White, 1979). 이 종은 인간과 침팬지의 공통 선조의 특성을 상당수 유지하고 있었다. 이를테면 침팬지와

---

* 오스트랄로피테쿠스속과 파란트로푸스속을 지칭한다. 신생대 두 번째 시기인 선신세에 함께 등장했는데, 오스트랄로피테쿠스는 나중에 현생 인류로 진화하고, 파란트로푸스는 진화하지 못하고 멸종한 것으로 보인다.

비슷한 뇌 크기, 남녀 간의 상당한 외형적 차이(남성이 여성보다 훨씬 더 컸다), 나무를 오를 때 유리한 긴 팔과 휘어진 손가락뼈 등이다. 하지만 하지와 골반의 형태는 오스트랄로피테쿠스 아파렌시스가 두 발로 대단히 효율적으로 걸었음을 보여 준다. 더군다나 라에톨리에서 동시대의 화석 발자국이 발견되기도 했다. 이 발자국은 직립 보행을 하는 두 생명체가 나란히 걸었거나, 적어도 같은 길을 따라 걸어간 흔적이었다(Hay & Leakey, 1982).

1990년대에는 두 발 보행의 기원이 훨씬 더 오래되었음을 말해 주는 화석 증거가 발견되었다. 아르디피테쿠스속genus Ardipithecus*은 440만~580만 년 전에 살았던 두 종으로 대표된다. 아프리카에서 이루어진 최근의 발견들은 두 발 보행의 기원이 훨씬 더 오래되었음을 암시한다. 오로린속genus Orrorin은 두 발 보행뿐 아니라 나무도 잘 탔고 약 600만 년 전에 살았었다(Senut et al., 2001). 사헬란트로푸스속genus Sahelanthropus**은 우리의 초기 선조이거나, 우리와 유인원의 공통 조상인 것으로 추정된다. 이들은 600만~700만 년 전에 살았고, 유인원과 비슷한 속성과 사람속과 비슷한 속성이 혼합되어 있었다(Brunet et al., 2002). 하지만 사헬란트로푸스속이 두 발 보행을 했는지는 분명하지 않다.

흥미롭게도 인류와 침팬지의 종 분화에 대한 화석 증거와 분자생물학적 증거가 다시 한 번 충돌하고 있다. 미국의 인류학자 빈센트 세리치Vincent Sarich와 생화학자 앨런 윌슨Allen Wilson의 고전적 연구에서 시작된 분자생물학적 증거는 종 분화의 시기를 일관되게 400만~600만 년 전의 어느 때쯤으로 추정한다. 좀더 최근에는 그 범위가 500만~700만 년 전으로 추정되

---

* 신선세 초기의 약 440만 년 전에 살았던 화석 인류로 아프리카 유인원(침팬지속과 고릴라속)의 특징을 공유하고 있다. 아르디피테쿠스 라미두스Ardipithecus ramiduse와 아르디피테쿠스 카다바 Ardipithecus kadabba 두 종이 있다.
** 대략 700만 년 전 중신세에 현존한 것으로 추정되는 화석 인류다.

기도 했다(예를 들면, Glazko & Nei, 2003). 유인원(침팬지, 고릴라, 오랑우탄)과 인간의 게놈에 대한 한 도발적 연구에서는 침팬지와 인류의 초기 종 분화는 더 일찍 일어났을 수도 있지만, 종 분화가 완전히 이루어진 것은 대략 400만 년 전이었다고 결론 내렸다. X 염색체를 비교해서 얻은 결과를 보면, 600만~700만 년 전 사이에 침팬지와 인류의 초기 종 분화가 이루어진 이후에도 400만 년 전까지 아주 오랫동안 침팬지와 인류의 선조 간에 이종 교배가 이루어졌다는 가설을 지지하고 있다(Hobolth et al., 2007). 이 연구 결과가 확정적인 것은 아니지만, 인간의 진화 역사가 가지치기를 하는 단순한 형태의 나무보다는 가지가 복잡하게 얽힌 덤불 형태였다는 생각을 지지해 주는 것만은 분명하다. 두 발 보행이 정말 인류의 선조를 구분해 주는 결정적인 특성이었고 침팬지 혈통에서 두 발 보행이 결코 일어나지 않았다면, 화석상의 증거와 분자유전학적 증거는 충돌을 피할 수 없다.

인류의 혈통이 침팬지와 보노보의 혈통과 정확히 언제 어떤 방식으로 갈라져 나왔든지 간에, 약 200만 년 전에는 인류학자들이 호미닌hominin이라고 부르는(Wood & Richmond, 2000) 몇몇 두 발 보행 영장류가 살았다는 것은 우리가 잘 알고 있는 사실이다. 이 호미닌들은 다양한 서식지에 널리 퍼져 살았지만, 그 범위는 아프리카에 국한되어 있었다. 이 종들 중 상당수는 오늘날의 침팬지와 비슷한 크기의 뇌를 가지고 있었다. 이것은 이들이 상당히 지능이 높은 동물이었음을 말해 주는 것으로, 삶의 도전적 과제들을 해결할 수 있는 적응에 유리한 복잡한 행동 체계를 갖추었으리라 추측할 수 있다. 이것은 분명 오늘날의 침팬지에도 해당되는 내용이다. 이들은 오스트랄로피테신류로, 우리의 직접적인 선조는 아니었지만, 우리와 같은 선조에서 나왔음은 거의 확실하다(Wood & Richmond, 2000). 이들은 당시 우리의 선조인 사람속의 종들과 같은 장소, 같은 서식처에 살았다. 그들은 결국 멸종했지만, 우리의 선조들은 살아남아 전 세계로 퍼져 나갔다. 이것은 두 발 보행의 덕분이 아니라, 커진 뇌 덕분이었다.

초기의 사람속

수백만 년 전에 등장한 사람속 초기 구성원의 진화에 관한 부분에서 시작해 약 10만 년 전에 등장한 호모 사피엔스Homo sapiens까지 알아보도록 하자. 논의의 초점은 식욕, 먹이 확보, 활동과 에너지 소비, 에너지 저장과 관련해 과거로부터 이어져 내려온 기제에 맞춘다. 예를 들어 200만 년 전부터 25만 년 전까지 사람속의 뇌 크기가 증가했다는 사실은 대부분 알고 있을 것이다. 하지만 몸집의 크기도 상당히 증가했다는 사실을 아는 사람은 별로 없다(McHenry & Coffing, 2000; Wood & Richmond, 2000). 우리는 초기 선조들보다 뇌만 큰 것이 아니라, 몸집도 큰 종이다(그림 2.1). 몸집이 커진 것은 인류의 진화 초기에 일어난 사건으로 보인다(표 2.1).

커진 뇌와 커진 몸집, 둘 중 어느 것이 먼저 일어났을까? 현재 나와 있는 연구들을 보면 몇 백만 년 전에 아프리카에서 사람속의 몇몇 종이 등장해 꽤 오랫동안 살았던 것으로 보인다. 그중 한 종인 호모 하빌리스Homo habilis는 신체적으로는 오스트랄로피테신류에 더 가까웠고 체구가 비교적 작고 팔은 상대적으로 길었다. 하지만 호모 하빌리스는 동시대의 오스트랄로피테신류보다 더 큰 뇌를 가지고 있었다. 최근에 발견된 화석은 호모 하빌리스가 아프리카에서 대략 100만 년 전까지 살았음을 입증해 보였다(Spoor et al., 2007). 그즈음에는 팔다리 비율이 현대 인류에 좀더 가깝고 몸집이 더 큰 종인 호모 에렉투스Homo erectus가 아프리카를 벗어나 전 세계로 뻗어나가고 있었다. 호모 하빌리스는 우리의 선조가 아니라는 해석이 관련된 연구들로 인해 좀더 설득력을 얻고 있다.

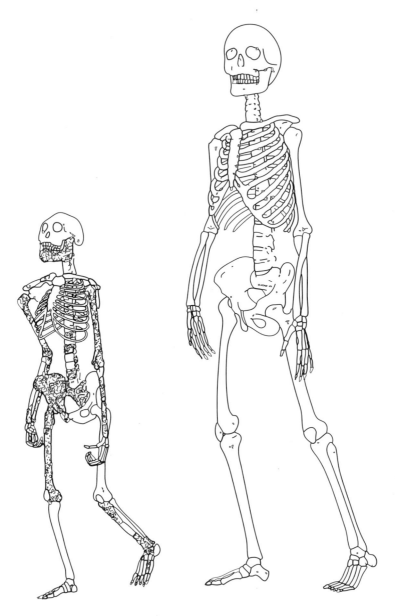

그림 2.1 320만 년 된 오스트랄로피테신류 화석인 루시(왼쪽)는 뇌의 크기가 침팬지와 대략 비슷하고, 완전히 두 발로 보행했으며, 몸집이 작았다. 현대 인류는 뇌의 크기도 훨씬 크지만, 몸집도 그만큼이나 커졌다. 두 골격 모두 여성의 것이다.

그림 출처: Milford Wiloff.

표 2.1 성인 여성과 남성의 평균 몸무게 추정치

종	생존 기간	몸무게/여성(kg)	몸무게/남성(kg)
침팬지	현존	41	49
오스트랄로피테쿠스 아파렌시스	390~300만 년	29	45
오스트랄로피테쿠스 아프리카누스	300~240만 년	30	41
파란트로푸스 보이세이	230~140만 년	34	49
파란트로푸스 로부스투스	190~140만 년	32	40
호모 하빌리스	190~160만 년	32	37
호모 에르가스터	190~170만 년	52	66
호모 에렉투스	180~20만 년	52	66
호모 네안데르탈엔시스	25~3만 년	52	70
호모 사피엔스	10만~1900년	50	65
호모 사피엔스	오늘날 미국	74	86

우리의 선조일 것으로 추정되는 호모 에렉투스는 사촌 격인 오스트랄로피테신류보다 몸집이 컸고 뇌의 크기도 조금 더 컸다. 대략 190만 년 정도 된 현재의 화석 기록으로 보면, 우리의 선조였거나 적어도 그 선조를 대표하는 이 종은 오스트랄로피테신류보다 키가 더 컸고 상관골 – 대퇴골 비율(상지 대 하지 비율)이 현생 인류에 좀더 가까웠고 영장류보다 몸집 대비 뇌의 크기가 더 컸다(McHenry & Coffing, 2000; Wood & Richmond, 2000). 상대적으로 몸집이 작은 호모 에렉투스 화석 표본이 발견되면서(예를 들면, Spoor et al., 2007) 진상을 파악하기가 쉽지 않게 되었다. 하지만 우리 선조들은 설사 초기에는 몸집이 작았을지 몰라도 결국엔 오스트랄로피테신류보다 덩치가 큰 동물이 되었다.

비록 꾸준히는 아니지만 뇌 크기는 계속 커졌다(표 2.2). 이것이 사람속의 등장을 특징짓는 변화였다(Wood & Collard, 1999). 형태적 변화와 행동 생태

표 2.2 다양한 현존종과 화석종의 대뇌화 지수(EQ: Encephalization quotient)

종	생존 기간	대뇌화 지수(EQ)
침팬지	현존	2.0
오스트랄로피테쿠스 아파렌시스	390~300만 년	2.5
오스트랄로피테쿠스 아프리카누스	300~240만 년	2.7
파란트로푸스 보이세이	230~140만 년	2.7
파란트로푸스 로부스투스	190~140만 년	3.0
호모 하빌리스	190~160만 년	3.6
호모 에르가스터	190~170만 년	3.3
호모 에렉투스	180~20만 년	3.61
호모 하이델베르겐시스	70~25만 년	5.26
호모 네안데르탈엔시스	25~3만 년	5.5
호모 사피엔스	10만~1900년	5.8

* 대뇌화 지수는 체중 대비 뇌 크기를 나타낸다. 따라서 상대적인 뇌 크기를 나타내는 수치다.

학의 심오한 변화가 맞물리면서 새로운 단계로 이행된 것이다. 사람속의 초기 구성원들은 오스트랄로피테신류나 현존 유인원보다 뇌 크기가 컸으며, 분명 이것이 그들을 성공으로 이끈 핵심적인 적응이었을 것이다. 하지만 인간의 뇌 진화 모형처럼 뇌 크기가 꾸준히 증가한 것은 아니었다. 선신세Pliocene* 후기 오스트랄로피테신류에서 사람속 초기 구성원으로 이행하는 과정에서 뇌의 절대적 크기는 증가한 것이 맞지만 몸집 대 뇌의 상대적 크기는 대략 50만 년 전이 되기까지는 극적인 변화가 없었다(표 2.2). 따

* 지리적 시간으로 약 533만~258만 년 전까지의 지질 시대를 가리킨다. 신생대의 두 번째 시기로 이 시기에 파나마 지협이 형성되어 히말라야 산맥의 상승이 격렬해졌다. 현재의 동물상이 거의 출현하였으며 인류의 조상이 이 시기에 탄생했다. 플리오세라고도 한다.

라서 뇌의 절대적 크기가 커진 것은 사람속 첫 번째 구성원들의 특징인 전체적으로 몸집이 대형화하는 경향의 일부로 이해할 수 있을 것이다. 두개골 용적의 극적인 확장을 향한 선택적 이행은 그보다 훨씬 뒤 늦게 홍적세 Pleistocene* 중기의 사람속에서 일어났다. 그렇다고 해서 사람속 초기 구성원들의 뇌가 크지 않았다고 말하려는 것은 아니다. 그들은 실제로 뇌가 컸다. 다만 초기에 우리 선조들은 유인원이나 오스트랄로피테신류보다 상대적으로 더 큰 뇌를 가지고 있었지만 몸집도 함께 커지고 있었다는 뜻이다. 오랫동안 뇌의 상대적 크기는 변화 없이 유지되고 있다가 대략 50만 년 전에 극적인 크기 변화가 일어났다(표 2.2). 그 흔적은 '호모 하이델베르겐시스Homo heidelbergensis' 혹은 '옛 호모 사피엔스archaic Homo sapiens'로 확인된 화석에서 찾아볼 수 있다(Ruff et al., 1997).

커진 몸집에 따르는 이점

몸집의 크기는 에너지 요구량, 음식 처리 능력, 몸에 저장 가능한 에너지 용량 등에 대단히 크게 영향을 미친다. 에너지 요구량의 상대 생장 계수는 보통 1 미만인 반면(Kleiber, 1932; Blaxter, 1989; Schmidt-Nielsen, 1994), 음식 처리 능력(소화기관의 용적)과 에너지 저장(지방 조직과 글리코겐 저장량)은 일반적으로 1에 아주 가깝다(Parra, 1978; Demment & Van Soest, 1985; Schmidt-Nielsen, 1994). 따라서 몸집이 큰 동물은 하루에 필요한 에너지 섭취량이 몸집이 작은 종보다 일반적으로 더 크지만, 하루 에너지 요구량을 더 큰 비율로 처리하고 저장할 수

---

* 약 258만~1만 년 전까지의 지질 시대를 말하며, 신생대 4기에 속한다. 빙하가 발달하고 매머드 같은 코끼리류가 살았다.

있다. 그 결과 보통 몸집이 큰 동물은 몸집이 작은 동물에 비해 에너지 밀도가 낮은 먹이를 먹고도 살아갈 수 있다. 소, 말, 코끼리, 코뿔소 등이 소화도 어렵고 에너지 밀도도 낮은 먹이만 먹고도 살 수 있는 것은 에너지 요구량에 비해 상대적으로 충분한 양의 먹이를 먹을 수 있기 때문이다. 고릴라도 마찬가지로 이런 전략을 따르고 있다.

모든 초식 동물이 몸집이 커야 한다는 것은 아니다. 들쥐는 생쥐 크기의 초식 동물이지만, 아주 성공적으로 환경에 적응했다. 하지만 이들은 코끼리에 비하면 자기가 먹을 식물의 종류를 좀더 까다롭게 선택해야 한다. 코끼리가 먹고사는 식물을 들쥐가 먹고살려고 하면 에너지 요구량에 맞출 수 있을 만큼 많이 먹는 것이 물리적으로 아예 불가능하기 때문이다. 그런 식물을 아무리 배불리 먹는다 한들 들쥐는 결국 굶어죽을 수밖에 없다.

그러나 몸집이 큰 동물이라고 꼭 에너지 밀도가 낮은 먹이만 먹으란 법은 없다. 호랑이는 큰 동물이지만 순수한 육식 동물이다. 몸집이 큰 동물은 먹을 것이 없어도 작은 동물보다 오래 버틴다. 필요한 에너지를 상당 부분 몸에 축적할 수 있기 때문이다. 다른 말로하면, '기아 시간starvation time'은 몸집에 비례해서 늘어난다. 따라서 몸집이 큰 동물은 먹이 공급이 들쭉날쭉해도 잘 버틸 수 있다. 가장 극적인 예는 바다표범이나 고래 같은 초대형 동물들이 새끼에게 젖을 먹이면서 오랜 동안 굶는 경우를 들 수 있다(Oftedal, 1993). 이 어미들은 몸에 저장된 에너지만으로도 몇 달씩 버틸 수 있을 뿐 아니라, 그 와중에 비축 에너지의 상당 부분을 젖에 담아 새끼에게 전해 준다.

몸집이 커지면 총에너지 요구량도 함께 증가하지만, 이런 새로운 필요에 대응할 수 있게 해주는 생리적, 행동적 특성도 함께 따라온다. 몸집이 큰 동물들은 에너지 흐름의 폭이 크고 에너지 회전율이 높기 때문에(Ellison, 2003) 몸집이 작은 동물들보다 먹이 공급의 변동에 잘 대처할 수 있다(Blaxter,

1989; Schmidt-Nielsen, 1994). 몸집이 큰 동물들은 작은 동물들이 먹고살기에는 에너지 밀도가 상당히 떨어지는 음식을 먹고도 살아남을 수 있다. 또 에너지 밀도가 높은 음식을 가끔씩만 먹어도 살아남을 수 있다. 고밀도 에너지 음식이 넉넉할 때는 몸집이 크면 더 많은 양의 먹이를 먹고 잉여 에너지를 상당 부분 몸에 축적할 수 있는 이점이 있다.

사람속의 몸집이 커지면서 생긴 이점은 식물의 땅속 저장 기관(예를 들면 구근, 알줄기, 덩이줄기 등)처럼 질은 떨어지지만 흔한 음식과 질은 높지만 귀한 음식(동물의 살코기 등) 양쪽 모두에 의지해 살아남을 수 있는 능력이 생긴 것이다(Laden & Wrangham, 2005). 인류의 선조인 200만 년 전의 사람속은 아마도 식물성 음식(과일, 뿌리줄기, 덩이줄기, 견과류, 꼬투리 열매 등)을 주식으로 하고, 가끔씩 죽은 동물의 사체나 협동 사냥을 통해 잡은 동물 등에서 얻은 동물성 음식을 먹는 식생활을 했을 것이다. 초기 사람속의 식생활은 대단히 변동이 많았겠지만, 가끔씩 접하는 고밀도 에너지 음식이 조금만 많아져도 오스트랄로피테신류보다 먹이 확보에서 상당한 이점을 누렸을 것이다.

큰 몸집은 에너지가 적은 식물성 먹이로도 근근이 살아갈 수 있게 해주었을 뿐 아니라, 접하기는 어렵지만 아주 귀한 음식인 동물성 먹이를 먹게 되면 대량 섭취를 통해 잉여 에너지를 지방 조직에 축적할 수 있게 해주었기 때문에 먹이 확보 전략에서 상당한 이점으로 작용했다. 따라서 한번에 과량의 음식을 먹은 후에 남는 에너지는 저장해 두었다가 나중에 사용할 수 있게 되었다. 직접 사냥해서 잡은 것이든, 다른 동물이 사냥한 것이든 가끔씩 사냥감을 확보해서 포식하고 난 후에 남은 잉여 에너지를 지방으로 저장할 수 있는 능력은, 사람속이 하루 종일 식물성 먹이를 찾아다니던 먹이 확보 전략에서 굴곡이 심한 동물성 사냥감을 찾아다니는 전략으로 선회하는 데 핵심적인 적응 과정이었을 것이다.

식생활과 적응 _____

한 동물을 이해하고 싶다면, 그 동물이 계통발생학적으로 어느 위치를 차지하고 있는지를 먼저 물어봐야 한다. 계통발생은 생물학의 두 가지 근본적인 조직화 개념을 담고 있다. 바로 진화와 유전이다. 살아 있는 모든 생명체는 선조로부터 물려받은 유전적 유산을 몸에 지니고 있다. 생명체의 현재의 생물학을 이해하려면 그 선조가 누구였는지를 먼저 알아야 한다. 계통발생 다음으로 중요한 질문은 그 동물이 무엇을 먹는가 하는 부분이다. 한 종의 식생활은 형태, 대사율, 행동, 사회 조직, 인지 능력 등과 맞물려 있다(Milton, 1988; McNab & Brown, 2002).

이빨과 소화기관이 가장 두드러진 예다. 일반적으로 육식 동물과 초식동물의 이빨과 소화기관은 아주 큰 차이가 있다. 육식 동물의 이빨은 찢고 잘라내는 용도로 설계된 반면, 초식 동물의 이빨은 부수고 가는 용도로 설계되었다. 고기를 씹는 것과 이파리를 씹는 것은 아주 다르기 때문이다. 소화기관도 마찬가지다. 보통 육식 동물의 소화기관은 상대적으로 간단한 반면, 초식 동물은 소화기관이 아주 길고 복잡한 경우가 많다. 고기보다는 이파리를 소화하기가 더 힘들기 때문이다.

물론 언제나 예외는 있다. 판다는 풀의 일종인 대나무를 먹지만(그림 2.2), 다른 곰들과 비슷한 이빨과 단순한 소화기관을 가지고 있다. 먹이와 관련된 문제를 해결하는 방법은 보통 여러 가지가 있다. 이 경우 계통발생의 영향 때문에 판다는 자신의 해부학적 형태를 바꾸는 데 한계가 있었지만, 진화와 적응은 초식 동물로 살아가는 데 따르는 문제점을 다른 방식으로 해결해 냈다. 판다는 장의 구조가 단순하기 때문에 소화물의 통과 속도가 빠르다(Dierenfeld et al., 1982). 이것은 소화에 도움이 되지 않는다. 오히려 먹은 식물성 먹이의 소화 효율을 떨어뜨릴 뿐이다. 하지만 그 덕에 먹이를 대

그림 2.2 자이언트 판다는 육식 동물로 분류되지만 거의 풀(대나무)만 먹고 산다.

출처: Jessie Cohen, Smithsonian's National Zoo.

량으로 먹을 수 있게 되었다. 판다가 살아남은 이유 중 하나는 먹이의 소화가 완전히 이루어지기 때문이 아니라 먹는 먹이의 양이 워낙 많기 때문이다. 판다가 대형 동물이기 때문에 이런 전략이 가능했다. 대형 동물은 에너지 요구량과 비교했을 때 상대적으로 큰 소화 능력을 갖추고 있다.

인류의 진화 역사에서 일어난 식생활의 변화 ──────────

진화 과정에서 인류의 선조들은 식생활에 몇 차례 변화가 있었다. 사람속 이전pregenus Homo의 식생활은 대부분 과일, 꽃, 이파리, 새싹 등의 식물성 음식으로 구성된 채식 생활이었을 가능성이 높다. 이런 음식에는 섬유소 성분이 많기 때문에 무척 질겨서 씹고 소화하기가 힘들었을 것이다. 사람속의 기원은 식생활과 먹이 찾기 전략의 변화와 맞물려 있다. 고고학 기록을 보면 약 200만 년 전에 식이 범위dietary breadth가 확대된 흔적이 있다. 이것은 사람속의 출현 시기와 맞아떨어진다. 그중에서 가장 주목할 만한 변화는 동물 조직 섭취의 증가다(Shipman & Walker, 1989; Milton 1999a, b; Bunn, 2001; Foley, 2001). 이러한 식생활 변화는 석기 기술과 맞물려 일어났다. 동물성 음식을 얻는 방식은 스캐빈저 행동이었을 가능성이 크며, 동물이 자연사한 장소에서 찾아낸 시체에서 고기를 얻거나 다른 포식자와의 직접적인 경쟁을 통해서 얻었을 가능성도 있다(Bunn, 1981). 사냥, 특히 작은 동물에 대한 사냥 행동도 흔히 일어났을 가능성이 크다. 현존하는 침팬지, 보노보, 개코원숭이 등도 기회가 되면 자기보다 작은 동물을 사냥해서 먹는다(Goodall, 1986; Strum, 1975, 2001; Stanford, 2001). 원숭이, 설치류, 작은 영양 등 먹잇감이 된 작은 포유류들의 화석을 찾아보기 힘든 것은 뼈가 작아서 완전히 파괴되는 경우가 많았기 때문일 것이다(Plummer & Standford, 2000; Pobiner et al., 2007). 아마도 우리는 초기 사람속의 식생활에서 동물성 먹잇감이 차지하는 양을 과소 평가하고 있는지도 모른다. 사람속의 진화 과정에서 사냥의 효율이 점점 좋아지자 그만큼 사냥 횟수도 많아졌다. 이렇게 동물성 음식이 상당수 인류 선조들의 주된 먹이 공급원으로 자리 잡았다가, 농업의 발달과 함께 적어도 일부 문화권에서는 식물성 음식이 다시 주식으로 자리 잡게 되었다.

현존하는 인간의 친척뻘 동물인 영장류와 현대 인류 사이의 결정적인 차이는 인류의 식생활에서 육류가 차지하는 높은 비율(20~50%), 그리고 육류의 획득 방식이다(Foley & Lee, 1991; Wrangham et al., 1999; Bunn, 2001; Foley, 2001). 인류학자 메리 C. 스티너Mary C. Stiner는 인간의 포식 행동을 "거의 유일무이한" 형태라고 기술했다(Stiner, 1993). 포식 행동을 보이는 영장류들(예를 들면 침팬지, 보노보, 개코원숭이 등)과 비교해 보면 현대 인류는 사냥감 처리 방식이 좀더 효율적이며, 행동학적으로 볼 때 식육목order Carnivora의 행동 양식과 비슷한 특성을 공유한다. 이를테면, 장거리에 걸쳐 고기를 운반하고 고기를 숨겨 놓고 뼈를 체계적으로 처리해서 그 안에 들어 있는 연조직을 취하는 등의 행동이다(Stiner, 2002). 영장류와 현대 인류의 중간 단계에 해당하는 이 호미닌 종 화석을 어디서 찾아낼 것인지가 고고학과 고인류학의 관심의 초점이다. 침팬지의 포식 행동(3장 참조)은 인류 선조의 조건을 말해 주는 모델로 종종 사용되며, 최초 호미닌 종의 전형적인 모습을 보여 주는 것일 수도 있다(Stanford, 2001). 오늘날의 침팬지가 하는 행동 중에 오스트랄로피테신류가 하지 못했을 것은 없다.

동물의 사체는 과일과 마찬가지로 영양가 높은 먹잇감으로 인식되었을 것이며, 시공간적으로 풍경 속에 드문드문 흩어져 있었을 것이다. 동물 사체의 영양학적 가치는 상당했으나 구하기가 어렵고 언제 구할 수 있을지 예측할 수가 없기 때문에 그 가치가 반감될 수밖에 없었다. 따라서 동물 사체를 찾아내는 비율과 예측 가능성을 증가시키는 행동 전략이 인류의 성공에서 핵심 요인으로 작용했을 가능성이 크다. 여러 면에서 볼 때 인류의 성공은 식생활의 영양학적 가치를 높인 전략 덕분이었다.

하지만 초기 사람속의 식생활은 그저 오스트랄로피테신류의 식생활에 육류 섭취만 더 많아진 것이 아니었다. 식생활의 동물성 성분과 식물성 성분 모두에서 변화가 일어났을 것이다(Leonard & Robertson, 1992). 식이 영역 dietary niche의 변화는 사람속이 동물성 음식뿐 아니라 식물성 음식을 취할 때도 식물의 번식 부위와 저장 부위를 통해 좀더 많은 칼로리를 얻게 됨으로써 식단의 질이 향상된 사실에서 가장 잘 나타났다(Leonard & Robertson, 1992, 1994). 그리고 이것은 육식성의 증가라기보다 잡식성의 증가라고 보는 것이 더 정확하다. 사람속에서 몸집이 커진 것은 먹잇감 획득, 에너지 저장, 식이 범위 증가, 수렵 채집 범위 증가, 소화 효율의 잠재적 증가(아래 참조) 등의 이점을 통해 식생활의 질적 향상을 용이하게 하는 중요한 형태학적 적응이었을 것이다.

이 새로운 식생활로 인해 오스트랄로피테신류의 식생활보다 섬유소의 양은 줄어들고, 동물의 조직이나 소화가 쉬운 다른 먹이의 양은 늘어났을 것이다. 물론 계절에 따라 특정 나무에 맺힌 열매나, 가끔씩 벌집에서 꿀을 채집해 먹었다고는 해도 식생활에 대량의 단당류가 포함되었을 가능성은 대단히 낮다. 게다가 가공한 곡물처럼 소화가 쉬운 녹말 성분이 많이 포함되어 있었을 가능성도 매우 낮다. 이런 식생활의 당지수(GI index: glycemic index)는 대단히 낮았을 것이다. 당지수란 음식을 섭취한 후에 혈중 포도당 농도의 증가를 측정한 값이다. 쉽게 소화되고 흡수도 빠른 탄수화물을 포함하는 음식은 당지수가 높다. 섬유소처럼 소화가 어려운 탄수화물은 당지수가 낮다.

우리가 기술의 발전을 통해 새로운 환경에 신속하게 적응하는 능력이 있는 것은 사실이지만, 우리가 어디서 왔는지를 기억하는 것은 무척 중요하다. 우리는 오랫동안 이어져 내려온 과식−초식 동물frugivore−folivore 혈통의 후손이다. 그러다가 어느 선조인가부터 새로이 잡식의 영역으로 발을 딛게 되었다. 우리의 필요 영양분, 대사, 소화 능력 등은 우리가 진화해 온 과거에 큰 영향을 받는다. 과거의 식생활과 현대의 식생활의 차이는 단순히 에너지 밀도의 증가에서 그치지 않는다. 영양분 중에서는 우리의 건강에 없어서는 안 될 것이 많다. 영장류의 식이생태학을 연구하는 캐서린 밀턴Katharine Milton은, 현대 인류의 식생활과 현존하는 영장류의 식생활을 비교한 후에 현대 인류의 식생활에는 많은 종류의 미량 영양소micronutrient가 부족하다고 결론을 내렸다(Milton, 1999a). 일례로 현대 인류의 식생활에 포함된 비타민 C의 수준은 야생의 영장류나 원숭이의 식생활에 포함된 것보다 훨씬 낮다.

비타민 C는 대사에서 핵심적인 효소다. 비타민 C 결핍은 괴혈병 같은 심각한 대사성 질환을 낳는다. 괴혈병은 현대 인류의 생활방식에서 유래된 고전적 질환이다. 우리의 초기 선조에게는 이런 병이 아예 있지도 않았을 것이다.

비타민 C는 과일박쥐fruit bat와 기니 피그guinea pig를 비롯해서 모든 영장류가 필요로 하는 영양분이지만, 대부분의 동물은 비타민 C를 따로 섭취할 필요가 없다. 간에서 이 효소를 직접 만들어 내기 때문이다. 영장류, 과일박쥐, 기니 피그 및 다른 몇몇 척추 동물은 이런 능력을 잃어버렸다. 자연식에는 비타민 C가 언제나 풍부하기 때문에 이것은 적응에 불리하게 작용하지 않았다. 하지만 진화는 미래의 필요를 예측하지는 못한다. 1600년대와 1700년대에 뱃사람들 사이에서 창궐한 괴혈병은 불일치 패러다임의 한 사례다. 인류의 기술 발전이 오히려 항해 중인 배 안 음식으로는 필수 영양소를 충족시킬 없는 환경에 스스로를 몰아넣은 것이다. 물론 인류는 이런 문제를 해결해 냈다. 우선은 선원들의 식단에 감귤류 과일과 주스를 포함시킴으로써 문제를 해결했고, 이제는 공장에서 다양한 형태의 비타민 C가 생산되고 있다.

인간의 소화기관

인간의 소화기관에는 본질적으로 별달리 특별한 부분이 없다(Milton, 1987; Milton, 1999b). 위는 단순하게 생겼고 사람 정도 크기의 동물에서 예상되는 용량보다 더 크지도 않다. 상부 소화기관(십이지장, 공장, 회장)은 길이가 길어서 지방, 아미노산, 단당류, 미네랄 등을 소화 흡수할 수 있는 표면적을 상당히 넓게 제공해 주지만 인간의 몸집을 고려하면 역시나 평범한 수준을 넘어서지는 않는다. 하부 소화기관(대장)은 소낭 구조sacculation로 구성되어 있어 섬유소의 발효가 이루어질 수 있는 중요한 공간을 제공해 준다(Milton, 1987). 인간은 헤미셀룰로스hemicellulose*를 소화시킬 수 있고, 대장에 있는 공생 미생물의 발효 작용을 이용해 셀룰로스도 약간은 소화시킬 수 있다 (Milton & Demment, 1988). 하지만 이것도 역시 우리가 상당히 몸집이 큰 동물이라는 사실을 반영하는 것에 불과하다. 발효 능력 향상을 위해 대장이 소낭 구조를 띠고 있는 것을 제외하면 별달리 특수화된 부분이 없다. 소화기관의 특징을 보면 우리는 하부 소화기관에 섬유 발효 능력을 갖추고 있는 비전문화된 잡식 동물임을 알 수 있다. 이는 우리가 초식 동물에 좀더 가까운 선조의 후손임을 암시한다.

　인간과 가장 가까운 친척인 유인원과 비교해 보면 인간의 소화기관은

---

* 식물 세포벽을 구성하는 셀룰로스 섬유의 다당류 중 펙틴질을 제외한 것으로, 주로 열매, 뿌리 등의 세포를 구성한다.

그 상대적인 비율에서 변화가 있었다. 인간의 소장은 용적이 더 크고 대장은 용적이 더 작다(Milton & Demment, 1988; Milton, 1999b). 위의 용적은 비슷하다. 전체적으로 보면, 인간의 소화기관은 몸집의 크기와 상대적으로 비교해 봤을 때 침팬지보다 살짝 작은 편이다. 이보다 더 중요한 차이는 소화기관 비율의 변화다. 인간은 소장이 더 두드러지게 발달했다(Milton & Demment, 1988; Milton, 1999b).

이런 상대적 차이가 암시하는 바는 유인원의 경우, 하부 소화기관에서 섬유를 발효시켜서 획득하는 에너지양이 사람보다 많다는 것이다. 반면 인간은 지방, 단당류, 그리고 기타 소화가 쉬운 음식의 성분을 흡수하는 능력이 더 뛰어나다. 인간의 소화기관 비율은 꼬리감는원숭이capuchin monkey(꼬리감는원송이속)와 상당히 유사하다(Milton, 1987). 꼬리감는원숭이는 중간 크기의 신세계원숭이New World monkey로, 옛날에는 거리의 악사 원숭이로 사람들과 친숙했고, 요즘에도 장애인을 위한 도우미 동물로 사용되고 있다. 꼬리감는원숭이는 과일, 고지방의 야자나무 열매, 무척추 동물과 작은 척추 동물의 조직 등 양질의 먹이를 먹고산다(Janson & Terborgh, 1979).

이런 비교를 통해 알 수 있는 것은 얼마 전부터 인류의 식생활이 현대 유인원의 식생활에 비해 섬유소의 양이 줄어들고, 영양가 높은 음식의 비율이 높아졌다는 것이다(Milton, 1987; Milton, 1999b). 따라서 침팬지와 인간의 마지막 공통 선조는 수렵-채집인 시절이나 농업인 시절의 인류보다는 오늘날의 침팬지와 더 유사한 식생활을 했을 거라고 가정하는 것이 타당하다. 따라서 이 공통 선조와 그 후손인 오스트랄로피테신류의 소화기관 비율은 현대 인류보다 현대 유인원을 닮았을 것이다. 오스트랄로피테쿠스 혈통과 갈라진 후 인류의 진화 역사 어느 한 시점에서 인간의 소화기관 비율에 변화가 찾아왔다. 이런 변화가 언제 일어났는지는 아직 논란이 있다. 발효가 이루어지는 대장의 용적을 희생하고 흡수가 이루어지는 소장의 표면적을 넓히는 쪽으로 소화기관 비율의 변화가 일어난 것은 초기에 일어난 적응일 수도 있다. 뇌의 크기가 증가하면서 좀더 기회주의적인 '고위험-고이익' 먹이 찾기 전략이 가능해지면서 영양가 높은 식생활로 변환이 이루어졌음을 말해 준다. 소장의 흡수 표면적이 더 넓어짐으로써 동물 조직에서 나온 지방과 아미노산, 그리고 덩이줄기나 식물의 땅속 저장 기관 녹말 성분이 분해된 단당류의 빠른 동화가 가능해졌을 것이며(Laden & Wrangham, 2005), 특히 요리된 경우에는 동화가 더 용이해졌을 것이다(Wrangham & Conklin-Brittain, 2003). 하지만 요리가 녹말 소화에 필수적인 부분은 아니었다(Milton, 1999b). 섬유성 음식을 소화하는 능력은 줄어들었지만, 완전히 사라지지는 않았다.

반면 소장 중심의 소화기관으로의 변화는 진화 역사에서 뒤늦게 나타났을 수도 있다. 사실 인류 선조의 소화기관 비율은 몇 차례 변화를 겪었을 수도 있다. 저수준의 스캐빈저 생활 패턴에서 능동적인 사냥 생활 패턴으로 전환했을 때 한 번 변화를 겪었다가, 농업의 등장으로 식물성 음식이 다시 주요 식생활로 자리 잡으면서 또 한 번 변화를 겪게 되었을 것이다. 물론 이때는 음식을 기계적으로 가공하고 요리했기 때문에 고섬유소 음식을 소화하는 데 따르는 어려움이 많이 줄었을 것이다.

실제로 요리는 음식 소화 능력에 큰 영향을 미친다. 인류가 불을 통제할 수 있게 되어 요리를 시작하자, 소장의 길이를 늘이고 대장의 길이는 줄이는 선택압이 점차 강해졌을 가능성이 크다. 요리는 언제 시작되었을까? 몇십만 년 전이라는 것은 분명하다. 50만 년 전 즈음에 호모 에렉투스가 불을 사용해서 요리를 했다는 증거가 있기 때문이다.

인류학자 리처드 랭엄Richard Wrangham은 요리가 훨씬 일찍 발생했다고 주장한다(2001). 침팬지의 생태와 행동에 대한 오랜 연구를 바탕으로 그는 오스트랄로피테신류가 먹었던 음식은 초기 호모 에렉투스가 먹기에는 너무 거칠고 섬유소가 많고 에너지도 적었을 것이라고 말한다. 호모 에렉투스는 뇌가 커져서 추가적인 에너지 소비가 많았기 때문이다. 이 식단에 날고기가 많이 추가되었다 해도 충분한 영양을 공급해 주지 못했을 것이다. 그래서 랭엄은 식물성 음식을 요리한 것이 초기 사람속의 중요한 주식이었으리라 본다. 식물성 음식을 요리함으로써 소화성이 좋아져서 소화기관이 작아질 수 있었으며, 대사에 들어가는 에너지가 해방되어 그 에너지로 커진 뇌를 뒷받침할 수 있게 된 것이다. 케냐의 쿠비 포라Koobi Fora에서 초기 사람속이 불을 사용한 것으로 추정되는 160만 년 된 장소가 발견되기도 했지만, 현재의 고고학적 자료로는 이 가설을 입증할 수 없다. 현재 제기되는 보수적인 가설에서는 요리가 약 50만 년 전 즈음에 등장한 것으로 추측한다. 우연히도 이 시기는 뇌 크기의 두 번째 중요한 팽창이 일어났던 시기와 일치한다. 결론적으로 요리가 뇌를 팽창시키고 소화기관을 줄어들게 하는 요소로 작용했을지는 모르나, 사람속 혈통의 초기 단계보다는 뒤늦게 등장했을 가능성이 크다.

장운동 역학

인간의 소화기관에 일어난 구조적 변화는 식이 품질 향상과 맥을 같이하고 있다. 식이 품질이 향상되었다 함은 음식의 에너지 추출 비율이 높아진 것을 말한다. 보통은 음식에 들어 있는 섬유소의 양으로 해석할 수 있다. 일반적으로 고섬유소 음식은 품질이 낮고, 저섬유소 음식은 품질이 높다고 말한다. 이것은 음식과 소화기관, 대사, 행동 사이의 복잡한 상호작용을 지나치게 단순화한 것이지만 그래도 유용하다. 고섬유소의 식물성 식단에서 동물 조직 기반의 식단으로 나갔다가, 농업의 발명과 함께 다시 식물 위주의 식단으로 돌아왔지만, 이번에는 요리가 등장하고, 식물성 음식의 소화

표 2.3 침팬지와 사람의 장관 통과 속도와 섬유소 소화 비교

종/식생활	평균 잔류 시간 (단위: 시간)	소화된 헤미셀룰로오스의 비율(%)	소화된 셀룰로오스의 비율(%)
침팬지			
저섬유소	48.0	76.9	67.5
고섬유소	37.7	62.7	38.4
사람			
저섬유소	62.4	–	–
고섬유소	41.0	58.0	41.0

출처: Milton & Demment, 1988.

성을 높여 주는 식후 처리 과정postingestive processing(9장 참조)이 함께 등장한 덕분에 우리 선조들이 성공적으로 환경에 적응할 수 있었다. 이러한 식단 변화와 함께 당연히 우리의 형태학에도 변화가 찾아왔다.

흥미롭게도 우리의 장운동 역학gut kinetics은 소화기관 비율의 변화만큼 크게 변화한 것 같지 않다. 장운동 역학이란 장관 통과 속도를 말한다. 사람과 침팬지의 소화기관 비율이 다름에도 불구하고 두 종 사이의 장운동 역학은 놀라울 정도로 유사하다(Milton & Demment, 1988). 인간의 장운동 역학은 소화기관 내용물의 회전율을 낮추도록 설계돼 있어서 내용물의 평균 잔류 시간이 상대적으로 길다(Milton & Demment, 1988; 표 2.3). 이 소화 전략은 소화를 촉진하고 음식으로부터 영양분 추출을 용이하게 해준다. 그리고 길어진 잔류 시간 덕분에 섬유소 소화에 특히 이점이 있었을 것이다. 줄어든 대장의 용적을 보상해 주는 효과가 있기 때문이다. 하지만 그 때문에 주어진 시간에 먹을 수 있는 음식의 총량은 줄어들었다.

침팬지와 마찬가지로 인간의 소화기관에서 음식의 평균 잔류 시간은 저섬유소 식단에서 가장 길고 고섬유소 식단에서 제일 짧다. 이것도 우리

가 하부 소화기관에 섬유 발효 능력을 갖추고 있는 비전문화된 잡식 동물이라는 사실과 일맥상통한다. 우리는 섬유소, 특히 펙틴pectin이나 검gum 같은 수용성 섬유소soluble fiber와 헤미셀룰로스를 소화하는 능력이 꽤 괜찮은 편이다(표 2.3 참조). 우리는 소화의 유연성을 갖추고 있어 고섬유소 식단의 음식이 들어오면 그에 반응해서 소화물의 통과 속도를 증가시킬 수 있다. 이것이 소화를 증진시켜 주지는 않는다. 오히려 소화 효율을 떨어뜨릴 가능성이 크다. 하지만 그 덕분에 소화기관을 빨리 비울 수 있어서 음식을 대량으로 섭취할 수 있다. 이것은 대나무를 주식으로 하는 판다의 전략과 동일하다. 통과 속도가 빨라 소화율은 떨어지지만, 전체적인 에너지 섭취는 증가시키는 전략인 것이다. 하지만 식단에 섬유소가 많을 때라도 사람은 판다보다 장관에 소화물을 오래 유지한다(Milton, 1999b).

우리의 장운동 역학은 왜 식단의 변화와 소화기관 비율의 변화와 더불어 변하지 않았을까? 판다와 사람 양쪽에서 얻은 연구 결과를 보면 장운동 역학은 보존되는 것이 흔한 속성으로 보인다(Milton, 1999b). 판다는 육식 동물에서 초식 동물이 된 경우다. 따라서 소화물의 장관 통과 속도를 늦춰 소화 시간을 증가시키면 이점이 있으리라 추정할 수 있다. 하지만 판다는 다른 곰들과 비슷한 빠른 통과 속도를 그대로 유지했다. 사람은 음식의 식이 품질을 현저히 향상시켰다. 그런데 느린 통과 속도가 왜 아직도 적응에 유리하게 작용하는지는 분명치 않다. 소화기관의 비율은 영양가 높은 (저섬유소) 음식의 소화를 유리하게 하는 쪽으로 변화가 있었지만, 기본적인 장관의 구조와 운동 역학은 선조들의 패턴에 그대로 갇혀 있는 것일 수도 있다. 아니면 진화의 역사 대부분에서 섬유소의 소화가 소화 전략에서 중요한 부분을 차지하기 때문일 수도 있다.

현대 인류의 소화기관이 인간의 식생활과 체중 증가의 취약성에 대해 갖는 의미를 생각할 때, 소화기관 비율의 변화가 정확히 언제 일어났는지는 그다지 중요한 문제가 아니다(물론 그 자체로는 대단히 흥미로운 주제이지만). 인류의 요리 기술이 너무나 급속도로 발전했기 때문에 현대 인류의 식생활은 인류의 소화기관이 적응된 식생활과 닮은 점이 거의 없다. 물론 완전히 그런 것은 아니다. 우리는 여전히 일반적인 잡식 동물이다. 하지만 요즘 음식들의 영양분 밀도, 특히 칼로리 밀도와 소화성은 그 어느 때와 비교해도 상당히 높다. 식물성 음식에 대해서 살펴보면, 우리는 셀룰로스를 소화하는 능력은 별 볼일 없지만, 녹말을 소화하는 데는 대단히 높은 효율을 자랑한다.

녹말의 소화

실제로 인간은 녹말 소화를 위해 특별하게 적응된 것으로 보인다. 그런 적응은 우리 입에서 시작한다. 구강은 소화기관이 시작되는 곳이다. 음식물의 처리와 소화는 음식을 씹어서 침과 섞는 데서 출발한다. 아밀라아제amylase는 녹말 분자를 단당류로 소화하는 효소다. 사람을 비롯한 많은 동물에서 아밀라아제는 침 속으로 분비되기 때문에 녹말의 소화는 음식을 삼키기도 전에 시작되는 셈이다.

사람마다 침 속에 분비되는 아밀라아제의 양은 상당한 차이가 있다. 흥미롭게도 아밀라아제 유전자의 복제수gene copy number도 사람에 따라 대단히 다양하게 나타나며, 침으로 분비되는 아밀라아제의 양도 아밀라아제 유전자 복제수와 강한 상관관계를 나타낸다(Perry et al., 2007). 이것은 혈통의 특성으로 보인다. 침팬지의 경우에는 부모로부터 하나씩 물려받은 아밀라아제 유전자로 구성된 하나의 이배체 복제diploid copy밖에 없다. 사람은 아밀라아제 유전자의 숫자가 2~15개 사이로 다양하게 나타난다. 각각의 부모로부터 유전 받는 숫자도 다양하다. 예를 들어 어떤 사람은 아밀라아제 유전자를 14개 가지고 있는데, 각각의 부모로부터 10개와 4개를 물려받았다 (Perry et al., 2007).

대량의 녹말을 소화하기에는 음식이 입 안에 머무는 시간이 그리 길지 않지만, 삼킨 음식 속에 섞여 있는 아밀라아제는 위의 산성에 중화될 때까지 계속해서 활성화된 상태로 남아 있게 된다. 이렇게 해서 음식이 소장에 도달하기 전에 많게는 50% 정도의 녹말이 소화된다. 아밀라아제는 췌장에서 소장으로도 분비된다. 음식에 들어 있던 나머지 녹말은 대부분 이 소장에서 소화된다. 아밀라아제 유전자의 숫자가 소장에서의 아밀라아제 분비에도 영향을 미치는지는 밝혀지지 않았지만, 충분히 근거가 있는 가설이다. 이것은 사람마다 녹말 소화 능력이 다르게 나타나는 이유를 암시하지만, 사람이 침팬지보다 녹말 소화를 훨씬 효율적으로 한다는 점도 암시한다.

인류는 녹말을 소화하는 데 전문가가 되었다. 또한 녹말을 섭취했을 때 대장에 도달하는 녹말의 양은 사람마다 다르게 나타난다. 이것이 녹말이 많은 음식에 대한 소화 반응이 다양하게 나타나는 것을 설명하는 한 가지 이유가 될 수 있다. 속이 부글거리는 원인인 가스는 대장 속에 있는 공생 미생물에 의한 녹말(그리고 섬유소나 올리고당 같은 다당류)의 발효 때문에 생긴다. 따라서 구강과 소장에서의 녹말 소화가 효율적일수록 속의 부글거림도 줄어들 것이라 예상할 수 있다.

우리 혈통에서 아밀라아제 유전자 수의 변화는 언제 일어났을까? 일부 연구자들은(예를 들면 Coursey, 1973; Laden & Wrangham, 2005) 식물에서 에너지 저장 기능을 담당하는 땅 속 부위(예를 들면, 구근, 알줄기, 덩이줄기 등)가 초기 사람 속의 중요한 음식 공급원이었다고 한다. 녹말은 식물이 포도당을 저장할 때 사용하는 형태이며(동물의 포도당 저장 형태는 글리코겐), 이런 식물 부위는 녹말 함유량이 대단히 높다. 아밀라아제 유전자 복제가 일어난 시기는 이 이론을 뒷받침해 주는 증거가 되어 줄 것이다. 복제 유전자 사이에서 일어난 유전자 서열의 분지divergence 시기를 조사해 보면 100만, 200만 년 단위가 아니라 수십만 년 단위로 나타난다(Pery et al., 2007). 따라서 사람속에서 아밀라아제 유전자의 숫자가 늘어난 것은 초기 구성원에서 일어난 것이 아니라, 사람속 혈통의 진화가 시작된 이후의 어느 시점에서 일련의 아밀라아제 유전자 복제가 일어났기 때문임을 알 수 있다. 이것은 녹말 소화 능력을 향상시켜 주기 때문에 이점으로 작용했을 것이다. 그 당시의 녹말 음식이 무엇이었는지는 알 수 없지만, 구근, 알줄기, 덩이줄기와 야생 곡물 종류를 그 후보로 생각할 수 있다. 아밀라아제 유전자의 복제는 전적응preadaptation의 역할을 해서 농업이 등장했을 때 자연 선택에서 더 큰 장점으로 작용했다. 실제로 농업의 발명에서 이것이 중요한 역할을 했을 가능성도 있다. 야생 곡물을 더욱 효율적으로 활용할 수 있는 능력이 생기자, 곡물에 대한 접근을 증가시키는 쪽으로 동기가 부여되고, 자연 선택상의 이점이 작용했을 것이다.

소화기관과 현재의 식생활

오늘날의 인류가 먹는 음식은 소화하기 힘든 것이 거의 없다. 오늘날의 음식은 칼로리 밀도가 높고 소화도 쉽기 때문에 우리의 소화기관은 하루에 필요한 에너지를 충족시키고도 남는 많은 식사량을 처리할 수 있다. 먼 옛날에는 사정이 달랐다. 과거에는 소모되는 에너지도 많았고 식단 중 적어도 일부는 소화가 어려운 품질 낮은 고섬유소 음식이 포함되어 있었기 때문에 선조들의 소화기관도 그런 필요에 맞추어 발달했다. 소화 능력이라는 점에서 보면 현대 인류는 지나치게 뛰어난 능력을 갖추게 된 셈이다.

인간은 녹말을 소화하는 능력이 뛰어나며, 녹말 성분이 든 음식을 좋아한다. 가공 식품 중 상당수는 녹말을 기반으로 생산된 것이다. 이제 우리는 대단히 소화가 잘 되는 녹말을 골라 생산할 수 있는 능력을 갖추었다. 전반적으로 우리는 당지수가 높은 음식을 생산하고 또 선호한다. 칼로리 섭취가 제한된 환경이었다면 이런 적응은 대단히 효율적이었을 것이다. 하지만 칼로리가 주변에 넘쳐날 때는 오히려 문제가 된다.

고혈당 음식은 지방 축적을 촉진한다. 부분적으로 이것은 항상성을 보호하려는 작용 때문이다. 고혈당 음식은 혈중 포도당 수치를 급격히 상승시키는 음식을 말한다. 혈당이 올라가면 췌장 β세포에서 인슐린이 분비되어 포도당의 세포 내 흡수를 증가시키고, 세포로 들어간 포도당은 산화 과정을 통해 세포 대사에 이용되거나, 에너지 저장 분자(글리코겐이나 지방)로 변환된다. 이것은 분명 적응이라는 목적에 부합하며, 혈중 포도당 수치를 낮추는 역할도 한다. 포도당의 혈중 농도가 너무 높으면 독성이 생기기 때문이다. 혈중에 녹아 있는 포도당을 제거하는 한 방법은 지방 생성lipogenesis을 상향 조절하는 것이다. 포도당의 에너지로 지방을 만들어 저장하는 것이다. 먹이가 전반적으로 귀하다가 산발적으로 풍족해지는 환경에서는 이러한 지방 전환 과정이 적응에 유리한 기능으로 작동했다. 풍족한 시기에 저장한 에너지를 먹이가 귀한 시기에 사용할 수 있기 때문이다. 하지만 현대 사회에서 대다수는 아니어도 상당수의 인류가 지속적으로 음식이 풍부한 환경에서 살고 있다. 이런 음식들은 당지수가 높은 고혈당 음식인 경우가 많다. 이렇게 생긴 혈당 반응glycemic response이 인슐린 반응을 유발하면 대사가 에너지 저장을 선호하는 방향으로 전환된다. 우리는 저장된 에너지를 동원해서 사용하는 경우보다 에너지를 저장하는 경우가 훨씬 많기 때문에 결국 지방 조직이 축적되는 결과가 나온다.

고혈당 음식은 간식을 먹게 만드는 효과가 있다. 고혈당 음식 때문에 혈중 포도당 농도가 급격히 상승하면 인슐린 반응이 격렬하고도 신속하게 일어나며, 이 때문에 고혈당증hyperglycemia이 급속히 역전되어 저혈당증 Hypoglycemia이 찾아오기 때문이다. 저혈당 음식은 혈중 포도당 농도와 인슐린의 상승이 많지는 않지만, 조금 상승된 상태에서 섭취된 칼로리에 비례해서 오랫동안 유지된다. 저혈당 음식은 포만감이 더 크다(Ludwig, 2000; Brand-Miller et al., 2002). 고혈당 음식은 초기에는 고혈당증을 유발하지만, 격렬한 인슐린 반응을 불러일으키기 때문에 그 후에는 오히려 저혈당증을 유발한다(Brand-Miller et al., 2002). 따라서 당지수가 높은 고혈당 음식을 먹고 난 후에는 식욕이 빨리 돌아올 가능성이 크다. 중국 음식은 많이 먹을수록 빨리 배고파진다는 옛날 농담이 있는데, 이는 백미의 당지수가 높은 것과 관련이 있는 얘기일 것이다. 식생활을 당지수가 낮은 음식으로 제한하면 전체 음식 섭취량을 제한하지 않아도 체중 감소에 효과적이라는 것이 밝혀졌다 (Thomas et al., 2007).

비싼 조직 가설

대사 측면에서 볼 때 뇌는 아주 '비싼' 조직tissue이다. 그렇게 따지면 간도 비싸기는 마찬가지여서, 뇌가 다른 조직들보다 꼭 그렇게 비싸다고 하기는 힘들다. 하지만 뇌가 기초대사율(BMR: basal metabolic rate. 생명 유지에 필요한 최소 에너지 소비량)에서 차지하는 비율은 다른 부위에 비해 상당히 크다. 인류의 초기 선조는 뇌 크기가 증가했기 때문에 단순히 몸집만 커졌을 때보다는 대사율을 훨씬 더 올려야 했을 것이다(Aiello & Wheeler, 1995). 커진 뇌로 인한 대사율 증가가 전체적으로 에너지 소비를 증가시킬 필요성을 만들어 냈는지는 확실치 않다. 대사율 말고도 총에너지 소비량의 결정에 관여하는 변수가 많기 때문이다. 하지만 분명 근거 있는 가설임에는 틀림없다.

비싼 조직인 뇌가 커진 것이 우리 초기 선조들에게는 '비용'으로 작용했을까? 이 질문에 답을 하려면 생리학을 비롯해 더 많은 설명이 필요하다. 동물의 에너지 예산에서 대사율은 분명 중요한 부분을 차지한다. 이것은 고정 비용이다. 자유롭게 움직이는 동물의 전체 에너지 소비량은 보통 기초대사율의 두 배에서 세 배다. 에너지 소비가 늘어난 기간(예를 들면 수유 기간)에는 기초대사율이 크게 올라갈 수 있다. 수유를 하는 생쥐는 기초대사율보다 일곱 배 이상의 에너지를 소비하는 것으로 밝혀진 바 있다(Johnson et al., 2001a, b, c).

일반적으로 대사율이 높은 동물은 소비하는 총에너지양도 많다. 그러나 활동이나 체온 조절 등의 변수도 전체 에너지 소비량에 큰 영향을 미친다. 소비되는 에너지의 양은 소비되는 에너지와 획득한 에너지(즉 먹은 음식) 사이의 균형만큼 중요하지 않다는 것이 더 중요한 점일 수도 있다. 여기서 핵심은 뇌가 커진 데 따르는 에너지 비용 증가를 그로 인해 가능해진 새로운 먹이 찾기 전략이 뒷받침해 줄 수 있는가 하는 점이다. 만약 그렇다면, 적어도 더 적은 에너지로 똑같은 일을 할 수 있는 사람속의 다른 변종이 등장하기 전까지는 그러한 에너지 비용 증가를 무시할 수 있었을 것이다.

실제로 그런 일이 일어났을까? 현대 인류의 대사율은 커진 뇌에도 불구하고 영장류에서 기대되는 대사율과 다르지 않다. 더 커진 뇌를 지원하기 위해 추가적으로 에너지 소비가 늘어났다는 증거는 보이지 않는다. 인간과 영장류 진화에서 뇌와 소화 시스템 관계를 연구하는 인류학자 레슬리 아이엘로Leslie Aiello와 피터 휠러Peter Wheeler는 뇌로 인한 대사 증가가 소화기관에서의 대사 저하로 상쇄되었을 것이라 보았다(Aiello & Wheeler, 1995). 그들은 뇌 크기의 증가는 식단의 식이 품질이 상승함으로 인해 가능해졌다고 주장한다. 여기서 말하는 식이 품질이 높은 음식이란 에너지 동화율은 높고 소화 과정은 간단한 음식이라 정의할 수 있다. 그들의 이론은 뇌의 크기가 커짐에 따라 소화기관의 크기는 작아졌을 것이라 상정한다. 선조들은 뇌 크기가 증가한 덕분에 소화가 쉽고 에너지 밀도가 높은 음식을 모으고, 외부적인 음식물 처리 방법(예를 들면 요리)을 수용할 수 있었다. 이 두 가지 요인 덕분에 전체적으로 소화기관의 크기가 줄어들고, 따라서 소화기관과 관련된 대사 비용도 줄어들었다.

이런 일이 언제 일어났을까? 일부 과학자는 에너지 소비가 소화기관에서 뇌 쪽으로 좀더 기울게 된 것은 인류의 선조가 오스트랄로피테신류에서 갈라져 나온 직후에 일어났을 것이라 본다(Martin, 1981; Aiello & Wheeler, 1995). 커진 뇌 때문에 에너지 사용의 효율이 떨어졌더라도, 그 뇌 덕분에 오스트랄로피테신류의 생활방식보다 이점을 훨씬 많이 누릴 수 있었기 때문에 그런 비효율성을 보상하고도 남았을 것이라는 주장도 가능하다. 하지만 나중에 우리 선조들은 더 이상 오스트랄로피테신류와 경쟁한 것이 아니라 사람속에 속하는 다른 종들과 경쟁해야 했다. 이때는 더 적은 에너지로 똑같은 일을 할 수 있는 능력이 경쟁상의 이점으로 작용했을 것이다. 따라서 이때가 되어서야 커진 뇌로 인해 증가한 대사적 필요의 균형을 맞추기 위해 소화기관 크기가 줄어들었을 수도 있다.

인간은 단 음식을 좋아한다. 단 음식을 좋아하는 성향은 사람들마다 차이가 있다. 이런 차이는 어느 정도 유전이 된다(Keskitalo et al., 2007). 또한 사람들은 일반적으로 지방이 많은 음식을 좋아한다. 이것 역시 사람들마다 차이가 있다. 일반적으로 사람은 칼로리 밀도가 높은 음식을 좋아하는 존재라고 특징지을 수 있다. 반면 우리의 소화기관은 여전히 어느 정도 섬유소가 있는 저밀도 에너지 음식을 처리하는 데 적합한 상태로 머물러 있다. 우리는 우리의 진화를 반영하는 모자이크인 셈이다.

크기 변화와 관련된 두 가지 경향이 인류의 진화 역사를 특징짓는 것으로 보인다. 우선 인류의 뇌가 커졌다. 이것은 잘 알려진 사실이다. 몸집도 마찬가지로 커졌다. 이것은 덜 알려진 부분이다. 커진 몸집은 그에 따르는 비용도 있고 이점도 있었다. 절대적인 에너지 요구량은 증가했을 테지만, 몸집이 커짐으로 인해 에너지 요구량 대비 소화 능력과 에너지 저장 능력이 더욱 커졌다. 대형 동물은 더 많이 먹을 수 있고 먹지 않고도 오래 버틸 수 있다. 이 두 가지 특징은 우리 초기 선조들이 육류처럼 귀하지만 양질의 음식을 이용하는 식이 전략으로 옮겨 가는 데 유리하게 작용했을 것이다. 그리고 이것이 우리가 몸에 에너지(지방)를 저장하는 능력을 발전시키게 된 시작점일 수 있다.

생물인류학자들(예를 들면, Martin 1981, 1996; Aiello & Wheeler, 1995)은 우리 초기 선조들은 커진 뇌 때문에 치러야 할 대사 비용이 있었다고 주장한다. 뇌를 크게 성장시키고 유지하는 데는 더 많은 에너지가 필요했기 때문이다. 따라서 커진 뇌의 대사적 필요에 의해 에너지 밀도가 높은 음식을 획득하려는 동기가 생겨나는 피드백 루프가 가동되었다.

어쨌든 우리의 소화기관과 대사는 대량의 저혈당 음식을 섭취하는 데 최적화되어 있다. 우리는 에너지 밀도가 높고 당지수가 높은 음식을 처리할 수 있는 생리적 유연성을 지니고 있지만, 이런 음식들은 과거에는 무척 귀한 것이었다. 말하자면 그런 음식은 운이 좋아야 만나는 것들이었으며, 우리의 대사는 고혈당 음식, 고지방 음식, 혹은 대량의 음식을 먹으면 잉여 에너지를 축적하는 쪽으로 방향이 맞춰져 있다. 따라서 현대의 식생활 환경은 에너지를 축적하는 적응 반응을 촉발시킬 가능성이 높다.

03

인간에게만 있는 특별한 진화 과정, 끼니

음식, 그리고 먹는 행위는 동물의 삶에서 핵심적이다. 대부분의 포유류는 깨어 있는 시간 중 상당 부분을 먹이를 찾아 섭취하는 데 사용한다. 이는 포유류에서 우리가 속한 목인 영장류에 특히 해당하는 부분이다. 야생의 영장류는 깨어 있는 시간의 3/4 이상을 먹이 활동에 보낸다(예를 들어, Janson & Terborgh, 1979; Terborgh, 1983). 우리의 초기 선조는 좀더 에너지 밀도가 높은 음식으로 식생활 변화가 있었는데, 이는 그들이 생존하는 데 결정적인 역할을 했을 것이다. 하지만 우리는 '무엇을' 먹느냐만이 아니라 '어떻게' 먹느냐도 바꾸어 놓았다. 우리는 방목된 것처럼 끊임없이 먹기보다 점차 끼니를 정해 놓고 먹는 존재가 되었다.

인간과 식사

인간은 영장류다. 좀더 세분하면, 현존하는 영장류 중 인간의 가장 가까운 친척은 침팬지, 고릴라, 오랑우탄 등의 유인원이다. 인간은 이런 유인원들과 생물학적으로 많은 측면을 공유하고 있다. 유인원 중에서도 침팬지 두 종류(침팬지와 보노보)가 우리와 가장 가까운 사이다. 모든 유인원은 과식-초식 동물이어서 대체로 과일과 이파리를 먹고 산다. 침팬지와 보노보는 고기도 어느 정도 먹지만, 소화기관의 형태학으로 볼 때 모든 유인원은 후방 소화기관에 발효 기능이 있는 초식 동물을 닮았으며, 용량이 큰 단순한 형태의 위와 보통 크기의 소장, 그리고 기능성 맹장이 달린 길고 용량이 큰 대장을 가지고 있다.

우리는 분명 과식-초식 동물로부터 진화해 나왔지만, 지금의 인간은 잡식 동물이다. 우리의 식단에는 보통 상당한 양의 살코기가 들어 있다. 인간은 음식 처리의 상당 부분을 몸 밖에서 진행한다. 섭취하기 전에 음식을 미리 갈고 발효시키고 요리함으로써 저작 및 소화의 어려움을 상당히 줄이는 데 성공했다. 따라서 인간의 치아와 소화기관이 사촌 격인 유인원에 비해 크기가 작은 것도 놀랄 일이 아니다.

우리의 섭식 행위는 또 한 가지 근본적인 방식에서 차이를 보인다. 인간은 끼니를 정해 먹는다. 인간은 특정 시간, 특정 장소에서 식사를 하며, 대개 다른 사람들과 어울려서 먹는다. 다른 사람들과 함께 먹을 뿐만 아니라, 식사 자체가 협동적으로 이루어진다. 사람들은 서로에게 음식을 건네며 다른 사람이 먹을 음식을 가로채는 일은 일어나지 않는다. 심지어 모두가 음식을 조금씩 마련해 와서 함께 나누어 먹기도 한다. 식사는 영양 공급을 위한 것에서 그치지 않고 사회적인 역할도 함께 수행한다(그림 3.1).

우리의 선조들 또한 끼니 식사를 했다. 아마도 그 역사는 수백만 년을

그림 3.1 식사는 단순한 영양 섭취 이상의 의미를 띨 수 있다. 그림은 오귀스트 르느와르의 〈뱃놀이 점심〉.

거슬러 올라갈 것이다. 사람속의 구성원들이 정기적으로 함께 모여 식사를 했다는 개념을 지지하는 고고학 증거들이 상당하다. 음식을 요리하는 데 사용된 수십만 년 된 고대의 화로들이 발견되기도 했다. 이 장소들은 우리의 선조와 관련 종들이 수백 년 동안 머물며 사용했다(Jones, 2007). 석기 도구와 절단 흔적이 남은 뼛조각들이 모여 있는 것이 발견되기도 했다. 이것은 적어도 200만 년 전으로 거슬러 올라가는 도살 활동과 일치한다. 도구의 숫자와 뼈의 양을 보면 여러 명이 함께 행동했음을 알 수 있다.

끼니의 기본 개념은 인간의 진화 과정 중 아주 초기에 시작된 것으로 보이며, 끼니 그 자체가 진화를 거듭하면서 인간의 진화에도 영향을 미쳤다. 끼니는 적응 과정이자 선택압으로 진화의 역사를 바꾸어 놓았다. 뇌가 좀더 커지고 복잡해진 데 따르는 적응상의 이점에서 이것이 핵심적인 측면이었던 것으로 보인다.

끼니는 인간의 섭식생물학에서 근본적인 측면이다. 그렇지만 폭넓게 바라보면 끼니가 인간만의 고유한 특성은 아니다. 무리를 이루어 활동하는 육식 동물도 한데 어울려 사냥하고 사냥감을 공유하는 경우가 많기 때문에 끼니 동물로 생각할 수 있다. 하지만 대부분의 다른 영장류는 끼니로 먹지 않는다. 영장류는 일반적으로 자기 먹이를 스스로 모으면서 그 자리에서 바로 먹는다. 사실 이것이 초식 동물의 전형적인 특징이다. 먹이는 구하는 즉시 그 자리에서 소비되며 먹잇감을 공유하는 일은 드물다. 끼니 식사는 사냥과 관련돼 있다.

이 장에서는 끼니의 진화적 기원과 적응상의 가치에 대해 알아본다. 우리의 섭식 패턴에서 끼니의 중요성을 살펴보며, 우리가 식사를 하는 이유, 그리고 식사하는 시간에 대해서도 살펴본다. 이 책은 비만의 생물학에 관한 것이므로, 끼니가 과식을 유발하는 원리에 초점을 맞출 것이다. 물론 끼니에는 그와 관련된 흥미로운 생물학, 사회학, 정치학이 맞물려 있다. 끼니의 이러한 복잡성에 흥미를 느끼는 독자들은 초기 사회인류학자들인 클로드 레비스트로스Claude Levi-Straus, 메리 더글라스Mary Douglas, 마빈 해리스 Marvin Harris 등의 글을 읽어 보기를 권한다.

기술의 발전 덕분에 우리는 선사시대 인류의 섭식 패턴에 대해 많은 것을 알게 됐다. 음식고고학자들은 이제 정교한 분자고고학 기술을 이용해 오래전 사람들이 무엇을 어떻게 먹었는지 조사하고 있다. 고고학자의 관점에서 끼니와 인간의 섭식 행동을 이해하기 쉽게 개괄한 책으로는 마틴 존스Martin Jones의 《만찬: 왜 인간은 음식을 나누어 먹는가Feast: Why Humans Share Food》(2007)가 있다.

끼니란 무엇인가

끼니란 '한번 앉은 자리에서 제공되어 먹는 음식, 혹은 관례적으로 정해진 식사 시간'이라 정의할 수 있다. 하지만 '끼니'라는 개념에는 그 이상의 의미가 들어 있다. 끼니는 사회적인 행동인 경우가 대부분이다. 사람들은 혼자 먹기보다는 다른 사람들과 어울려 식사를 한다. 함께 끼니 식사를 하는 사람들은 사회적 연결 고리가 있다. 그 연결 고리는 가족일 수도 있고 직장 동료, 혹은 특별한 이벤트에 참가한 축하객일 수도 있지만 어쨌거나 끼니 식사에는 단순히 음식을 섭취하는 것을 넘어서는 추가적인 의미가 부여된다. 사람들은 함께 모여 끼니를 먹을 때 집단의 소속감을 공유한다. 이것은 학회에서 처음 마주친 사람들 사이에서 건성으로 이루어지는 별 볼일 없는 관계일 수도 있으며, 남녀의 결혼식 전에 양가 가족이 상징적으로 결합되는 모임처럼 심오하고 중요한 개인 관계를 나타내는 것일 수도 있다. 아니면 로맨스, 정치, 비즈니스를 상징하는 관계가 될 수도 있다. 그리고 때로는 정말 뭔가를 먹기 위한 시간에 불과한 경우도 없지 않다.

　끼니의 개념을 신화로 만들려는 것은 아니다. 끼니와 식사는 영양적으로도 중요성을 갖고 있다. 끼니로 먹는 것이 먼 옛날 선조들의 영양적 필요를 충족시키는 성공적인 적응 과정이 아니었다면 우리는 지금 이 자리에 존재하지 못했을 것이다. 하지만 끼니에는 단순한 영양 이상의 의미가 있다. 누군가가 특정 사람들과 함께 식사하기를 거부하는 것이 얼마나 강력한 메시지를 전달하는 것인지, 혹은 라이벌이나 적을 설득해서 함께 둘러앉아 식사를 하게 만드는 것이 사회적으로, 정치적으로 얼마나 큰 전략이 될 수 있는지 한번 생각해 보기 바란다. 끼니는 사회적 중요성을 띠고 있으며 아마도 이 점은 우리의 진화 역사 초기도 해당될 것이다. 인간에게 있어서 먹는 행위는 영양 섭취라는 핵심 기능 외에도 상당한 사회적, 정치적, 성적 중요성을 띠게 되었다.

침팬지와 끼니

침팬지는 주로 과일을 먹는다. 대부분의 경우 침팬지는 잘 익은 과일에서 상당한 영양을 제공받는다(Goodall, 1986; Stanford, 2001; Gilby & Wrangham, 2007). 침팬지는 보통 혼자, 아니면 어미와 새끼가 쌍을 이루어 먹이를 찾는다. 침팬지는 어미와 새끼 사이가 아니고는 일반적으로 먹이를 나누어 먹지 않는다. 눈에 띄는 예외가 있다면 수컷들이 함께 사냥을 할 때다. 먹이 공유는 거의 항상 육류의 공유를 의미하며, 따라서 사냥과 관련돼 있다(Teleki, 1973; Goodall, 1986; Mitani & Watts, 1999; Stanford, 2001; Gilby, 2006).

　야생 침팬지의 식단에는 동물성 먹이가 상당량 포함돼 있다(Teleki, 1973; Goodall, 1986; Stanford et al., 1994, Mitani & Watts, 1999, Watts & Mitani, 2002). 심지어 사냥에 도

구를 사용하기도 한다. 예를 들어 이들은 흰개미 낚시에 손질한 작은 나뭇가지나 풀잎을 사용한다. 하지만 자기보다 몸집이 작은 포유류를 사냥할 때도 있다. 몇몇 연구 장소에 따라서는 침팬지가 연간 수백 마리의 소형 및 중형 포유류(예를 들면 콜로부스원숭이, 야생 돼지, 작은 영양 등)를 사냥한 것으로 알려져 있다(Stanford, 2001). 한 암컷 침팬지가 60cm 정도 되는 뾰족한 나뭇가지를 이용해서 나무 구멍을 격렬하게 찔러대다가 갈라고원숭이 한 마리를 찌르는 데 성공해서 잡아먹는 것이 관찰된 적도 있다(Pruetz & Bertolani, 2007).

그러나 육류는 침팬지의 식단에서 여전히 아주 작은 부분을 차지한다. 침팬지는 대부분의 영양을 과일에서 얻는다. 사냥은 어느 정도 계절을 타는 것으로 보이며, 나이지리아 곰베 국립공원에서는 과일이 줄어드는 건기가 되면 사냥하는 모습이 좀더 자주 관찰된다(Stanford, 2001). 하지만 계절에 따라 달라지는 수컷 그룹의 규모 같은 다른 요소를 고려하더라도 에너지 가용성은 사냥의 횟수와 관련이 없었다(Gilby et al., 2006). 흥미롭게도 일부 지역에서는 상대적으로 먹잇감이 풍부한 시기에 사냥이 더 흔하게 이루어졌다. 물론 이것은 적어도 부분적으로는 이 시기에 먹이를 찾는 집단의 크기가 더 커지기 때문이라는 설명도 가능하다(Gilby et all, 2006). 하지만 키발 국립공원Kibale National Forest의 카냐와라Kanyawara침팬지는 과일이 풍부한 시기에 사냥에 나서는 것으로 보인다(Gilby et al., 2007). 사냥은 과일 채집보다 더 큰 위험이 따른다. 부상을 당할 수도 있고, 먹이를 전혀 얻지 못할 수도 있다. 사냥감은 보통 먹잇감이 되지 않으려고 애쓰기 때문이다. 카냐와라침팬지는 먹잇감이 부족한 시기에는 좀더 신중한 먹이 찾기 전략을 이용하고, 과일이 풍족한 시기에는 고위험-고이익 전략을 더 적극적으로 활용하는 성향이 있는 것 같다(Gilby et al., 2007).

육류 섭취는 분명 중요한 영양분을 제공한다. 사실 침팬지가 고기에서 얻는 가장 중요한 영양분은 에너지가 아닐 수 있다. 단백질은 물론이고, 뼈에서 얻는 칼슘 성분도 무척 중요하다. 암컷 침팬지나 어린 침팬지에서 관찰되는 단독 사냥은 영양 섭취를 위한 행동임이 거의 분명하다. 이들은 먹잇감을 얻기 위해 사냥하는 것이며 그 외의 다른 동기는 없는 것으로 보인다. 하지만 침팬지에서 보이는 모든 사냥과 육류 섭취가 오로지 영양만을 위한 활동은 아닌 듯하다.

주로 성년기나 청소년기 수컷 침팬지들의 협동 사냥은 영양적인 중요성과 아울러 사회적인 의미도 함께 띠고 있는 것으로 보인다. 실제로 사냥이 성공하면 사냥에 참여하는 침팬지의 숫자도 증가하지만, 개인별로 기대할 수 있는 보상은 증가하지 않으며 오히려 떨어질 수도 있다(Stanford, 2001; Gilby et al., 2006). 따라서 콜로부스원숭이를 사냥하는 집단에 침팬지가 추가적으로 들어올 때마다 사냥의 성공 가능성은 높아지지만 그렇다고 사냥에 참가하는 개별 침팬지들에게 영양상의 이점이 반드시 늘어난다고 볼 수는 없다. 협동 사냥이라는 말에는 '사회적 육식 동물'이라는 의미가 들어 있다. 협업을 통해 각자에게 더 많은 이익이 돌아가게 한다는 것이다. 그러나 사냥에 참여한 개체가 영양상으로 더 유리한 것만은 아니라는 사실은, 협동 사냥이 반드시 협동적인 것은 아니라는 주장의 근거로 종종 거론된다. 그렇지만 성년기 및 청소년기 수컷 침팬지들에게는 사냥에 참여할 상당한 동기가 있는 듯하다(Stanford, 2001).

사냥 성공 이후에 고기를 나누는 과정에는 사회적, 정치적 의미와 중요성이 있다. 사냥감의 '소유자'가 누구에게 얼마나 많은 양의 고기를 나누어 줄 것인지를 결정한다. 동맹 관계의 개체는 보상을 받고, 경쟁자는 무시당한다. 성적으로 잘 받아주는 암컷도 자기 몫을 챙길 때가 있다. 이때는 물론 성교가 이루어진다. 소유자와 성적, 혹은 사회적으로 얽혀 있는 암컷(예를 들면 어미)은 자기 몫을 받을 때가 있지만, 대부분의 다른 암컷에게는 돌아가는 것이 없다. 소유자는 어느 정도 괴롭힘을 당할 가능성이 높다. 고기 나누기의 과정은 사실상 착취에 가까울 수도 있다. 이를 동물행동학적으로는 '압박하에서의 나눔sharing-under-pressure'이라고 한다. 이 가설을 지지하는 자료들이 있다(Gilby, 2006). 몫을 나누어 달라고 구걸하거나 괴롭히는 동물들의 숫자가 늘어나면 소유자가 차지하는 몫은 줄어든다. 구걸하는 침팬지들은 고기를 좀 떼어 주면 사체에서 멀어질 가능성이 크다(따라서 소유자를 괴롭히는 일도 멈춘다)(Gilby, 2006). 개체들 사이의 유대가 긍정적인 경우에는 몫을 나누어 달라는 압박이 늘어날 가능성이 크다. 예를 들면 수컷의 털 고르기 파트너였던 암컷은 자기 몫의 고기를 챙기는 데 좀더 성공적이었다. 그런 암컷이 좀더 끈질기게 소유자에게 구걸하거나 그를 괴롭히는 것도 적어도 부분적으로는 그 때문이었다(Gilby, 2006).

침팬지의 고기 섭취 행동이 우리 선조와 다른 또 하나의 측면은 그것이 아주 길고 지루한 과정이라는 점이다. 콜로부스원숭이 한 마리를 먹는 데도 몇 시간이 걸린다. 아마도 이런 섭취 행동은 끼니라기보다 하나의 행사라고 부르는 것이 옳을 것이다. 인간의 기준으로 볼 때는 비효율적이기 짝이 없다. 사냥 자체는 협동적이었을지 모르지만, 그 이후의 먹이 나누기 행동은 협동적이라기보다는 거래에 가깝다.

끼니와 뇌

큰 뇌를 갖게 되면 그에 따르는 비용을 지불해야 한다. 물론 뇌가 커짐으로 해서 우리 선조들이 막대한 적응상의 이점을 안게 된 것도 분명한 사실이다. 그리하여 오스트랄로피테신류는 멸종의 길을 걷게 된 반면 사람속은 살아남아 번영을 누리게 되었다. 에너지 소비와 상관없이 사람속의 커진 뇌는 성공적인 적응이었으며, 정의에 의하면 '적응 비용'보다 '적응 이득'이

그림 3.2 해달은 가슴 위에 돌을 올려놓고 전복 같은 조개류나 바닷게 등을 그 위로 내리쳐 깬다.

더 컸다. 우리의 진화를 이해하려면 기능이 향상된 뇌가 적응 과정에서 어떤 역할을 해왔는지를 그 시작부터 이해해야 한다.

도구의 사용은 그러한 적응 과정에서 매우 중요한 역할을 했다. 다른 동물들도 도구를 사용하지만 다양하고 복잡한 도구를 만들고 사용하는 데 있어서는 초기 사람속을 따라가지 못한다. 초기 인류가 사용했다고 알려진 도구들 중 상당수는 음식과 직접적으로 연관돼 있다. 예를 들면 뼈에서 고기를 발라내는 데 사용된 석기나, 뼈를 부수어 열고 골수를 얻는 도구 등이 있다. 초기에 사용된 것으로 보이는 다른 도구로는 뿌리와 덩이줄기를 파내는 데 쓰는 막대기나 흰개미 집을 파낼 때 사용하는 도구 등이 있다.

초기 선조들이 사용한 도구의 상당수는 음식과 관련된 것으로 추측된다. 사실 지금까지 동물들이 사용하는 것으로 보고된 도구 중 상당수가 먹이 확보와 관련된 것들이다. 침팬지는 잔가지를 이용해서 흰개미를 '낚시'한다(Goodall, 1986). 꼬리감는원숭이속Cebus은 돌을 이용해서 과일과 견과류의 딱딱한 껍질을 깬다(Waga et al., 2006). 해달은 돌을 이용해 조개를 연다(Hall & Schaller, 1964; 그림 3.2). 딱따구리핀치Woodpecker finch는 선인장 가시를 이용해서 나무에서 곤충의 유충을 꺼낸다(Millikan & Bowman, 1967; Tebbich et al., 2002). 많은 동물들이 먹이를 얻기 위해 도구를 사용한다. 인간 선조만이 도구를 사용한 것은 아니지만 도구와 음식이 인간의 진화와 성공에서 큰 역할을 한 것만은 분명하다.

도구의 개념은 상당히 폭넓을 수 있다. 동물의 도구 사용에 대해 연구한 벤자민 벡Benjamin Beck은 도구의 사용을 다음과 같이 정의했다(1980). "부착되지 않은 환경 속 물체를 외부에서 끌어들여 다른 사물이나 생명체, 혹은 도구 사용자 자신의 형태, 위치, 조건 등을 좀더 효율적으로 바꾸는 것. 이때 사용자는 도구를 사용하는 동안이나 사용하기 바로 전까지 도구를 쥐거나 지니고 있으면서, 도구의 적절하고 효과적인 지향orientation을 책임지고 있어야 한다." 정의가 이리도 길고 복잡한 것을 보면 도구가 무엇인지를 분명하게 정의하는 일이 얼마나 어려운 것인지 알 수 있다. 이 정의에 따르면 도구는 사용자에 의해 물리적으로 조작되는 물체여야 한다. 이것은 서로 다른 수많은 종의 도구 사용을 검토하는 데 매우 유용한 정의다. 그런데 대다수의 동물은 어떤 방식으로든 자신의 환경을 변형시키는데, 그런 변형을 모두 도구의 사용이라 할 수 있을까? 둥지도 도구인가? 동물이 몸을 식히려고 진흙 속에서 뒹굴고 있다면, 그 진흙 또한 도구인가?

도구 사용을 연구하는 과학자들은 아주 미묘한 차이에 초점을 맞춘다. 예를 들어 이집트대머리수리egyptian vulture는 부리로 돌을 들어 알을 향해 던져서 타조 알을 깬다(Thouless et al., 1989). 이것은 도구의 사용으로 인정받고 있다. 하지만 다른 새들은 먹이가 될 물체(알, 조개 등)를 가지고 하늘로 날아올라 바위나 콘크리트 같은 딱딱한 물체 위로 떨어뜨려 깬다. 이런 전략을 사용해도 새는 먹잇감을 부수어 먹을 수 있다. 하지만 이런 행동도 도구 사용이라 할 수 있을까? 위에 나온 벡의 정의를 포함한 여러 정의에 따르면 대답은 '아니오'이다. 흥미 있는 물체를 직접 조작하는 것과 흥미 있는 물체에 영향을 미치기 위해 다른 물체를 조작하는 것 사이에는 아주 미묘한 차이가 있다. 반면 도구 사용을 아주 폭넓은 의미로 보면 조개가 깨져서 먹을 수 있게 될 때까지 콘크리트 바닥에 떨어뜨리는 행동은 분명 도구 사용 전략이라 주장할 수 있는 행동이다.

그렇다면 사람의 행동으로 국한했을 때의 도구 개념은 어떠한가? 이 책은 워드 프로세서 프로그램을 이용해 컴퓨터로 작성되었다. 도구는 꼭 물리적인 사물이어야 하는가? 우리는 직장에서나 일상생활에서 마주치는 문제를 해결하기 위해 논리적인 패턴(알고리즘)이나 (메모장 같은) 기억 보조 장치, (제품의) 견본이나 모델 등을 이용한다. 이런 정신적인 장치들도 도구라 할 수 있는가? 국빈 초대 만찬회는 외교적 도구라고들 말한다. 이것은 실제로 도구인가? 아니면 의미론적인 것에 불과한 것인가?

　이런 주제가 무척 흥미로운 것은 사실이지만, 이 책의 목적을 위해서라면 굳이 이런 질문에까지 대답해야 할 필요는 없다. 어떤 정의를 이용하든 사람속 초기 구성원들은 분명 도구 사용자였다. 다른 모든 동물들도 어느 정도는 그렇게 하고 있듯이, 그들도 정신적 전략과 사회적 전략들을 활용했다. 이 두 가지 모두가 섭식 전략에 사용되었고, 양쪽 모두 끼니의 진화에 필요한 것이었다.

　도구 제작과 도구 사용은 우리 뇌의 진화에 영향을 미친 중요한 선택압이었음이 분명하지만, 커진 뇌 덕에 향상된 사회적 능력과 행동적 능력도 물리적 환경을 바꾸는 능력 못지않게 초기 사람속의 성공에 중요하게 작용했을 가능성이 크다. 대부분의 영장류는 대단히 사회적인 동물이다. 이들이 적응상의 도전적 과제를 풀기 위해 사용한 전략 중 상당수는 사회적이고 행동적인 전략이었다. 인간도 예외는 아니다. 우리와 선조들에게 있어서 협동은 언제나 핵심적인 적응 전략이었다. 도구 사용을 가장 폭넓은 정의로 바라본다면 인간의 가장 효과적인 도구는 다른 인간이었다는 주장은 상당한 설득력을 얻는다. 권력과 부는 보통 얼마나 많은 사람을 자신의 목표를 향해 움직이도록 설득할 수 있느냐에 달려 있다. 역사를 돌아보면 위대한 일이나 끔찍한 일 모두 이런 방식으로 이루어졌다. 많은 개인의 행동을 공통의 목표를 향해 조화시키는 능력, 이것이야말로 인류가 전 세계로 뻗어나갈 수 있게 해준 핵심적인 인지 능력이었다.

　음식을 모은 후에 공동의 장소로 가져와 사회적 네트워크의 다른 구성원들과 함께 공유하는 것이야말로 아마 인간의 진화에서 일어난 결정적인 사건이었을 것이다. 끼니, 혹은 그와 유사한 협동적 섭식 전략을 형성한 초기의 행동은 우리 혈통을 영장류 선조의 행동적, 정신적 적응 수준과 구분 지어 주는 최초의 행동적 적응일 것이다.

끼니는 처음 시작되었을 때부터 다양한 기능을 수행했을 것이다. 무엇보다 영양적인 필요를 해결하는 것이 가장 급선무였을 것이다. 음식을 중심지로 가져와 처리하고 섭취하고 함께 나누는 것은 여러 가지 도전적인 문제들을 낳았겠지만, 단순한 영양 공급 이상의 이득을 가져오기도 했다. 그러한 이득의 한 가지로 포식자, 스캐빈저, 경쟁자에 대한 방어를 생각해 볼 수 있다. 물론 음식을 중심지로 가져오면 그런 적들을 끌어들이는 효과도 분명히 있었을 것이다. 끼니가 우리 선조들의 주요 영양 획득 수단으로 자리 잡기 위해서는 행동의 변화가 필요했으며, 이러한 행동 변화는 선조들의 생태계, 포식자에 대한 저항 전략, 사회 구조, 생식 전략 등 여러 가지 부분에 복잡하고 미묘한 수많은 파문을 몰고 왔다.

이런 전략이 성공적이려면(그리고 실제로 성공적이었다) 음식과 관련된 사회적 행동의 변화가 필요했을 것이다. 음식과 관련된 공격성은 줄일 필요가 있었으며, 협동하고 나누는 행동은 늘어나야 했다. 타인의 행동을 예측하고 대비하는 능력이 더 중요해졌을 것이다. 만족 지연delayed gratification의 개념이 적응에 유리한 전략이 되었다. 개인이 음식을 획득했을 때는 그 자리에서 바로 먹어치우는 것과 집단이 있는 곳으로 가져가서 나누어 먹는 것(혹은 양쪽을 절충한 다른 대안) 중 어느 것이 더 성공적인 전략인지 고려해야 했다.

끼니의 개념은 더 뛰어난 지능의 선택을 부추기는 복잡하고 정교한 규정 요인들을 다수 포함하고 있다. 끼니는 시간과 공간상의 계획이 필요하다. 끼니는 비용 대비 이득의 계산도 필요하다. 내가 찾은 먹이를 그냥 내가 먹는 게 나을까? 아니면 집단으로 가져가서 나누어 먹는 게 나을까? 이러한 섭식 행동의 변화로 인해, 일일이 결정을 내려야 할 수많은 선택 사항이 생겨났음은 쉽게 이해할 수 있다. 이러한 선택은 모두 환경을 정교하게 평가해 보아야만 가능한 것들이었다. 내가 찾은 것들을 이 자리에서 먹고 계속 먹이를 찾으러 다닐까, 아니면 집단으로 돌아갈까? 지금까지 음식을 얼마나 모았지? 내가 모은 음식은 어떤 종류인가? 내가 집단에서 얼마나 멀리 왔지? 내가 얼마나 오랫동안 먹이를 찾아다녔을까? 집단의 다른 구성원들은 밖에서 어떤 음식을 찾아다니고 있을까? 그들은 언제쯤 집단으로 돌아올까? 그들이 나보다 음식을 더 많이 모았거나, 더 적게 모았으면 어떡하지? 그들도 나와 음식을 나눠 먹을까? 내가 모은 음식을 그들과 나눠 먹으면 나는 뭘 얻게 될까?

영장류는 다른 대부분의 동물보다 몸집에 비해 뇌가 상대적으로 더 크다. 영장류 중에서도 유인원들은 체중 대비 뇌 비율이 가장 크다. 어느 결정적인 시점부터 우리 선조들은 우리와 유인원의 공통 선조보다 더 큰 뇌를 가지게 되었다. 비교적 최근까지도 우리의 뇌 크기는 진화 기간 내내 증가했다. 하지만 뇌의 모든 부위가 극적으로 커진 것은 아니다. 뇌 크기 증가는 주로 피질(겉질)cortex*에서 일어났다.

뇌 진화의 사회 복잡성 이론social complexity theory에서는 복잡한 사회적 네트워크를 가진 생물종은 향상된 인지 능력을 선호하는 선택압 아래 놓인다고 상정한다(Dunbar, 1998). 복잡한 사회적 네트워크라고 해서 반드시 대규모의 사회적 집단을 의미하는 것은 아니며, 그 반대도 마찬가지다. 영양은 거대한 무리를 이루어 살지만 그들의 사회적 네트워크가 그만큼 복잡하지는 않다. 반면 원숭이와 유인원은 집단의 규모가 크든, 작든 간에 복잡한 사회적 네트워크를 형성하고 있다(Dunbar, 1998). 사회의 구조가 복잡해지고 적응 능력의 향상을 행동적, 사회적 전략에 더더욱 의지하게 된 것이 영장류의 뇌가 커진 밑바탕이 되었다는 가설이 제기되고 있다. 영장류들 사

---

* 생물체를 이루는 기관에서 겉의 층과 안쪽 층이 기능이나 구조 면에서 다를 때 겉의 층을 피질이라고 한다.

이에서도 사회적 상호작용에서 연합체를 구성하는 종이 그렇지 않은 종보다 신피질의 양이 더 많다. 우리는 끼니 비슷한 협동적인 행동의 흔적 등, 초기 사람속의 새로운 섭식 전략으로 인해 사회적 복잡성이 추가적으로 증가한 것이 피질의 성장을 가속화하는 강력한 선택압으로 추가 작용했을 것이라 본다. 분명 인류의 진화 중 어느 시점에서는 현대적 개념에 내재된 모든 협동적, 사회적, 정치적, 심지어는 성적인 가능성을 염두에 둔 끼니 전략을 효과적으로 사용하는 능력이 사회적 인지 능력을 향상시키는 수많은 선택압 중 하나로 작용했을 것이다.

협동과 관용

이 문제를 곰곰이 생각해 보면 사람들과 함께 식사하는 일은 상당한 관용의 정신을 필요로 하는 것을 알 수 있다. 여러 사람이 한자리에 모여 식사를 하면 서로를 위협하는 일도 삼가고 타인의 음식을 훔치지도 않으며, 음식을 자기만의 것이라 주장하지도 않고 공공연한 성적 행동도 삼가게 된다 (고대 로마나 기타 장소에서 이루어졌던 광란의 파티는 무시하자). 이런 식사 자리에 참가한 개인들은 다른 종들을 사회적 섭식 행위의 맥락 속에 들여놓았을 때보다 훨씬 큰 자제력을 보여 준다.

우리는 이런 것을 당연하게 생각하지만, 수십만 년, 아니면 수백만 년 전의 우리 선조들은 어떠했을지 생각해 보자. 음식은 아주 귀하고 제한적인 자원이었다. 다른 사람이 귀한 음식을 먹는 것을 볼 때 반사 행동은 상대적인 지위나 신체 조건에 따라 위협, 구걸, 물물 교환 요구 등으로 나타났을 것이다. 한편으로는 협동과 관용이 같이 등장했을 것이고, 반사 행동은 억제되었을 것이다.

반사 행동과 감정적 행동을 억제하고 조절하는 것은 대뇌피질cerebral cortex의 기능 중 하나다. 시간이 흐르면서 사람속의 뇌 크기는 증가했지만, 그렇다고 뇌의 모든 부분이 똑같이 커진 것은 아니다. 크기 증가는 주로 피질에서 일어났다. 뇌줄기brain stem, 뇌실주위기관circumventricular organs, 종종 변연계limbic system로 불리는 대뇌 부위(예를 들면, 시상하부hypothalamus, 편도체 amygdala 등) 등은 인간이나 유인원이나 극적인 차이는 없다. 하지만 피질만 큼은 극적인 차이가 난다.

우리 저자들은 피질의 크기 증가가 협동적 섭식 행위인 끼니에 의해 가능해지고 선택되었다고 본다. 뇌 기능이 피질화되자 반사적 행동은 줄어 들면서 행동보다 생각이 앞서게 되고 자제력이 늘었다. 행동에 따르는 결과 를 평가하게 되었으며, 만족 지연과 미래의 행복을 고려하게 되었다. 끼니 섭식 전략이 성공적으로 도입되기 위해서는 피질의 크기 증가가 요구되고 촉진되었을 것이다. 피질 증가를 가져온 선택압이 공동 식사와 음식 나누 기(끼니)만은 아니겠지만, 그래도 이 새로운 섭식 행위가 우리의 뇌 진화에 서 상당히 큰 역할을 했다고 판단한다.

침팬지와 보노보

현존하는 영장류 중에서 판속의 두 종인 침팬지와 보노보는 우리의 가장 가까운 친척이다. 원숭이, 유인원, 인간의 Y 염색체 절단점을 분석하는 과 정에서 1번 염색체에서 Y 염색체로 전이transposition된 작은 DNA 조각이 발 견되었다. 하지만 이 전이는 사람, 침팬지, 보노보의 Y 염색체에서만 발견되 었다(Wimmer et al., 2002). 우리가 이들 유인원과 마지막으로 선조를 공유한 것 은 400만~700만 년 전이다(Glazko & Nei, 2003). 침팬지와 보노보는 분명 그들

각각과 인간과의 관계보다는 그들 서로 간의 관계가 더 가깝다. 침팬지와 보노보가 서로에게서 갈라져 나온 것은 100만 년도 되지 않는다(Won & Hey, 2005). 따라서 진화 과정에서 일어난 이들의 분리는 오스트랄로피테신류와 아주 초기의 호모 에렉투스 사이의 분리와 대략 동등한 것으로 볼 수 있다.

현존하는 이 두 종은 우리 선조들의 행동, 고대의 호미닌들 사이에서 나타났던 행동학적 차이의 정도를 연구하는 데 아주 유용한 모델이다. 인간과 두 판속 종의 공통점은 오래전부터 이어온 것이다. 침팬지와 보노보의 차이를 연구하면 뇌 크기에서 차이가 없는 오스트랄로피테신류와 초기 사람속의 차이가 얼마나 되었을지 가늠하는 척도가 될 수 있을 것이다.

침팬지와 보노보 사이에서 나타나는 사회적 행동, 사회 구조, 기질의 차이는 무척 흥미롭다. 진화적으로도 매우 가깝고, 신체 조건, 심지어는 기본적인 사회 구조도 비슷한데도 두 종은 생활의 근본적인 측면에서 심오한 차이를 나타낸다. 이런 차이가 그들의 협동 능력에도 영향을 미친다.

지나친 단순화의 위험을 무릅쓰고 말하자면, 침팬지는 전쟁주의자이고, 보노보는 평화주의자다. 두 종의 생물학에서 나타나는 이 두 가지 측면은 대중에게도 잘 알려져 있다. 물론 현실은 이 대중적인 이미지처럼 간단하지 않아서 복잡하고 애매한 부분이 많다. 보노보 역시 폭력적으로 변할 수 있고, 다른 포유류를 사냥하며(Hohman & Fruth, 1993), 서로 신체적으로 공격하기도 한다(Hohmanhn & Fruth, 2003p; White & Wood, 2007). 침팬지는 성적 행동에서도 상당히 놀랍다. 침팬지와 보노보의 차이는 대중이 생각하는 것보다는 덜한 것이 사실이며, 행동의 종류에서 차이가 난다기보다는 정도의 차이에 불과한 경우가 많다. 위에서 언급한 일반화를 지지해 줄 만한 근거가 있다. 한 공동체에서 나온 수컷 침팬지들은 무리를 이루어 자신들의 영역을 순찰한다. 이웃의 수컷이 이 순찰 무리와 마주치면 공격당하거나 죽임을 당할 위험이 있다(Wrangham & Peterson, 1996; Mitani, 2006). 심지어는 같은 무리

안에서도 침팬지들은 이득을 얻기 위해 서로를 위협하거나, 겁주는 행동을 보이거나, 신체적인 공격을 가하기도 한다. 반면 보노보는 거의 모든 사회적 상호작용에 섹스를 끌어들이는 것으로 유명하다(da Waal & Lanting, 1997). 그렇다고 보노보의 생활에 갈등이 없다는 뜻은 아니다. 사실 보노보 사이에서도 갈등은 자주 일어난다. 하지만 보노보의 행동에서 핵심적인 측면은 개체들 사이의 갈등 해소와 화해가 일반적으로 성적 행위를 동반한다는 점이다(da Waal & Lanting, 1997).

암컷과 수컷의 관계도 마찬가지로 차이가 있다. 두 종 모두 일반적인 영장류들과 분산형dispersal pattern이 다르다는 점에서는 유사하다. 대부분의 영장류 종에서는 암컷들은 자신이 태어난 집단에 남고 어미와 자매들과 지속적인 유대 관계를 형성한다. 그리고 수컷들은 흩어져 다른 집단으로 들어간다. 반면 침팬지와 보노보는 수컷들이 자기가 태어난 공동체에 남고 암컷들은 젊은 성년이 되면 공동체를 떠나 다른 공동체에 합류해야 한다. 이것은 침팬지에 대한 장기간의 관찰(예를 들면, Goodall, 1986)과 야생 보노보의 배설물 DNA 분석(Gerloff et al., 1999)을 통해 밝혀졌다. 야생 보노보 집단에서 대부분의 성년과 준성년 수컷들은 그 공동체에서 살고 있는 어미로 추정되는 암컷과 DNA가 일치한다. 하지만 성년 및 준성년 암컷의 경우에는 일반적으로 그렇지 않다(Gerloff et al., 1999).

이렇게 분산형은 같지만 침팬지와 보노보에서 보이는 암컷과 수컷의 사회적 행동은 차이가 있다. 수컷 침팬지의 행동은 흩어짐 패턴에서 예상되는 것과 일치한다. 수컷 침팬지들은 동맹을 결성하고 서로 협조한다. 이들은 서로를 평생 알고 지내 왔고, 서로 친척 관계인 경우도 많다. 서로 경쟁하는 경우도 없지는 않지만 그보다는 협동이 훨씬 우세하다. 암컷 침팬지들은 수컷들, 특히 자기가 낳은 수컷 새끼와는 유대 관계를 맺지만, 성년의 암컷들끼리는 일반적으로 동맹 관계가 형성되지 않는다. 암컷 침팬지들은 보통 혼자 있거나 자기 새끼들과 함께 있다. 반면 보노보는 예상을 깨고 침팬지와는 정반대로 행동한다. 보노보의 암컷들은 서로 알고 지낸 지가 얼마 되지 않았고, 친척 관계일 가능성이 거의 없는데도 불구하고 동맹을 결성한다. 반면 수컷들은 평생을 알고 지냈고, 형제일 가능성이 큰데도 불구하고 독립적으로 행동하는 경향이 있다. 암컷들의 이런 연합 관계 때문에 보노보의 사회 조직은 여성 상위 조직이라고 불리는 경우가 많은데, 사실 실제로는 그리 간단하지 않다(White & Wood, 2007). 수컷 개체들은 암컷보다 몸집도 크고 힘도 세기 때문에 암컷의 먹이나 좋은 물건을 뺏을 수 있다. 하지만 암컷의 친구들이 주변에 있으면 힘센 수컷이라도 고민이 되지 않을 수 없다. 물론 수컷을 쫓아내서 제자리로 돌려보낸 후에는 암컷들이 수컷에게 섹스를 제공하기도 한다. 하지만 일반적으로 많은 경우에서 수컷은 암컷의 뜻을 따르는 것이 더 나은 전략인 것으로 보인다(White & Wood, 2007).

위에서 언급한 내용은 이 두 종 사이의 차이를 단순화해서 대략적으로 기술한 것이다. 우리가 보노보의 사회적 행동에 대해 알고 있는 지식 중 상당 부분은 포획된 동물을 대상으로 연구해서 나온 것이다. 야생 보노보에 관한 연구 자료에 따르면 보노보도 좀더 공격적으로 변할 수 있으며, 포획된 개체들보다는 성적 행위가 덜하다고 한다. 보노보의 대중적 이미지는 섹스를 좋아하고 평화를 사랑하는 히피족으로 묘사되고 있는데, 이것은 신화적 이미지일 가능성이 크다. 물론 침팬지와 보노보 간의 기질 차이는 과장된 면이 있지만 실제로 차이가 있으며, 협동 행동에서도 눈에 띄는 차이가 있다.

협동과 공정성

보노보와 침팬지 모두 포획된 상태에서는 협력 과제를 잘 배운다. 이들은 매우 영리한 동물로, 보상을 받기 위해서라면 도구나 다른 전략도 곧잘 사용한다. 두 종에게 훈련시킨 간단한 협력 과제는 두 개체가 막대나 밧줄을 잡아 당겨 손이 닿는 곳에 있는 음식 그릇을 가져오는 것이었다(예를 들면, Melis et al., 2006). 두 종 모두 이 과제를 완벽하게 해냈지만, 차이가 있었다. 침팬지 두 마리에게 이 과제를 주면, 협력 행동이 일어나는 빈도가 무척 낮았다. 대부분 침팬지 두 마리 중 한 마리가 협력을 거부하기 때문이다. 협력을 하더라도 침팬지들은 획득한 것을 나누어 갖지 않는 경우가 많다는 것으로 이 결과를 부분적으로 설명할 수 있다. 보통은 힘이 센 개체나 보상을 먼저 손에 넣은 개체가 그 보상을 독차지해 버리며, 파트너는 아무것도 얻지 못한다. 이 협력 과제에서는 관대한 개체(즉 공유 점수sharing score를 제일 높게 받은 개체)가 가장 성공적으로 과제를 수행했는데, 또 다른 관대한 개체와 짝을 이루었을 때만 그런 결과가 나왔다(Melis et al., 2006). 반면 보노보는 언제나 보상을 함께 나눈다. 협력 관계에 있는 동물은 양쪽 모두 얻는 것이 있다(Hare et al., 2007). 따라서 보노보가 과제를 해결할 때 항상 서로 협력하는 것은 놀랄 일이 아니다.

경제적 관점에서만 보면 두 번째 주자는 어떤 제안이라도 수용하는 것이 당연하다. 왜냐하면 두 번째 주자는 협동에 참여하면 어떻게든 무언가를 얻게 될 것이고, 제안을 거절한다는 것은 아무런 보상도 얻지 못한다는 뜻이기 때문이다. 하지만 인간은 이렇게 행동하지 않는다. 분배 방식이 너무 불공정하면 제안을 거부해 버린다. 인간은 공정성fairness의 개념을 가지고 있고 이것이 행동에 큰 영향을 미친다. 만약 제안이 불공정하면 사람은 탐욕을 벌하기 위해 자신의 희생을 기꺼이 감수한다. 연구에 따르면 이러한 행동에는 유전적 요소가 있다고 한다. 일란성 쌍둥이는 이란성 쌍둥이보다 게임을 하는 방식(즉 제안을 하고 수용하는 방식)이 더 비슷하다(Wallace et al., 2007).

침팬지는 경제적 관점이 있는 것으로 보인다. 이들은 어느 정도의 보상만 얻을 수 있다면 보상의 상대적인 양에는 상관없이 다른 침팬지와 협력하여 보상을 따낸다(Jensen et al., 2007). 이 실험을 보노보를 대상으로 시행해서 이들이 사람과 비슷하게 행동하는지 알아보면 무척 흥미로울 것이다. 이들도 분배가 너무 불공정하면 협력을 거부할까? 아니면 공정성이라는 개념, 혹은 '사기꾼'을 벌하려는 성향의 진화는 인류가 유인원에서 갈라져 나온 이후에 발생한 것일까? 이것은 자연 선택에서 이롭게 작용한 커진 피질의 특성 중 하나일까?

공정성이라는 개념은 인간의 사회적 섭식 행위의 중요한 측면으로 보인다. 끼니는 협력하고 음식을 공유하는 행동이다. 침팬지와 보노보 모두 음식을 함께 나눈다. 하지만 침팬지의 경우 이런 나눔은 대부분 거래에 해당한다. 무언가를 얻기 위한 나눔이지 규범화된 행동이 아닌 것이다. 반면, 보노보의 행동은 나눔이 일찍부터 규범적 개념으로 자리 잡았다는 것을 알려준다.

포식자와 사냥감

포식 행동은 양쪽 측면 모두에서 인간의 진화에 심오한 영향을 미친 것으로 보인다. 즉 우리의 선조는 포식자이자 사냥감이었던 것이다(Hart & Sussman, 2005). 초기 사람속의 핵심적인 적응상의 이점은 더 나은 포식자가 되는 것이었다. 하지만 그들은 사냥감이기도 했다. 그들 주변에는 그들을 사냥해

잡아먹을 수 있는 육식 동물들이 가득했다. 화석을 보면 오스트랄로피테신류가 대형 고양이과 동물과 독수리에게 사냥을 당했다는 것을 알려준다(Hart & Sussmanj, 2005). 오스트랄로피테신류와 초기 사람속과 비슷한 크기인 침팬지와 보노보는 표범의 사냥감이다(Zuberbuhler & Jenny, 2002; D'Amour et al., 2006). 사냥감이 되어도 먹히지 않도록 하는 것은 인간의 진화 과정에서 강력한 선택압으로 작용했을 가능성이 크다.

포식압predation pressure은 초기 호미닌 종에서 몸집의 크기와 비만도를 제한하는 영향을 미쳤을 것이라는 주장이 제기된 바 있다(Speakman, 2007). 간단히 말하자면 높은 포식압 때문에 더 작고 마른 몸집의 표현형이 선호되었다는 것이다. 비만 연구로 잘 알려진 생물학자 J. R. 스피크먼J. R. Speakman이 사용한 소형 포유류 자료(2007)를 보면 이것이 일반적이라는 것을 알 수는 있지만, 이것이 사실일 수밖에 없는 정확한 이유는 확실하지 않다. 포식압으로 인한 결과가 오스트랄로피테신류같이 상대적으로 큰 동물에게도 똑같이 적용될지는 불분명하다. 전체적인 크기보다는 BMI에 초점을 맞추고 있고, 뚱뚱한 개체는 포식자들이 더 좋아하는 먹잇감이 될 수밖에 없어서, 도망이 포식자에 대항하는 중요한 전략인 경우에 불리해질 수밖에 없다는 스피크먼의 주장은 분명 타당성이 있다. 스피크먼(2007)은 사람속에 와서 도구나 불 등 협력을 통한 포식자 대항 전략이 발달하자 포식압 때문에 설정되었던 BMI의 상방 한계가 상승되기에 이르렀다고 본다. 외부적 요인 때문에 개체가 높은 BMI에 도달하는 데는 여전히 한계가 있었지만, 비만 경향을 증가시키는 유전적 다양성이 더 이상 적극적으로 도태될 필요가 없어졌다. 그 결과 사람속의 구성원들은 시간의 흐름에 따라 평균적으로 더 커지고 뚱뚱해졌다.

협동과 효율성

동물의 사체 근처는 우리 선조들에게는 당연히 위험한 장소였을 것이라는 주장이 있다. 물론 이것은 충분한 영양을 공급받을 수 있는 기회이기도 했지만, 다른 포식 동물의 먹잇감이 될 위험 또한 있는 곳이었다. 따라서 섭식 행위와 포식자에 대항할 수 있는 행위를 결합시킬 필요가 있었다. 여기서는 협력 행동이 큰 이점으로 작용했을 것이다. 여러 명이 함께 있으면 포식자를 쉽게 알아채 공격을 포기하게 만들 수도 있고, 사체 근처에 머무는 시간을 최소화해서 그에 따르는 위험도 줄일 수 있기 때문이다.

초기 사람속이 사체 앞에서 실제로 어떻게 행동했을까를 두고 많은 추측이 나왔다. 그 자리에서 도살해서 바로 먹었을까? 한곳에서 도살을 한 다음에 조각들을 다른 장소로 가져가서 먹었을까? 양쪽 행동 모두 이점과 위험이 따른다. 결국은 두 번째 시나리오가 일상적인 사건으로 자리 잡았다. 인간 진화의 어느 시점에서는 사냥감과 다른 음식들을 집단으로 가져오는 일이 일상이 되었다.

어느 경우든 사체의 도살을 빨리 끝내는 것이 그곳으로 이끌려 찾아오는 다른 포식자들로 인한 위험을 감소시켜 주었을 것이다. 따라서 침팬지가 고기를 나누는 행동과 달리 속도와 효율성이 뒷받침된다면 상당한 이점이 있었으리라 예상할 수 있다. 침팬지가 콜로부스원숭이 한 마리의 사체를 먹으려면 하루 중 상당 부분을 투자해야 한다. 우리 선조들은 적어도 육식이 주된 섭식 전략으로 자리 잡고 난 후에는 그보다는 빨리 고기를 처리했을 것이다.

인내는 미덕이라는 말이 있다. 인간은 분명 만족을 지연하는 능력이 있다. 흥미롭게도 침팬지도 인간보다 낫다고는 못하지만 적어도 일부 환경에서는 사람만큼 만족 지연에 능한 것으로 밝혀졌다. 진화생물학자 마크

하우저Mark Hauser의 실험실에서 나온 자료(Rosati et al., 2007)를 살펴보자. 좋아하는 음식 한 단위(침팬지는 포도, 사람은 기호에 따라 건포도나 초콜릿)를 당장 먹는 것과 2분을 기다렸다가 세 단위를 먹는 것을 두고 선택하게 하면, 침팬지는 당장 집어먹는 비율보다 더 큰 보상을 위해 기다리는 비율이 네 배나 높았다. 침팬지가 다른 침팬지가 콜로부스원숭이를 먹는 모습을 지켜보면서 몇 시간이고 주변을 서성이며 자기한테 오지도 않을 몫을 기다리는 이유는 이것으로 설명될 수 있다. 침팬지가 사냥하고 고기를 먹고 나누는 행동을 보면 우리 입장에서 볼 때는 분명 비효율적이다. 아무래도 인내가 언제나 미덕은 아니었다. 아니면, 적어도 모든 상황에서 적응에 유리하게 작용하는 것은 아니었다.

사체를 신속하고 효율적으로 도살하기 위해 인간이 선택한 전략은 분업이다. 인간의 진화 과정 중 어느 시점에서 인지 능력이 등장했는지는 알수 없다. 사냥에 참가한 모든 사람이 도살 과정에서 다 똑같은 일에 참여했는지, 아니면 각자 맡아야 할 역할 분담이 있었는지도 알 수 없다. 모든 사람이 자기의 돌칼을 들고 뼈에서 고기를 발라냈을까? 아니면 도구를 만드는 '전문가'가 따로 있고, 그 도구를 사용하는 사람도 따로 있었을까? 성별에 따라 역할이 달라졌을까? 에티오피아에는 아직도 여자가 석기를 직접 만들어 가죽을 다듬는 부족이 있다. 이들에게 석기 제작은 여자의 일이다(Weedman, 2005). 100만 년 전에도 사체 앞에서 석공 여자들이 돌칼을 만들면 남자들이 그것을 이용해 고기를 잘라냈을까? 구성원 중 일부는 포식자가 다가오지 않나 보초를 서면서 포식자가 나타나면 무리에게 경고를 보내거나 쫓아내기도 했을까? 아니면 모두들 한꺼번에 사체에 달려들어 자기가 가져갈 수 있는 몫만큼 가져갔을까?

화석 기록과 고고학적 기록은 이 문제에 대해서 뾰족한 해답을 주지 못할 것 같다. 보초 행동은 기록으로 남지 않으니까 말이다. 하지만 보초 행동은 많은 동물에서 관찰되는 행동이다(예를 들면, 미어캣meerkats, 프레리도그 prairie dogs, 붉은배타마린red-bellied tamarins 등). 이것은 분명 우리 진화 과정에서도 어느 시점에선가 등장했음이 틀림없다. 현대 인류의 뇌는 이런 행동을 할 수 있는 능력이 있으니, 어느 시점에선가 우리 선조들도 이런 능력을 갖추 게 되었을 것이다. 여기서 핵심은 끼니 행동과 관련된 복잡성이 어떠한지, 그리고 이런 개념적 요소들이 음식과 섭식에 대한 우리의 행동과 태도에 어떻게 강력한 선택압으로 작용했는지 고려하는 것이다.

상징적 중요성을 띠는 오늘날의 공식 만찬을 한번 생각해 보자. 거기 에는 음식을 준비하는 사람이 있을 것이고, 식탁으로 음식을 나르는 사람, 기도와 함께 식사의 시작을 알리는 사람이 있을 것이다. 사람들 접시에 음 식을 나누어 주는 사람이 있을 것이고, 모두에게 공평하게 음식이 돌아갔 는지 확인하는 사람이 있을 것이다. 만약 백악관에서 이루어지는 국빈 초 대 만찬회라면 보초를 서며 모든 것을 지켜보는 사람도 있을 것이다. 한 사람이 여러 역할을 수행할 수도 있고, 한 역할만 하는 사람도 있을 것이 다. 여기에서는 협동뿐만 아니라, 역할과 사건 진행에 대해 조화로운 조정 coordination도 이루어진다.

우리 선조들에게 이러한 행동 분담이 언제 이루어졌는지는 이 책에서 중요한 부분이 아니다. 중요한 것은 일단 협동적인 섭식 행동이 등장하자 끼니는 우리의 섭식 행동에서 협동적이고 조화로운 사회적 행동들의 묶음 으로서 중요한 자리를 차지하게 되었으며, 결국 자연 선택에서 잠재적 이점 으로 작용했다는 것이다. 이러한 행동은 관용, 나눔, 심지어는 공정함의 개 념까지도 필요했다. 이들은 서로를 신뢰하며 일했으며, 만족을 지연시킬 줄 알았다. 지금 내가 어떤 기능을 수행하면 나중에 무리가 자기에게 그에 걸 맞는 보상을 해주리라 믿었던 것이다. 이것은 대뇌피질의 크기를 증가시키 는 선택압으로 작용했고, 이때부터 섭식 행위와 사회적 행위가 본질적으로

서로 연결되기 시작했다.

과거 인간의 식생활, 먹이 찾기 행동, 섭식 행동 등은 우리가 종으로서 궁극적인 성공을 거두게 된 것과 크게 관련돼 있다. 우리의 선조와 오스트랄로피테신류의 결정적 차이는 바로 식생활이었다. 단지 무엇을 먹었는지만이 아니라, 음식을 어떻게 획득하고 어떻게 먹었는지가 모두 중요하다. 우리 선조들은 아주 이른 초기부터 기술을 활용했다(Leakey & Roe, 1994). 돌로 만든 도구, 땅을 파는 막대기, 불 등은 사람속의 구성원들이 음식을 얻고 그 음식을 먹기 전에 몸 바깥에서 음식을 처리하기 위해 사용했던 도구다. 진화 중 어느 시점에서 협동은 음식 및 섭식과 긴밀하게 연결되기에 이르렀다. 당연히 사냥도 협동으로 이루어졌지만, 음식을 나누고 함께 먹는다는 개념 또한 우리의 본질적 섭식생물학의 일부로 자리 잡게 되었다. 사람속이 아프리카를 떠나 전 세계로 뻗어나갈 수 있게 된 것은 무엇보다도 이런 적응 덕분이었다.

　끼니가 현대 인류의 비만에 어떻게 기여했는지 이해하려면 현대 사회에서 끼니의 기능을 고려할 필요가 있다. 먹는 행동을 순전히 영양 공급이라는 측면에서만 생각하면 인간의 섭식 행동을 제대로 설명할 수 없다. 섭식은 영양 공급뿐 아니라 사회적 거래, 정치, 성, 심지어는 도덕까지도 상징한다. 어느 시점에선가 먹는 일은 단순한 음식의 섭취를 뛰어넘어 만찬이 되었다(그림 3.1).

　섭식 행위는 뇌 진화의 가장 중요한 선택압이었다. 음식과 사회적 행동은 긴밀하게 연결돼 있다. 음식과 섭식은 영양적 기능만이 아니라 유대감

그림 3.3 먹기 대회는 아주 인기가 많다.

사진: Jay Kuzara.

강화 기능도 한다. 음식은 편안함을 준다. 또 음식은 여러 가지 면에서 만족감을 준다. 인간은 먹는 행동을 단순한 영양적 기능 이상의 것으로 끌어올렸다. 우리는 먹는 것을 즐길 뿐 아니라, 다른 사람이 먹는 모습을 지켜보는 것도 즐긴다. 특히 사회적 통념을 뛰어넘는 모습을 보일 때는 더더욱 즐거워한다. 예를 들면 파이 먹기 대회 같은 것을 들 수 있다. 이를 비롯해 수많은 먹기 대회가 탄생했다. 이 대회에서는 엄청나게 먹어대는 능력 덕분에 유명인이 탄생하기도 한다. 현대 인류는 먹는 행동을 스포츠로 바꾸어 놓은 것이다!(그림 3.3) 우리가 음식을 먹는 이유, 현대 사회에서 음식이 의미하는 것을 이해하려면 영양과 식욕이라는 것을 뛰어넘을 필요가 있다.

인간의 섭식 행위는 관용을 요구한다. 우리는 경쟁을 좋아하는 종이지만, 어떤 상황에서는 그러한 기질을 억누르는 능력이 있다. 끼니도 분명 그런 사례 중 하나지만, 이것 말고도 많다(그림 3.4). 사람들이 조화롭게 협동할 수 있는 능력이야말로 인류가 성공하게 된 핵심적 측면이라 할 것이다.

끼니는 언제 처음 등장했을까? 영원히 알 수 없을지도 모르지만 이런 섭식—먹이 찾기 행위의 변화야말로 오스트랄로피테신류에서 사람속으로의 변화 과정에서 나타나는 가장 중요한 특징이었다는 가설은 설득력이 있다. 끼니 섭식 행동은 뇌 크기의 증가 덕분에 일어난 것인 동시에 역으로 뇌, 특히 피질의 크기를 증가시키는 선택압으로도 작용했다. 피질 크기의 증가 덕분에 계획을 세우고 관용을 베풀고 협동 행동을 수행하는 것이 가능해졌고, 결국 끼니가 등장할 수 있었다. 그리고 덕분에 역할 분담이라는 개념의 발달도 촉진되었을 것이다.

다음에 여러분이 식당이나 식사 모임에 가서 자리를 잡고 앉게 되면 그것이 얼마나 특이한 행동인지, 남들에게 관용을 베풀 수 있는 능력이 우리 선조에게서 어떻게 생겨날 수 있었는지, 그리고 그것이 우리 진화의 성공에 어떤 역할을 했을지 잠시 시간을 내어 생각해 보기 바란다.

그림 3.4 협동적이고 조화로운 행동은 인간의 핵심적인 측면이다. 1900년대 초에 촬영한 이 헛간 공사장 사진이 그런 특징을 잘 보여 준다. 사진 속 사람들은 BMI가 낮거나 보통 정도라는 점을 유의하기 바란다.

사진: Historical & Genealogical Society of Somerset County, Pa.

138

04

게으름과 귀한 음식,
그리고 비만의 관계

이 장에서는 불일치 패러다임(Gluckman & Hanson, 2006)에 대해 알아본다. 의학과 수의학은 대개 질병의 기계론적 측면, 즉 질병의 정체와 병리학에 초점을 맞춘다. 반면 진화의학은 질병이 등장한 이유를 연구한다. 예를 들면, 대부분의 척추 동물은 감염에 대해 공통적으로 급성기 반응acute-phase response이라는 것을 보인다. 이 반응에는 발열, 철분과 아연 성분의 격리sequestration, 식욕 감소, C 반응성 단백C-reactive protein과 섬유소원fibrinogen 같은 급성기 단백질의 합성과 분비 등이 해당된다(LeGrand & Brown, 2002). 이러한 반응은 몸을 크게 약화시킬 수 있기 때문에 의학적인 치료에서는 급성기 반응 중 일부를 감소시켜 증상을 완화하려 한다. 하지만 이런 반응들은 감염에 대한 적응이다. 모든 경우는 아니지만, 많은 경우 이런 반응들은 감염된 동물이 감염에서 살아남을 수 있게 해준다. 예를 들어 발열과 철분 격리는 상호 상승 작용을 통해 세균 감염을 억제한다(Kluger & Rothenberg, 1979). 따라서 감염성 질병이 일으키는 병리학의 일부 측면은 병원체에 의해 직접 야기되는 것이지만, 나머지는 숙주의 방어 반응과 관련된 것이다. 이런 방어 반응은 질병에 걸린 동물의 대사와 생리를 생존율을 높이는 방향으로 변화시키지만 장단기적으로 몸에 해를 끼치기도 한다.

현대의 의학 패러다임에서는 감염의 원인을 적절한 항생제로 치료하고, 숙주의 방어 반응은 발열이나 고통을 줄여 주는 약으로 대증요법* 처방을 내린다. 물론 이것도 여러 이점이 있다. 적어도 감염균을 죽이고 환자는 숙주 방어 반응의 유해한 영향에서 자유로워지거나 완충되기 때문이다. 그 덕분에 우리는 일도 계속하고 아픈 상황에서도 정상적인 생활을 영위할 수 있다. 물론 진화가 숙주 편만 드는 것은 아니다. 병원균에게도 유리하게 진행된다. 몇몇 병원균은 강력한 항생제에 대한 내성(균이 약물에 대하여 갖는 저항력)을 진화시켰다. 항생제 내성균은 심각한 우려를 낳고 있다. 상대적으로 약한 다양한 감염(예를 들면 부비동염)의 경우, 우리 몸의 자연적 방어 기제로 이겨 내도록 놔두는 것이 현재의 의학 지침이다. 항생제 사용에 따르는 이점과 그로 인한 항생제 내성균 발생의 위험을 따져 보아야 한다.

비만과 그 관련 질병은 분명 감염성 질환과는 다르다. 하지만 공통점도 있다. 비만은 인터류킨interleukins 1과 6, 그리고 조직괴사인자 α tissue necrosis factor α와 같은 사이토카인에 의해 촉발되는 급성기 반응의 염증 측면과 연관되어 있다. 이런 사이토카인은 모두 지방 조직에서 만들어진다(11장 참조). 비만 관련 질환의 일부 측면은 지방 조직의 양이 비정상적으로 많아져 정상적인 적응 반응의 균형이 무너지는 바람에 생기는 것으로 보인다. 많은 경우 비만 그 자체는, 에너지 소비는 최소화하면서 고밀도 에너지 음식을 많이 먹게 만드는 정상적인 적응 반응으로 인한 것이다. 음식은 귀한 것이

---

* 환자에게 나타나는 증상에 따라 대처하는 치료법을 말한다.

기 때문에 과거에는 가능하면 에너지 소비를 제한해야 적응상의 이점이 있었다. 실제로 현대 사회를 보면 여러 면에서 먹기는 잘 먹고 에너지 소비는 조금만 하도록 구성되어 있다. 경제적, 사업적인 판단은 우리가 진화시켜 온 선호도를 그대로 반영한다. 우리 선조들은 음식을 구할 때 상당한 에너지를 소비하고도 그것을 겨우 만회할 정도의 음식을 구하는 데 만족해야 하는 외부적 제약이 있었지만, 인간은 그런 제약을 정복하기 위해 끊임없이 연구해 왔다. 이제 우리는 칼로리를 소비하려는 생물학적 동기와 충동보다는 칼로리를 획득하려는 동기와 충동이 더욱 커진 상황에 직면해 있다.

이 장에서는 불일치 패러다임, 그리고 항상성, 알로스타시스, 알로스타 부하의 개념에 대해서 알아본다. 우리 몸의 생리 시스템은 어떤 한도 안에서 움직인다. 우리는 주위 환경에 적응할 수 있지만, 적응을 위한 생리적 반응이 과도하게 지속되다 보면 그로 인한 대가가 따라오기도 한다. 이것을 알로스타 부하allostatic load라고 한다(McEwen, 1998). 뇌를 비롯한 기관 시스템은 지속적으로 과부하가 걸리거나 극적인 생리적 반응으로 인해 바뀔 수 있다(Schulkin, 2003; McEwen, 2007). 정상적인 생리적 과정이라 해도 일정한 시간 범위를 넘어서 계속 이어지면 병리 과정으로 들어갈 수 있는 것이다.

불일치 패러다임

인류는 믿기 어려울 정도로 다양한 서식지에서 살아간다. 이 부분은 그 어떤 종도 따라오기 힘들다. 우리가 현재 살고 있는 환경은 인류의 진화가 이루어진 과거의 환경과는 사뭇 다르다. 인간에게는 자신의 생물학적 조건에 맞추어 환경을 변화시키는 능력이 있으며, 그 능력은 타의 추종을 불허한다. 그렇다고 우리가 자신의 생물학적 조건에서 자유로워졌다는 뜻은 아니다. 우리는 여전히 진화의 배경이 된 환경에 대한 과거의 적응을 몸에 지니고 산다. 사실 우리는 진화를 통해 다듬어진 인간생물학과 우리가 직접 만들어 살고 있는 환경 사이의 불일치에 직면하는 경우가 많다. 불일치 패러다임(Gluckman & Hanson, 2006)은 진화의학의 중요한 요소다(Williams & Nesse, 1991; Trevathan et al., 1999, 2007). 간단히 설명하자면, 진화의 역사는 신체가 어떻게 발달할지에 대한 프로그램을 부여해 준다(관점에 따라서는 짐을 지웠다고도 할 수 있다). 이 발달 프로그램은 환경이 보내는 신호와 조응해 우리 선조들로 하여금 자신들이 처한 조건에서 적절히 살아갈 수 있도록 하는 생명 현상과 생리적 메커니즘을 구축했다. 그로 인해 얻은 결과는 오늘날에도 대체적으로 적절하게 작동하고 있다. 인류는 이 세상에 꽤 잘 적응해서 살아가고 있으니 말이다. 하지만 인류가 너무도 다양한 서식지에 퍼져 살고 있다는 점과, 새로운 환경 조건을 창조하는 능력이 있다는 점 때문에(이 책과 관련해서는 후자의 이유가 더 중요하다) 인간생물학이 환경과 조화되지 못하는 사례가 많아졌다(Gluckman & Hanson, 2006). 인간의 섭식 행위와 관련해서도 이것은 진실임이 분명해졌다고 본다.

'적응adaptation'이란 단어는 생물학에서 적어도 두 가지 의미를 담고 있다. 진화에서 적응이란 생존율과 번식 성공률을 향상시켜 주었던 종의 특성을 말한다. 여기서는 '주었던'이라고 일부러 과거 시제를 사용했다. 진화적 적응은 그 생명체의 선조들이 환경의 도전에 직면해 어떻게 대응했는지를 보여 준다. 그것은 과거에는 분명 적응에 유리한 특성이었다. 하지만 그것이 아직도 적응에 유리한 특성인지는 현재의 상황에 따라 달라진다. 과거의 도전이 더 이상 존재하지 않거나, 성격이 바뀌었다면 과거에 선택되었던 그 특성이 이제는 적응에 유리하지 않을 수 있다. 그 특성이 미래 세대에도 지속될지, 아니면 사라지게 될지는 여러 요소에 달려 있다. 전체 인구 속에 얼마나 많은 다양성이 존재하는가? 그러한 특성에 따라오는 대가는 무엇인가?

그리고 혜택은 무엇인가? 인구가 늘어나고 있는가, 줄어들고 있는가, 아니면 안정되어 있는가? 원래의 도전이 선택압으로 작용하지 않게 된 후에도 그전에 이루어졌던 많은 적응들은 인구 속에 오랫동안 남아 있을 수 있다.

진화는 간단하고도 강력한 해결책을 선호하는 경향이 있다. 그렇다고 대상이 구체적으로 정해져 있는 복잡한 적응이 일어나지 않는다는 뜻은 아니다. 그런 적응도 실제로 일어난다. 다만, 어떤 적응이 지속될 가능성이 가장 큰지 묻고 있는 것이다. 결론적으로 말하면, 관련된 여러 도전에 폭넓은 혜택을 제공하는 적응이 폭이 좁고 대상이 정해진 해결책보다 지속 가능성이 더 크다.

생리학에서의 적응이란 어떤 도전에 대응해서 생긴 생리적 메커니즘과 대사 과정의 단기적 변화를 의미한다. 이런 반응은 신체의 항상성(homeostasis, 恒常性)을 방어하기 위한 것인 경우가 많다. 항상성이란 생명체의 내적 환경을 일관되게 유지하는 것을 말한다(Bernard, 1865; Cannon, 1935). 더위에 흘리는 땀을 예로 들 수 있다. 무더운 날에 운동을 하면 머지않아 땀이 비 오듯 쏟아진다. 땀이 증발하면서 생기는 냉각 효과가 운동 때문에 상승한 체온을 식혀 주는 역할을 하기 때문이다.

물론 생리적으로 상황에 적응할 수 있는 능력도 진화적 적응으로 생긴 것이다. 따라서 진화는 우리 몸이 여러 가지 상황에 생리적으로 적응할 수 있는 능력을 어느 정도 부여해 주었다고 할 수 있다. 그래서 예상했던 환경과 실제 환경이 완벽하게 맞아떨어지지 않아도 생존할 수 있는 것이다. 하지만 이런 불일치가 커질수록 적응 반응의 도구 상자도 부족해질 공산이 크다. 생리적으로 적응할 수 있는 상황에 있는 경우라 해도 시간이 오래 지속되다 보면 진화를 통해 다듬어진 적응 반응이 오히려 건강을 악화시킬 수도 있다. 생리적 적응에는 대가가 따르기 때문이다.

항상성 패러다임

외부 환경은 예측대로 변화하기도 하고 예측과 다르게 변화하기도 한다. 동물은 이 두 가지 변화에 모두 적응할 수 있어야 한다(Wingfield, 2004). 동물의 내부 환경은 외부 환경에서 일어난 변화로부터 완충되어야 한다. 간단히 말해서 한 유기체가 살아남기 위해서는 내부 환경이 특정 한도 내에서 유지되어야 한다는 것이다. 이런 한도 중 일부는 상당히 폭이 넓고, 어떤 것은 그 한도가 대단히 좁다. 항상성 연구의 권위자인 생리학자 월터 브래드포드 캐넌Walter Bradford Cannon이 말한 생리학의 핵심적인 측면은 다음과 같다(Cannon, 1935). "기관과 조직들은 간질액fluid matrix* 속에 자리 잡고 있다. …… 이 간질액은 각자가 보유하는 자기만의 소금물 주머니라고 할 수 있다. 우리의 존재는 이 소금물 주머니 안에 들어 있고, 우리는 그 안에서 움직이며 산다. 이 소금물 주머니가 변화로부터 보호되는 한, 우리는 심각한 위기에서 자유로울 수 있다." 캐넌(1935)에게 있어서 항상성이란 '간질액의 안정적 상태'를 의미하며, 항상성 메커니즘과 항상성 과정이란 간질액의 일관성을 유지하는 메커니즘 과정을 말한다. 이 필수불가결한 조건을 달성하기 위해 동물은 세포막에서 복잡한 중추신경계에 이르기까지 수많은 적응을 진화시켜 왔다. 이런 적응들은 '내적 환경internal milieu'을 (상당히) 일정하게 유지하는 역할을 한다.

항상성이라는 개념은 진화를 거듭해, 현재는 '간질액의 안정성'을 뛰어넘는 개념으로 성숙해졌지만, 여전히 조절생리학의 근본적 설명 원리로 인식되고 있다. 항상성 시스템은 변화에 저항한다. 그래서 교란이 생기면 시

---

* 간질액은 기관이나 조직을 구성하고 있는 기본 단위인 세포사이액(세포외액)을 말한다.

스템의 매개 변수를 적절한 값으로 되돌려 놓기 위해 기능을 한다. 이 적절한 값을 '설정값set point'이라고 부른다. 억제restraint와 음성 피드백(음성되먹임) negative feedback이 항상성 과정의 주요 측면이다.

하지만 모든 생리적 과정이 항상성 패러다임과 매끄럽게 맞아떨어지지는 않는다. 많은 과학자들(그중에서도 Mrosovsky, 1990; Bauman & Currie, 1980; Sterling & Eyer, 1988; McEwen, 1998; Schulkin, 1999, 2003 등)이 항상성 관점의 약점을 지적한 바 있다. 엄밀하게 따지면 항상성과는 거리가 있는 생리적 조절의 사례들이 있다. 내적 환경에 있는 많은 요소들이 끊임없이 변화하며 적응하고 있기 때문이다. 많은 생리적 변수physiological parameter가 일정하게 유지되기보다는 상황에 지속적으로 적응해서 변하고 있다. 이것이 항상성 이론에 내재적 모순이 있음을 의미하지는 않는다. 캐넌(1935) 자신도 샤를 리셰Charles Richet*의 글을 인용한 적이 있다. "우리가 안정될 수 있는 것은 끊임없이 변하고 있기 때문이다." 하지만 항상성의 개념을 좀더 확장하거나, 아니면 생리적 조절이라는 어휘 안에 다른 용어나 개념을 추가할 필요는 있다.

동물생리학자 니콜라스 므로소브스키Nicholas Mrosovsky는 생리적 설정값이 변화되고 그 후에는 새로운 수준에서 유지 또는 방어되는 상황을 설명하기 위해 '유상성'(rheostasis, 流常性)이라는 용어를 제안했다(Mrosovsky, 1990). 동물의 영양 섭취와 생리적 측면을 연구하는 데일 E. 바우만Dale E. Bauman과 W. B. 커리W. B. Currie는 부담이 큰 상황(예를 들면 번식)에 대처하기 위해 생리적 메커니즘에 변화가 생기는 것을 표현하기 위해 '항류성'(homeorhesis, 恒流性)이라는 용어를 제안했다. 생리학자 마틴 C. 무어에드Martin C. Moore-Ede는, 항상성을 예측 불가능한 급성의 도전에 대응하는 '대응 항상성reactive homeostasis'

---

* 현대 생리학의 발전에 큰 기여를 한 프랑스의 생리학자로 1913년 과민증anaphylaxis 연구로 노벨 생리의학상을 수상했다.

과 이와 대비되는 개념인 '예측 항상성predictive homeostasis'으로 분류한다. 또 생리적 기관들이 24시간을 주기로 하는 리듬(24시간 리듬)circadian rhythm을 갖는 것을 예측 항상성이라고 간주하면서 항상성의 일부로 포함시킬 수 있다고 제안했다(Moore-Ede, 1986). 사실 고전적인 항상성 패러다임에서는 생리적 메커니즘에서 중추신경이 하는 조절 기능, 예상을 통해 이루어지는 생리적 반응anticipatory physiological response, 그리고 생리적 메커니즘과 행동의 상호작용 등을 대수롭지 않게 여기는 것 같다. 생리학자 피터 스털링Peter Stering과 조셉 에어Joseph Eyer는 전통적인 항상성 개념을 벗어나는 것으로 보이는 조절 시스템을 설명하기 위해 '알로스타시스allostasis'라는 개념을 제안했다(Sterling & Eyer, 1988). 예를 들면 설정값이 다양하게 있거나, 분명한 설정값이 없는 조절 시스템(예를 들면 공포), 혹은 단순히 생리적 한도를 모니터링해서 피드백하는 것에서 그치지 않고 앞날을 미리 예상해서 행동이나 생리적 반응이 일어나는 조절 시스템을 들 수 있다.

생리적 적응도 진화한다는 점을 생각할 때 '안정성stability'은 오해의 소지가 있는 용어다. 생리적 시스템은 유기체의 생존과 번식 능력(적합성)을 위해 봉사한다. 물론 일부의 생리적 한도는 안정성이 꼭 필요하다. 하지만 엄밀한 의미에서 완전하게 안정된 생명체는 결국 멸종되고 말 것이다. 생명체는 도전에 반응하고 변화할 수 있어야 한다. '안정성'보다는 '생존력viability'이 더 나은 용어일 것이다. '생존력'은 성공 능력 혹은 효과를 지속시키는 능력으로 정의된다. 진화의 맥락에서 이것은 자신의 유전 물질을 후대에 물려주는 능력을 말한다. 조절생리학은 생명체가 생존력을 획득하고 유지하는 것을 가능하게 해주며, 그러기 위해서 생명체는 자신의 생리적 상태를 계절, 나이, 혹은 갑작스런 필요나 도전에 맞추어 변화시켜야 한다. 따라서 항상성에서 벗어나 일시적으로는 오히려 안정성과 반대되는 생리적 과정이 반드시 필요하다. '알로스타시스'라는 용어는 그런 과정을 설명하기 위해 제안되었다(Sterling & Eyer, 1998; Schulkin, 2003). 간단히 설명하자면, 알로스타시스란 변화에 저항함으로써 생존력을 방어하는 항상성과는 달리(Schulkin, 2003; Power, 2004), 상태를 변화시킴으로써 생존력을 방어하는 변화의 생리적 메커니즘(Sterling & Eyer, 1988; Schulkin, 2003)이다.

항상성과 알로스타시스는 생리 시스템의 조절 기능이 갖는 상호 보완적 요소라 생각할 수 있다. 항상성 과정은 생리적 메커니즘을 설정값 주변에서 유지하거나 조절한다. 알로스타시스 과정은 생리적 설정값을 변화시키거나 버리는 등의 방식으로 동물의 상태를 변화시킨다. 항상성 과정은 음성 억제negative restraint와 교란에 대한 저항과 관련이 있다. 반면 알로스타시스 과정은 양성 유도positive induction, 시스템 교란, 동물의 상태 변화와 관련이 있다. 스털링과 에어는 원래 알로스타시스를 "변화를 통한 안정성의 획득"이라고 정의했지만, 우리는 이것을 조금 변형해서 '알로스타시스'는 '변화를 통한 생존력의 획득,' '항상성'은 '변화에 대한 저항을 통한 생존력의 획득'이라 정의하려 한다.

조절생리학을 이해하려면 알로스타시스라는 개념이 반드시 필요할까? 항상성은 대응으로 일어나기도 하지만, 예상을 통해 일어날 수도 있다(Moore-Ede, 1986). 위에서 설명한 알로스타시스의 개념은 므로소브스키(1990)의 '유상성'과 무척 비슷하다. 므로소브스키는 유상성을 조절되던 수준에서 변화가 일어나 새롭게 수준이 설정되면 그 수준을 다시 방어하는 것이라고 정의했다. 이에 반해 알로스타시스는 방어되거나 안정되는 새로운 수준을 따로 요구하지 않기 때문에 알로스타시스가 유상성보다는 더 넓은 개념이라고 할 수 있다. '24시간 리듬' 현상 중 상당수는 예상을 통해 이루어지며, 적어도 항상성의 넓은 개념으로 놓고 봤을 때는 항상성에 해당하는 것으로 여겨진다(Moore-Ede, 1986). 그래서 항상성과 알로스타시스의 차이를 구분하기가 어려울 때가 많다.

알로스타시스 조절에서 중요한 측면은 '뇌 중추에서 조절되는 생리적 메커니즘centrally coordinated physiology'이라는 개념이다. 항상성 조절의 대부분은 국부적인 피드백(보통 음성 피드백)에 초점을 맞춘다. 반면 알로스타시스 메커니즘에서는 예상성anticipatory, 피드 포워드feed-forward가 빠지지 않고 등장한다. 알로스타시스 조절의 사례 중 상당수(Schulkin, 2003 참조)는 스테로이드 호르몬에 의한 신경펩티드 유도 과정인데, 이것은 말초기관의 생리를 조절하는 호르몬이 뇌의 중추 상태도 변화시킴으로써 생명체가 환경의 도전에 대응해서 행동에 나서도록 유도한다는 것이다. 말초기관의 생리 작용과 기능은 뇌에 재현representation되는데, 이때 말초기관의 기능을 조절하는 것과 똑같은 정보 분자가 뇌에도 암호화되는 경우가 많다. 즉 뇌와 말초기관은 수많은 정보 분자를 통해 연결돼 있다(7장 참조). 이처럼 말초기관의 생리적 메커니즘과 뇌를 통한 행동이 함께 작용해서 생존력을 보존한다는 것이 알로스타시스 조절에서 핵심적인 부분이다.

알로스타 부하

신경내분비학 연구자 브루스 매퀸Bruce McEwen은 알로스타시스의 개념을 더욱 확장해, 생리적으로 과부하에 걸리면 질병에 노출될 수 있는 가능성이 커지는데 이를 생리적으로 조절하는 경우를 포함시켰다(McEwen, 1998). 이것을 알로스타 부하allostatic load라고 부르는데, 조절생리학에서 비교적 새로이 등장한 개념으로 건강, 질병, 병리학 등에 모두 적용된다(McEwen, 1998, 2000, 2005). 알로스타 부하의 개념은 생리적 적응 중 상당수가 단기적 해결책이라는 사실에서 출발했다. 이런 생리적 적응은 제한된 시간 안에서는 그로 인해 생기는 대가를 감당할 수 있지만, 지속적으로 활성화된 상태로 남아 있게 되면 건강을 악화시키기 시작한다. 무더운 날 계속해서 운동을 하면 결국 땀을 너무 많이 흘려서 탈수와 나트륨 결핍이 일어날 수 있고 목숨을 위협할 수도 있다. 땀은 체온 상승의 문제를 단기적으로는 해결해 주지만, 이것만으로는 결국 한계가 있기 때문에 다른 반응(예를 들면 물 마시기, 시원한 곳으로 물러나기)이 활성화되어야 한다.

불일치 패러다임과 알로스타 부하 사이의 유사성을 알아차리기는 어렵지 않다. 한 유기체의 생명 현상과 생리적 메커니즘이 주변 환경과 일치하지 않을수록 그런 불일치에 대해 생리적으로 적응하려고 애쓰는 과정에서 보다 많은 노력과 비용이 투입될 것이다. 또한 그런 불일치가 클수록 생리적인 적응이 불충분하거나 때로는 부적절해질 가능성이 더욱 커진다. 즉 불일치가 클수록 알로스타 부하도 커진다는 뜻이다. 적응 반응이 개시되었다가 아예 꺼지지 않거나, 부적절하게 조절될 수도 있다. 정상적이고 적응에 유리한(진화적인 의미에서) 반응이 적응에 불리한 반응으로 변하고 마는 것이다.

사람의 비만을 관련해서 살펴보면, 인간은 음식이 넘쳐나고 음식 획득에 필요한 에너지 소비가 거의 없다시피 한 환경에서 진화한 것이 아니다. 인간은 열심히 일을 해야 음식을 얻을 수 있는 종으로 진화해 왔다. 하지만 현대에 와서 사정이 달라졌다. 현대 사회도 그 나름의 도전적 과제를 던져 주고는 있지만, 인류 대다수에게(불행하게도 모두는 아니다) 먹을 것을 얻기 위해 고군분투하는 일은 이제 옛날 얘기가 되었다. 하지만 과거에는 음식이 한정된 자원인 경우가 많았다. 그래서 과식과 과도한 지방 축적을 유도하는 적응 반응이 생겨났으며, 이것이 적응에 유리하게 작용했을 것이다. 이 적응 반응을 환경이 달라진 지금도 우리는 몸속에 그대로 간직하고 있다. 그런데 지방 조직은 에너지를 지방의 형태로 저장하기만 하는 수동적인 조직이 아니다. 지방 조직은 대사와 생리적 메커니즘에도 능동적으로 참여하고 있다(11장 참조). 지방 조직은 사실 다른 말단기관계와 상호작용하는 내분비기관이다. 우리는 지방 조직의 양이 과도하게 많아지면 알로스타 부하가 걸리는 조건이 축적되고, 결국 이것이 질병으로 이어질 수 있다고 본다. 그런데 이런 알로스타 부하는 비정상적인 지방 조직뿐만 아니라 정상적인 지방 조직에 의해서도 일어난다.

과거로부터 물려받은 장치

인간이라는 종은 지난 과거에 생물학적으로 적응되어 있다. 이 점에서는 인간도 지구상의 다른 현존 생물종과 다를 것이 없다. 다만, 인간은 자기가 살고 있는 세상을 끊임없이 변화시키고 있다는 점이 다르다. 우리는 기술적인 능력 덕분에 과거에는 찾아보기조차 힘들었던 도전적 과제들을 던져주는 환경을 구축하고 있다. 심지어는 우리가 먹는 음식조차 그리 멀지 않은 과거와 비교해 봐도 천양지차다(Eaton & Konner, 1985). 따라서 우리가 물려받은 생물학적 반응이 부족할 때도 있고, 심지어 부적절하기도 한 것은 그리 놀랄 일이 아니다.

체중에 항상성 개념을 적용하려는 연구자들도 많다. 동물들이 여러 상황에서 체중을 안정적으로 유지하려 한다는 신뢰할 만한 연구 결과가 아주 많다. 최근에는 인간의 비만을 연구하는 학자들 사이에서 지방 항상성 이론lipostatic theory을 선호하는 사람이 많아졌다. 지방 조직(우리 몸의 주요 지방 세포)에서 생산되고, 일반적으로 지방 조직의 양에 정비례해서 분비되는 펩티드 호르몬인 렙틴leptin의 발견으로(Zhang et al., 1994) 우리의 음식 섭취와 에너지 소비가 적어도 어느 정도까지는 우리 몸의 지방량에 의해 조절된다는 이론을 뒷받침해 주는 근접proximate 메커니즘이 등장하게 되었다. 이제 지방 조직은 중요한 에너지 저장 기관이자 대사 조절에서 중요한 내분비기관으로 알려져 있다(Kershaw & Flier, 2004).

지방 조직과 렙틴 같은 수많은 정보 분자가 대사와 섭식 행동의 조절에서 맡는 역할에 대해서는 뒷장에서 더 자세하게 다룰 것이다. 이 장에서는 우리 종이 '지방 항상성lipostasis'을 깨트리기 쉽게 만든 진화적 경향과 특성에 초점을 맞춘다. 즉 과거에는 체내의 총에너지양(지방 축적)이 유지되도록 도움으로써 적응 적합성을 증가시키는 데 일조했던 요인들이, 현대 사회에서는 오히려 지방 항상성이 깨지도록 만드는 데 일조하게 된 과정에 대해 알아본다.

게으름은 적응에 유리한가

우리는 이 책에서 인간 선조들은 살기 위해 오늘날보다 더 많은 신체 활동을 해야 했고 더 많은 에너지를 소비해야 했다고 주장하고 있다. 그렇다고 게으름에 이점이 없다는 뜻은 아니다. 아무것도 하지 않으면 에너지를 아낄 수 있으니까 말이다.

그러나 게으름은 그 단어의 뉘앙스처럼 게으르기만 한 것이 아니다. 야생 동물들은 진화를 통해 얻은, 최적의 적합성을 낳는 행동 전략에 따라서만 행동한다. 야생 동물을 어느 정도 지켜봤던 사람이라면 아무것도 하지 않는 것이 여러 상황에서 오히려 성공적인 전략임을 알고 있을 것이다. 많은 동물들은 하루 중 상당 부분을 휴식으로 보내는 경우가 많다. 예를 들어 콜로부스원숭이는 깨어 있는 시간 중 절반 이상을 휴식으로 보낸다(그림 4.1). 오로지 근육을 운동시킬 목적으로 체조를 하며 에너지를 소비하는 존재는 인간밖에 없다. 물론 동물들도 서로 어울리거나, 아니면 혼자서라

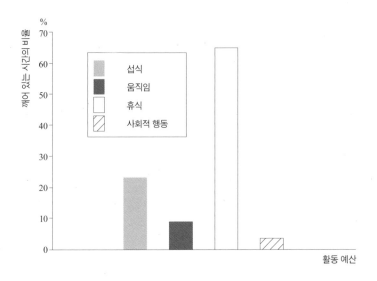

그림 4.1 자연에서는 동물들이 아무것도 하지 않는 경우가 흔하다. 콜로부스원숭이는 깨어 있는 시간 대부분을 쉬면서 보내고, 밤에는 잠만 잔다. 이 도표는 가나에서 관찰한 여섯 무리의 콜로부스원숭이의 일상 활동을 보여 준다.　　　　　　　　　　　　　　　출처: Wong & Sicotte, 2007.

도 신체적 놀이를 하며 에너지를 소비한다. 그래서 신체 활동에는 적응에 유리한 기능이 있다는 주장도 가능하지만, 거기에는 그만한 대가가 따라온다. 따라서 적응 적합성fitness consequence이라는 목표를 달성하려면 일반적으로 동물은 에너지 소비를 최대한 줄여야 한다는 주장이 타당하다.

　얼마나 활력 있게 살아갈 것인지 선택하는 기준은 사람마다 다르다. 어떤 사람은 항상 무언가를 하고 있다. 어떤 사람은 틈만 나면 자리에 드러눕기 바쁘다. 두 전략 모두 과거에는 적응 면에서 나름의 이점이 있었음을 고려하면 매우 흥미롭다.

구석기의 식생활

먼 옛날 인류의 선조는 오늘날 우리가 먹는 것들을 먹지 않았다. 과거의 음식은 형태, 소화성, 영양분 같은 부분에서 지금의 음식과는 아주 달랐다 (Eaton & Konner, 1985). 옛날 음식들의 이런 측면들은 우리가 어떻게 섭식 행위를 진화시켜 왔는지 이해하는 데 매우 중요하다. 무엇보다 영양 성분에서 핵심적으로 차이가 난다. 동물이 음식을 먹는 이유는 영양분을 얻기 위한 것이다. 영양 결핍은 생리적 메커니즘과 대사에 중요한 영향을 미치고, 따라서 행동에도 큰 영향을 미칠 가능성이 높다. 여기서 말하는 결핍은 아주 폭넓은 의미로 쓰인 것이다. 눈에 보이는 질병을 유발하는 의학적 의미의 결핍을 말하는 것이 아니다. 우리는 대부분의 영양분이 적어도 단기에서 중기에 걸쳐서는 섭취가 줄어들어도 견딜 수 있는 생리적 적응 메커니즘을 가지고 있다. 하지만 그렇게 적응하다 보면 생리적 메커니즘과 대사가 변할 수 있다. 그리고 이것은 섭식 행위에도 영향을 미칠 수 있다.

다시 한 번 태양이 내리쬐는 무더운 날에 땀을 흘리는 경우를 생각해 보자. 시간이 충분히 흐르고 나면 갈증을 느낄 것이고 물을 마시고 싶은 욕구가 생긴다. 그에 더해서 나트륨에 대한 반응이 달라질 것이다. 나트륨 (소금의 구성 원소)은 짠맛이 난다. 몇 시간 정도 땀을 흘리고 나면 같은 짠맛을 봐도 강도가 약하게 느껴지고 좋은 기분이 들 것이다. 무언가 마시고 싶어지고 그와 함께 짠 음식을 갈망하게 될 것이다(Schulkin, 1991; Fitzsimmons, 1998).

칼슘은 대단히 중요한 영양분으로 오늘날보다 선조들의 식단에서 더욱 풍부하게 있었을 것이다(Eaton & Nelson, 1991). 그런데 농업의 등장과 함께 인류의 식생활에서 씨앗 생산물(곡류)의 비중이 크게 늘어났다. 씨앗은 인 phosphorus 성분이 높은 반면 칼슘 성분이 낮다. 현대 인류의 식생활은 칼슘의 총량은 낮고 인의 총량이 높다. 그러나 인간의 칼슘 조절 생리적 메커니즘은 진화적으로 지금과는 정반대의 상황에 적응되어 왔다. 음식을 통한 칼슘 섭취가 높으며 인 대비 칼슘 섭취율이 높은 상황에 적응되어 있는 것이다(Eaton & Nelson, 1991). 선조들의 환경에서 현대적인 환경으로 변한 것이 체중 증가 및 비만과 관련이 있을까? 이것이 가능한 얘기임을 보여 주는 몇몇 흥미로운 자료가 있다.

일부 실험에 따르면 습관적인 칼슘 섭취는 BMI, 체중 증가, 총지방량과 반비례한다고 한다(Heaney et al., 2002에서 리뷰). 즉 높은 칼슘 섭취는 마른 몸과 관련이 있으며, 낮은 칼슘 섭취는 높은 지방량과 관련이 있다. 칼로리 섭취를 제한한 형질 전환 쥐transgenic mouse에서 저칼슘 식단은 지방 상실을 감소시킨 반면, 고칼슘 식단은 지방 상실을 가속화했다(Shi et al., 2001). 식이 칼슘과 체지방 사이의 상호작용 메커니즘에 대해서는 아직 알려진 바가 없지만, 칼슘 그 자체에 더하여 칼슘생성호르몬calciotropic hormone(비타민 D와 부갑상선호르몬)도 역할을 하고 있는 것으로 보인다(Zemel, 2002). 칼슘 섭취 부족에 따르는 부작용 중 한 가지는 칼슘생성호르몬의 상향 조절이다. 이것은 지방 조직 대사에 영향을 미치는 것 같다(Sun & Zemel, 2004, 2007; Morris & Zemel, 2005)(11장 참조).

과거의 식단에서 오늘날 인간의 섭식 행위에 영향을 미칠 수 있는 중요한 특성은 또 뭐가 있을까? 우리 저자들은 선조들의 식단에서 아주 드물었거나, 아주 흔했던 유형의 영양분과 음식이 오늘날 인간의 섭식 행위와 음식 선호도에 가장 많은 영향을 미쳤을 것이라고 본다.

귀한 음식이 가치 있는 음식이 된다 ───────────

가치는 종종 희귀성과 관련이 있다. 이 개념은 인류의 경제학에서도 그대로 적용된다. 보통 희귀한 물건은 그와 비슷하지만 흔한 물건보다 값이 더 나간다. 그와 유사한 원칙이 진화에도 적용된다. 환경 속에는 희귀하거나 획득이 어려워서 제한 요소로 작용하는 자원이 있다. 이런 것을 얻으려면 노력을 투자해야 한다. 만약 그것을 획득하는 것이 생존과 번식에 유리하게 작용한다면, 선택압은 그런 것을 획득하려는 동기가 강한 개체에게 우호적으로 작용할 것이다. 이런 개체는 노력을 투자하려는 의지가 더욱 강하다. 만약 그러한 자원이 음식이라면 아마도 그 음식의 맛을 더욱 선호하게 될 것이다.

예를 들어보자. 마모셋Callithrix jacchus은 다람쥐 크기의 신세계원숭이로 나무의 수지나 수액만을 먹고 산다(Coimbra-Filho & Mittermeier, 1977; 그림 4.2). 이것은 상당히 보기 드문 식이 전략이지만, 마모셋에게는 성공적인 전략이었다. 그러므로 사람에게 붙잡힌 마모셋이 아라비아고무용액gum arabic solution을 좋아하는 것도 놀랄 일이 아니었다. 이 용액은 농축액 형태로 동물원 마모셋에게 제공되는 경우가 많다(McGrew et al., 1986; Kelly, 1993). 우리 저자 중 한 사람(마이클 L. 파워)이 주사기에 아라비아고무용액을 담아 피그미 마모셋에게 먹인 적이 있는데, 100g밖에 안 되는 이 동물은 행여 자기한테서 빼앗아 갈까 봐 그 주사기를 미친 듯이 꽉 움켜쥐고 있었다. 하지만 사람의 입맛에 이 용액은 그저 밋밋한 맛이다. 마모셋과 친척 관계이면서 야생에서는 수액을 먹고 살지 않는 다른 소형 신세계원숭이들은 이 용액에 그렇게 열광하지 않았다. 이들은 용액이 든 주사기를 무시하거나 오히려 피하기 바빴다. 모든 동물을 약물 복용 훈련의 일환으로 주사기에 담은 달콤한 맛의 용액에 길들였는데, 마모셋들은 아라비아고무용액을 맛있다고 느꼈고 계속 먹고 싶어 했다. 하지만 다른 동물들은 그렇지 않았다.

야생 상태에서 마모셋은 나무껍질에 구멍을 뚫어 수액이 흐르도록 자극해 수액을 얻는다(Coimbra-Filho & Mittermeier, 1977). 이들은 상당한 시간을 이

그림 4.2 마모셋은 브라질이 원산지인 다람쥐 크기의 원숭이다. 사진: Michael Jarcho.

수액 분비 장소에서 작업한다. 이 과정에서 상당한 에너지를 소비하며, 포식의 위험에 자신을 노출시킨다. 그럼에도 불구하고 이들은 수액을 얻겠다는 동기가 굉장히 강하다. 이들의 미각의 생물학은 행동의 동기 부여와 식이 전략 사이의 조화를 보여 주는 한 단면이다.

또 다른 사례를 보자. 약 20년 전에 우리 저자 중 한 사람(파워)이 국립 동물원에 있는 동물 관리 직원으로부터 캥거루쥐 무리에게 먹이는 식단을 검토해 달라는 요청을 받았다. 동물들을 대상으로 신체 검사를 진행하고 있는데 몇몇 동물의 다리뼈가 부러져 있었다. 이것은 동물을 관리하는 수의사들이 거칠게 다루어서 생긴 것이 아니었다. 동물의 뼈 자체가 약해 진 것 같았다. 수의사와 동물 관리 직원들은 식단 때문에 뼈의 광화mineralization가 부족해진 것이 아닌지 염려했다.

식단은 주로 설치류용 먹이와 몇 가지 씨앗 종류(캥거루쥐는 야생에서도 곡식을 대단히 좋아한다), 그리고 양상추로 구성되어 있었다. 캥거루는 양상추를 대단히 좋아했다. 이들 식단 구성 요소들의 비율을 바탕으로 영양 성분을 계산해 보니 제공된 식단은 영양의 균형이 잘 잡혀 있고, 건강에도 이로워 보였다. 하지만 제공되는 먹이의 총량이 야생의 캥거루쥐가 먹는 양보다 훨씬 많았다. 심지어 야생의 캥거루쥐였다면 다 먹지도 못할 양이었다. 이 캥거루쥐들은 주어진 식단에서 좋아하는 먹이를 골라먹고 있었다. 그다음 한 주 동안 캥거루쥐들이 실제로 먹는 먹이가 무엇인지 관찰을 해 보았다. 제공하는 먹이의 무게를 측정한 다음, 먹지 않고 남은 음식을 모두 수집했다. 그 결과 중요한 통찰을 얻게 되었다.

캥거루쥐들은 설치류용 먹이는 거의 먹지 않고 그대로 두었다. 씨앗 종류는 아주 좋아했는데, 개체마다 좋아하는 씨앗의 종류에 차이가 있었다. 양상추는 거의 항상 깨끗하게 먹어 치웠다. 종합해 보니 이들이 먹은 식단의 영양분에는 칼슘이 부족했다.

개선 방법은 아주 간단했다. 제공되는 씨앗의 양을 크게 줄이고, 양상추는 가끔씩만 제공해 주었다. 그러자 캥거루쥐들은 설치류용 먹이의 소비를 늘렸으며, 다리뼈 골절은 옛날 얘기가 되었다.

곡식을 주로 먹는 캥거루쥐가 왜 씨앗보다 양상추를 더 좋아한 것일까? 캥거루쥐는 사막 동물이다. 이들은 먹을 수 있는 기간에는 씨앗, 곤충, 이파리 등을 먹고 산다. 이런 먹이를 얻을 수 있는 시기는 우기 이후로 식물이 성장할 수 있는 극히 짧은 기간밖에 없다. 양상추처럼 즙이 많고 수분이 가득한 이파리는 아주 드물지만, 계절적으로 잠깐씩은 매우 중요한 먹이가 되어 주었을 것이다. 따라서 캥거루쥐는 이런 이파리를 만나면 먹으려는 동기가 대단히 강해졌다. 사람에게 붙잡혀 온 캥거루쥐는 자기 몸의 생물학적 작용이 이끄는 대로 반응했을 뿐이다. 하지만 그들이 진화해 온 조건 아래서는 외부적 환경 때문에 그런 종류의 먹이에 접근하는 것은 한계가 있었다. 그런데 우리는 붙잡은 동물을 무심코 봄 환경 속에 영원히 가두어 버린 것이다. 그들의 생물학적 적응이 이런 환경에서는 부적절한 것이되고 말았다.

붙잡힌 동물들은 자신이 진화해 온 환경에서 멀어지고 말았다. 이것이 꼭 나쁘기만 한 것은 아니다. 자연 속에서의 삶은 고달프고, 심지어 잔혹하기까지 하니까 말이다. 붙잡힌 동물은 사실 붙잡혀 와서 좋은 점도 많다. 그러나 이들은 진화적으로 새로운 환경에 노출되는 것이 사실이다. 그들이 진화를 통해 얻은 시스템 및 적응 반응과 그들이 포획된 환경 사이에 불일치가 일어날 가능성은 매우 높다. 이런 점에서 보면 붙잡힌 동물은 현대적인 환경 속에 놓인 인간과 유사하다. 우리 인류는 매일매일 진화적으로 새로운 상황을 마주하고 있다. 그런 환경 중 상당수는 별다른 부작용이 없고, 오히려 이로운 부분이 많다. 현대의 환경은 과거에 비하면 많은 이점을 갖추고 있다. 하지만 우리의 선호도와 생물학적 성향은 과거로부터 온 것이며, 오늘날의 세상에서는 크게 줄어들거나 심지어는 상황이 완전히 역전된 도전적 과제를 해결하기 위해 진화된 것이다. 현대 인류의 능력은 귀해서 가치 있는 것이라는 개념을 근본적으로 뒤집어 놓았다. 우리의 식품 경제 시스템은 사람들이 좋아하는 음식을 만들어 낸다. 귀하다 보니 얻는 데 그만큼 위험이 따르는 음식을 얻고 싶게 하려고 생겨난 미각적 선호가, 이제는 오히려 식품 생산자들이 그런 음식을 대량으로 생산하게 만들었으며, 맛있는 음식이 너무도 흔해지는 결과를 낳았다. 이제는 그런 음식이 손 하나만 까딱 하면 얻을 수 있을 만큼 흔해졌는데도 우리는 여전히 그런 음식을 먹고 싶은 동기를 강하게 느낀다. 사실상 지금은 과거에는 구하기 어려워서 그만큼 중요했던 음식을 얻으려는 강력한 충동과, 그런 음식을 너무도 쉽게 구할 수 있는 현대의 환경 사이의 불일치가 있다. 따라서 식탐으로 괴로워하는 사람이 많은 것도 이상한 일이 아니다.

과거의 환경에서 구하기 어렵고 귀한 음식은 무엇이었을까? 인간 선조들이 위험을 무릅쓰면서도 기를 쓰고 얻으려 했던 음식은 대체 무엇이었을까? 아마도 지방과 단당류가 많은 음식이 인간 선조에게는 귀하고 값진 음식이었을 것이다. 이런 음식은 오늘날의 사람들도 분명 좋아하는 음식이다. 그렇다면 과거의 음식 중에서 그런 특성을 지닌 음식은 무엇이 있을까?

꿀

꿀은 칼로리 밀도가 높고, 단당류도 풍부한 음식이다. 꿀은 과당fructose의 농도도 비교적 높다(10%를 넘는 경우도 많다). 사람의 입맛에는 과당이 아주 달게 느껴져서 포도당glucose이나 자당sucrose보다도 더 달다(Hanover & White, 1993). 역사가 시작된 이래 인류는 내내 꿀을 먹었고, 역사가 시작되기 훨씬 이전부터 꿀을 먹었을 가능성이 크다. 선조들의 환경에서는 꿀을 담고 있는 벌집이 꽤 흔했을 것이다. 인류 최초의 선조가 살았던 아프리카의 환경은 특히나 그랬을 것으로 보인다. 초기 선조가 석기나 땅을 파는 막대기, 운반 장치 등의 기술적 도구들을 만들 수 있었다면 벌집을 찾아내 꿀을 추출하는 법을 배우지 못했을 이유가 없다. 불을 통제할 수 있게 된 다음부터는 이 일이 훨씬 더 쉬워졌을 것이다. 연기를 피워 벌을 쫓아내면 비교적 안전하게 꿀을 채취할 수 있었을 테니 말이다.

아프리카에는 큰꿀잡이새greater honeyguide(학명: Indicator indicator)라는 새가 있다. 포유류를 벌집으로 인도하는 능력이 있다고 해서 붙은 이름이다. 큰꿀잡이새는 꿀을 먹지 않는다. 대신 벌의 알, 애벌레, 번데기, 밀랍 등을 먹는다. 큰꿀잡이새는 밀랍(왁스)을 소화할 수 있는 몇 안 되는 새들 중 하나다. 이런 능력을 갖춘 다른 새들은 보통 바닷새들로, 왁스 성분을 만드는 해양 동물을 먹고사는 것들이다(Place, 1992). 큰꿀잡이새는 오소리honey badgers, 개코원숭이, 인간을 벌집으로 유인한 다음 포유류들이 꿀을 취하고 난 다음에 남는 것들을 청소해 먹어치운다고 믿어지고 있다. 큰꿀잡이새가 오소리나 개코원숭이를 벌집으로 안내했다고 과학적으로 보고된 사례는 없다. 이것은 토착민들 사이에 전해 오는 일화일 뿐이다. 하지만 인간을 대상으로 한 행동은 관찰되고 기록된 바가 있다(Friedman, 1955). 큰꿀잡이새는 자동차를 타고 달리는 사람을 쫓아오고(Friedman, 1955), 장작 패는 소리에 이끌리고(Friedman, 1955), 사람의 휘파람 소리에 반응하는 습성이 있다(Dean & McDonald, 1981). 큰꿀잡이새는 독특한 울음소리를 내고는 벌집을 향해 날아가 멈춘 후에 울음소리를 반복한다(Short & Horne, 2002).

새와 인간 사이의 이 대단히 흥미로운 연관성은 인간과 다른 척추 동물 종 사이에 이루어진 최초의 공생 관계 중 하나일 것이다. 이것은 인류가 아프리카를 벗어나기 훨씬 전에 일어난 공생 관계일 수 있다. 하지만 개발이 이루어진 지역에서는 이런 관계가 사라질 것이다. 이제는 사람들이 야생의 꿀을 찾는 경우는 드물고 보통 가게에서 설탕을 사먹기 때문이다. 이런 행동은 앞으로 곧 아프리카의 야생 지역에서만 볼 수 있게 될지도 모른다(Friedman, 1955; Dean & MacDonald, 1981).

꿀은 인간의 진화 과정에서 상당 기간 동안 중요한 음식이었을 것이다. 정확히 언제부터 선조들이 일상적으로 꿀을 먹기 시작했는지 밝혀 내기는 어렵다. 꿀을 먹는 행동은 명확한 화석 증거나 고고학적 증거를 남기지 않기 때문이다. 하지만 꿀맛에 대한 선호는 선조들로 하여금 그것을 얻을 방법을 고안하게 만드는 강력한 동기였으며, 그런 노력을 기울인 개체가 축적하는 이점 때문에 단것을 좋아하는 입맛이 강화되었으리라고 가정할 수 있다.

물론 인간 선조가 맛볼 수 있었던 단맛 음식에 꿀만 있었던 것은 아니다. 요즘 나오는 재배 과일만큼은 아니지만 잘 익은 야생 과일도 달다. 단음식들은 대부분 귀하고(계절을 타므로), 구하기도 어려웠을 것이다. 우리는 인류가 단 음식을 선호하게 된 이유가 선조들로 하여금 그것을 얻으려고 노력하게 만들기 위해서였다고 본다. 그것이 지금의 우리에게 단맛을 탐닉하게 만들고 있다. 외부 조건 때문에 구하기 힘들었을 때는 고당도 음식이 이로웠다. 하지만 그것이 값싸고 넘쳐나는 경우에는 우리의 행동과 생리적 시스템들을 쉽게 집어 삼키고 만다.

아주 맛있는 음식은 우리의 식욕 조절 시스템을 바꾸어 놓을 수 있다(Erlanson-Albertsson, 2005). 맛있는 음식은 뇌의 보상 회로를 활성화시켜 먹는 행동을 자극하는 경향이 있다. 특히 당분과 지방이 많은 음식은 사람들의 마음을 사로잡는다. 진화적 관점에서 보면 그런 음식은 에너지를 제공하는 면에서 대단히 값진 것이었다. 이것은 또한 우리의 내적인 보상 체계도 활성화시키는 것 같다. 좋아하는 음식을 과식하는 것과 약물 중독 사이에는 유사점이 있다(예를 들면, Berridge, 1996; Nesse & Berridge, 1997).

지방

식이 지방은 사람속의 초기 진화 기간 동안 일어난 뇌 크기 증가와 연관이 있는 것으로 알려져 왔다(Leonard & Robertson, 1994; Aeillo & Wheeler, 1995; Cordain et al., 2001). 지방의 습득은 뇌가 커진 덕분에 먹이 찾기 전략을 훨씬 효율적으로 펼치는 것이 가능해지면서 생긴 이점인 동시에 더 커진 뇌를 대사적으로 뒷받침하기 위해서도 반드시 필요한 요소인 것으로 인식되었다. 이와 같은 메커니즘을 설명하는 진화 모델들은(Robson, 2004), 오스트랄로피테신류에 비해 상대적으로 더욱 커진 사람속의 몸집과 뇌로 인해 에너지 요구량이 커졌고, 식단의 질 상승이 이를 결정적으로 뒷받침해 주었다는 주장을 직접적(Leonard & Robertson, 1992, 1994; Leonard et al., 2003), 혹은 간접적(Martin, 1983, 1996; Foley & Lee, 1991: Aiello & Wheeler, 1995; Aiello et al., 2001; Cordain et al., 2001)으로 펼치고 있다. 초기 사람속이 식이 전략의 변화로 이득을 보았을 것이라고 추측할 수 있는 점은 식이 지방의 증가였다.

생태학적 관점에서는 오스트랄로피테신류에 비해 사람속에서 식단의 폭이 넓어진 결과 뇌 크기 증가를 부추기는 선택압이 작용했을 것으로 본다. 상당한 양의 동물 조직을 찾아내 획득하는 일은 방목 전략보다 더 많은 인지적 판단이 필요했다는 가설을 세울 수 있다. 그렇다면 높아진 인지 능력(상대적인 뇌 크기의 증가와 맞물려 있을 것이라 추정)은 해당 개체로 하여금 향상된 먹이 찾기 전략에 따라 획득된 음식의 양과 질을 증가시켜 주었을 것이고, 이것은 다시 뇌에 충분한 영양을 공급함으로써 먹이 획득을 위한 인지 능력을 향상시키는 쪽으로 선택압이 작용하는 피드백 루프가 형성되었을 수 있다(Aiello & Wheeler, 1995). 초기 사람속에 관한 고고학 유적지에서 나온 자료들을 보면 대뇌화encephalization(뇌 크기의 증가)와, 다 자란 발굽 동물 같은 영양가 높은 먹이를 획득하는 능력의 향상 사이에는 깊은 연관이 있음을 알 수 있다(Stiner, 2002).

지방은 선조들의 식단에서는 아마도 귀하고 값진 음식이었을 것이다. 우리는 지방을 좋아하도록 진화했다. 우리 혀에는 지방의 맛을 감지하도록 특별히 고안된 감각기관이 있을 수 있다(9장 참조). 동물성 지방은 뇌의 성장과 유지를 위한 연료라는 측면에서나, 선택압으로서나 더욱 큰 뇌의 진화를 위해서는 필수적인 것이었다. 지방을 더 많이 먹기 위해서는 더욱 큰 뇌가 필요했으며, 지방을 더 많이 먹었기 때문에 더 큰 뇌가 출현할 수 있었다.

뇌와 지방산

뇌는 1/3이 지방일 만큼 지방이 많은 기관이다. 뇌의 형태와 구조에는 지방 덕분에 생긴 기능적 측면이 들어 있다. 어떤 지방산은 뇌가 적절히 성장하고 발달하는 데 없어선 안 될 필수 성분으로 여겨진다. 따라서 식이 지방의 증가가 커진 뇌의 성장을 뒷받침하는 데 이롭게 작용하거나, 필수적이었던 것은 단순한 에너지 공급을 넘어선 또 다른 이유가 있었던 것이다(Decsi & Koletzko, 1994).

LCPUFA(Long-chain polyunsaturated Fatty acid 긴사슬 다가불포화지방산)는 탄소 원자가 18개 이상 들어 있는 다가불포화지방산이다. 어떤 LCPUFA(예를 들면, 도코사헥사엔산docosahexaenoic acid[DHA], 아라키돈산arachidonic acid*)는 뇌에서의 지방산 대사와 유전자 발현 조절에 중요한 역할을 하는 것으로 보인다(Kothapalli et al., 2006; 2007). 포유류에서의 뇌 성장은 LCPUFA의 결합 증가와 관련이 있다. 이러한 결합은 주로 피질에서 이루어진다(Farquharson et al., 1992). 인간의 태아는 LCPUFA 대부분을 태반을 통해 얻는다(Brenna, 2002). 전구체를 DHA와 아라키돈산으로 전환하는 것은 상대적으로 효율이 떨어지기 때문에 출생 이후에는 모유가 주된 공급원이 된다(Brenna, 2002).

우리 선조에게는 임신 기간과 수유 기간 동안 식이 LCPUFA의 공급원을 찾는 일이 급선무였을 것이다. 동물의 조직, 특히 뇌와 골수는 상당한 양의 LCPUFA를 제공해 줄 수 있었다. LCPUFA를 필요로 하는 절대적인 양은 그리 많지 않았으며, 뇌의 성장은 여러 해에 걸쳐 이루어졌다. 이 점은 초기 선조에도 마찬가지였을 것이다. 따라서 진화에서 LCPUFA가 제한 요소로 작용하지 않았을 가능성이 있기는 하지만 그래도 이 가설을 한번 고려해 볼 만한 가치는 있다. 지방산은 개코원숭이와 사람의 뇌 성장과 발달에 영향을 미치는 것이 밝혀졌다. 지금은 모유를 대신하는 분유에도 적절한 양의 LCPUFA가 첨가되었다. 임신 여성과 수유 여성들에게는 생선을 많이 먹으라고 권하는데, 이것도 상반된 영향 때문에 의견이 나뉜다. 생선에 고농도로 함유된 LCPUFA는 긍정적인 효과가 있지만, 요즘에는 불행하게도 수은도 고농도로 함유되어 있어 그로 인한 부정적인 효과도 역시 크기 때문이다(U.S. FDA, 2007).

인간의 뇌 진화를 연구하는 인류학자 로버트 D. 마틴Robert D. Martin은 뇌가 커지면서 LCPUFA의 필요량도 많아지자 그것을 뒷받침하기 위해 사람의 모유가 변화했을 것이라고 추측한다(Martin, 1981, 1983). 사람의 뇌는 대부분 출생 이후에 성장이 일어나기 때문에 거기에 필요한 영양분을 수유가 뒷받침해 주어야 한다. 우리의 초기 선조도 이런 경우였을 가능성이 크다. 사람

＊ 도코사헥사엔산은 대표적인 오메가3 지방산이며, 아라키돈산은 대표적인 오메가6 지방산이다.

속에 포함된 종들의 골반 둘레는 뇌 용량이 250~300cc보다 큰 아기를 낳기에는 적당하지 않다. 이 정도면 성년 침팬지의 뇌 크기 정도이고 성인의 최종적인 뇌 용량의 1/4 정도에 불과하다. 그렇다면 더욱 커진 뇌의 성장을 뒷받침하기 위해 초기 사람속의 모유도 변했을까?

사람의 모유는 필수 영양분인 LCPUFA를 포함하고 있고 특별히 높은 농도는 아니지만 그 전구물질도 함유하고 있다. 하지만 인간의 모유에 들어 있는 LCPUFA의 농도는 소의 젖에 일반적으로 포함된 농도보다 훨씬 높다(German & Dillard, 2006). 바로 이 점이 소젖을 기반으로 만든 분유에 반드시 LCPUFA를 첨가해야 하는 이유이다. 하지만 초기 사람속의 모유와 오스트랄로피테신류의 모유를 비교해 보면 어떤 결과가 나올까? 이것을 직접 검사해 볼 방법은 없지만, 현대 인류의 모유와 다른 영장류의 모유를 비교해 볼 수는 있다.

인류학자 로렌 밀리건Lauren Milligan은 원숭이와 유인원 14종을 야생 개체와 포획 개체 양쪽에서 (모유) 표본을 채취해 비교해 보았다(2008). 이 표본 중에는 마운틴고릴라(mount gorilla, Gorilla beringei), 로랜드고릴라(lowland gorilla, Gorilla gorilla, 그림 4.3), 오랑우탄Pongo pygmaeus은 물론 우리와 가장 가까운 친척인 침팬지와 보노보의 모유도 포함되어 있었다. 유인원의 모유는 원숭이의 모유와 차이가 있었다. 유인원의 모유는 영양분이 다양하지 않았으며 평균적으로 지방이 낮았고 따라서 에너지도 적었다(Milligan, 2008). 지방산 조성에는 조금 차이가 있었지만, LCPUFA의 경우 종에 따른 차이점은 대부분 계통발생적인 차이보다는 식단의 차이와 관련이 있어 보였다(Milligan et al., 2008). 더욱 중요한 부분은 유인원의 모유는 지방산 조성, 지방, 단백질, 젖당의 양에서 인간의 모유와 눈에 띄는 차이가 없었다는 것이다. 기본 영양분의 구성에서 인간의 모유는 우리의 친척 유인원들의 모유와 구분이 가지 않았다.

하지만 모유의 지방산 조성은 식이지방산 섭취에 영향을 받았다(Milligan

그림 4.3 로랜드고릴라가 새끼에게 젖을 먹이고 있다. 고릴라의 모유는 대부분의 영양분이 인간의 모유와 유사하다. 　　　　　　　　　　　　　　　　　　사진: Jessie Cohen, 스미스소니언 국립동물원.

et al., 2008). 모유의 지방산 조성은 현재와 과거의 섭취를 모두 반영하고 있다. 지방 조직에 저장되어 있던 지방산이 수유에 필요한 양을 맞추기 위해 동원되기 때문이다. 따라서 신생아의 뇌 성장에 따른 대사적 요구가 우리 여성 선조들로 하여금 지방에 대한 식욕과 지방 조직의 지방 저장 능력을 강화시키는 쪽으로 선택압을 가했을 거라는 주장이 설득력을 얻는다(12장 참조).

인간은 자신만의 서식지를 스스로 창조해 냈다. 물론 완전한 것은 아니지만 놀라운 수준인 것만은 분명하다. 우리는 자신의 생활 공간, 음식, 사회 제도를 창조한다. 사람들은 직장과 가정의 온도와 습도를 조절하고 밝기와 어둡기도 마음대로 조절한다. 저자들은 인간이 창조한 이 모든 것들이 인류가 진화를 통해 얻은 선호도와 특성들을 크게 반영하고 있다고 본다. 하지만 그렇다고 인간이 창조한 환경이 인간의 생물학과도 완벽한 조화를 이루고 있다는 뜻은 아니다. 인간은 자신들이 진화해 온 환경과는 너무도 다른 환경을 창조해 냈다. 그러므로 우리가 환경으로 인해 생긴 질환을 달고 사는 것도 이상한 일이 아니다. 비만은 한 가지 사례에 불과하다.

인간이 진화시켜 온 생물학은 우리의 환경과 갈등을 일으키는 경우가 많다. 때로는 우리가 극단적인 장소(높은 고도, 극단적인 추위와 더위, 극단적인 건조 등)에서 사는 것을 택해서 그런 경우도 있고, 때로는 새로운 환경적 측면을 만들어 내서 그런 경우도 있다. 우리는 그런 환경에 적응할 수 있다. 하지만 환경과 생물학적 조건 사이의 불일치가 클수록 건강에서 그 대가를 치를 가능성이 높아진다. 불일치 패러다임과 알로스타 부하라는 개념이 이런 점을 잘 포착하고 있다. 불일치가 클수록 장기적으로는 우리의 생리적 대응이 실패할 가능성이 크다. 환경에 생리적으로 적응하려면 대사에서 그에 따르는 대가가 발생한다. 우리는 유한한 생명체이기 때문에 환경 적응을 위해 대사에서 대가를 치르다 보면 결국은 건강을 해치고 병에 걸린다.

우리는 진화를 통해서 스스로 좋아하는 생활방식을 갖게 되었다. 안락하다고 느끼는 온도 범위가 있으며, 달달한 음식과 기름진 음식을 좋아한다. 우리는 놀라운 운동 능력을 갖고 있지만 가능하면 몸 움직이지 않으려 한다. 이 모든 선호도는 과거의 환경에서는 적응에 유리한 특성이었다. 하지만 이제 우리는 날씨에 상관없이 대부분의 시간을 안락한 온도에서 살 수 있는 세상을 만들어 냈다. 우리는 달콤하고 기름진 음식을 원하는 대로 마음껏 먹을 수 있게 되었다. 몸을 움직이고 싶지 않을 때는 굳이 몸을 놀릴 필요도 없다. 우리는 비만을 부추기는 환경을 만들어 냈다. 우리의 행동은 생리적 메커니즘에 잠재적인 문제를 만들어 냈다. 예를 들면, 우리는 좋아하는 음식을 우리의 생리적 메커니즘이 과거에는 접해 보지 못했을 정도로 과도하게 먹을 수 있다. 아프리카 사바나 지역에서 진화한 우리가 지금은 사탕의 나라에서 살고 있는 셈이다.

05

비만은 전염되는가

앞 장에서는 인간생물학에 적용되는 진화적 역사의 몇몇 측면에 대해 살펴보았다. 이 장에서는 현대 환경이 지금까지 진화해 온 인간의 생물학과 상호작용하면서 어떻게 우리를 체중 증가와 비만으로 이끄는지에 대해 살펴보자.

현대의 음식과 식사 방식은 선사시대의 선조들과 차이가 나는 것은 물론이고 지난 오륙십 년 동안에도 극적인 변화를 거듭했다. 우리가 지금 먹는 육류도 과거에 사냥을 했던 선조들이 먹던 것과는 크게 차이가 난다. 곡물을 먹여서 키운 소의 고기는 아프리카 야생 반추 동물과 비교했을 때 일반적으로 지방의 함량이 더 높고 지방산의 조성도 다르다(Cordain et al., 2002). 물론 우리의 섭식 습관은 퍼즐의 일부에 불과하다. 부유한 나라 사람들의 신체 활동은 질적인 면에서나 양적인 면에서나 과거 선조들과는 큰 차이가 난다. 여기서는 우리가 살고 있는 거주 공간의 구조적 형태도 함께 검토하면서 그것이 신체 활동의 저하에 어떻게 기여하고 있는지도 살펴본다. 이런 모든 요소들은 가족적 특성 — 유전적, 문화적, 사회경제적인 — 과 더불어 비만을 부추기는 현대의 환경에 기여하고 있다(그림 5.1).

그리고 현대의 경제적, 과학적 발전으로 말미암은 개발도상국의 변화도 살펴본다. 경제 선진국에서 한창 유행 중인 비만이 이제 개발도상국에서도 시작되고 있다(Prentice, 2005). 이 때문에 우리 종의 비만 취약성의 기저를 이루는 인구학적, 식이적, 문화적 변화의 양상들을 살펴볼 수 있는 기회가 생겼다.

그림 5.1 비만 유발 환경

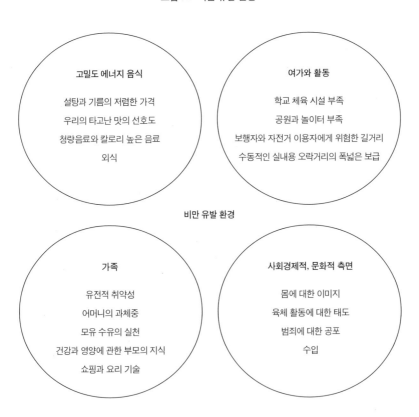

고밀도 에너지 음식

설탕과 기름의 저렴한 가격
우리의 타고난 맛의 선호도
청량음료와 칼로리 높은 음료
외식

여가와 활동

학교 체육 시설 부족
공원과 놀이터 부족
보행자와 자전거 이용자에게 위험한 길거리
수동적인 실내용 오락거리의 폭넓은 보급

비만 유발 환경

가족

유전적 취약성
어머니의 과체중
모유 수유의 실천
건강과 영양에 관한 부모의 지식
쇼핑과 요리 기술

사회경제적, 문화적 측면

몸에 대한 이미지
육체 활동에 대한 태도
범죄에 대한 공포
수입

비만의 역설 중 하나는 비만이 영양 결핍과 함께 나타나는 경우가 많다는 점이다. 같은 인구 집단 안에서뿐만 아니라, 심지어는 한 개인에게서 두 가지 현상이 동시에 나타나기도 한다! 오늘날에는 비만과 가난이 공존하는 경우가 드물지 않다. 실제로 여러 나라에서 비만은 부자들보다는 가난한 사람들 사이에서 더 빈발하고 있다(Brown & Condit-Bentley, 1998). 불행하게도 칼로리 섭취가 충분하다고 해서 필요한 영양분이 모두 골고루 충분히 공급되고 있다는 의미는 아니다. 이 장에서는 비만과 연계된 영양 결핍에 대해서도 검토한다.

마지막으로 비만이 인류에게 어떻게 퍼져나가고 있는지에 대한 흥미로운 아이디어로 관심을 돌려본다. 실제 비만은 어떤 방식으로 전염되는가? 비만은 접촉을 통해 전파될 수 있는데 거기에는 사회적인 방법도 있고 생물학적인 방법도 있다.

우리의 식단, 행동, 몸에 대한 이미지에 영향을 미치고, 그래서 우리로 하여금 과지방에 취약하거나 저항하도록 만드는 데 영향을 미치는 현대 사회의 요인들을 생물학만으로 설명할 수는 없다. 이들 요인 모두가 우리의 생물학에 영향을 미치고, 반대로 우리의 생물학 또한 이 요인들에 영향을 미치는 것은 사실이다. 하지만 비만의 유행에는 생물학 외적인 요인들도 분명 있다. 우리 저자들은 이 장과 이 책의 다른 부분에서 이런 점들을 인정하려고 노력했고 그 중요성을 깎아내리려는 마음도 없다. 하지만 우리는 생물학자이고, 이 책은 인간의 생물학, 그리고 그것과 비만의 관계에 대한 것이다. 우리가 인간의 비만을 유발하는 비생물학적인 요인에 대해서는 너무 무심하다고 생각하는 독자들도 있겠지만, 우리가 책임감을 가지고 글로 풀 수 있는 부분은 결국 우리가 잘 알고 있는 분야일 수밖에 없다는 말로 평계를 대신하려 한다.

현대의 음식 _____

논리적으로 보면 음식에서 논의를 시작하는 것이 타당할 것이다. 비만에 대한 취약성은 여러 요인에서 생기지만, 기본적으로는 체중 유지에 필요한 양보다 더 많이 먹기 때문에 생기는 현상이라 할 수 있다. 음식 에너지에서 쓰고 남은 부분은 지방으로 체내에 저장된다. 이것은 적응을 위한 정상적인 생명 현상이다. 여기서 생기는 의문은 이것이다. 오늘날에는 왜 그토록 많은 사람들이 소비하는 에너지보다 더 많은 양을 꾸준히 먹고 있을까?

요즘 음식들은 일반적으로 육류, 녹말, 단당류, 지방 중 한 가지 이상의 성분이 많이 들어가 있다. 섬유소나 소화가 어려운 재료들은 별로 들어가 있지 않다. 현대의 음식은 소화가 쉽고 에너지 밀도도 높다. 이것은 과거에는 아주 귀하고 바람직한 음식들이었기 때문에, 우리 선조들이 위험을 감수하고 상당한 노력을 들여서라도 얻고 싶어 했던 유형의 음식이었다. 물론 요즘에는 전화 한 통이면 간단하게 배달시켜 먹을 수 있다. 하지만 불행하게도 쉽게 구할 수 있게 되었다고 해서 그런 음식들의 맛이 덜하게 느껴지지는 않고 있다.

현대의 음식들은 왜 에너지 밀도가 높아졌을까? 일부는 시장의 반응으로 이해할 수 있다. 식품 제조 회사는 사람들이 좋아하는 음식을 생산한다. 그리고 우리의 미각적 선호도 중 상당 부분은 고칼로리 음식에 대한 욕망이 적응에 유리하게 작동하던 오래전에 맞춰진 것이다. 그 오래전에는 이런 음식을 얻기 위해 수고나 위험도 마다하지 않았다. 과거에는 외부적 요인으로 인해 이런 고칼로리 음식에 대한 접근이 제한되어 있었다. 하지만 현대의 경제와 기술은 이런 음식들을 어디서나 쉽게 구할 수 있게 만들었다. 이제 칼로리 밀도가 높은 음식에 대한 욕망은 더 이상 과거처럼 적응에 유리하게 작동하지 않지만, 그럼에도 불구하고 그런 욕망은 여전히 그대로 남아 있다.

좀더 가까운 최근의 역사적 요인도 작용한다. 1900년대 초에 영국과 미국에서는 영양 결핍, 특히 노동자 계층의 영양 결핍이 고민거리였다. 노동 생산성 저하 원인의 하나로 칼로리 부족이 거론되기도 했다. 노동자들의 식단에 포함된 지방의 양이 충분하지 못해서 육체적 노동을 지탱해줄 충분한 칼로리가 공급되지 못한다는 우려가 나왔다. 그 결과 영국에서는 노동자의 에너지 섭취량에 대한 태도의 변화가 생겼다. 그전에는 임금을 최저생계비 수준으로 맞춰야 좋다는 것이 경제적 상식으로 통했다(Oddy, 1970). 배가 고파야 일을 더 열심히 할 동기가 생긴다고 생각한 것이다. 조지프 타운센드Joseph Townsend*에 따르면 배고픔이야말로 "근면과 노동을 불러일으키는 가장 자연스러운 동기다. 사람은 배고플 때 가장 열심히 일한다"(Townsend, 1786, Oddy, 1970에 인용). 영국 노동자들의 평균 에너지 섭취량은 1800년대 중반에서 말까지 그대로 유지되거나 오히려 감소되다가, 1900년대 초부터 상승했다. 당시의 에너지 섭취 수준(2000~2300칼로리)은 오늘날이었다면 간신히 필요량에 맞추었다 싶을 만한 수준이었다. 특히 당시에 요구되었던 고강도의 육체 노동을 생각하면 더욱 그렇다. 당시에는 지금보다 평균 신장이 작았는데, 이것은 인구 중 상당 비율의 사람들이 음식을 제대로 먹지 못해서 키가 클 수 있는 잠재력을 최대치로 끌어내지 못했다는 뜻이다.

경제와 산업 분야에서 이런 철학적 변화가 찾아와 노동자의 건강과 복지를 생산성 향상에 긍정적인 요인으로 바라보기 시작하자 칼로리 밀도는 높고 가격은 저렴한 음식을 만들어 내는 것이 중요한 경제적 이슈가 되었

---

*　목사이자 의사인 타운센드는 한 국가의 인구는 식량에 의해 결정된다고 주장해 훗날 멜서스 등에 영향을 미쳤다. 그는 조세에 의한 빈민 구제는 빈민층의 품성을 타락시킨다고 비판하면서 빈민법 폐지를 주장했다. 빈민층(노동자)을 일하게 하려면 기아라는 압력을 행사해야만 한다는 것이다.

다. 그것은 산업계를 위해서 좋은 일이었다. 잘 먹은 노동자는 그만큼 생산성도 높아질 것이기 때문이었다.

오늘날의 자료를 보면 그러한 염려가 근거가 있다는 것을 알 수 있다. 1990년대 초반 방글라데시 노동자들을 대상으로 (조사 시점에서) 지난달에 아파서 일을 하지 못했던 사람들의 비율을 조사했다(사고로 인한 경우는 배재했다). 그 결과 BMI가 큰 영향을 미치고 있음이 드러났다(그림 5.2). BMI가 16kg/m² 미만인 사람 중에서는 40% 이상이, BMI가 16~17kg/m² 사이인 사람들 중에서는 35%가 일을 못했다. BMI가 17~20kg/m² 사이인 사람들에게서는 그 비율이 상당히 줄어 12% 정도에 불과했다. 20kg/m² 이상인 사람들에서는 가장 적게 나와서 5% 미만이었다(Pryer, 1993). 높은 BMI는 질병을 막아 주는 역할을 하는 것으로 보이며, 연간 생산성도 높여 주

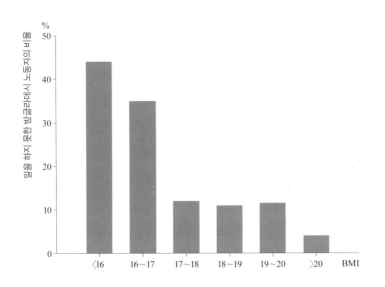

그림 5.2 (조사 시점에서) 지난달에 아파서 일을 못한 방글라데시 노동자의 비율. 사고로 인한 결근은 배재하였다. BMI가 낮아질수록 결근도 많아지는 것을 알 수 있다. 출처: Pryer, 1993.

었다. 물론 조사 대상이었던 방글라데시 노동자 중에서 BMI가 $25kg/m^2$을 넘는 사람은 없었다. 반면 선진국에서 나온 연구를 보면 높은 BMI는 건강 문제로 인한 직장 결근(Bungum et al., 2003)과 학교 결석(Geier et al., 2007)의 증가와 관계가 있었다. 결국 낮은 BMI나 높은 BMI 모두 건강의 위험성과 관련이 있다는 것을 알 수 있다.

20세기에도 많은 국가들이 영양 결핍과 영양실조로 골치를 앓았고, 아직도 일부 국가에서는 큰 걱정거리로 남아 있다. 그런데 영양실조의 이유가 달라졌다. 과거에는 영양실조의 주된 이유가 식량의 부족이었다. 그러나 지금 영양실조는 정치적 불안정과 폭력 때문에 생기는 경우가 많다. 그래서 일부 지역 사람들의 음식이 부족해지는 상황에 이르게 되었다. 이것은 음식이 충분하지 않아서 생긴 문제가 아니라, 음식이 필요한 사람에게 전달되지 못해서 생긴 일이다. 전 세계적으로 영양실조에 대한 염려는 과거에도 그렇고 지금도 역시 경제적인 생산의 문제와 얽혀 있지만, 이제는 도덕적인 문제도 결부되어 있다. 부유한 국가의 사람들 사이에서 빈곤 국가의 기아를 줄이도록 도와야 한다는 움직임이 일어났으며, 저렴한 가격에 칼로리가 더 풍부한 음식을 만들어 내는 일이 전 세계적으로 시급한 과제가 되었다.

우리는 결국 값싸고 칼로리 높은 음식을 생산하는 데 성공했다. 시장 시스템과 기술력이 결합되자 그 음식을 전 세계적으로 분배하는 문제도 해결되었다(적어도 정치 사회적 안정성이 확보된 곳에서는). 불행하게도 우리의 산업 생산량은 더 이상 체력과 육체적 노력에 달려 있지 않다. 우리는 문제에 대한 해결책을 만들어 냈지만 이제는 그런 문제가 없는 국가들이 많고, 그래서 그 해결책은 새로운 건강 문제를 만들어 내고 있다.

역설적이게도 음식 경제학의 변화로 저렴한 식품의 문제도 역전되고 있는 것 같다. 기후 변화, 육류 소비 증가로 인해 사람이 먹어야 할 곡류가 오히려 가축에게 돌아가는 문제, 그리고 곡류나 기타 식품을 바이오연료로 전용하는 데 따르는 문제 등으로 인해 전 세계적으로 식품 물가가 크게 오르고 있다. 비만이 증가하는 동안에도 빈곤 국가를 중심으로는 영양실조와 기아가 다시 한 번 창궐할 가능성이 예측되는 상황이다.

음료수의 칼로리

우리는 또한 비교적 새로운(진화적인 의미에서) 종류의 칼로리 원천을 개발해 냈다. 설탕 함유량이 높은 음료수와 술이다. 인류는 역사 내내 술을 즐겼고, 선사시대에도 즐겼던 것으로 보인다. 알코올 섭취는 농업의 등장보다도 오래되었을 가능성이 크다. 일부 지역의 수렵-채취인들은 과일(예를 들면 코코넛)에서 발효 음료를 만들어 냈던 것으로 알려져 있다. 알코올성 음료는 분명 칼로리를 제공해 주지만, 칼로리를 섭취할 목적으로 술을 마시는 일은 별로 없다. 본질적으로는 설탕을 첨가해 맛을 낸 물에 불과한 고설탕 음료는 훨씬 더 최근에 만들어진 혼합물이다. 이들 음료는 우리 진화 과정에서 사실상 없었던 것이나 다름없기 때문에 이 칼로리 공급원에 대한 우리 몸의 생리적 검토가 이루어진 것이 거의 없다는 우려가 나오고 있다.

모든 연령층의 사람들이 탄산음료를 좋아했으며, 탄산음료 시장은 점점 커져갔다. 시장에 나와 있는 서로 다른 맛과 브랜드의 탄산음료 숫자를 보면 가히 놀라울 지경이다. 슈퍼마켓에 가보면 거의 한쪽 벽면 전체가 탄산음료만으로 채워져 있다. 탄산음료가 판매되는 용기의 크기도 증가했다. 처음 나온 코카콜라 병의 용량은 약 190ml였다. 이제 탄산음료 캔이나 병하나에 들어 있는 용량이 그보다 두세 배로 커졌다. 패스트푸드 식당에 탄산음료가 처음 도입되었을 때 맥도날드에서는 200ml만 제공했다. 이제 이런 크기는 메뉴판에서도 사라지고 없다. 이제 맥도날드에서 제공하는 청량음료의 단위는 350, 470, 620, 950, 1200ml다. 탄산음료 용기 크기 중 최고 기록은 세븐일레븐에서 판매한 1900ml짜리였다. 이런 탄산음료를 마실 때는 나눠 마시는 경우가 별로 없다. 더군다나 식당에는 탄산음료를 공짜로 리필해 주는 경우가 많다. 하지만 과일 주스나 우유 등은 리필이 안된다. 탄산음료는 현대의 환경에서 가장 저렴한 칼로리 공급원 중 하나가되었다. 당연히, 탄산음료를 많이 마시는 사람은 과체중이 될 위험도 그만큼 커졌다(예를 들면 Schulze et al., 2004; Fowler et al., 2005).

이것은 단순히 탄산음료만의 문제로 그치지 않는다. 이제는 과일 펀치음료에도, 스포츠 음료에도, 커피에도, 차에도 설탕이 들어간다. 모든 식품제조 회사들이 사람들에게 칼로리가 높은 음료수를 먹이려고 혈안이 되어있다. 커피 전문점이 여기저기 널려 있고, 요즘에는 커피 음료에도 설탕과지방이 추가되어 칼로리가 상당하다. 그 칼로리양이 아침 식사 한 끼와 맞먹을 정도다.

우리 몸은 음료에 포함된 이 칼로리를 제대로 계산하고 있을까? 액상식품도 고형 식품처럼 포만감을 줄까? 우리는 음식 섭취량을 조절할 때 더블 라테 에스프레소 한 잔에 들어 있는 칼로리도 계산에 넣고 있을까? 매일 470ml의 탄산음료를 마실 때 섭취되는 칼로리는 활동량 증가나 다른음식량의 감소로 보상되지 않을 경우 1년에 9kg 정도의 체중이 증가된다. 보통 사람들은 설탕이 가미된 음료에 들어 있는 칼로리를 제대로 보상하지않는 경우가 많다. 설탕이 가미된 음료를 일주일에 한 번 미만 섭취하다가하루에 적어도 한 번 이상 섭취를 늘린 여성은 하루 평균 칼로리 섭취량이평균 358칼로리 증가된다. 설탕 가미 음료 섭취가 하루에 한 번 이상이었다가 일주일에 많아야 한 번으로 줄어든 여성은 평균 칼로리 섭취량을 거의 비슷한 양(하루 319칼로리; Schulze et al., 2004)만큼 줄일 수 있다. 지속적으로 탄산음료 섭취량을 높게 유지한 여성인 경우 8년의 연구 기간 동안 1년당 평균 1kg씩 체중이 증가했고, 2형 당뇨병이 발생할 상대적 위험도 거의 두 배로 높아졌다(Schulze et al., 2004).

물론 우리는 칼로리가 없는 다이어트용 탄산음료도 마신다. 이런 음료는 체중 증가와는 무관할 것이다. 그런데 그렇지 않은 것 같다. 최근의 한 연구에 따르면 다이어트용 탄산음료를 마신 사람은 비만의 위험이 훨씬 높아졌다(Fowler et al., 2005). 물론 그 상관관계를 파악하기가 쉽지는 않다. 체중이 증가하다 보니 다이어트용 탄산음료를 마시게 되었을 수도 있다. 아마도 이것이 맞는 설명일 가능성이 높다. 다만 한 가지 분명히 말할 수 있는 것은 다이어트용 탄산음료를 마시는 것이 체중 증가와 싸우는 성공적인 전략이 아니라는 점이다.

인공 감미료가 실제로는 음식 섭취를 늘인다는 연구 결과도 있다. 인공 감미료를 먹인 쥐는 설치류용 먹이를 더 많이 섭취했고, 따라서 총에너지 섭취량도 높았다(Tordoff & Friedman, 1989). 단맛이 식욕을 높인다는 설득력 있는 메커니즘이 있다. 식사 초기 인슐린 반응은 칼로리가 없는 감미 물질을 통해서도 촉발될 수 있다(Powley & erthoud, 1985; Tordoff & Freidman, 1989). 다이어트용 탄산음료만 마셨을 경우에는 인슐린 분비 증가로 인해 일시적으로 혈당치가 떨어지는 결과가 나타날 것이고, 다이어트용 탄산음료를 다른 음식과 같이 섭취했을 때도 인슐린 분비 증가로 인해 혈당 상승이 완화되는 작용이 나타날 것이다. 단맛이 나는 음료를 마시면 우리 몸은 혈중으로 대사에 필요한 연료가 쏟아져 들어올 것으로 착각하기 때문에 몸의 대사 작용도 산화를 통한 에너지 소비를 억제하고 에너지를 축적하는 방향으로 돌아서게 된다(Tordoff & Friedman, 1989). 따라서 식사 전에 마시는 다이어트용 탄산음료는 음식 섭취량을 늘리고 지방 저장을 촉진시키게 된다.

과당

위에서 언급된 음료수 중 상당수는 자당이나 고과당 옥수수 시럽으로 가미된 제품이다. 자당은 이당류다. 즉 두 개의 설탕 분자(포도당과 과당)가 결합되어 있다는 뜻이다. 과당은 사람의 입맛에 아주 달게 느껴진다. 다른 많은 포유류의 입맛에도 대단히 달게 느껴지고 자당보다도 달다(예를 들면, Hanover & White, 1993). 과거의 환경에서는 고과당 음식이 귀했으며, 아마도 대단히 바람직한 음식이었을 것이다(예를 들면 꿀, 잘 익은 과일도 과당 함유량이 조금 높은 정도였다). 식품에 과당을 사용하게 됨으로써 당연히 음식 맛이 좋아졌고, 우리도 그런 음식을 더 좋아하게 되었을 것이다.

과당은 대사에 영향을 미치는 비만 유발 물질이다. 과당이 간에서 대사되면 새로운 지방 형성을 유도하는 효과가 있다(Bray et al., 2004; Havel, 2005). 고과당 음식 섭취는 고중성지방혈증hypertriglyceridemia과도 관련이 있다(Lê & Tappy, 2006). 과당의 섭취는 인슐린 분비를 자극하지 않는다(과당의 세포 내 흡수는 GLUT4*가 아니라 GLUT5**를 이용하는 인슐린 비의존성 메커니즘을 통해 이루어진다). 인류가 고과당 음식을 섭취하게 됨으로써 인슐린과 렙틴의 분비가 저하되고 그렐린ghrelin***의 억제가 약해졌다(Teff et al., 2004). 내분비 패턴이 이렇게 되면 포만감이 떨어지고 식욕 저하가 잘 일어나지 않아 칼로리 섭취 증가로 이어질 가능성이 크다.

---

* 제4형 당수송체glucose transpoter 4.
** 제5형 당수송체glucose transpoter 5.
*** 그렐린은 공복호르몬hunger hormone으로 위 혹은 췌장에서 분비되며, 식사 전에는 양이 증가했다가 식사 후에는 양이 감소한다.

혈당을 빨리 상승시키는 고당지수 음식 _____

음식에 대한 혈당 반응은 해당 음식의 잠재적 영향과 음식을 섭취하는 개인의 혈당 조절 시스템의 상태, 이 두 가지를 알려주는 중요한 지표로 여겨진다. 혈당 반응은 음식의 특성과 그 음식을 먹는 개인의 특성에 따라 달라진다. 혈당 반응은 일반적으로 '혈당 곡선 아래 면적'(AUG: area under the blood glucose response curve)으로 측정된다. 이것으로부터 혈당 반응의 몇몇 상대적 측정치를 계산해서 음식을 서로 비교하는 데 사용할 수 있다. 그중 가장 주목할 만한 것은 당지수(GI: glycemic index), 당부하지수glycemic load, 당영향지수glycemic impact이다(Monro & Shaw, 2008).

고당지수 음식*은 장기적으로 건강과 체중 증가 경향에 큰 영향을 미치는 것으로 생각되고 있다. 하지만 그 정도가 어디까지인지는 아직 입증되지 않았다. 저당지수 음식은 최종적인 에너지 섭취를 줄여주는 것으로 보인다(Flint et al., 2006). 효과가 특별히 크지는 않지만 저당지수 음식이 혈당 조절에 문제가 있는 사람에게 이롭다는 가설을 지지하는 증거들이 있다. 이런 음식이 혈당 조절에 문제가 없는 사람들에게도 이로운 영향을 미치는지는 아직 불확실하다(Howlett & Ashwell, 2008).

그저 칼로리의 원천에 불과한 것이 아니다? _____

연구들에 따르면 음식은 대사를 위한 연료 공급원이자, 조직을 만드는 데

---

* 고당지수 음식은 혈당 상승을 빠르게 하며, 저당지수 음식은 혈당을 천천히 상승시킨다.

필요한 원재료에 불과한 것이 아니라고 한다. 음식의 성분은 신호 분자로도 작용한다. 음식은 유전자 외적 영향epigenetic effect을 발휘하기도 한다. 임신한 쥐에게 엽산folate, 비타민 B12, 콜린choline, 베타인betaine이 든 식이 보충제를 공급했더니 (색소 유전자인) 아구우티유전자agouti gene에 전이인자transposon가 끼어들면서 그 새끼들의 털 색깔이 바뀌었다(Waterland & Jirtle, 2003).

지방산도 신호 분자로 작용할 수 있다. 긴사슬지방산은 세포막 수용체를 통해 췌장 β세포의 인슐린 분비를 증폭시킨다(Poitout, 2003). 칼로리의 양과 칼로리가 담겨 전달되는 대사 연료는 성장 중인 어린 동물의 생리적 메커니즘을 이용해 프로그램을 짤 수 있다. 태어나자마자 설치류에게 이틀간 정상적인 고지방 모유 대신 고탄수화물 식단을 먹였더니 자라서는 포도당에 대한 민감도sensitivity가 높아져서 혈중 인슐린 농도가 급속히 상승했다(Patel & Srinivasan, 2002).

태아기와 산후 초기에는 수많은 사건들이 일어나며 이것이 성인이 되었을 때의 질병 취약성에도 영향을 미치게 된다. 현대 환경, 그 환경과 생물학적 조건과의 상호작용은 성인에게 영향을 미칠 뿐 아니라, 아직 태어나지도 않은 자손에게도 영향을 미친다. 엄마의 식단과 음식 관련 행동들이 아직 태어나지 않은 아이에게 영향을 미칠 수 있다. 포도당은 그 자체로 돌연변이 유발 요인으로 작용할 수 있으며, 당뇨병이 있는 엄마의 아기에게서 나타나는 특정한 선천적 결함의 병인으로 작용할 가능성도 제기되고 있다(Lee et al., 1995). 평생 동안 영향을 미치는 생리적 메커니즘의 조기 프로그램에 대해서는 13장에서 더 자세히 다룬다.

외식

우리는 음식의 종류와 양만 바꾼 것이 아니라 먹는 방식까지도 바꾸었다. 이제 우리는 직장 생활을 하느라 바쁘고 과거보다 형편도 나아지다 보니 식사를 집이 아니라 밖에서 하는 경우가 많아지고 있다. 1970년대 후반에서 1990년대 중반 사이에 외식을 통해 얻는 칼로리의 비율이 18~34%로 증가했다. 이들 음식 중 상당수는 지방 함량은 높고 영양분이 적은(특히 섬유소와 칼슘) 음식이다(Bowman et al., 2004; Bowman & Vinyard, 2004). 심지어는 집에서 먹는 때가 많던 아침 식사조차도 식당에서 해결하거나 가게에서 구입한 후에 다른 활동을 하면서 먹는 경우가 많아지고 있다. 미국의 맥도날드에서는 판매량 중 25% 이상이 아침 식사 메뉴로 팔려 나가고 있는 것으로 추정되고 있다. 여기서도 우리는 아무런 육체적 수고 없이 먹을 것을 얻는다. 사람들은 이제 자기가 먹을 음식을 요리하지 않는다. 육체적 노동과 먹는 행동이 완전히 분리되는 경우가 많다.

음식과 관련해서 과거와 달라지지 않은 부분이 있다면 음식의 사회적 역할이다. 식당 광고물을 보면 풍부하고 질 좋은 음식을 홍보할 뿐만 아니라 사람들과 어울리기 좋은 분위기를 제공하고 있다는 사실도 빠뜨리지 않는다. 우리는 친구나 연인과 함께 식사를 한다. 함께 식사를 한다는 것은 유대감과 관련이 있다. 식사에는 사회적 보상이 따른다. 적어도 수많은 식당 광고에서 전달하려는 메시지는 그렇다. 그리고 아마도 이것은 우리의 생물학적 유산을 실제로 반영하고 있을 가능성이 크다.

인류는 공동으로 작업해서 음식을 모으고 함께 모여 식사를 하는 것이 핵심 적응인 종으로 진화했다. 음식과 먹는 행동은 우리의 사회적 행동, 사회적 정체성과 본질적으로 얽히게 되었다. 밥을 함께 먹는 사람들이 자기가 속한 집단이며, 집단 속에서 개인의 가치는 그 개인이 집단의 음식 공급에 어떤 영향을 미치는지가 크게 영향을 미친다. 우리의 문화 속에도 그런 개념이 드러나는 표현이 가득하다. 'bread winner'(빵을 획득한 사람, 즉 가장), 'bringing home the bacon'(집에 베이컨을 가져오다, 즉 밥벌이를 하다) 이런 표현을 보면 집단에 음식을 제공한다는 개념에 높은 가치를 두고 있음을 알 수 있다. 물론 이것은 현대의 문화와 가치관을 반영하는 것들이지만, 그 기원은 아주 머나먼 과거부터 이어져 온 것이다.

1회 제공량

미국에서는 음식과 관련된 모든 것이 계속 커지고 있다. 음식 포장지의 크기, 식단에서 제공되는 1회 제공량, 심지어는 음식을 덜어먹는 접시의 크기도 상당히 커졌다. 20년 전 베이글의 크기는 직경이 7.5cm 정도였다. 하지만 요즘에 나오는 베이글의 직경은 15cm에 달한다. 베이글의 칼로리가 두 배로 많아졌다는 뜻이다. 미국 보건복지부에 따르면 오늘날에 나오는 식품들은 20년 전에 일반적으로 제공되는 음식에 비해 칼로리가 2배 이상 많아졌다고 한다(예를 들면, 치즈버거, 머핀, 초콜릿 칩 쿠키, 심지어는 커피 음료까지도).

　　1회 제공량의 크기는 총에너지 섭취량에 영향을 미친다. 1회 제공량의 크기를 50% 키우면 하루 에너지 섭취량이 더 높아지는 결과를 낳았고, 이 효과는 11일 동안 유지되었다(Roll et al., 2007). 반대로 1회 제공량의 크기를 줄이면 에너지 섭취량이 전체적으로 줄어드는 효과를 낳았다(Rolls et al., 2006).

　　1회 제공량의 크기와 섭식 행동은 문화마다 차이가 있다. 일례로 음식 및 끼니와 관련된 사회적, 문화적 행동은 프랑스와 미국이 서로 다르다. 프랑스에서는 식당에서 제공되는 1회 제공량의 크기가 미국보다 작다. 그리고 프랑스 사람들은 보통 미국 사람들보다 끼니 식사 시간이 더 길다. 따라서 프랑스 사람들은 식사 시간은 더 길지만 끼니당 섭취하는 칼로리의 양은 더 적다(Rozin, 2005). 미국에서는 뷔페 식당이 흔하고 인기도 좋다. 이런 식당은 특히 식사 시간이 제한된 평일 점심 식사 시간에 인기가 많다.

신체 활동

우리는 고된 노동을 견딜 수 있는 신체적으로 강인한 종으로 진화했다. 인간은 하루에 별다른 제약 없이 3,000칼로리 이상의 많은 에너지를 소비할 수 있다. 사실 이 값은 과거에 고된 육체 노동에 종사했던 사람들의 소비량에 가까운 값일 것이다. 이 수치는 안정시 대사율resting metabolic rate의 두 배에 가까운 값으로, 자유롭게 살아가는 동물에게는 합당한 에너지 소비량으로 볼 수 있다. 하지만 그렇다고 해서 우리가 매일매일 그 정도의 에너지를 소비하려는 충동을 느낀다는 것은 아니다. 과체중과 비만에 기여하고 있는 비대칭 중 하나는 음식에 대한 동기 부여가 신체 활동에 대한 것보다 더 커질 수 있다는 점이다.

과거에 우리는 깨어 있는 시간 대부분을 육체 노동을 하느라 보냈다. 이제 우리 중 상당수는 깨어 있는 시간 대부분을 앉아서 보낸다. 많은 사람들에게 신체 활동은 선택 사항이 되었다. 이제 신체 활동은 일하지 않는 시간에 여가 활용이나 건강을 위해 하는 행동일 뿐이다.

미국 보건 영양 조사(NHANES)에서 신체 활동의 횟수뿐만 아니라 그 강도도 함께 측정하는 연구를 진행했더니 1주일 5회, 30분 정도의 중등도 신체 활동이라는 권장 사항에 해당하는 신체 활동을 하는 사람이 5% 미만이었다. 하지만 이 조사 대상자들이 스스로 보고한 신체 활동 수준은 실제로 측정한 것보다 훨씬 정확도가 떨어졌는데, 자신이 조사 항목에 나온 운동 지침 수준으로 운동하고 있다고 믿는 사람의 비율이 30%나 되었다. 이것은 일반적으로 사람들은 자신의 신체 활동 정도에 대해 잘 파악하고 있지 못하다는 사실을 보여 준다. 실제로 측정해서 드러난 것보다 자신이 더 활동적으로 움직이고 있다고 믿는 사람들이 대단히 많다.

이것은 과거에서 기인한 인지 체계의 편견을 반영한 것일 수 있다. 그래서 같은 칼로리의 음식과 노력이 있으면 노력이 더 컸던 것으로 판단할 수 있다. 아니면 판단의 근거가 될 만한 경험이 없어서 그럴 수도 있다.

사람은 분명 지속적이고 격렬한 노동을 통해 놀라운 과업을 이룰 능력이 있다. 이리 운하Erie canal*는 사람과 노새가 삽과 외바퀴 손수레(노새가 아니라 사람이 끌었음)로 파낸 것이다. 1800년대에 웨스트버지니아의 벌목공들은 몇 시간씩 걸어서 일터로 나가 하루에 10시간 내지 12시간을 일한 후에 다시 몇 시간을 집까지 걸어와 저녁을 먹고 잠자리에 들었다. 요즘에는 배낭 여행을 하면서도 힘들어하는 경우가 많지만, 과거에는 도끼와 점심 도시락까지 들고서 그런 길을 왕복하고, 또 거기에 힘든 육체노동까지 했던 점을 생각하면 고개가 절로 숙여진다. 과거에는 일상적으로 이런 활동을 하는 사람들이 많았다.

이렇게 앉아서 생활하는 시간이 많아지는 것과 맞물려 증가하고 있는 것이 텔레비전 시청 시간이다. 2001~2002년 조사에 따르면 전체 인구 중 52.3%가 하루에 3시간 이상 텔레비전을 시청한다(NHANES, C. Tabak 비공개 분석 자료). 아동에게서도 경향이 비슷하게 나타난다. 미국 질병통제예방센터(CDC: ters for Disease Control & Prevention)의 청소년 건강 위해 행동 감시 체계Youth Risk

---

* 미국 뉴욕 주 북서부에 있는 운하로 길이 약 584km, 깊이 12m, 표면 너비 12m이다.

Behavioral Surveilance System에 따르면 2003년에 아동 중 35% 이상이 하루 텔레비전 시청 시간이 3시간 이상이었고, 21% 정도는 같은 시간만큼 컴퓨터를 사용했다. 하루에 텔레비전 시청 시간이 4시간 이상인 아동은 시청 시간이 2시간 미만인 아동보다 체지방이 많고 BMI 수치가 높았다(Andersen et al., 1998). 신체 활동 권장 사항을 따르는 아동의 비율은 36%에 불과했으며, 매일 정규 체육 수업을 받는 아동은 33% 미만이었다.

신체 활동의 부족은 체중 증가에 기여할 수 있다. 비만이 건강에 미치는 유해한 영향을 신체 활동이 완화시켜 준다는 확실한 연구 결과들이 나와 있다(reviewed in LaMonte & Blair, 2006). 심혈관계의 건강은 건강과 안녕에 독립적으로 영향을 미친다.

구축 환경

구축 환경built environment은 인간의 활동 무대를 제공해 주는, 인간에 의해 만들어진 특성들로 이루어진다. 구축 환경은 철도, 대형 고속도로 같은 거대한 규모에서 개인의 주거 공간까지 매우 다양하다. 그리고 이것들은 우리의 생활방식과 비만 취약성에 직간접적으로 기여한다(Brownson et al., 2001; Gordon-Larsen et al., 2006).

인간은 찌는 듯 더운 곳에서 혹한의 지역에 이르기까지 믿기 어려울 정도로 다양한 서식지에서 살고 있다. 하지만 우리는 애초에 아프리카에서 진화되어 나왔기 때문에 열의 보존보다는 열의 방출이 더 중요한 문제였을 것이다. 그래서 인간은 열을 방출하는 쪽으로 적응했다. 털이 상대적으로 적고 거의 전신에 땀샘이 분포한 덕분에 외부로 열을 쉽게 방출할 수 있게 된 것이다. 하지만 환경 구축을 통해서 적도에서 멀리 떨어진 아주 추운 지역에서도 살 수 있게 되었다. 이제 우리는 대사와 생리적 적응을 통하기보다는 기술을 통해 체온을 조절하는 경우가 많다. 오늘날에는 체온 조절을 위한 에너지 소비가 최소화되어 있다. 적어도 온도 조절이 되는 건물이 들어선 선진국에서는 그렇다.

현대의 구축 환경 때문에 사람들은 점점 몸을 쓰지 않는다. 예를 들어 교통 수송로는 자동차와 버스 등의 기계화된 수송 수단을 위한 것이지 보행자와 자전거 이용자들을 위한 것이 아니다. 이는 20세기 초반 이전의 토지 이용 패턴에서 변화가 생긴 것이다. 그전에는 장보기나 학교 통학 등의 일반적인 활동을 위해 보행자 편의 중심으로 교통 체계를 설계할 수밖에 없었다(Sallis & Glanz, 2006). 하지만 자동차를 소유하는 사람이 많아지고, 그 결과 도시 외곽의 주택 단지가 부각되기 시작하면서 보행자에게는 불리하고 자동차 이용자에게 유리한 토지 정책이 시행되기에 이르렀다. 거주 지역과 상업 및 산업 지역을 분리하는 미국의 도시 계획법도 여기에 해당한다. 일터와 가게들은 이제 걸어 다니기 힘든 먼 거리에 위치하게 되었으며, 이동하려면 대부분 자동차를 이용할 수밖에 없게 되었다(Sallis & Glanz, 2006).

구축 환경이 우리의 행동과 선택, 따라서 비만 취약성에 영향을 미친다는 것은 직관적으로도 설득력이 있고 연구로도 뒷받침되고 있다. 예를 들면 걷기 좋은 지역에 사는 성인은 신체 활동이 더 활발하고 체중도 덜 나간다(Sallis & Glanz, 2006). 물론 인과관계가 어떻게 되는지도 따져 보아야 할 문제다. 신체 활동을 가치 있게 여기는 사람이 좀더 걷기 좋은 지역을 선택해 들어간 것일 수도 있기 때문이다. 하지만 구축 환경이 신체 활동에 영향을 미친다는 연구 결과는 상당한 지지를 얻고 있다. 구축 환경으로 인해 걷기와 기타 활동이 크게 위축될 수 있다는 점은 분명해 보인다.

우리가 사는 곳, 우리의 이동 방식, 우리가 일하는 방식의 변화로 말미암아 신체 활동은 대부분 여가 활동에 국한되고 있다. 이것은 청소년과 아동들에게 특히 해당되는 이야기다. 오늘날에는 농장에서 일하거나 육체적으로 고된 심부름을 하는 아이가 거의 없다. 등하교도 대부분 차를 이용한다(Zhu & Lee, 2008). 심지어 학교와 집이 가까운 도심지 학교에서도 범죄, 교통사고, 보행 도로 상태 불량으로 인한 안전 우려 때문에 걸어서 학교에 다니는 학생의 비율이 크게 줄었다(Zhu & Lee, 2008).

아동과 청소년의 경우 여가 시설 설치 여부가 신체 활동 수준에 큰 영향을 미친다. 예를 들면 안전한 공원에 쉽게 접근할 수 있는 경우 도심 청소년들의 신체 활동 증가와 긍정적인 상관관계가 나타났다(Babey et al., 2008). 불행하게도 미국에서는 신체 활동을 촉진해 주는 여가 시설(예를 들면, 학교, 수영장, 공원, 놀이터, 야구장 등)이 균등하게 분포되어 있지 않다. 한 지역의 청소년들이 과체중이 생길 상대적 확률은 그 지역의 생활 체육 시설이 많아질수록 정비례해서 작아지는 것으로 나타났다(Gordon-Larsen et al., 2006; 그림 5.3). 좋은 소식은 생활 체육 시설이 하나만 생겨도 청소년의 과체중 유병률이 감소한다는 것이고, 반대로 나쁜 소식은 과체중과 비만의 비율이 제일 높은 빈곤층 청소년의 경우 이러한 시설에 다닐 가능성이 가장 떨어진다는 점이다(Gordon-Larsen et al., 2006). 동네 환경도 어른이 아이들에게 이러한 여가 시설을 이용하도록 북돋우는지 여부에 영향을 미친다. 동네에 쓰레기나 낙서 등이 많아지면 안전에 대한 우려가 커지기 때문에 어른들이 아이들을 동네 공원으로 내보내기를 꺼린다(Miles, 2008).

토지 이용 패턴과 구축 환경은 식품의 선택에도 영향을 미친다. 식료품 가게보다 패스트푸드 식당과 편의점 접근이 더 쉬운 경우에는 비만 유병률이 늘어나는 것으로 밝혀졌다(Papas et al., 2007에서 리뷰). 수입이 적은 동네는 일반적으로 좋은 품질의 농산물과 다른 건강 식품에 접근하기 힘들고 동네 식당에서도 건강에 좋은 메뉴의 수가 적어진다(Sallis & Glanz, 2006에서 리뷰). 하지만 구축 환경이 식단 선택에 영향을 주어 건강과 연결된다는 사실은 신

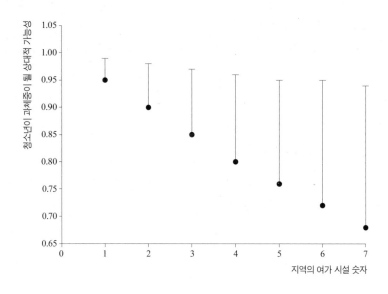

그림 5.3 동네에 여가 시설이 단 하나만 존재해도 청소년 비만의 상대적 위험이 크게 줄어든다.

출처: Gordon-Larsen et al., 2006.

체 활동이 건강에 미치는 영향과 비교해 볼 때 그 정도는 훨씬 약하다. 실제로 수입이 적은 대부분의 소비자들은 건강에 안 좋은 인스턴트 식품보다 비용은 훨씬 많이 들지라도 건강 식품을 대신할 다른 대안을 찾아나서는 것으로 밝혀졌다(Jetter & Cassady, 2005).

현대적 생활방식, 기술, 물질문명이 낳은 또 다른 변화는 바로 화학적 환경이다. 우리는 플라스틱, 실리콘칩, 나노입자 등 새로운 물질을 대량으로 만들어 냈고, 이 물질들은 우리의 삶 어디에나 파고들었다. 이들을 제조하는 과정에서 자연에는 없거나 아주 낮은 농도로 있는 많은 화학물질이 이용된다(예를 들면, 중금속, 다양한 용매제, 폴리염화바이페닐, 비스페놀bisphenol A 등). 환경에서 이러한 화학물질의 농도가 증가했기 때문에 화학적 노출과 비만 유행의 연관성도 생각해 볼 문제이다.

이 둘 사이에 인과관계가 있을까? 아직 확실하게 입증되지 않았지만 화학적 노출이 취약 개체의 체중 증가를 야기하는 많은 요인 중 하나로 작용한다는 자료가 나와 있다(Heindel, 2003). 독성 검사에서 실험 동물을 독성을 일으키는 한계치 이하로 (따라서 안전한 수준으로) 화학물질에 노출시켰더니 일관되게 체중 증가가 일어났다(Baillei-Hamilton, 2002에서 리뷰). 환경으로 방출되는 화학물질 중에는 에스트로겐 활성물질이나 에스트로겐estrogens을 차단하는 성질을 가진 화학물질이 많다. 예를 들면 비스페놀 A 같은 것이다(Heindel, 2003; Crews & Mclachlan, 2006). 내분비계를 교란할 가능성이 있는 이런 화학물질들은 인간의 건강과 질병과도 관련되어 있다(Crews & Mclachlan, 2006에서 리뷰).

수면

우리는 대부분의 밤 시간을 잠으로 보내는 종으로 진화했다. 유인원류 영장류(원숭이, 유인원, 그리고 인류) 중 딱 한 종류를 빼고 나머지는 모두 한낮에는 활발히 움직이고 밤에는 잠을 잔다. 딱 한 종 예외적으로 야행성인 종류는 중앙아메리카와 남아메리카에 서식하는 올빼미원숭이다. 기술의 발달로 말미암아 많은 사람들이 자연의 일광 주기에 의존할 필요 없이 마음대로 생활 일정을 바꿀 수 있게 되었다. 하루 24시간 교대로 돌아가는 직업도 많아졌다. 어떤 직업(바텐더, 야간 경비 등)은 주로 밤에 일을 한다.

야간 근무 노동자는 생활에 파괴적으로 작용할 수 있는 몇 가지 요인에 노출되어 있다. 이 요인은 외부적일 수도 있고 내부적일 수도 있다. 외부적인 요인으로는 주로 낮 시간을 중심으로 일정이 돌아가는 세상에 적응해야 하는 문제 등이 있고, 내부적 요인으로는 수면과 식사 패턴이 24시간 리듬에 맞추어 진화된 대사 및 내분비 기능과 맞아떨어지지 않아서 생기는 문제 등이 있다. 역전된 24시간 활동 리듬을 오랫동안 유지하다 보면 장기적으로는 건강이 악화되는 사람이 많다(Boulus & Rossenwasser, 2004). 24시간 패턴 변화에 적응하는 능력은 사람마다 아주 다르게 나타난다. 어떤 사람은 그런 변화에 아주 짧은 시간도 적응하지 못하는 경우가 있다. 야간 근무 노동자에게서 가장 흔히 나타나는 장애는 수면장애일 것이다(Boulus & Rossenwasser, 2004). 수면장애는 암을 비롯한 여러 질병과 연관되어 있다(Spiegel & Sephton, 2003). 야간 근무는 유방암, 전립선암 등의 발생 위험을 증가시키는 것으로 보고되기 때문에 발암 요인으로 분류해도 무방할 것이다(Straif et al., 2007).

수면 방해sleep disruption와 수면 상실sleep loss은 대사에 영향을 미치기 때문에 지속되다 보면 비만과 2형 당뇨병의 발생에 기여할 수 있다. 수면과 관련된 호흡 장애, 예를 들면, 수면 무호흡sleep apnea은 당뇨와 관련되어 있고, 대체적으로는 비만과도 관련이 있는 것으로 보인다(Resnick et al., 2003). 수면 장애(Nilsson et al., 2004)와 수면 (시간) 부족(Mallon et al., 2005)은 남성의 당뇨와 관련 있다. 여성에서는 수면 부족과 수면 (시간) 과다가 모두 당뇨와 관련되어 있다(Mallon et al., 2005; Ayas et al., 2003).

미국에서는 한번도 깨지 않고 자는 시간의 길이가 짧아졌다. 1960년대에는 성인의 수면 시간은 8~9시간이었다(Kripke et al., 1979). 그 값이 1995년에는 7시간으로 줄어들었다(Gallup Organization, 1995). 만 30~64세의 성인 3명 중 1명은 하룻밤에 수면 시간이 6시간 미만이라고 보고했다(National Center for Health Statistics, 2005). 수면 상실과 수면 부족은 비만 및 당뇨의 증가와 나란히 증가했다(Spiegel et al., 2005; Knutson et al., 2007).

수면 부족은 체중을 증가시키고 혈당 조절을 취약하게 만드는 몇 가지 대사 조건과 관련되어 있다. 수면 박탈sleep deprivation은 인슐린 저항을 증가시킨다. 더군다나 수면을 박탈당한 사람의 췌장 β세포는 인슐린 저항에 인슐린 분비 증가로 반응하지 않는다. 수면 상실은 건강한 젊은 남자들에서 췌장 β세포 분비를 바꾸어 놓았다(Schmid et al., 2007). 수면 상실은 글루카곤의 기저 분비basal glucagon secretion를 감소시키고 저혈당증에 따른 글루카곤의 반응을 증가시켰다. 하루 수면 시간이 6시간 미만인 경우 남성에서 2형 당뇨병의 발생 위험이 두 배로 커진다(Yaggi et al., 2006).

쥐를 수면 박탈하면 과식증hyperphagia이 생긴다(Rechtschaffen et al., 1983). 오렉신orexin이라고도 불리는 히포크레틴hypocretin은 자는 것과 먹는 것을 좋아하게 만드는 분자다. 이 분자는 음식 섭취와 각성에 잠재적 영향을 미친다(Sutcliff & de Lecea, 2000). 자는 동안에는 혈중 카테콜라민catecholamine의 양이 줄어든다. 수면 교란은 이 야간 혈중 카테콜라민의 증가와 관련되어 있다(Irwin et al., 1999). 식욕 억제 펩티드인 렙틴의 혈중 농도는 24시간 패턴을 따르고 정상적 수면 시간의 중간 시간에서 제일 높아진다. 실험 참가자들을 6일 밤 동안 하루 4시간밖에 못 자게 했더니 혈중 렙틴 농도의 평균 수치와 최고 수치가 둘 다 낮아졌다(Spiegel et al., 2004). 수면 부족은 혈중 그렐린의 농도도 증가시켰다(Taheri et al., 2004). 그렐린은 식욕 증가와 관련이 있는 뇌-장관 펩티드다(7장 참조).

수면 교란은 산후 체중 정체에도 영향을 미친다. 수면 부족(수면 시간 하루 5시간 이하)은 산후 체중 정체와 크게 관련되어 있다. 산후 6개월에 수면 시간이 평균 5시간 이하였던 여성은 산후 1년 후에도 임신 중에 증가한 체중을 5kg 이상 유지하고 있을 가능성이 높았다(Gunderson et al., 2008).

야식증후군은 저녁 시간에 과식을 하고 밤중에 자다가도 자주 깨어나 음식을 조금씩 먹는 특징을 보인다(Stunkard et al., 1955). 야식증후군은 우울한 기분 및 비만과 관련이 있다(Stunkard et al., 1955; Birketvedt et al., 1999; O'Reardon et al., 2004). 야식증후군을 보이는 여성은 대조군보다 밤에 훨씬 많은 양의 음식을 먹었지만, 흥미롭게도 낮 시간에는 더 먹지 않았다. 이 여성들은 아침 시간에는 혈중 그렐린의 농도가 낮고, 혈중 인슐린의 농도가 높았다. 밤에 잠에서 깨어 음식을 먹는 습관 때문에 생기는 현상으로 보인다. 이들은 또한 대조군에 비해 더 큰 우울 증상을 나타냈다(Alison et al., 2005).

오늘날에는 만성 수면 상실과 수면 장애가 흔하다. 많은 수면 장애가 비만 및 당뇨병과 관련되어 있다. 사실 수면 장애가 비만에 의해 악화되는 경우가 많은데, 이는 수면 방해가 체중 증가를 부추기고, 체중 증가가 수면 패턴을 교란하는 악순환 피드백 메커니즘이 일어나기 때문일 가능성이 있다. 수면 패턴의 변화는 비만 취약성에 영향을 미치는 또 하나의 요인일 수 있다.

비만은 빈곤층의 질병이 되고 있다 ─────────

미국, 영국, 그리고 유럽 대부분의 부유한 국가에서는 비만의 유행이 절정을 달리고 있다. 남태평양 섬나라 국가 같은 일부 지역은 이보다 더 심한 형국이다. 여러 아시아 국가와 일부 아프리카 국가에서도 비만이 유행하기 시작했다(Prentice, 2005). 비만은 아마존강 유역의 토착민들에게도 영향을 미치기 시작했다(Lourenço et al., 2008). 이전에는 빈곤국이었다가 경제적으로 형편이 나아지기 시작한 나라들에서도 적어도 부분적으로 비만이 유행하기 시작했다. 대단히 빈곤한 국가에서는 가난이 곧 저체중 및 영양실조와 이어져 있다. 반면 부유한 국가에서는 가난이 비만의 위험 증가와 맞물려 있다(Hossain et al., 2007).

비만은 점차 가난한 사람들의 질병이 되고 있다. 예를 들면 1975년만 해도 브라질에서는 가난한 여성이 비만하기보다는 저체중일 가능성이 훨씬 컸다. 하지만 1997년에는 이것이 역전되었다(Monteiro et al., 2004; 그림 5.4). 가

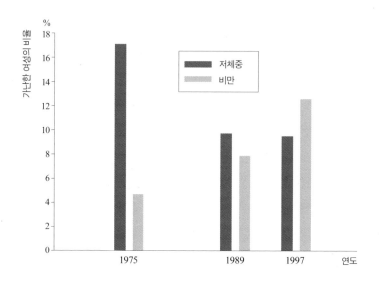

그림 5.4 과거 가난한 브라질 여성은 비만보다 저체중일 가능성이 높았지만, 이제 더 이상 그렇지 않다.

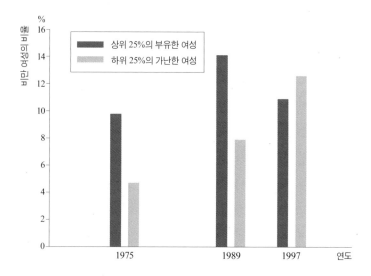

그림 5.5 가난한 브라질 여성은 이제 부유한 여성만큼이나 비만한 경우가 많다.

난하면서 비만인 여성의 비율은 꾸준히 증가했고, 1997년에는 부유하면서 비만인 여성의 비율을 추월하기에 이르렀다(Monteiro et al., 2004; 그림 5.5).

개발도상국에서는 비만의 증가에 따른 생활방식의 변화가 일어나고 있다. 비만 및 그에 따른 건강 문제의 증가와 관련된 변화들은 영양뿐만 아니라, 인구통계학, 직업 및 생활방식과도 관련되어 있다(Popkin, 2002). 가난하고 경제적 혜택을 못 받는 사회에서 더 부유한 사회로 변화할 때 특징적으로 나타나는 전이 과정인 것이다. 우선 인구통계학적 전이를 살펴보면, 높았던 출산율과 사망률이 둘 다 낮아진다. 이런 변화 과정에서 기아와 열악한 환경 위생과 관련된 감염성 질환의 유병률이 감소하는데, 이것이 부분적으로는 낮은 출산율과 사망률의 원인으로 작용하고 있을 것이다. 수명 또한 늘어난다. 인구 구조가 나이 든 사람의 비율이 높아지는 쪽으로 변한다.

그리고 주로 시골에 분포하던 인구가 도시로 집중되기 시작한다(그림 5.6). 도시에서는 직업 선택의 기회가 많기 때문이다. 이런 변화와 아울러 일과 관련된 신체 활동이 줄어든다. 도시의 일은 앉아서 하는 것이 많다.

식생활도 서구식으로 변하기 시작해 지방과 정제 탄수화물의 양이 식단에 점점 많이 들어가고 있다(Popkin, 2001; Prentice, 2005). 비만 치료와 예방 연구의 권위자인 애덤 드레브노브스키Adam Drewnowski는 "부는 더 나은 식생활과 얽혀 있다"라고 말한다(Drewnowski, 2000). 하지만 그의 논문을 더 읽어 내려가다 보면 부는 고칼로리 식생활과 얽혀 있다고 하는 것이 더 정확한 표현임이 분명해진다. 한 국가의 평균 수입이 늘어나면 식단에 변화가 일어나기 시작하며, 일반적으로 지방, 단당류의 양이 많아지고 섬유소의 양은 줄어든다. 이런 변화로 1인당 칼로리 섭취량은 분명히 증가하지만 이것이 꼭 전체적인 영양 상태와 건강의 개선으로 이어지는 것은 아니다. 미국에서는 사회경제적 상태가 낮으면 영양이 풍부한 음식의 섭취도 줄어든다(Bowman, 2007).

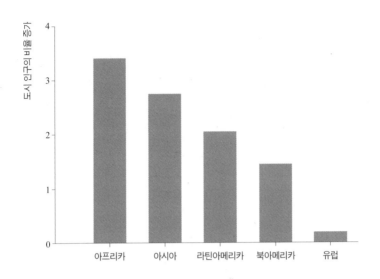

그림 5.6 1995년에서 2005년까지 개발도상국의 도시 성장 속도가 더 빨랐다.

출처: 《UN, 도시 인구 추계》, 2005 개정판, 표 A.6,
www.un.org/esa/population/publications/WUP2005/2005WUP_FS1.pdf

지방과 설탕의 가격은 점차 떨어지고 있다(Drewnowski, 2000; Drewnowski, 2007). 선진국에서는 기술의 발전과 농업 보조금 덕분에 식물성 기름의 가격이 크게 떨어졌다. 오늘날에는 정제 설탕의 가격도 놀라울 정도로 싸다. 미국에서 설탕이나 식물성 기름을 1달러어치 구입하면 그 안에는 한 사람의 2~4일분의 필요 칼로리가 들어 있다.

식생활과 생활방식의 변화와 함께 평균 비만도도 늘어났다. 이러한 변화에서 긍정적인 부분은 극단적인 저체중의 유병률이 감소했다는 것이다. 하지만 불행하게도 비만율이 오르기 시작했고, 그와 관련된 질병의 유병률도 덩달아 증가하고 있다. 2000년에 전 세계적으로 2형 당뇨병 환자의 수는 대략 1억 7100만 명으로 추산되었다. 이 수치는 2030년이면 두 배로 늘어날 것으로 예상된다(Wild et al., 2004; Hossain et al., 2007).

비만과 영양실조

대단히 불행한 역설이 있다. 비만은 부족한 영양과도 관련이 있는데, 같은 나라나 지역 안에서만 공존하는 것이 아니라, 한 개인 안에서도 공존한다. 얼핏 말이 안 되는 소리 같지만, 곰곰이 생각해 보면 말이 된다. 칼로리 섭취가 과잉이라고 해서 다른 모든 영양분도 적절한 양을 섭취하고 있다고 보장할 수는 없기 때문이다. 과거에는 이런 경우가 거의 없었다. 특히 동물 조직이 주식이었던 농업 이전의 시기에는 더더욱 그렇다. 과거의 식단에 포함되어 있던 음식은 아마도 우리가 필요로 하는 영양분을 모두 함유하고 있었을 것이다. 다만 그런 음식을 충분히 구할 수 있느냐가 문제였을 뿐이다. 이런 음식으로 에너지 필요량을 충족시킬 수 있었다면, 자연스럽게 다른 영양분들도 필요한 양만큼 섭취했다는 의미가 된다. 하지만 음식의 종류가 다양해지고, 칼로리 말고 다른 영양분은 부족한 음식들(예를 들면 탄산음료)이 생산되면서부터는 이런 간단한 방정식이 더 이상 성립하지 않게 되었으며, 영양실조의 가능성도 그만큼 높아졌다.

이것은 야생 동물을 붙잡아 먹이를 주며 키울 때 생기는 부작용과 비슷하다. 야생동물의 경우 상품으로 나와 있는 먹이로는 자연에서 섭취했던 식단을 재현하기가 무척 힘들다. 다행히 대부분의 동물종은 영양분이 필요할 뿐이지, 특정 먹이를 필요로 하지는 않는다. 하지만 특정 먹이만을 먹는 동물의 경우에는(예를 들면 유칼립투스 이파리만을 먹는 코알라) 공급하는 먹이에 영양분도 충분해야 할 뿐 아니라 그 종이 먹는 특정 먹이만을 공급해 주어야 한다. 그러나 대부분의 경우 상품으로 나온 먹이로 식단을 구성하면 성공적으로 영양분을 공급해 줄 수 있다. 그래도 영양 과다와 영양 부족은 늘 걱정거리로 남을 수밖에 없다. 4장에서 살펴보았던 캥거루쥐의 경우에는 일부러 칼슘이 적은 식단을 선택했는데, 이는 사막동물인 캥거루쥐가 수분이 많은 음식을 좋아하도록 적응한 사례였기 때문이다. 하지만 그 동물이 좋아하는 음식(양상추)을 매일 제공해 주다 보니 영양이 부족해지는 결과가 초래되고 말았다. 결국, 칼로리가 충분한 식단이라고 해서 영양적으로도 적절한 식단을 의미하는 것은 아니다.

과거에는 동물원에서 육식 동물에게 주로 살코기를 먹였던 사례가 있었다. 이것은 말이 되는 일이었다. 순수한 육식 동물에게 소고기나 닭고기를 주는 것은 당연히 좋은 식단이 아니겠는가? 어떤 경우에는 어린 올빼미에게 그런 식으로 식단을 짜준 적이 있었다. 그 올빼미는 심각한 뼈 질환이 생겼다. 뼈를 빼고 고기만 주었더니 칼슘 부족이 일어난 것이다. 살코기만으로는 영양학적으로 완전하지 않다. 올빼미나 호랑이 같은 육식 동물들은 고기만 먹는 것이 아니라 다른 동물을 통째로 먹는다. 즉 고기만 먹는 것이 아니라 먹잇감의 몸속에 들어 있는 모든 성분을 먹는다. 오늘날에도 올빼미의 식생활을 조사할 때는 그 배설물을 주로 살펴본다. 그 안에는 올빼미가 잡아먹은 소형 동물(주로 설치류)의 뼈가 들어 있기 때문이다. 이런 뼈들은 올빼미의 소화기관을 통과한 후에도 그 형태가 남아 있어 어떤 동물의 뼈인지 알아볼 수 있지만, 그 뼈에 들어 있던 칼슘은 상당량이 소화되어 흡수된 상태다.

우리는 과거에 잘 모르고 포획 동물들에게 저질렀던 잘못을 지금 우리 자신에게 저지르고 있다. 필요 칼로리의 상당 부분을 패스트푸드를 통해 섭취하는 아동과 성인은 칼로리는 지나치게 많이 섭취하는 반면 미량 영양소는 부족하게 섭취하고 있다(Bowman et al., 2004; Bowman & Vinyard, 2004). 아동의 비만과 그들의 영양 상태에 대해 우려할 만한 자료들이 나와 있다. 예를 들면 미국에서는 비만 아동이 철분 결핍일 가능성이 더 크다(Brotanek et al., 2007). 철결핍성 빈혈은 심각한 행동 지연 및 인지 지연behavioral & cognitive delay을 일으킨다. 1999~2002년 미국 보건 영양 조사(NHANES) 조사의 자료를 이용해서 소아과 의사인 제인 M. 브로타넥Jane M. Brotanek 등은 걸음마 아기(만 1~3년)의 8%가 철분 결핍이라는 연구 결과를 발표했다. 철분 결핍의 유병률은 집단에 따라서 5.2~20.3%까지 다양하게 나타났다. 자료에 따르면 어린이집에 다니는 것이 보호 효과가 있으며(철분 결핍이 5.2%에 불과), 과체중/비만 걸음마 아기는 철분 결핍의 위험이 크다(철분 결핍 20.3%). 라틴아메리카계의 걸음마 아기는 백인 아기(6.2%)나 흑인(5.9%)에 비해 철분 결핍 유병률이 더 높았지만(12.1%), 이런 결과가 나온 것은 라틴아메리카계의 걸음마 아기들은 어린이집에 다니는 비율이 낮고 비만율이 높아서 나온 것일 수도 있다(Brotanek et al., 2007). 이 자료는 철분 결핍이 아동과 청소년의 비만과 관련이 있음을 밝힌 기존의 연구들과도 일맥상통한다(Nead et al., 2004). 철분 결핍의 원인과 그것이 아동의 과체중과 연관된 이유는 아직 완전하게 밝혀지지 않았지만, 젖병을 오래 물리다 보면 우유와 주스의 섭취가 늘어날 수 있다(Brotanek et al., 2005, 2007). 이런 유형의 유동식은 과도한 체중 증가로 이어질 수 있으며, 우유, 특히 주스는 보통 철분이 부족하다. 칼로리는 충분한데 철분은 부족해지고, 결국 비만과 빈혈이 공존하는 걸음마 아기가 생겨나는 것이다.

비만과 관련해서 영양학적으로 걱정이 되는 또 하나의 경우는 엽산folate의 영양 상태다. 비만 여성은 보통 혈중 엽산 수치가 정상 체중의 여성보다 낮다(Mojtabai, 2004). 이것은 비만 여성의 아기에서 신경관 결손neural tube defect의 발생 비율이 높은 이유를 부분적으로 설명해 준다(12장 참조). 예를 들면, 캐나다에서는 밀가루에 엽산 성분을 강화하고 난 후에도 산모의 비만은 신경관 결손의 위험 증가로 이어졌다. 오히려 밀가루에 의무적으로 엽산 성분 강화 조치를 하기 이전보다 그 위험이 훨씬 더 두드러지게 되었다(Ray et al., 2005).

비만은 전염성인가

연구에 의하면 친구 관계나 사회적 교제가 체중 증가 경향에 큰 영향을 미친다고 한다(Christakis & Fowler, 2007). 사람들 사이의 사회적 거리social distance가 체중 증가에 중요한 예측 변수였다. 지리적인 거리는 관련이 없었다. 예를 들면 이웃집 사람의 체중 증가는 당사자의 체중 증가에 통계적으로 영향을 미치지 않았다. 하지만 가까운 동성 친구의 체중 증가는 지리적인 거리에 상관없이 당사자의 체중 증가 가능성을 크게 높였다. 이런 연관성은 사회적 파트너와 행동 사이에 있는 직관적 연관성을 초월하는 것으로 보인다. 예를 들면 친구들 사이에서 운동 습관을 공유하거나, 신체 활동에 대한 태도를 공유하는 경우가 분명 있기는 하지만, 반드시 그런 것은 아니다. 이 결과는 사람들이 정상적 외모의 기준을 자신의 친구 네트워크로부터 구한다는 사실과 일맥상통한다. 우리는 매우 친한 친구가 체중이 늘어나면 당사자도 체중 증가에 대해 관용적이 된다는 가설을 내놓았다(Christakis & Fowler, 2007).

체중 증가에 대한 취약성이 감염의 속성을 지녔다는 흥미로운 아이디어들도 제안되었다. 비만과 장내 세균총의 종류 사이에는 관련성이 있다. 일부 장내 공생 세균은 기질을 발효시켜서 자신과 숙주에게 에너지를 공급하는 능력이 더 뛰어나다(Dibaise et al., 2008에서 인용). 비만인 사람은 이런 종류의 미생물이 우세한 장내 세균총을 가지고 있을 가능성이 크다(Ley et al., 2006; Turnbaugh et al., 2006). 더군다나 고지방 식단과 상호작용하는 그람 음성 세균에서 나오는 지질다당류lipopolysaccharide는 비만과 관련된 만성 염증 및 대사증후군metabolic syndrome의 촉발 메커니즘일 수 있다(Dibaise et al., 2008).

우리가 선택하는 음식은 분명히 장내 세균의 구성에 영향을 미친다. 한 흥미로운 가설에서는 그 역도 성립한다고 주장한다. 장내 세균이 우리가 어떤 음식을 좋아할지에 영향을 미친다는 것이다. 세균 활성과 관련된 혈장과 소변의 대사산물을 비교해 보면 초콜릿을 좋아하는 사람과 그렇지 않은 사람이 차이를 보였다. 이것은 장내 세균 대사의 차이가 세균 구성의 차이에서 유래했을 가능성을 암시하고 있다(Rezzi et al., 2008). 이런 차이는 초콜릿을 섭취하지 않았을 경우에도 나타났다.

바이러스도 체중 증가에 영향을 미치며, 비만과 관련되어 있다는 주장도 있었다(Vasilakopoulou & le Roux, 2007). 동물 모델(예를 들면 쥐, 개, 닭)에서 몇몇 바이러스가 비만과 관련되었다. 아데노바이러스adenovirus 36(Ad-36)*은 닭, 쥐, 붉은털원숭이rhesus monkey, 코먼마모셋에서 상당한 지방 증가를 야기했다(Dhurandhar et al., 2000, 2002). 비만인 사람들은 Ad-36 항체에 혈청 반응 양성인 사람의 비율이 비만이 아닌 사람보다 높았다(30% 대 11%)(Atkinson et al., 2005).

현대의 환경은 우리 선조들의 환경과 여러 가지 면에서 상당한 차이를 보인다. 이런 차이로 인해 좋은 점도 생기고 나쁜 점도 생겼다. 우리가 일군 변화로 인해 생활이 무척 편해져서 힘을 쓸 일이 별로 없어졌으며, 칼로리 공급원도 쉽게 만날 수 있게 되었다. 우리가 설계하고 구축한 물리적 사회 구조는 일반적으로 에너지 소비를 줄이는 역할을 하고 있다. 우리는 온도가

---

* 아데노바이러스과에 속하는 바이러스들은 인간을 포함한 여러 척추 동물에게 감염될 수 있다. 아데노바이러스는 어린이가 걸리는 상부 호흡기 질환의 원인 중 5~10%를 차지한다. 이 바이러스가 사람의 아데노이드adenoid에서 조직 배양으로 분리되어 아데노바이러스라고 명명되었다.

너무 덥지도, 춥지도 않도록 주변 온도를 조절한다. 기계 장치(엘리베이터, 자동차)는 우리를 원하는 곳까지 데려다 준다. 그리고 칼로리로 인한 영양실조를 줄이기 위해 값싸고 칼로리 밀도가 풍부한 음식이 개발되기에 이르렀다. 이와 연관된 산업과 시장은 설탕과 지방이 풍부한 음식을 좋아하는 사람들의 선호도에 맞추어 점점 커져 가고 있다. 이런 선호도는 우리 선조들로 하여금 이 구하기 어려운 자연의 고밀도 에너지 음식을 찾아 나서도록 동기를 부여했기 때문에 적응에 유리하게 작용했을 것이다. 하지만 인간의 기술 발전으로 말미암아 과거에는 귀했던 이런 음식들이 지금은 너무나 흔해지고 말았다. 이런 새로운 환경에서 많은 사람이 비만해지는 것은 그리 놀랄 일이 아니다. 오히려 아직도 마른 사람이 남아 있다는 사실이 더 놀랍다.

06

열역학으로 본
몸의 에너지 순환

비만은 그 핵심을 들여다보면 결국 오랫동안 플러스 에너지 균형이 유지되어 생긴 결과다. 살다 보면 소비하는 에너지보다 더 많은 에너지를 섭취하게 된다. 과잉 에너지는 주로 지방의 형태로 몸에 저장된다. 이 지방 조직의 증가는 결국 건강을 약화시키게 되는 일련의 대사 과정에서 핵심적인 부분이다. 섭취하는 에너지보다 소비하는 에너지를 더 많게 하면 간단하게 해결될 문제이기는 하지만, 사실 말이 쉽지 실제로 실천하기는 정말 어렵다.

이 장에서는 생물학 체계와 관련된 에너지의 개념을 알아본다. 에너지란 강력하고 미묘하면서도 때로는 혼란스러운 개념이다. 현대 과학에서 핵심적인 개념이기도 하다. '에너지'라는 용어를 현대적 의미로 처음 사용한 사람은 영국의 토머스 영Thomas Young*이다. 아이작 뉴턴Isaac Newton과 고트프

---

* 1802년 의사이자 물리학자인 토머스 영은 영국 왕립학회의 강연에서 '에너지'라는 용어를 처음 사용했으며 1807년에 이 강연 내용이 출판되었다.

리트 라이프니츠Gottfried Leibniz는 오늘날의 운동에너지kinetic energy를 지칭하는 말로 라틴어인 'vis viva'(활력)를 사용했는데, 토머스 영은 그것을 에너지라는 용어로 대체했다. 열역학 원리를 이해하려면 에너지의 현대적 개념이 필요하다. 열역학 제1법칙은 에너지 보존의 법칙이다. 즉 에너지는 새로 만들어지지도, 파괴되지도 않는다는 법칙을 말한다. 에너지와 열역학 법칙은 유기체에서 일어나는 생화학 과정의 총체인 대사를 이해하는 데 핵심적이다.

에너지란 무엇인가? 에너지는 물리적인 실체가 아니라 한 시스템으로부터 계산해 낼 수 있는 물리적인 양quantity이다. 사실 이 때문에 에너지의 현대적 개념이 받아들여지는 것이 상당히 늦어지고 말았다. 1700년대 말에 현대 화학의 아버지로 일컬어지는 앙투안 라부아지에Antoine Lavoisier는 화학과 대사의 이해에 핵심이 되는 연구 결과를 내놓았다. 그는 화학 반응에서 질량이 보존됨을 증명했다. 화학 반응에서 생성물의 총질량은 반응물의 질량과 같다는 것을 밝힌 것이다. 그는 우리가 지금은 열에너지라 부르는 것이 보존된다는 사실도 증명했다. 그리고 이것으로부터 열소설caloric theory of heat이 등장했다. 열소설에서는 열을 뜨거운 물체에서 차가운 물체로 흐르는 파괴 불가능한 액체라고 제안했다. 열을 물질로 보았던 것이다. 따라서 질량이 보존되는 것과 마찬가지로 열소(熱素, caloric)도 보존된다고 믿었다. 이것은 분명 에너지의 현대적 개념을 향한 첫 발걸음이었지만, 손실 없이 형태를 전환할 수 있는 에너지의 근본적 속성에 대한 설명은 결여되어 있었다.

에너지는 강력한 개념이지만 추상적이고 혼란스러운 것도 사실이다. 어떤 사람에게는 너무나 우아하고 즐거운 내용이 어떤 사람에게는 너무도 지루하고 졸린 이야기가 될 수 있다. 위치에너지, 운동에너지, 일을 할 수 있는 능력, 광자 속의 에너지, 전자 궤도에 들어 있는 에너지, 화학 결합에 들어 있는 에너지, 전자기장에 들어 있는 에너지, 스프링에 저장된 역학에 너지 등은 궁극적으로는 똑같은 양적 특성을 서로 다른 개념으로 부르는 것에 불과하다. 살아 있는 생명체는 위에 열거한 모든 형태의 에너지를 이용하고 있다.

하지만 에너지는 물질이 아니다. 이것은 한 시스템에서 계산해 낼 수 있는 스칼라량scalar*이다. 닫힌 계, 즉 아무것도 들어오거나 나갈 수 없는 계에서는 그 계의 다른 특성들이 아무리 많이 변한다고 해도 그 계의 총에너지만큼은 일정하게 유지된다. 노벨상을 수상한 물리학자 리처드 파인만 Richard Feynman(1964)이 이것을 가장 잘 표현하지 않았나 싶다. "지금까지 알려진 자연의 모든 현상을 지배하는 한 가지 사실, 혹은 법칙이 있다. 이 법칙에 위배되는 현상은 단 하나도 알려진 바가 없다. 지금까지 알고 있는 바로는 정확한 법칙이다. 이것은 바로 에너지 보존의 법칙이다. 이 법칙은 우주에는 우리가 에너지라고 부르는 어떤 양quantity이 있으며, 자연에서 이루어지는 수많은 변화에도 불구하고 이 양만큼은 절대로 변하지 않는다고 말한다. 이것은 추상적이기 이를 데 없는 개념인데, 수학적 원리이기 때문이다. 이 개념에 따르면 어떤 일이 일어나는 동안에도 변하지 않는 수학적인양이 있다. 이것은 어떤 메커니즘이나 구체적인 물질에 대한 기술이 아니다. 이것은 우리가 숫자로 계산해 낼 수 있는 이상한 사실에 불과하다. 자연이 이런저런 장난을 치는 것을 다 보고 난 다음에 그 값을 다시 계산해 보면 똑같은 값이 나온다는 말이다."

헤르만 폰 헬름홀츠Herman von Helmholtz는 에너지 보존의 법칙을 생리학에 적용한 최초의 과학자였다. 그는 생리학이 물리학과 화학의 원리에 입

---

* 방향을 가지고 있지 않고 크기만 갖고 있는 물리량. 일상생활에서 주로 사용하는 단위로, 길이, 질량, 시간, 온도, 밀도 등이 있다.

각해야 한다고 강력하게 주장하였으며, 생명을 무생물의 세계와 분리시키는 생명력vital force의 개념을 부정했다(Helmholtz, 1847). 그는 운동에너지 보존의 법칙은 일work은 무無에서 만들어질 수 없다는 가정에서 나오는 수학적 귀결임을 증명했다. 나아가 그는 에너지가 소실된 것처럼 보이는 상황도 실상은 에너지가 열에너지로 전환되어 여전히 보존되고 있음을 증명해 보였다.

질량 보존의 법칙과 에너지 보존의 법칙은 살아 있는 유기체가 도입한 생화학적 과정, 즉 대사를 이해하는 데 핵심적인 부분이다. 물론 이제 우리는 질량이 에너지의 또 다른 형태임을 알고 있다. 아인슈타인의 유명한 방정식($E = mc^2$)은 물리학의 두 가지 근본적 요소인 질량과 에너지를 하나로 묶어 주었으며, 이것을 다시 세 번째 근본적 요소인 광속과 연관 지었다(Einstein, 1905). 따라서 질량과 에너지는 상호 변환이 가능하며, 예전에는 둘 중 어느 한쪽에만 해당된다고 생각했던 측면들이 사실은 두 가지 모두에 반영되고 있음을 알게 되었다. 예를 들면 빛도 중력에 의해 휘어진다. 예전에는 중력은 질량이 있는 물질 사이에만 나타나는 인력이라 생각했다. 역으로 질량을 광자에너지로 전환할 수도 있다. 그래서 핵무기가 개발된 것이다.

물리학에서는 질량/에너지가 근본적인 단위다. 하지만 생물학에서는 질량과 에너지를 따로 구분해서 생각한다. 물론 이 두 가지가 똑같은 본질적 양의 두 가지 형태에 불과하다는 것을 모르는 바 아니다. 하지만 지금까지 알려진 바로는 살아 있는 생명체가 자신의 대사 과정에서 핵붕괴nuclear decay를 직접 이용하는 경우는 없었다. 생명체의 대사 경로에서는 질량과 에너지가 각각 따로 보존되며, 어느 한쪽에서 다른 쪽으로 전환되는 경우는 없다. 물리학에서 말하는 질량과 생물학에서 말하는 질량의 개념에도 중요한 차이가 있다. 물리학에서는 질량의 양이 중요할 뿐 질량의 구성은 중요하지 않다. 물질 1g을 $9.8 m/s^2$로 가속하는 데 필요한 힘(지표면에서 중력으로

인해 발생하는 가속도)은 그 1g이 납덩어리이든, 깃털이든(물론 진공에서) 상관
없이 똑같다. 다른 말로 하자면, 납덩이 1g이나 깃털 1g이나 질량은 똑같다
는 말이다. 아인슈타인의 방정식에 의하면 양쪽 모두 총에너지도 같다.

생물학에서는 1g 속에 들어 있는 생물학적 에너지의 양은 그 구성에
달려 있다. 깃털 1g은 실제로 생물학적 에너지를 담고 있지만, 납덩어리 1g
은 그렇지 않다. 이 책의 주제에 더 맞는 얘기를 하자면, 지방 조직 1g은 같
은 양의 근육, 피부, 뼈보다 훨씬 많은 생물학적 에너지를 담고 있다.

에너지와 대사

유기체는 자신의 몸을 통해 에너지를 순환시키는 생물학적 시스템이라고
볼 수 있다. 이러한 에너지 순환은 세포나 유기체, 전체 생태계 수준에서 연
구가 가능하다. 하지만 이 책의 목적은 인간의 비만에 대해 알아보는 것이
다. 이 사회에서 음식이 차지하는 경제학과 사회학을 생태계에 비유할 수
는 있겠으나, 생태계 수준에서의 분석은 이 책의 목적과는 특별한 관련성
이 없다. 물론 우리의 과거 생태계를 이해하는 일은 현재의 생물학을 이해
하는 데 중요하다. 하지만 이 장에서는 유기체를 제일 높은 수준으로 잡고,
그 아래로 세포 대사까지 차근차근 내려오며 에너지와 에너지 대사에 대
해 살펴본다.

대사란 본질적으로 생물학적 존재가 자신에게 필요한 분자를 생산하
고 필수적인 생명 기능을 수행하기 위해 에너지를 서로 다른 형태로 순환
시키는 수단을 의미한다. 대사는 먹고 마시고 숨 쉬는 과정에서 우리 몸에
들어온 원재료와 생명의 기능 사이를 이어주는 연결 고리다. 결국 대사란
생명이 가능하도록 기능하는 화학적 과정의 총체를 말한다. 분자는 그 구

성 성분으로 쪼개지며 에너지를 방출하거나(이화 작용-catabolism), 에너지를 이용해 전구체로부터 만들어지기도 한다(동화 작용-anabolism). 자발적 반응은 보통 에너지를 방출하고, 그 외의 반응은 에너지를 필요로 한다. 대사의 핵심적 측면 중 한 가지는 에너지를 방출하는 반응과 에너지를 필요로 하는 반응이 일반적으로 효소를 통해 서로 연결된다는 것이다.

1838년에 스위스 출신의 러시아 화학자 게르마인 헨리 헤스Germain Henri Hess는 화학 반응을 통해 방출되는 열은 시작점과 끝점에만 달려 있을 뿐, 중간 단계를 얼마나 많이 거치는지는 상관이 없음을 보여 주는 조사 결과를 발표했다. 이것이 바로 생명체가 화학에너지를 이용하는 근본적인 방식이다. 가장 간단한 형태로 보면, 대사란 화학 반응에서 일어나는 여러 단계를 서로 연결해서 필요한 분자를 만들거나, 다른 반응을 일으키는 데 필요한 에너지를 생성하는 것이다.

많은 대사 반응은 에너지 저장과 에너지 회복 반응과 관련돼 있다. 그 과정에서 열은 거의 발생되지 않는다. 에너지는 섭취한 음식을 산화하는 과정에서 방출되어 결국 다양한 인산화 분자(예를 들면 아데노신 3인산[ATP])의 인산 결합phosphate bond 속에 담긴다. 인산 결합은 에너지가 대단히 풍부한 결합이다. 음식에 들어 있던 화학에너지는 대사 경로를 통해 순환되어 결국 이런 인산 결합에 화학에너지로 저장된다. 진화는 음식을 생명에 필요한 에너지로 변환할 때 가능하면 에너지 손실이 가장 적은 대사 경로를 만들어 냈다.

하지만 여기서 잠깐! 조금 전에 에너지는 보존이 된다고 하지 않았던가? 에너지는 결코 사라지는 법이 없다고 말이다. 그것은 사실이다. 우주의 총에너지는 보존되며 결코 사라지는 법이 없다. 하지만 에너지는 우주의 어느 특정 부분으로 들어갈 수도 있고 거기서 빠져 나올 수도 있다. 닫힌계closed system는 설사 있다 해도 극히 드물며, 더군다나 생명체는 결코 닫힌계가 될 수 없다. 에너지는 다양한 방식으로 유기체로 들어가기도 하고 빠져나오기도 한다. 이 장에서 다룰 핵심적인 내용은 에너지 섭취와 소비가 어떤 요소로 구성되는지, 그것이 체중 증가와 비만에 어떤 영향을 미치는지, 그리고 과학자들이 그것을 어떻게 측정하고 연구하는지를 검토하는 것이다. 하지만 에너지 섭취와 소비의 다양한 측면에 대해 논의하기 전에 유기체의 에너지 대사에 내재해 있는 또 다른 근본 개념을 먼저 논의할 필요가 있다. 한 분자에 들어 있는 에너지의 양은 가용 에너지, 즉 대사에 사용할 수 있는 에너지의 양과 같지 않다. 열역학 법칙에 의하면 화학 반응에서 방출되는 에너지 중에서 일을 하는 데 사용할 수 있는, 즉 대사적으로 가용한 에너지의 비율에는 한계가 있다.

생명의 열역학

생명은 열역학 법칙의 한계 안에서만 존재할 수 있다. 사실 살아 있는 시스템은 열역학적 특성을 이용해서 존재하고 번식하도록 진화한 생물학적 '기계'라 할 수 있다. 열역학 제1법칙은 닫힌계 안에서는 에너지가 보존된다는 것이다. 열역학 제2법칙은 닫힌계의 총엔트로피는 시간의 흐름을 따라 항상 증가한다는 것이다. 이 법칙의 독특한 점은 물리학적 과정에 시간적 방향성을 부여한다는 점이다.

대체 엔트로피란 무엇인가? 엔트로피도 에너지와 마찬가지로 혼란스럽지만 강력한 법칙이다. 에너지처럼 엔트로피도 물질이 아니다. 이것 또한 시스템에서 측정 가능한 양이다. 하지만 에너지와 달리 엔트로피는 보존되지 않는다. 사실 우주의 총엔트로피는 지속적으로 증가하고 있다. 엔트로피에 대한 기능적 정의는 여러 가지다. 엔트로피의 통계학적 정의는 한 시스템이 취할 수 있는 미시 상태microstate의 수를 말한다. 이것은 사실상 한 시스템의 불확실성에 대한 척도이다. 또 다른 정의는 한 시스템에 대한 우리의 무지ignorance에 대한 척도라는 것이다. 우리는 대사에 대해 알아보고 있으므로 그와 관련해서는 한 시스템이 자발적으로 변화할 수 있는 능력에 대한 척도라고 엔트로피를 정의하는 것이 도움이 될 것이다. 평형 상태에 도달한 시스템은 엔트로피가 최대가 된다. 우리는 평형 상태의 시스템에 대해 보존되는 양(예를 들면 질량과 에너지)과 외부로부터의 수입이나 외부로의 유출이 없는 한 그 시스템은 변하지 않을 것이라는 사실을 제외하고는 시스템의 과거에 대해 아는 것이 거의 없다. 한편 엔트로피가 낮은 시스템은 평형 상태에 도달하지 않았을 가능성이 크며, 우리는 그 시스템에 일어난 자발적 변화의 방향을 예측할 수 있어야 한다. 엔트로피가 낮은 시스템은 정체될 가능성이 낮고 변화할 가능성이 높다. 엔트로피가 높은 시스템은 그 반대다.

흔히들 잘못 이해하고 있는 개념이 하나 있는데, 유기체는 질서가 증가하는 존재이기 때문에 열역학 제2법칙을 위반하고 있다는 것이다. 하지만 사실 생명체는 열역학 제2법칙에 토대를 두고 있으며, 그 법칙을 이용하고 있다. 어떤 생물학적 과정은 자발적으로 일어난다. 이것은 엔트로피를 증가시키는 역할을 한다. 다른 수많은 중요한 생물학적 과정은 시스템의 엔트로피를 감소시킨다. 여기에는 에너지가 들어간다. 유기체의 국소적 엔트로피는 감소할지 모르나, 유기체와 그 주변 환경의 총엔트로피는 언제나 증가하고 있다.

생물학 시스템에서 엔트로피를 활용하는 좋은 사례는 세포 내 이온의 농도, 예를 들면 세포내액의 칼슘 이온 농도가 높은 것을 들 수 있다. 세포 내 농도가 세포 외 농도보다 자연적으로 높은 상태로 남아 있을 확률은 무척 낮다. 이것은 엔트로피가 낮은 상태이기 때문이다. 이러한 농도 경사는 세포막의 칼슘 투과도가 낮기 때문에 유지된다. 만약 세포막의 칼슘 투과도가 높아지면(세포막의 전위 의존성 통로가 열리거나 아니면 다른 메커니즘에 의해) 칼슘 이온은 세포내액에서 세포외액을 향해 자발적으로 흘러나갈 것이다. 이렇게 해서 엔트로피가 증가한다. 이 과정을 역전시켜 다시 엔트로피가 낮은 상태로 돌아가려면 칼슘을 다시 세포 안으로 펌프질하기 위해 에너지가 필요하다. 물론 세포 안쪽이 바깥쪽보다 농도가 낮은 정반대의 상황에서는 이런 과정도 모두 반대로 일어난다. 칼슘은 전위 의존성 통로voltage-gated channel가 열리면 자발적으로 세포 안으로 흘러들어갈 것이고, 칼슘을 다시 세포 바깥으로 펌프질 해내려면 일work이 필요할 것이다. 골격근 수축은 이 양쪽 상황이 모두 일어나는 좋은 예다(표 6.1).

이 두 가지 경우 모두에서 자발적 행동(칼슘 이온이 고농도에서 저농도로 흘러가는 것)은 시스템의(여기서 시스템은 세포 내 공간으로, 그 주변 환경은 세포 외 공간으로 정의된다) 엔트로피를 증가시킨다. 그런 하부 시스템의 엔트로피를 낮추려면(즉 이온 농도 경사를 다시 만들어 내려면) 에너지가 필요하다. 우리의 에너지 대사 중 상당 부분은(이어지는 부분에서 더 자세히 논의한다) 이렇게 다양한 이온을 농도 경사를 거슬러(예를 들면 세포 안이나, 세포 밖으로) 펌프질하는 데 필요한 에너지로 구성되어 있다.

동물에게 중요한 가장 흔한 형태의 에너지는 화학 결합에 들어 있는 에너지, 역학에너지, 다양한 온도와 압력 등의 차이에서 만들어지는 에너지, 특히 전기적 에너지, 열에너지 등이다. 열은 폐기물이라고 표현할 때가 많다. 조직의 재생에 사용할 수 없기 때문이다. 열은 생물학적 시스템으로서는 피할 길이 없는 부산물이다. 이것은 열역학 제2법칙이 그대로 적용되는 부분이다. 열은 유기체의 에너지 손실이다. 하지만 이것은 유용한 부분이기도 하다. 많은 대사 과정은 특정 온도 범위 안에서 가장 효율적으로 이루어진다. 포유류의 생리적 메커니즘에서 허용되는 온도 범위는 환경의 온

표 6.1 골격근의 수축

1. 중추신경계에서 기원한 활동 전위가 알파 운동 뉴런alpha motor neuron에 도달하면 알파 운동 뉴런은 다시 자신의 축삭돌기를 통해 활동 전위를 보낸다.

2. 활동 전위에 의해 축삭돌기의 전위 의존성 칼슘 통로가 열린다. 그러면 농도 경사 때문에 칼슘 이온이 세포외액에서 세포 안으로 흘러들어간다.

3. 칼슘 이온 때문에 신경 전달 물질인 아세틸콜린이 들어 있는 소포가 세포막과 융합하면서 아세틸콜린이 운동 뉴런 말단과 골격근 섬유의 운동종판motor end plate 사이에 있는 시냅스 간극으로 분비된다.

4. 아세틸콜린이 시냅스를 가로질러 확산되어 운동종판 위에 있는 니코틴성 아세틸콜린 수용체와 결합해 그 수용체를 활성화시킨다. 세포외액은 상대적으로 나트륨 농도가 높고, 칼륨 농도는 낮기 때문에 니코틴성 아세틸콜린 수용체가 활성화되어 그 안에 들어 있던 나트륨/칼륨 통로가 열리면 나트륨 이온은 세포 안으로 들어가고, 칼륨 이온은 세포 바깥으로 빠져나온다. 이 통로는 나트륨에 대한 투과성이 더 높기 때문에 결국은 양이온의 세포 내 순 유입이 일어나 근섬유의 세포막은 양전하를 더 많이 띠게 되고, 결국 활동 전위가 촉발된다.

5. 활동 전위는 근섬유의 안쪽 부분을 탈분극depolarization시킨다. 이로 인해 인접 근소포체 sarcoplasmic reticulum에 있는 칼슘 분비 통로(리아노딘 수용체ryanodine receptor) 바로 옆의 전위 의존성 칼슘 통로가 활성화되고, 근소포체는 칼슘을 분비한다.

6. 칼슘이 근원섬유myofibril의 액틴을 함유한 가는 필라멘트 위에 존재하는 트로포닌 C(troponin C)에 결합한다. 트로포닌은 알로스테릭하게 트로포미오신tropomyosin을 조절한다. 평상시에는 가는 필라멘트 위에 있는 미오신myosin의 결합 부위를 트로포미오신이 입체적으로 가로막고 있다. 하지만 일단 칼슘이 트로포닌 C와 결합하여 트로포닌 단백질에 알로스테릭한 변화를 일으키면, 트로포닌 T가 트로포미오신이 움직일 수 있게 해주어 결국 결합 부위가 노출된다.

7. 미오신(미오신은 ADP와 무기인산inorganic phosphate이 뉴클레오티드 결합 포켓에 결합되어 있으며 준비된 상태로 있다)이 가는 필라멘트 위에 새로 드러난 결합 부위에 결합한다(가는 필라멘트와의 결합은 무기인산의 방출과 긴밀하게 짝지어져 있다). 그래서 미오신은 액틴과 강력한 결합 상태 strong binding state로 결합되어 있다. ADP와 무기인산의 방출은 파워 스트로크와 긴밀하게 짝지어져 있다(액틴은 무기인산의 방출 과정에서 보조 인자로 작용해서 방출이 더욱 신속히 이루어지게 한다). 이로써 Z판Z disc이 서로 당겨지고, 근절sarcomere과 I띠I band가 짧아진다.

8. ATP가 미오신에 결합하여 미오신이 액신을 방출하고 약한 결합 상태에 놓일 수 있게 한다. (ATP가 결여된 상태에서는 이 단계가 일어날 수 없기 때문에 사후경직의 특징적인 경직 상태가 일어난다.) 그러면 미오신은 ATP를 가수분해하고 그 에너지를 이용해 이전의 상태로 되돌아온다.

9. 가용한 ATP가 있고 칼슘 이온이 존재한다면 7번과 8번 단계가 계속 반복된다.

10. 칼슘 이온이 능동 수송을 통해 근소포체 안으로 펌프질된다. 그 결과 근원섬유 주변 세포액의 칼슘 농도가 낮아진다. 이것은 결국 칼슘 이온이 트로포닌에서 떨어져 나오게 만든다. 트로포미오트로포닌 복합체는 다시 한 번 액틴 필라멘트 위에 있는 결합 부위를 덮게 되고, 근육 수축이 멈춘다.

도 변화와 비교하면 무척 좁다. 이 범위 안에 있어야만 살아갈 수 있다. 일반적으로 환경의 온도는 포유류의 체온 하방 허용 한계보다 더 낮다. 따라서 동물은 환경에 체온을 뺏기게 되고, 결국 에너지가 소실된다(Blaxter, 1989; Schmidt-Nielsen, 1994). 사실 이것은 적응에 대단히 중요한 부분이다. 동물은 대사와 활동으로 인해 체온이 지나치게 올라갈 위험이 높기 때문이다. 따라서 외부 환경으로의 열 손실은 오히려 필요한 부분이다. 체온을 유지하기 위해 동물은 열의 흐름을 조절해야 한다. 때로는 열 손실을 늘이기도 하고, 때로는 손실된 열을 보충하기 위해 열을 내기도 하면서 말이다.

에너지 제거하기

열은 에너지 소비의 주요 구성 요소다. 앙투안 라부아지에와 피에르 시몽 라플라스Pierre-Simon Laplace는 최초로 열량계를 만들었다. 이 열량계에는 얼음으로 둘러싸인 공간이 있고 그 안에 기니피그를 집어넣었다. 기니피그가 발생시키는 열에 얼음이 녹게 된다. 이렇게 녹아 내린 얼음의 양을 측정함으로써 기니피그가 생산하는 열을 계산할 수 있었다. 기니피그의 실험 결과와 불꽃을 이용한 실험 결과를 비교해서 라부아지에는 동물의 대사가 사실상 느린 연소임을 증명하였다. 이 개념은 스위스의 화학자 막스 클라이버Max Kleiber가 쓴 동물의 대사에 관한 책 《생명의 불The Fire of Life》(1932)에서 설명되었다.

열은 폐기물로 취급되는 경우가 많다. 하지만 추운 환경에서는 열이 유용하게 쓰인다. 반면 더운 환경에서는 오히려 끔찍한 재앙이 될 수도 있다. 대사는 필연적으로 열을 발생한다. 주변 환경으로의 열 손실이 일어나지 않을 경우 동물의 체온은 오르게 된다. 포유류는 대사가 제대로 기능할 수 있는 체온 범위가 꽤 좁다. 따라서 열을 보존하거나 발산하기 위한 다양한 구조적, 생리적, 행동적 전략들이 진화되어 왔다. 예를 들면 해양 포유류의 지방층은 열을 보존하는 역할을 한다. 반대로 혈관 공급이 풍부한 코끼리의 거대한 귀는 열을 빨리 발산하기 위한 장치다.

외부 환경으로의 열전달은 대사에 제한을 가할 수 있다. 크루크 등은 일련의 실험을 통해 주변 온도가 서로 다른 상태에서 수유하는 쥐를 연구했다(Kruk et al., 2003). 표준 실험실 온도(21℃)에서 실험했을 때와 비교해 보니 높은 온도(30℃)에서는 먹이 섭취와 모유 생산량이 모두 감소했다. 총에너지 소비도 감소했다. 어미가 젖을 떼어 준 새끼의 숫자도 적어졌고, 임신한 어미에게서 동시에 태어난 새끼의 총무게도 더 적었다. 온도를 낮추었더니 (8℃) 어미는 먹이 섭취와 모유 생산량을 늘렸고 정상적으로 그 새끼를 키웠다. 이 결과에서 흥미로웠던 부분은 21℃에서 추가적으로 새끼를 더 낳게 하는 등 어미의 에너지 소비를 높이려고 다른 조작을 해 보아도 어미의 먹이 섭취량이나 모유 생산량을 증가시킬 수 없었다는 점이다(Johnson et al., 2001a). 따라서 8℃에서 에너지 소비가 늘어난 것은 단순히 필요에 반응해서 대사를 상향 조절한 것이라고 설명하기 힘들다. 8℃에서 수유한 어미는 필요에 대응하기 위해 대사를 상향 조절했지만, 높은 온도(21℃)에서는 다른 조작에 반응해서 대사를 상향 조절할 수 없었기 때문이다. 크루크 등(2003)이 제시한 가설은 대사가 열 손실 능력에 의해 제약을 받는다는 것이었다. 더운 온도에서는 증상이 관찰되지 않는 수준 너머로 대사를 상향 조절하면 체온의 과도한 상승을 유발하게 될 것이다. 반면 8℃에서는 온도 기울기가 가파른 탓에 체온이 주변 환경으로 빨리 흘러나가기 때문에 어미가 자신의 대사를 증진시켜 추가적으로 요구되는 에너지 필요량에 성공적으로 대응할 수 있었던 것이다.

이것은 중요한 핵심을 말해 준다. 많은 요소가 대사를 제약할 수 있다는 점이다. 이러한 제약은 동물의 내부 혹은 외부에서 생긴다. 또 어떤 것은 내적 요소와 외적 요소 간의 상호작용에서 생겨난다. 동물은 유한하다. 따라서 에너지 대사에는 내부적인 상한치가 분명 있을 것이고, 에너지 소비에도 상한치가 있다. 또한 동물은 그 아래로 내려가면 오래 버틸 수 없는, 생명 유지를 위한 최소 에너지 요구량이 있을 것이다. 그러나 외부 상황은 동물로 하여금 이론적 최소치보다 더 많은 에너지를 사용하게 만들 뿐 아니라, 이론적 최대치보다 훨씬 아래로 대사를 제한하는 경우도 많다. 그런데 인간은 기술의 발전과 사회의 기반 시설 구축을 통해 에너지 소비의 최소치를 결정하던 외부적 제약 중 상당 부분을 제거해 버렸다. 그래서 체온 조절 및 활동에 필요한 에너지 요구량을 크게 낮출 수 있게 되었다.

섭식과 엔트로피

섭식 행위는 엔트로피가 낮은 재료(다른 생명체가 생산한 것)를 체내로 들여오고 그것들로부터 에너지를 끄집어낸 후(그리하여 엔트로피가 증가), 그 에너지를 이용해서 생물학적 재료의 조직화에 필요한 엔트로피 감소 과정을 거친다. 유기체란 스스로 에너지를 순환시켜 국소적으로는 엔트로피를 감소시키면서 전체적으로는 엔트로피를 증가시키는 생화학적 기계라 할 수 있다. 원재료와 에너지가 시스템으로 들어오면, 열역학 법칙이 지배하는 과정을 통해 대사가 그 에너지를 수확한다. 그후에 남는 최종 결과는 유기체 내의 화학적 조직화의 증진, 외부로 배출되는 폐기물, 열이다.

우리의 몸은 음식을 산화시켜 생명에 필요한 에너지를 얻는다. 에너지가 풍부한 복잡 화합물이 산화되면, 에너지가 적은 단순 화합물이 되고, 그 과정에서 배출된 에너지가 다양한 방식으로 사용된다. 음식의 산화를 통해 풀려나온 에너지를 대사에 직접 이용하려면 그 에너지를 다른 분자에 옮겨서 저장해야 한다. 인산염 에스테르phosphate ester는 중요한 에너지 변환 분자energy-transducing molecules다. 이 분자는 물과 반응해서 상당한 양의 에너지를 방출한다. 이런 가수분해는 열역학적으로 선호되는 반응이지만, 이런 물질 중 상당수는 물속에서도 대단히 안정된 상태로 있다. 이런 특성 때문에 이 물질들은 화학적 중개자 역할을 해서, 열역학적으로는 선호되지 않지만 생물학적으로는 중요한 반응을 가동시킬 에너지를 제공할 수 있다.

따라서 에너지는 ATP(아데노신 3인산) 같은 조효소coenzyme에 실려 대사 경로를 통해 순환한다. 이화 작용은 ATP를 생산하고, 동화 작용은 ATP를 에너지 공급원으로 사용한다. 보통 자발적으로 일어나는 이화 작용은 에너지를 방출하여 엔트로피를 증가시킨다. 동화 작용은 엔트로피를 감소시키기 때문에 에너지 입력이 필요하다. 효소는 열역학적으로 선호되지 않는 반응을 열역학적으로 선호되는 반응과 짝지어 줌으로써 반응이 일어날 수 있게 해준다. 대사란 화학적 반응의 거대한 연쇄라 할 수 있다.

이 책을 관통하는 공통된 주제는 고대로부터 이어져 내려온 정보 분자에 관한 것이다. 진화는 이들 분자를 적응시키고 다시 새로운 역할로 끌어들이기도 하면서 다양한 말단기관과 대사 경로에서 다양한 기능을 수행하게 만들었다. 생명 장치를 위한 염기성 정보 분자와 유기체의 에너지 흐름을 조절하는 주요 인산염 에스테르 사이에는 흥미로운 연결 관계가 있다. RNA(ribonucleic acid)는 유전 암호인 DNA(deoxyribonucleic acid)와 생명에 필요한 기능성 분자 사이를 잇는 다리 역할을 한다. 간략하게 설명하자면 DNA에 암호화된 정보가 RNA로 옮겨지면, 이 RNA가 아미노산의 조립을 지휘하여 기능성 펩티드를 형성하는 것이다. RNA를 형성하는 염기 분자(아데닌, 구아닌, 시토신, 우라실)는 5탄당인 리보스와 인산기에 부착되어 있고 서로 연결되어 선형의 중합체를 구성한다. 이것과 똑같은 염기 분자가 리보스와 연결된 후에 3인산염 형태로 인산화된 것이 생명에서 에너지를 조절하고 옮기는 주요 분자인 ATP(adenosine triphosphate), GTP(guanine triphosphate), CPT(cytosine triphosphate), UTP(uracil triphosphate)이다. 대사에 주로 이용되는 것은 ATP이지만, GTP는 단백질 합성, CTP는 지방 합성, UTP는 탄수화물 합성에 각각 관여하고 있다. 따라서 정보 전달계를 형성하는 정보 분자들이 에너지 전달계의 밑바탕도 구성하고 있음을 알 수 있다. 진화는 똑같은 핵심 구성 요소를 이용해서 참으로 다양한 시스템을 만들어 냈다.

에너지 소비

에너지 소비의 기본 요소는 기초대사, 체온 조절, 음식의 열효과thermal effect(기존에는 특이 동적 작용-specific dynamic action이라고 부름), 활동, 생식, 성장, 체성분의 변화(Kleiber, 1932; Brody, 1945; Blaxter, 1989) 등이다. 이 구성 요소들은 어느 정도 값이 다양하고, 또 어느 정도는 조절성 통제 아래 놓여 있다. 이 구성 요소를 모두 합한 값은 총에너지 소비와 같다. 이 요소들 중 어느 하나에 변화가 생기면 총에너지 소비량에도 변화가 생기지만, 다른 요소 중 어느 하나에 변화가 일어남으로써 다시 균형이 맞춰질 수도 있다.

에너지 소비의 다양한 요소들은 세 부류로 나눌 수 있다. 피할 수 없는 필수적인 소비, 필수적이지만 줄일 수 있는 소비, 선택적 소비(그림 6.1). 첫 번째 부류의 대표적인 예는 '기초대사율(BMR)'이다. '활동'은 필수적이지만 줄일 수 있는 소비에 해당한다. '생식'은 진화적으로는 절대적으로 필요한 것이지만, 단기적으로는 선택적 소비에 해당한다고 볼 수 있다. 동물은 생식에 에너지를 투자할지 말지, 한다면 언제 할지 결정하는 생식 전략을 가지고 있다.

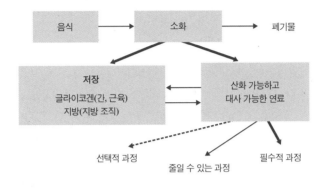

그림 6.1 필수적 소비, 줄일 수 있는 소비, 선택적 소비로 분류한 에너지 소비의 구성 요소.

출처: Wade & Jones, 2004에서 변형.

기초대사율은 생명 유지를 위한 최소한의 에너지 소비를 말한다(McNab & Brown, 2002). 이 값은 줄일 수 있는 에너지 소비는 최소화하고, 선택적 에너지 소비는 전부는 아니라도 대부분 제거한 잘 정의된 환경에서 측정한 에너지 소비량이다. 기초대사율이 다양하게 나오는 것은 몇 가지 생물학적 변수와 관련이 되어 있다. 기초대사율은 변온동물(물고기, 양서류, 파충류)보다 온혈 동물(새, 포유류)이 더 높다. 이 책의 목적에 맞게 여기서는 포유류로 논의의 범위를 한정하도록 하자.

기초대사율의 상당 부분은 기초적인 세포 과정에 사용된다(Schmidt-Nielsen, 1994). 이를테면 세포막을 가로질러 이온과 분자를 이동하는 등의 과정을 말한다. 보통 포획 동물의 경우 기초대사율은 총에너지 소비량의 절반 정도를 차지한다(예를 들면, Power, 1991). 야생 동물의 경우에는 총에너지 소비의 1/3~1/2 정도를 차지한다. 미국 같은 산업 사회에서 현대인들을 위한 1일 칼로리 섭취 권장량은 기초대사율의 겨우 1.5배나 그 미만에 불과하다. 예를 들어 60kg의 여성의 경우 기초대사율은 하루에 1,500칼로리이다. 만약 이 여성이 하루 2,000칼로리의 권장 식사량을 준수해서 체중을 유지한

다면 이 여성의 에너지 소비는 기초대사율의 1.33배 정도가 된다. 그렇다
면 기초대사율이 총에너지 소비량의 3/4을 차지하는 셈이다. 이는 현대적
환경에서 우리의 에너지 소비량이 우리가 진화해 온 역사와 비교해 볼 때
상대적으로 낮다는 것을 말해 주는 또 하나의 지표다.

계통발생, 식단, 기타 적응(사막, 해양처럼 동물이 사는 특정 환경에 대한 적응
등) 등은 기초대사율에 영향을 미칠 수 있으며, 또 실제로 영향을 미치고
있다(McNab & Brown, 2002). 하지만 포유류의 기초대사율을 설명해 줄 수 있는
가장 중요한 변수는 바로 체질량이다(Kleiber, 1932; Brody, 1945; 그림 6.2). 포유 동물
의 거의 전 범위에 걸쳐서(체질량이 대단히 작은 경우에는 상관관계가 변한다), 그
리고 모든 포유류 목目에 걸쳐서 기초대사율은 체질량의 대략 0.75 거듭제

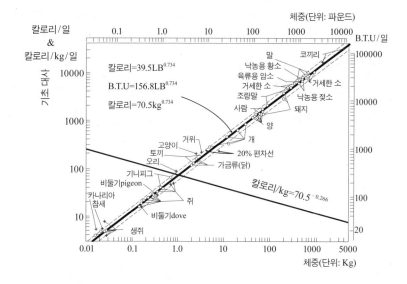

그림 6.2 쥐부터 코끼리까지의 기초대사율 곡선.*

* B.T.U.는 영미 지역에서 사용하는 열량 단위.

곱에 비례한다. 정확한 지수의 값이 무엇인지에 대해서는 논란이 많다(주로 0.72~0.76에서 주장이 오고간다). 그 정확한 값은 이 책에서 그다지 중요한 부분이 아니니 넘어간다. 여기서 중요한 점은 지수의 값이 1보다 상당히 낮다는 점이다. 또 하나 중요한 점은 대략 0.75라고 하는 상대생장계수allometry는 종 간interspecific 기초대사율 상대생장계수라는 것이다. 같은 종 내에서는 지수가 반드시 0.75일 필요가 없고, 사실 그 값보다 낮게 나오는 경우도 많다. 예를 들면, 황금사자타마린golden lion tamarin(소형의 신세계 원숭이)의 종 내 기초대사율 상대생장계수 추정치는 0.439~0.609 정도로 나온다(Thompson et al., 1994). 따라서 사람에게서 요구되는 체중에 따른 최소 에너지 소비량은 클라이버 방정식Kleiber equation에서 예측한 비율보다 훨씬 점진적으로 증가할 가능성이 있다.

인간의 기초대사율은 별로 특별할 것이 없다(그림 6.3). 우리의 큰 뇌, 기술, 사회적 적응, 그리고 인간을 다른 포유류와 구분지어 준다고 생각되는 그 모든 것에도 불구하고, 기초적 수준에서 보면 우리의 에너지 대사는 우리와 크기가 비슷한 다른 영장류와 별 다를 것이 없으며, 크기가 비슷한 다른 포유류와도 차이를 느끼기 힘들다. 영장류의 활동기 기초대사율의 회귀직선을 보면 원래의 클라이버 곡선과 거의 차이가 없다(Kleiber, 1932). 물론 영장류 대사율 자료를 꼼꼼하게 검토해 보면 하루 중 언제 측정이 이루어졌는지가 중요한 영향을 미치고 있음을 알 수 있다. 활동기 동안(즉 습관적으로 깨어 있는 동안)의 체중에 따른 영장류의 대사율 패턴을 보면 잠을 잘 때 나타나는 상대 생장 패턴과 다르게 나타난다. 일반적으로 비활동기(자고 있을 때)에 측정한 값은 회귀직선 아래 있고, 활동기에 측정한 값은 회귀직선 상에 있거나, 그 위에 있다. 동물의 크기가 작을수록 이런 차이는 더욱 두드러진다.

인간은 다른 영장류와 마찬가지로 삶의 상당 부분을 잠으로 보낸다.

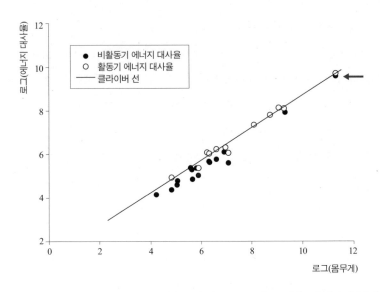

그림 6.3 영장류에서 기초대사율(산소 소비량으로 측정. ml O$_2$/hr)의 로그값과 그램 단위 체질량의 로그값을 비교해 나타낸 그래프. 속이 빈 동그라미는 활동기 측정값을 나타내고, 속이 찬 동그라미는 비활동기 측정값을 나타낸다. 사람의 기초대사율은 화살표로 가리켰다. 도표의 선은 클라이버 방정식(1932)인 3.48 × 체질량$^{.75}$에서 나온 것이다.

사람의 경우 자는 동안의 대사율은 기초대사율을 위해 정의된 조건하에서 측정했을 때보다 10% 정도 낮다.

　동물들이 습관적으로 비활동성일 때(잘 때) 측정한 대사율이 습관적으로 깨어 있는 활동기 동안 측정한 대사율보다 상당히 낮을 수 있음이 여러 동물에서 밝혀진 바 있다(Aschof & Pohl, 1970). 소형 영장류의 경우는 분명 여기에 해당한다(Thompson et al., 1994; Power et al., 2003). 가장 작은 원숭이 종류인 비단털원숭이 아과subfamily Callitricinae의 신세계 영장류들은 자는 동안 체온을 몇 도 정도 낮추고, 대사율도 25∼40% 정도 낮춘다(Power et al., 2003). 이런 결과는 영장류에만 국한되지 않는다. 체중이 1kg 미만인 설치류도 보통 자는 동안에는 대사율을 평균 25% 정도 낮춘다(Kenagy & Vleck, 1982). 이 경우 수면은 일반적으로 밝은 대낮에 이루어진다.

대사율은 영양 상태, 주변 온도, 활동, 하루 중 특정 시각 등 많은 요인에 의해 좌우된다. 대사율은 조절된다. 고정된 값이 아니다. 동물들은 자신의 에너지 소비를 상당한 정도까지 조절한다. 기초대사율의 개념은 최소 에너지 소비량을 측정하는 데 쓸모가 있다. 특히 자신의 삶 중 상당 부분을 잠으로 보내는 인간 같은 동물인 경우에는 수면에 따르는 대가 내지 비용을 측정하는 데 유용하다. 총대사에는 상한치가 있다. 이 상한치는 보통 기초대사율의 5~7배 정도다. 따라서 기초대사율은 생존에 필요한 최소 에너지 소비량을 추정할 수 있게 해줄 뿐 아니라 정상 대사율(기초대사율의 2~3배) 및 최대 대사율(기초대사율의 5~7배)에 대해서도 열 손실의 외부적 제약에 따르는 대략적인 값을 추정할 수 있게 해준다.

총에너지 소비량

총에너지 소비량은 에너지 사용의 모든 요소들을 합친 값이다. 보통 체험적 모델에서는 에너지 소비 요소들을 막대 그래프로 차례차례 쌓아올린 형태를 사용한다. 이런 모델도 유용하기는 하지만 약간 오해의 소지가 있다. 에너지는 어느 정도 대체 가능하며, 한 에너지 소비 요소에 변화가 생기면 총에너지 소비량은 변할 수도, 변하지 않을 수도 있다. 다른 요소가 조정되어 그만큼을 보상하는 경우가 있기 때문이다.

동물은 자신의 에너지 소비를 조절한다. 체온 조절이나 번식에 에너지 소비가 많아지면 신체 활동 감소로 대응하기도 한다. 예를 들어 수유하는 생쥐는 신체 활동을 줄인다(Speakman et al., 2001). 따라서 수유에 따르는 에너지 비용 중 일부가 행동 변화로 만회된다. 이것은 적합성에 안 좋은 결과를 낳을 수 있다. 신체적으로 활동을 줄이면 그만큼 기회비용이 발생하기 때문이다. 활발하게 움직임으로써 생기는 이점을 포기하는 것이다. 하지만 수유에 따르는 에너지 비용이 그냥 다른 비용 위에 그대로 보태져서 총에너지 소비를 증가시키지는 않는다. 신체 활동 감소로 인해 절약된 비용이 수유에 따른 비용 중 일부를 사실상 흡수하는 셈이기 때문이다.

또 다른 사례에서는 생쥐에게 50일 동안 정상적인 먹이 섭취량의 80%만을 먹여 보았다. 그리고서 같은 기간 동안 제한 없이 먹게 놔둔 생쥐와 비교해 보니 먹이를 제한했던 생쥐는 체중이 감소되었다. 하지만 먹이를 제한한 생쥐와 대조군 생쥐 간의 체내 에너지 총함량의 차이는 두 그룹 간 에너지 섭취량 차이의 2.2%에 불과했다. 먹이를 제한한 생쥐는 안정시 대사율resting metabolic rate을 낮추고(22.3%), 특히 신체 활동을 감소시킴으로써(75.5%) 감소된 에너지 섭취량 거의 대부분을 보상할 수 있었던 것이다 (Hambly & Speakman, 2005).

생쥐의 수유 사례에서 활동의 감소는 선택이 아니라 어쩔 수 없이 그래야만 했을 수도 있다. 수유가 정점에 도달했을 때 어미 생쥐는 기초대사율의 7배에 해당하는 에너지를 소비하고 있었기 때문이다(Johnson et al., 2001a, b). 이들은 적어도 그들 주변의 온도 범위 아래서 가능한 대사의 절대 한계치에 접근한 상태였다. 하지만 주변 온도가 낮은 상태에서 수유한 생쥐는 대사를 이 한계 너머로 끌어올릴 수 있었다. 활동 감소는 대사 소비가 많아지면서 내부에서 생성되는 막대한 열 때문에 생기는 체온 상승을 제한하기 위한 것일 수 있다. 활동 감소는 근육에 의해 생성되는 열을 줄이는 역할을 했을 것이다.

에너지 소비는 분명 상방 한계치와 하방 한계치 사이로 제한되어야 한다. 에너지 소비는 분명 생명 유지를 위한 최소량이 있으며, 내부적, 외부적 제약의 조합으로 인해 가해지는 최대 한계치 또한 있을 것이다. 하지만 이

양극단 사이에서는 상당한 유연성을 발휘할 수 있는 것으로 보인다. 동물은 증가한 에너지 소비나, 감소된 에너지 섭취를 보상할 수 있는 다양한 전략을 갖고 있다.

다시 돌아보는 비싼 조직 가설

우리는 2장에서 인간의 뇌 진화와 이에 따른 비싼 조직 가설에 대해 알아보았다. 기본적으로 뇌는 대사적으로 대단히 활성이 높은 조직이다. 인간의 뇌는 다른 동물의 뇌에 비해 비율적으로 더 많은 에너지를 소비한다. 이는 간단히 말해 우리의 뇌가 나머지 몸과 비교해서 상대적으로 크기 때문이다. 일부 연구자들은 초기 사람속은 뇌가 커졌기 때문에 추가적인 에너지 소비 구성 요소를 부담해야 하는 처지가 되었다는 가설을 세웠다(예를 들면, Leonard et al., 2003). 이들은 커진 뇌 때문에 초기 사람속의 기초대사율이 클라이버 선 위쪽에 있었을 것이라고 예상했다(그림 6.3 참조). 그들이 내놓은 가설은 다음과 같다. 처음에는 좀더 많은 육류를 식단에 포함시키는 먹이 찾기 전략의 변화 덕분에, 그다음에는 요리와 다른 음식 처리 과정 덕분에 사람속이 먹는 식단의 영양가가 개선되었으며, 그에 따라 소화기관이 작아졌다. 이렇게 해서 결국 한 구성 요소(소화기관)에 소요되는 에너지 비용을 아껴 그것을 다른 구성 요소(뇌)의 에너지 비용을 늘이는 데 사용할 수 있었다는 것이다.

이 흥미로운 가설은 에너지 소비의 부가 이론additive theory에 크게 의존한다. 이 가설은 에너지 개념에 있어서 본질적으로 구조적이며 해부학적인 특성을 띤다. 그러나 이 가설은 대사와 에너지 소비를 조절할 수 있다는 관점을 반영하지 않고 있다. 예를 들면, 이 가설은 뇌 크기의 증가가 대사율을 증가시킬 뿐만 아니라(근거가 있기는 하지만 확실하지는 않다), 이 대사율 증가는 자동적으로 총에너지 소비의 증가로 이어진다고 가정한다. 하지만 에너지 소비의 구성 요소들은 고정되어 있지 않다(기초대사율은 제외). 커진 뇌로 인한 대사 비용의 증가가 활동, 체온 조절 등 에너지 소비의 다른 구성 요소들에 영향을 미칠지, 미치면 어떻게 미칠지를 선험적으로 예측할 수 있는 방법은 없다. 커진 뇌로 인한 대사 비용 때문에 실제로 총에너지 소비가 늘어났을 수 있다. 하지만 커진 뇌 덕분에 체온 조절에서 에너지를 아낄 수 있었거나, 아니면 에너지 예산의 다른 구성 요소에서 에너지를 절약할 수도 있었다.

예를 들면, 서로 다른 장소의 짧은꼬리들쥐short-tailed field vole들을 대상으로 산소 소비량으로 측정한 안정시 대사율과 이중표식수doubly labeled water* 를 이용해 추정한 하루 에너지 소비량을 비교한 결과, 이 둘은 양positive의 상관관계를 보였다. 이는 체질량과 에너지 소비량 측정치들 사이의 양의 연관성을 고려한다 해도 마찬가지였다. 하지만 이 연관성은 장소를 가로질러 검토했을 때만 의미가 있었다. 한 장소 안에서는 개체의 대사율과 하루 에너지 소비량 사이에 연관성이 나타나지 않았다. 다른 말로 표현하면, 평균적으로 대사율이 높은 장소에서는 들쥐들의 하루 에너지 소비량도 평균적으로 더 많았지만, 같은 장소 안에서는 대사율이 평균 이상인 쥐들이 반드시 하루 에너지 소비량도 더 높게 나온 것은 아니었다(Speakman et al., 2003). 장소들 사이의 차이점으로 인한 외부적 영향력이 개체 사이의 차이로 인한 내부적 영향력보다 에너지 대사와 소비에 더욱 크게 작용한 것이다.

그렇다고 비싼 조직 가설에 장점이 없다는 뜻은 아니다. 하지만 생물학

---

* 신진대사를 측정할 수 있는 동위원소가 들어간 수분을 말한다.

에서 흔히 그렇듯이, 현실은 우리가 믿는 명쾌한 이론보다 훨씬 더 복잡하게 얽혀 있는 것이 분명하다. 사실 우리는 커진 뇌가 초기 선조의 평균 에너지 소비량에 어떻게 영향을 미쳤는지 알지 못한다. 다만 그로 인한 에너지 관련 도전이 무엇이었든 간에 우리 선조들이 거기에 잘 대응해 냈다는 것만큼은 알고 있다. 그것이 다른 에너지 소비 구성 요소의 소비를 줄여서 가능했는지, 아니면 커진 뇌 덕분에 가능해진 먹이 찾기 전략의 개선으로 칼로리 섭취를 늘여서 가능했는지는 알 수 없지만 말이다.

이 비싼 조직 가설이 오늘날 우리의 음식 선호도와 그에 따르는 비만 취약성에도 암시하는 바가 있을까? 이 가설의 일반적 요지는 소화가 쉬운 고밀도 에너지 음식을 획득하려는 동기가 뇌가 커지는 데 따르는 비용을 뒷받침할 수 있게 해준 중요한 측면이었다는 것이다. 그리고 이것은 분명 우리가 알고 있는 진화적 역사와도 잘 맞아떨어지는 것 같다. 우리가 새로운 먹이 찾기 전략을 개선하고 점차 더 효율적이고 치명적인 포식자가 되어가는 동안 뇌는 계속 커졌으며, 이것은 수십만 년 전까지 지속되었다. 아마도 우리는 야생 곡물, 꿀 등의 다른 음식들도 더 효율적으로 이용할 수 있게 되었을 것이다. 비싼 조직 가설은 우리가 고밀도 에너지 음식을 선호할 수밖에 없는 또 하나의 진화적 이유를 보태고 있다. 우리의 소화기관은 그런 음식에 잘 적응되어 있으며, 우리 뇌가 그런 소화기관을 필요로 했던 것일 수도 있다.

에너지 섭취

소비된 에너지는 결국 에너지 섭취로 보충해 주어야 한다. 먹지 않고는 살 수 없다. 모든 유기 영양분에는 대사를 통해 뽑아낼 수 있는 에너지가 함유되어 있다. 음식의 칼로리값을 결정할 때 일반적으로 계산에 포함시키는 중요한 음식 구성분은 지방, 탄수화물, 단백질이다. 물론 다른 음식 구성분도 대사 가능 에너지를 담고 있다. 예를 들자면, 우리는 보통 에너지 요구를 충족시키려고 알코올을 마시지는 않지만, 알코올을 먹으면 그 속에는 분명 우리가 사용할 수 있는 에너지가 들어 있다. 알코올을 최종 배설물로 대사하는 과정에서 ATP 분자가 생산되기 때문이다. 하지만 우리가 얻는 칼로리 대부분은 지방, 탄수화물, 단백질에서 나오며, 에너지 대사도 이 세 가지 기질을 이용하도록 준비되어 있다.

음식에 들어 있는 에너지의 양을 표현하는 서로 다른 방법들이 있는데, 이들이 가지고 있는 생물학적, 대사적 의미 또한 다르다. 가장 간단한 측정 방법은 총에너지(GE: gross energy)다. 이것은 음식 속에 들어 있는 연소 가능 에너지를 의미한다. 다른 말로 하면, 총에너지란 그 음식을 연소시켜 완전히 산화시켰을 때 방출되는 열에너지의 총량이다. 이것은 생명체가 음식에서 얻을 수 있는 생물학적 에너지의 최대 한계를 나타낸다. 하지만 음식 속에 든 모든 성분을 연소시켜 에너지로 사용할 수는 없다. 특히 단백질 같은 것은 완전히 산화되지 않는다. 그래서 소변 속에 가용 에너지가 여전히 남아 있는 것이다.

소화 가능 에너지(DE: digestible energy)는 음식의 총에너지에서 대변을 통해 소실되는 에너지를 뺀 값이다. 음식의 소화 가능 에너지는 음식 자체만이 아니라 그 음식을 소화하는 동물에게도 달려 있다. 예를 들어 건초의 소화 가능 에너지는 말이나 사람에게서 아주 다르게 나타날 것이다. 소변을 통해 손실되는 에너지도 있는데, 이것은 대부분 불완전하게 산화된 단백질이고 총에너지 중 겨우 몇 퍼센트에 불과하다(Blaxter, 1989). 대변과 소변을 통해 손실되는 에너지를 제하고 난 나머지 순 유입 에너지양을 대사 가능 에너지(ME: metabolizable energy)라고 한다. 칼로리표에 나열된 음식의 칼로리

값이 바로 이것이다.

우리가 주로 사용하는 대사 에너지 기질은 단순 탄수화물(주로 포도당)과 지방산fatty acid이다. 단백질(아미노산)은 기아 상태에 빠져 있을 때가 아니고는 주요 에너지 공급원이 아니다. 다만 기아 상태에 빠졌을 때는 우리 몸속 조직을 이화 작용으로 분해해서 에너지원으로 사용한다. 지방, 단백질, 탄수화물의 일반적인 추청 대사 가능 에너지는 각각 9kcal/g, 4kcal/g, 4kcal/g이다(Maynard et al., 1979; Blaxter, 1989). 이것은 근사치다. 구체적으로 어떤 지방, 단백질, 탄수화물이 산화되는가에 따라 대사 가능 에너지 값도 달라진다.

대사 가능 에너지는 언제나 가장 정확하고 적절한 에너지 섭취 측정 방법일까? 꼭 그렇지는 않다. 이것은 조직 축적이 일어나느냐에 따라 달라진다. 예를 들면 모유를 먹으며 성장하는 포유류 새끼는 모유 단백질(그리고 종종 모유 지방도)의 상당 부분을 대사하지 않고 조직에 직접 축적한다. 그렇다면 그 물질의 에너지 값은 총에너지이지, 대사 가능 에너지가 아니다. 신생아를 대상으로 균형 실험balance trial(섭취와 배설을 측정)이나 조직 축적량을 측정할 수 있는 다른 방법을 이용할 수 있다면 모유의 실제 대사 가능 에너지 값을 확실하게 계산할 수 있을 것이다.

에너지 균형

비만의 원인은 정말 간단해 보이기 쉽다. 비만은 에너지 소비를 충족하는 데 필요한 양보다 음식 섭취가 지속적으로 많이 이루어져서 생기는 것이기 때문이다. 영양학자들은 이런 개념을 플러스 에너지 균형 상태에 있다고 표현한다(Maynard et al., 1979; Blaxter, 1989). 에너지 균형의 개념이 뜻하는 바는 직관적으로 이해하기 쉽다. 마이너스 에너지 균형은 체중 감소를 낳고, 플러스 에너지 균형은 체중 증가를 낳게 된다는 것이다. 만약 체중이 빠지지도, 늘지도 않는다면 에너지 균형은 제로에 있을 가능성이 크지만, 반드시 그런 것은 아니다. 하지만 에너지 균형이라는 개념이 보기에는 간단해 보여도 자세하게 파고들면 그리 간단하지가 않다. 에너지 균형은 체중 변화보다는 체내 총에너지의 변화와 직접 관련되어 있다. 체내 총에너지양은 체중의 전체 질량에만 달린 것이 아니라, 그 질량의 조성에도 달려 있다.

물론 비만도 단순히 체중 증가를 의미하는 것은 아니다. 비만은 '지방'의 과도한 축적을 의미하는 것이다. 일반적으로 우리는 플러스 에너지 균형이면 체중 증가로 이어진다고 말하지만, 영양학자나 생리학자의 관점에서는 체중 증가보다는 체내 총에너지양의 증가라고 표현할 것이다. 이와 달리 임상과 의학 분야에서 보는 비만에 대한 핵심은 지방 조직에 저장되는 지방의 증가다. 인류의 평균 체중 증가에 대해 의학적으로 우려가 되는 것은 근육이 많아져서도 아니며, 체내 수분이 많아져서도 아니며, 골밀도가 치밀해져서도 아니다. 사실 이러한 것들이 모두 체중을 증가시킨다. 의학에서 우려하는 체중 증가는 이런 체중 증가가 아니라 지방의 축적을 통해 일어나는 체중 증가다. 지방은 에너지와 밀접하게 관련된다. 지방은 체내에 에너지를 가장 효율적으로 저장할 수 있는 수단이다. 따라서 에너지 균형과 지방/지방 조직은 서로 연결되어 있다. 플러스 에너지 균형은 에너지 저장량의 증가로 이어진다. 보통 이것은 지방 조직의 증가로 해석할 수 있다.

균형 실험

영양 균형nutrient balance이라는 개념은 영양에서 대단히 중요한 도구다. 문서로 남아 있는 최초의 대사 균형 실험metabolic balance trial은 산토리오 상크토리우스Santorio Sanctorius(1561~1636)에 의해 이루어졌다. 그는 갈릴레오도 소속되어 있던 이탈리아 학자 모임의 일원이었다. 산토리오 상크토리우스는 이탈리아 파두아에서 의사이자 교수로 활동했으며, 온도계와 맥박 측정 장치를 개발했다. 이 기구들을 그가 독립적으로 발명한 것인지, 아니면 갈릴레오나 다른 사람들과 협동해서 발명한 것인지에 대해서는 논란이 있다. 다만 '온도 측정기'에 수치 척도를 최초로 적용한 사람이 그였다고 알려져 있다. 사실 그의 천재성이 가장 잘 드러나는 부분은 그가 자연 현상을 수치로 표현하기 위해 노력했다는 점일 것이다. 즉 아리스토텔레스가 말했던 '본질essence' 대신 '측정measurement'을 통해 세상을 기술하려 했던 것이다. 산토리오는 사물의 특성 중 근본적인 것은 수학적 특성, 즉 측정 가능한 특성이라고 주장했다. 또한 자연을 탐구함에 있어서 고려해야 할 가장 중요한 증거는 감각에 의한 증거이며, 이성에 의한 증거는 그다음이며, 권위는 마지막이라고 주장했다.

산토리오를 대사 균형 실험의 아버지라고 생각하는 사람이 많다. 그는 30년에 걸쳐 자신의 몸무게를 비롯해 자신이 먹고 마시는 모든 것과 모든 배설물의 무게를 측정했다. 그는 자신의 배설물 무게가 섭취한 무게보다 훨씬 작다는 사실을 설명하기 위해 불감증설theory of insensible perspiration*을 제안했다. 그의 이론은 별다른 장점이 없지만(비록 당시의 지식적 기반을 고려하면 이

---

* 호흡과 피부 발한으로 증발되어 느끼지 못하는 수분 손실이 있다는 것이다.

해할 수 있는 부분이지만), 실증적 방법론만으로도 정당한 평가를 받을 자격이 있다. 섭취하는 것과 배설되는 것을 실증적으로 엄격하게 측정해서 우리 몸이 내부적으로 어떻게 작동하는지 이해한다는 생각은 영양과 대사 연구에서 아직도 중요한 교리로 자리 잡고 있다.

영양분은 모두 균형식balance equation을 통해 검토할 수 있다. 예를 들어보자. 칼슘 균형은 뼈 건강에 매우 중요하다. 만약 누군가가 칼슘 균형이 계속 마이너스 상태로 유지된다면 뼈에 들어 있는 미네랄 성분을 잃게 되고, 결국 손실이 비가역적으로 진행되면 뼈의 강도에 영구적인 문제가 생긴다. 그 결과 골절에 취약해질 것이다(Power et al., 1999).

영양 균형의 개념은 영양분의 분류에 따라 약간 달라진다. 칼슘은 미네랄 성분이며, 미네랄 균형은 섭취량에서 배설량을 뺀 것으로 나타낸다. 음식, 액체, 보조제 등에서 섭취된 칼슘은 플러스 유입이다. 대변, 소변, 다른 체액을 통해 배설되는 칼슘은 마이너스 유입이다. 그 차이가 칼슘 균형이다.

화학 원소의 균형식은 모두 이렇게 나타낼 수 있다. 하지만 대부분의 영양분은 화학 원소가 아니라 좀더 복잡한 생물학적 존재들이다. 상당수의 영양분은 배설되는 양만 중요한 것이 아니라 대사되는 양도 중요하다. 일부 사례에서는 두 가지 방법을 상호 보완적인 방식으로 사용할 수도 있다. 섭취량에서 배설량을 뺀 질소 균형은 단백질 균형(섭취량 − 배설량 − 대사량)의 근사치로도 사용할 수 있다.

에너지는 영양의 측면에서 보면 아주 극단적인 경우라 할 수 있다. 에너지는 칼슘 원자와 같은 물질이 아니다. 하지만 그렇다고 그보다 실질적이지 않은 것도 아니다. 측정이 가능하기 때문이다. 대사 경로를 통해 이동하는 에너지를 추적하는 것이 가능하다. 에너지는 유기체를 통해 순환한다. 에너지는 결코 파괴되는 법이 없지만, 결국 열이라는 형태로 시스템에서 벗어나게 된다.

　대사는 역동적인 과정이고, 그 결과는 균형 실험으로 측정할 수 있다. 하지만 영양 균형이라는 단순한 아이디어는 비현실적인 것이 사실이다. 이 개념은 마치 영양분을 어느 한곳에서 가져다가 다른 곳에 집어넣는 모습을 떠올리게 한다. 마치 은행 계좌끼리 돈을 송금하듯이 말이다. 하지만 생물학적 과정이 정적인 경우는 극히 드물다. 대부분의 영양분은 유기체가 자신을 출금하듯 뽑아서 어떤 생명 과정에 지출해 줄 때까지 가만히 창고 안에 머무르며 기다려 주지 않는다. 대사는 지극히 역동적이다. 대사는 끊임없이 작동하는 여러 대사 경로로 구성되어 있으며, 영양분, 호르몬, 그 외 분자들을 그 형태와 장소를 바꾸며 몸의 이곳저곳으로 꾸준히 실어 나르고 있다.

　예를 들어 보자. 뼈는 여러 기능을 하지만, 특히 미네랄을 저장하는 거대한 창고 역할을 한다. 그중에서도 칼슘이나 인이 대표적이다. 뼈는 다른 살아 있는 조직과 마찬가지로 정적이지 않다. 뼈는 끊임없이 재형성되고 있다. 뼈의 재형성은 뼈에 생긴 미세 손상을 치유하는 역할을 하며, 뼈가 역학적 스트레스에 반응하고 적응할 수 있게 해준다. 뼈의 재형성은 세포외액의 칼슘 농도 항상성을 유지하는 데도 기여한다(Power et al., 1999).

　뼈의 표면에는 언제나 파골세포osteoclast*가 뼈를 흡수해서 만들어 낸 구멍이 있다. 칼슘이 세포외액으로 빠져나간 이 실종된 뼈 부분을 재형성 공간remodeling space이라고 부른다(Heaney, 1994). 조골세포는 이 흡수된 구멍을 수리한다. 일반적으로 파골세포와 조골세포의 활성은 평형을 이루고 있다. 만약 뼈의 재형성 속도가 빨라지면 재형성 공간이 증가하면서 뼈의 미네랄

＊　뼈가 자라도록 하기 위해 석회화한 연골과 뼈 조직을 녹이는 세포이다.

총함량이 감소한다. 뼈 재형성 속도가 느려지면 그 반대 현상이 일어난다. 미네랄(대부분 칼슘과 인)은 뼈 안으로 유입되거나 유출되는 이동이 일어날 것이다. 뼈 재형성의 속도는 호르몬과 칼슘 섭취에 의해 조절된다(Power et al., 1999).

그와 유사하게 에너지는 체내에서 다양한 형태 사이를 오가며 끊임 없이 변형되고 있다. 대사에서 즉각적으로 사용할 수 있는 에너지는 인산화 분자의 형태로 존재한다(ATP, GTP, CTP, UTP). 포도당과 지방산같이 산화 가능한 연료물질들이 한 단계만 거치면 이런 인산화 분자가 만들어진다. 마지막으로 에너지를 저장하는 형태가 있다. 그 주요 형태는 글리코겐 glycogen과 지방이다.

에너지 저장

동물에게는 에너지만 필요한 것이 아니라 산화 가능한 연료도 필요하다. 동물은 마이너스 에너지 균형 상태에 빠지면 다양한 저장 창고에서 대사 가능한 기질을 동원해 사용하며, 이동은 마이너스가 된다. 반대로 플러스 에너지 균형 상태에 있으면 이동은 저장 창고에 플러스 방향으로 일어난다. 주요 연료는 포도당과 다른 단당류, 그리고 지방산이다. 생물학에서는 에너지 기질이 중요하다. 서로 다른 대사 연료는 장점과 단점이 서로 다르며, 대사 연료의 가용성을 조절하는 일은 에너지 조절 자체만큼이나 중요하다.

에너지는 몸속에 다양한 방법으로 저장된다. 즉각적인 접근이 가능한 주요 에너지 저장 방식은 주로 간과 근육에 저장되는 포도당 저장 형태인 글리코겐과, 지방 조직에 저장되는 지방이다. 단백질은 최후의 에너지 저장소다. 에너지 소비가 극단적으로 이루어지거나, 오랫동안 기아 상태에 빠지면 근육과 기관에 들어 있던 단백질이 대사된다. 이것은 단기적으로는 성공적인 적응 방식이지만, 오랫동안 지속되면 생명을 위협할 수도 있다. 대사적으로 선호되는 저장 에너지의 공급원은 간과 근육 조직에 들어 있는 글리코겐, 지방 조직에서 주로 분비되는 지방산이다. 그보다는 적지만 근육에서도 약간의 지방산이 방출된다.

지방은 에너지 저장 매체로서 상당한 장점이 있다. 건조 중량으로 따졌을 때 지방은 탄수화물이나 단백질보다 그램당 대사 에너지 저장량이 거의 두 배다. 더군다나 지방은 체내에 저장될 때 그 안에 수분을 거의 포함하지 않는다. 반면 글리코겐 1g이 저장될 때는 수분이 3~5g 정도가 함께 저장된다(Schmidt-Nielsen, 1994). 따라서 단위 중량당 에너지 값이라는 측면에서 보면 지방은 글리코겐보다 저장 효율이 10배 정도 뛰어나다(표 6.2). 1kcal에 해당하는 글리코겐의 무게는 약 1g이다. 반면 1kcal에 해당하는 지방의 무게는 0.11g이다(Schmidt-Nielsen, 1994). 에너지 효율이나 운동에 따르는 비용 등의 측면을 고려하면 이것은 분명한 이점을 안고 있다. 예를 들어 철새를 생각해 보자. 철새의 체중 중 40~50% 정도는 지방의 무게인 것으로 밝혀졌다(Schmidt-Nielsen, 1994). 하늘을 날아야 하는 새의 입장에서 보면 무게-효율

표 6.2 탄수화물, 단백질, 지방의 대략적인 대사 가능 에너지 값

	건조 중량 1g당 kcal	습중량 1g당 kcal	O^2 1리터당 kcal
탄수화물	4.2	1.0*	5.0
단백질	4.3	1.2*	4.5
지방	9.4	9.1	4.7

* 정확한 값은 탄수화물이나 단백질과 결합된 수분의 양에 의해 결정된다.

면에서 지방처럼 뛰어난 에너지 저장 방법은 없다. 만약 같은 양의 에너지를 글리코겐으로 저장해야 했다면, 아마 새들은 땅에서 발을 떼기도 어려웠을 것이다.

사람의 경우에는 과도한 체중으로 인한 문제점이 하늘을 나는 새처럼 극단적인 형태로 나타나지는 않겠지만, 이동이라는 측면에서 보면 마찬가지로 상당한 대가를 치르게 된다. 따라서 체내에 저장되는 글리코겐의 양은 최적의 상한치가 있을 것이며, 그 상한치를 넘는 에너지는 상대적으로 무게가 훨씬 가벼운 지방으로 저장될 것이라고 예측할 수 있다. 물론 글리코겐이 저장되는 주요 기관(간과 근육)은 상대적으로 크기가 고정되어 있는 반면, 지방 조직은 훨씬 커질 수 있다는 점도 에너지 저장 매체로서 지방이 가지고 있는 또 하나의 이점이다.

그렇다면 에너지가 지방 외의 형태로도 저장되는 이유는 무엇인가? 글리코겐은 에너지 저장원으로서 지방보다 유리한 점이 적어도 두 가지 있다. 첫째, 글리코겐은 무산소 대사에 이용이 가능하다(Schmidt-Nielsen, 1994). 따라서 에너지 소비가 유산소 능력만으로는 감당이 안 되는 고강도 활동에서 사용할 수 있다. 두 번째 이점은 포도당으로의 변환이 쉽다는 점이다. 포도당은 뇌, 태반, 태아가 선호하는 에너지 기질이다. 임신 기간에는 포유류의 포도당 대사가 특히 중요한 역할을 한다.

에너지 저장 기관

간과 지방 조직은 에너지의 저장과 대사에서 가장 중요한 두 기관이다. 간은 포도당 대사에 좀더 깊숙이 관여하는 반면, 지방 조직은 당연히 지방을 저장하는 주요 저장 기관으로 활약한다. 이 두 기관은 작용하는 시간 단위가 다르다. 간은 단기간의 에너지 대사와 에너지 수요에 반응한다. 반면 지방 조직은 장기적 측면의 에너지 대사와 에너지 균형에서 중요하고, 또 그런 쪽으로 반응한다. 두 기관 모두 음식 섭취 조절에서 중요한 역할을 한다. 이들이 맡는 역할은 그때그때의 상황에 따라서 상호 보완적이거나 정반대로 일어날 수 있다

에너지 저장은 정적인 과정이 아니다. 생리적 메커니즘이나 대사는 결코 정적으로 작동하지 않는다. 여러 대사 과정이 지속적으로 작용하면서 근육과 간에서는 글리코겐을, 지방 조직에서는 지방산을 동원 및 저장한다. 영양의 항상성을 정적인 과정으로 생각하면 곤란하다. 영양 항상성은 영양분이 저장고를 수시로 들락날락거리며 순환되는 동적 평형 상태dynamic equilibrium에 있는 것이다. 마찬가지로 지방 조직도 그저 정적으로 에너지만을 저장하는 조직이 아니다. 지방은 강력한 정보 분자를 만들어 내는 활발한 내분비 세포들로 구성되어 있으며, 이 정보 분자들은 다른 생리적 기능들 중에서도 특히 에너지 대사와 식욕을 조절하는 작용을 한다(Kershaw & Flier, 2004). 간도 중요한 대사 조절 기관이다(Friedman & Stricker, 1976). 에너지 저장소들은 에너지 균형식에 능동적으로 참여하고 있다.

에너지 저장량 대 에너지 요구량

에너지 요구량의 상대생장계수 척도는 선형linear 이하이다. 에너지 저장량의 상대생장계수는 선형이고 1보다 클 수도 있다. 이것은 실측에 기반한 생물학의 핵심 원리들이다(Schmidt-Nielsen, 1994). 큰 몸집에 따라오는 중요한 이점이기도 하다. 몸집이 큰 대형 동물들은 에너지 요구량을 더 큰 비율로 체내에 지니고 다닐 수 있다. 대형 동물은 먹지 않고도 오래 견딜 수 있고, 대량

의 먹이를 마주했을 때는 과도하게 섭취한 후에 나머지 잉여 에너지를 저장해 두었다가 나중에 쓸 수도 있다.

　코끼리와 들쥐를 생각해 보자. 둘 다 초식 동물이다. 그리고 둘 다 하부 소화기관을 이용해 먹이를 발효시킨다. 양쪽 모두 필요한 에너지의 상당 부분을 식물의 세포벽 구성분을 발효시켜서 얻는다. 물론 이들의 크기는 엄청나게 차이가 난다. 코끼리의 체중 단위는 톤이고, 들쥐의 체중 단위는 그램이다. 코끼리는 들쥐보다 대략 15만 배 정도 몸집이 크다. 하지만 코끼리의 기초대사율은 들쥐의 7600배에 불과하다. 또 다른 예로, 황금사자타마린 0.7kg, 사람 70kg, 코끼리 7,000kg일 경우 기초대사율을 비교해 보자. 비교가 용이하도록 각각의 체중 비율을 똑같이 설정했다. 사람은 황금사자타마린보다 100배 더 크고, 코끼리는 사람보다 100배 더 크다. 하지만 기초대사율의 비율은 32에 불과하다. 사람의 기초대사율은 황금사자타마린보다 32배 크며, 코끼리보다는 32배 작다. 이렇듯 몸집이 커지면 상당한 이점이 있다.

　진화의 역사를 지나며 인류는 다른 대부분의 포유류들과 마찬가지로 예측했거나 예측하지 못했던 플러스 에너지 균형 시기(에너지를 저장)와 마이너스 에너지 균형 시기(저장했던 에너지를 동원)를 거쳤다. 활동의 24시간 리듬은 에너지 균형의 24시간 리듬을 나타내는 것이기도 하다. 우리는 밤에 잠을 자는 종이다. 적어도 과거에는 그랬다. 자는 동안 우리의 몸은 마이너스 에너지 균형 상태에 있다. 활동기(우리와 대부분의 영장류에게는 낮, 대부분의 설치류에게는 밤)에는 일반적으로 당장 필요한 에너지양보다 음식을 통해 섭취하는 양이 더 많기 때문에 에너지 저장량이 다시 보충된다. 우리 인류는 대형 동물에 해당하기 때문에 플러스, 마이너스 에너지 균형 주기가 소형 포유류가 감당할 수 있는 주기보다 훨씬 극단적으로 늘어날 수 있다. 보충기에는 훨씬 많은 양의 에너지를 처리해서 저장할 수도 있다.

예를 들어 황금사자타마린은 포획 상태에서 생명 유지에 필요한 기초적인 양을 충족시키려면 하루에 114칼로리의 음식을 섭취해야 한다(Power, 1991). 이것은 대략 기초대사율의 두 배에 해당하는 양이다(Thompson et al., 1994). 반면 황금사자타마린보다 약 100배 정도 몸집이 큰 사람은 그런 요구량을 충족시키는 데 하루에 2,500칼로리 정도면 충분하다. 이것은 황금사자타마린의 요구량보다 22배 정도에 불과하다. 황금사자타마린 같은 소형 원숭이는 포획 상태에서 체중의 10% 정도를 지방으로 채울 수 있다. 보통은 그 미만인 경우가 많다(Power et al., 2001). 이는 대략 5일치의 에너지 요구량에 해당한다. 하지만 인간은 체중의 10% 지방이면(이 정도면 아주 마른 사람이다) 거의 한 달치의 에너지 요구량에 해당한다. 우리는 몸집이 크기 때문에 전체적인 에너지 요구량도 커지지만, 훨씬 높은 비율로 에너지를 체내에 저장할 수 있다. 이 때문에 우리는 기아의 위험으로부터 완충될 수 있는 것이다. 하지만 불행하게도 넘치는 음식으로부터는 완충되지 못하는 것 같다.

비만에서 에너지 대사는 핵심적인 요소로 작용한다. 인간의 큰 몸집은 에너지 요구량을 상당량 체내에 저장할 수 있게 해주기 때문에 대사적으로 큰 이점이 있다. 에너지 저장의 무게 효율이 가장 좋은 형태는 지방이다. 우리 선조들이 몸에 지방을 축적하는 능력을 갖게 됨으로 해서 생긴 진화적 이점은 에너지 대사, 에너지 소비, 에너지 섭취의 기본적 사항으로부터 유도할 수 있다. 우리 혈통의 특징인 커진 뇌는 선조들의 적응에 대단히 유리한 이점으로 작용했을 테지만, 그만큼 대사에서 비용을 치러야 했기 때문

에 에너지를 저장하고 보존할 수 있는 메커니즘을 진화시키는 추가적 압박
으로 작용했을 수 있다.

07

렙틴은 비만의 해결책이 될 수 있을까

지난 장에서 우리는 에너지, 대사, 에너지 균형(에너지 섭취와 에너지 소비 사이의 차이)의 개념에 대해 검토했다. 대사와 에너지 소비는 조절되고 있다. 에너지 섭취를 조절하는 메커니즘 또한 있다. 다음 두 장에서는 먹이 섭취 혹은 식욕의 조절에 관여하는 분자와 그 경로를 일부 살펴볼 것이다.

이 장에서는 시간을 거슬러 올라가, 그리고 몇몇 사례에서는 척추동물과 무척추 동물의 공통 선조까지 거슬러 올라가 우리가 정보 분자 information molecule라고 부르는 것이 어떻게 진화했으며 그 기능은 무엇인지 검토해 본다. 정보 분자는 신호 분자signaling molecule 혹은 조절 분자regulatory molecule라고도 한다. 이 책에 나오는 대부분의 정보 분자는 독자들이 스테로이드, 펩티드 호르몬으로 알고 있는 것들이다. 이 강력한 분자들은 생명체 사이에서 널리 퍼져 있으며, 따라서 그 기원을 추적하려면 지구에서 생명이 탄생한 초기로 거슬러 올라가야 한다. 이 정보 분자들이 원래 어떤 기능을 했는지에 대해서는 결코 알 수 없을 것이다. 점차 분명해지는 한 가지 사실이 있다. 이 정보 분자들은 대부분 진화를 통해 조직의 종류에 따라, 혹은 다른 조절 과정과의 맥락에 따라 자신들의 원래 기능을 변화시켜 왔다는 점이다.

진화적 관점

진화에서 가장 근본적인 개념 중 하나는 모든 종이 공통의 조상을 가지고 있다는 것이다. 어떤 종이든 이들의 혈통을 거슬러 올라가면 결국에는 반드시 공통의 조상인 종과 만나게 된다. 계통발생학은 종 사이의 상관관계를 추정하고, 서로 다른 혈통들이 공통의 선조로부터 갈라져 나온 시기를 추정한다. 계통발생학 연구는 해부학, 화석, 그리고 단백질에서 DNA에 이르는 다양한 분자를 바탕으로 이루어진다. 이 개념은 생명 과정에 관여하는 분자들도 공통의 선조 분자를 공유함을 암시한다. 달리 표현하면 서로 친척 관계에 있는 두 동물종의 대사 경로와 신호 경로는 같은 선조 경로에서 진화되어 나왔기 때문에 서로 비슷한 점이 있을 것이라는 뜻이다. 친척 관계가 멀수록 분자와 경로들이 유사할 가능성도 멀어진다. 이런 개념이 분자 진화 연구의 전제이다. 분자 진화 연구는 인간 혈통이 유인원으로부터 갈라져 나온 시기(대략 500만~700만 년)를 추정하는 데 사용되었고, 최근에는 6500만 년 된 티라노사우루스 화석에서 추출한 뼈 콜라겐 단백질과 현대 동물종의 뼈 콜라겐을 비교하는 데 사용되기도 했다. 이렇게 검사한 현대 동물종 중 이 무시무시한 공룡과 가장 가까운 친척 관계인 종은 바로 닭이었다(Schweitzer et al., 2007, 그림 7.1).

이 장에서 우리는 분자의 혈통에 대해 부분적으로나마 탐험해 볼 것이다. 오랜 시간이 흐르는 동안 유전자 복제, 돌연변이, 자연 선택, 유성 생식

그림 7.1 닭과 티라노사우루스 렉스는 공통의 선조를 공유하는 것으로 보인다. 대부분의 고생물학자들은 새가 두 발로 걷는 공룡의 혈통으로부터 진화해 나왔다고 믿는다.

사진: Jessie Cohen, Smithsonian's National Zoo

등의 진화 과정을 통해 분자와 대사 경로는 다양하게 갈라져 나왔다. 하지만 어떤 분자와 경로는 놀라울 정도로 잘 보존된 것으로 보인다. 이 분자와 경로들은 너무나도 중요한 생명 과정에 관여하기 때문에 다양성에 제약이 있었던 것이다.

서로 다른 종 사이에서 발견되는 분자 중에 DNA, 아미노산 및 구조적 유사성으로 볼 때 같은 선조 분자에서 유래된 것으로 짐작되는 분자들을 '오솔로그ortholog'라고 한다. 만약 시간을 충분히 거슬러 갈 수 있다면 똑같은 분자를 가진 이 두 종의 공통 선조를 만날 수 있을 것이다. 두 종이 공통 선조로부터 갈라져 나온 이후에는 진화의 역사가 각자 독립적으로 흘러가기 때문에 두 오솔로그의 차이도 시간의 흐름과 함께 점차 축적된다. 따라서 이 오솔로그는 같은 기능을 수행할 수도, 다른 기능을 수행할 수도 있다. 두 종이 가까운 친척 관계일수록 이 분자들의 기능과 구조가 유사하겠지만, 기능이 다양하게 갈라질 수도 있다. 대부분의 분자는 다중 기능을 가지고 있기 때문에 조직, 유기체의 나이, 외부 환경 등에 따라 변화할 수 있다.

유전자 중복gene duplication은 진화의 힘이 발휘되는 유전적 다양성의 주요 원천이다. 가끔씩 기능 유전자functional gene를 포함하고 있는 DNA 조각이 게놈 안에서 중복 복제될 때가 있다. 그러면 처음에는 게놈 안에 똑같은 유전자가 두 개 이상 존재하게 된다. 사람의 아밀라아제 유전자가 유전자 중복의 좋은 사례다(2장 참조). 중복 복제가 일어난 다음에는 이 유전자들이 독자적인 유전 경로를 거치게 되리라고 예상할 수 있다. 물론 선택압이 양쪽 유전자에 비슷하게 작용할 가능성도 배제할 수는 없지만 말이다.

사람에게서 일어난 아밀라아제 유전자 중복의 경우, 중복 유전자들은 원래의 기능을 그대로 유지했다. 아밀라아제 유전자의 복사분이 많아진다는 것은 그저 좀더 많은 아밀라아제가 타액(Perry et al., 2007)이나 소화기관으로 분비될 것이라는 의미에 불과하다. 하지만 중복 유전자에는 기능은 변화하지 않은 채 '잠재적인' 돌연변이가 축적되어 있을 가능성이 있다. 아직 밝혀내지는 못했지만 이런 돌연변이 중 일부가 아밀라아제 분비에 영향을 미칠 가능성도 없지 않다. 여러 유전자 복사본 사이에서 축적된 차이점을 조사해 보면 처음 중복 복제가 일어난 이후로 얼마나 시간이 흘렀는지 추정할 수 있다.

유전자 중복은 진화적으로 대단히 중요한 현상이다. 유기체가 원래의 기능을 잃지 않으면서도 유전자의 기능이 원래의 기능과 다른 쪽으로 갈라질 수 있는 가능성을 열어 주기 때문이다. 중복이 된 한 유전자를 공통의 선조로 두고 있기 때문에 서로 다르면서도 유사한 유전자들에 의해 암호화된 정보 분자를 '파랄로그paralog'라고 한다. 일례로 미오글로빈myoglobin과 헤모글로빈hemoglobin을 암호화하는 유전자들은 생명의 역사 초기에 중복 복제된 공통의 유전자로터 이어 내려온 오래된 파랄로그인 것으로 알려져 있다. 펩티드 중 췌장 폴리펩티드 폴드 계열pancreatic polypeptide – fold family도 파랄로그 유전자로 구성되어 있을 가능성이 무척 크다.

정보 분자

고대의 조절 분자가 오랜 시간에 걸쳐 다양한 기능을 수행하도록 적응되고 선택된 사례는 무척 많다. 이 조절 분자들은 기관계들 사이로 정보를 전달하고, 유기체의 생존 능력을 위협하는 내외의 도전에 대해 말단기관과 중추신경계의 반응을 조화시키기도 하면서 '정보 분자'로 활동한다. 이 책에서 비만과 관련해서 논의할 중요한 정보 분자를 들자면 펩티드인 렙틴, 인슐린, 콜레키스토키닌(CCK: cholecystokinin), 부신피질자극호르몬 – 유리호르몬(CRH: corticotropin-releasing hormone)과 스테로이드인 코르티솔cortisol, 에스트로겐,

테스토스테론 등이며 당연히 이들 호르몬의 수용체에 대해서도 알아본다.

진화는 현재 존재하는 다양성에 대해서만 작용할 수 있다는 한계가 있다. 하지만 강력한 조절 분자와 수용체 시스템의 유전자들이 존재한다면 기능과 조절, 그리고 작용 방식의 분화가 일어날 가능성도 있다. 진화적 관점에서는 이 분자들이 여러 가지 다양한 기능을 가지게 될 것이며 그들의 조절, 기능, 작용 방식이 생물의 분류군, 그 분류군 안의 해당 조직, 심지어는 발달 단계에 따라서도 모두 달라질 것이라 예측한다.

모든 리간드ligand*는 아마도 다양한 수용체와 결합할 수 있을 것이며, 마찬가지로 수용체들도 여러 가지 리간드와 결합할 수 있을 것이다. 기능의 다양화는 리간드의 변화 또는 수용체의 변화 모두로부터 일어날 수 있다. 과학자가 어느 분자의 한 가지 기능을 발견했다면, 그것은 수많은 기능 중 한 가지를 찾아낸 것일 가능성이 크다.

펩티드 혁명

1970년대 중반 이후로 계속 진행 중인 펩티드 혁명은 점점 그 속도를 올리고 있다. 새로운 펩티드들이 발견되고 있고, 또한 기존에 알려져 있던 펩티드들의 새로운 기능을 밝혀내고 있는 중이다. 그러한 사례로 부신피질자극호르몬-유리호르몬(CRH)을 들 수 있다. 이 호르몬은 양sheep의 시상하부 추출 물질에서 처음 확인되었고(Vale et al., 1981), 시상하부-뇌하수체-부신축 hypothalamic-pituitary-adrenal axis을 개시하는 역할을 하는 것으로 잘 알려져 있

---

* 수용체에 결합하는 항체, 호르몬, 약제 등의 분자를 말한다.

다(Dallaman et al., 1995). 우리는 CRH가 지금까지 알려진 네 가지 리간드(CRH, 우로코르틴urocortin, 우로코르틴 II, 우로코르틴 III), 두 개의 수용체(이 각각에는 여러 가지 결합 변이체가 있다), 그리고 결합 단백질 CRH–BP로 구성된 호르몬 계열의 일부임을 알고 있다. 이 분자들은 신경 전달 물질과 신경 조절 물질로 작용할 뿐만 아니라 말초에서 자기 분비autocrine, 주변 분비paracrine, 내분비endocrine 호르몬으로서도 작용한다. 그리고 신체 곳곳에서 발견된다(리뷰는 Power & Schulkin, 2006 참조).

CRH 호르몬 계열은 분자와 신호 경로의 진화를 뒷받침하는 원리를 잘 보여 주는 사례다. 포유류에서 CRH 호르몬은 놀라울 정도로 잘 보존되었다. 영장류, 설치류, 육식 동물, 말과㈜할 것 없이 모두 분자 구조는 똑같다. 다만 소의 CRH는 아미노산 몇 개가 다른 동물들과 차이가 있다(Seashotz et al., 2002). 이것은 아마도 풀이 번성하기 시작한 시신세 후기와 중신세 초기 동안에 일어났던 반추 동물의 급속한 적응 방산adaptive radiation*을 반영하는 듯하다.

모든 척추 동물이 CRH 분자를 가지고 있으며, 새, 양서류(Stenzel-Poore et al., 1992), 어류(Okawara et al., 1988)에서도 오솔로그가 발견되고 있다. 이 분자는 유기체의 생존 능력에 닥치는 내외의 도전에 대한 대사적 반응을 조절하고 조화시키는 다양한 역할을 맡고 있다(Denver, 1999; Seasholtz et al., 2002). 따라서 CRH는 5억 년 전에 갈라져 나온 혈통들 사이에서도 그 구조와 기능이 놀라울 정도로 잘 보존된 정보 분자의 사례다.

동시에 이 강력한 분자 덕분에 포유류에서 세 가지 파랄로그 펩티드 호르몬이 생겨났다. 바로 우로코르틴이다. 분명히 혈통들 내에서 유전자

---

* 같은 종류의 생물이 여러 다른 환경에 가장 적합한 생리적, 형태적 변화를 일으켜서 많은 다른 계통으로 갈라지고 시간이 흐름에 따라 그 정도가 강해지는 현상을 말한다.

중복이 일어나 그 후로 독자적인 진화적 변화를 겪는 과정에서 생겨났을 것이다. 양서류의 피부에서 발견되는 펩티드인 소바진Sauvagine은 우로코르틴과 공통의 분자 선조로부터 유래되었다(Montecucchi & Hensen, 1981). 어류의 펩티드 우로텐신 1peptide urotensin 1도 모든 척추 동물의 공통 선조 분자로부터 유래했다(Seasholtz et al., 2002). 소바진과 우로텐신 1은 포유류의 CRH보다 우로코르틴과 더 가까운 친척 관계이므로, 이는 우로코르틴, 소바진, 우로텐신 1이 서로의 오솔로그이자 CRH의 파랄로그임을 알려준다. 따라서 포유류가 다른 척추 동물들로부터 갈라져 나오기 전에 CRH로부터 우로코르

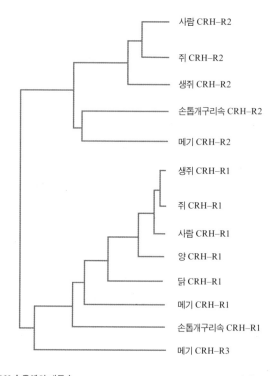

그림 7.2 CRH 수용체의 계통수.   출처: Aria et al., 2001에서 변형.

틴이 먼저 갈라져 나왔음을 알 수 있다(Seasholtz et al., 2002).

CRH 수용체를 비교해 봐도 이 가설을 지지하는 연구 결과가 나온다(그림 7.2). 1형 수용체(CRH-R1)는 일반적으로 CRH와 결합하는 반면, 2형 수용체(CRH-R2)는 주로 우로코르틴과의 친화성이 대단히 높은 수용체인 것으로 보인다(Lewis et al., 2001). 이 두 가지 CRH 수용체는 포유류뿐만 아니라 어류, 양서류, 조류에서도 발견된다(Arai et al., 2001). 따라서 선조 CRH 호르몬 계열은 현존하는 모든 척추 동물의 공통 선조에서도 있었음을 알 수 있다. 메기에서 CRH-R1과 더 가까운 친척 관계인 세 번째 유형의 수용체가 확인되었다(Arai et al., 2001). 이 수용체(CRH-R3)와 메기의 CRH-R1은 확연히 다르기 때문에 다음의 가능성 중 어느 것이 맞는지는 가려낼 수가 없다. CRH-R3가 어류에게만 있을 가능성, CRH-R3가 어류와 사지 동물tetrapod의 공통 선조에 있었지만 사지 동물의 방산 과정에서 소실되었을 가능성, 아니면 포유류, 조류, 양서류에서 아직 발견되지 않은 제3의 CRH 수용체가 있을 가능성 말이다.

CRH 결합 단백질인 CRH-BP도 이 혈통들에서 발견되고 대단히 잘 보존된 것으로 보인다(Huising et al., 2004). 지금까지 염기 서열 분석이 이루어진 모든 척추 동물 CRH-BP는 5개의 연속적인 2황화결합disulfide bond을 형성하는 10개의 시스테인 잔기cysteine residue를 갖고 있다. 흥미롭게도 CRH-BP는 꿀벌, 말라리아 모기, 초파리 등의 곤충에서도 발견된다(Huising & Flik, 2005). 곤충의 CRH-BP는 척추 동물 CRH-BP와 23~29% 정도의 아미노산 정체성을 공유하고 있으며 시스테인 잔기 중 8개가 보존되어 있다(Huising & Flik, 2005).

꿀벌에 CRH-BP 오솔로그가 있다는 것은 곤충과 척추 동물의 혈통이 분리되기 이전에 척추 동물 CRH 신호 체계의 옛날 형태가 있었다는 증거다. 곤충의 이뇨호르몬 1diuretic hormone 1은 구조의 유사성, 해부학적 위치,

기능 때문에 CRH와 공통 선조로부터 유래되었을 것이라고 보고된 바 있다(Huising & Flik, 2005).

따라서 CRH는 진화 원리의 여러 측면을 반영하고 있다. 이것은 기능적 신호 양상functional signaling modality에 따른 선택적 제약과 관련해서 구조가 놀라울 정도로 잘 보존된 사례다. 동시에 CRH는 수억 년 전에 일어난 유전자 중복을 통해 갈라져 나온 다양한 후속 분자들을 생산해 냄으로써 많은 다양성을 만들어 냈다.

이 광대한 기간 동안 CRH 호르몬 계열은 자신의 신호 경로에 새로운 기능을 꾸준히 추가해 온 것으로 보인다. 포유류에서 CRH 호르몬 계열의 신호 경로는 폭넓게 분포하고 있으며, 사실상 조사를 해 본 모든 조직(예를 들면 피부, 심장, 위, 장)이 CRH 호르몬 계열의 일부를 발현하고 있는 것이 밝혀졌다. 영장류는 CRH 신호에 새로운 기능을 진화시킨 것으로 보인다. 태반에서 합성하는 CRH가 태아의 부신에 작용해 임신과 태아의 발달을 조절하고 유지하는 것이다(Power & Schulkin, 2006). 이것은 진화의 또 하나의 전형적인 특성이다. 진화는 해부학적인 것이든, 분자적인 것이든 이미 있는 구조를 끌어들여 다양한 기능을 수행하게 만든다.

호르몬과 내분비선

신체에는 서로 다른 많은 기관이 들어 있고, 각각은 특화된 기능을 가지고 있다. 이 기관들의 작용은 조화되고 조절된다. 살아 있는 신체는 단순한 부분의 합 이상이다. 신체 기관을 조절하고 조화시키는 중심에는 중추신경계가 놓여 있다. 중추신경계는 신경계는 물론이고 화학 메신저(정보 분자)를 통해서도 정보를 전달하고 수신한다. 이 화학 메신저에는 스테로이드나 펩티드 호르몬 등도 들어간다. 내분비선(내분비샘) 시스템은 내외의 자극에 반응하여 이런 호르몬을 합성하고 분비한다. 일부 내분비선은 주로, 혹은 완전히 내분비 기능만을 수행하는 것으로 보이기도 한다(예를 들면 부신, 부갑상선). 하지만 모든 기관에는 호르몬을 합성하고 분비하는 내분비 세포나 외분비 세포 영역이 들어 있다(표 7.1). 이렇듯 지금까지 내분비선의 개념은 크게 확장되어 왔다(자세한 내용은 9장 참조).

스테로이드는 혈액-뇌 장벽blood-brain barrier을 통과하는 반면, 펩티드 호르몬은 일반적으로 통과하지 못한다. 하지만 일부 펩티드는 혈액-뇌 장벽을 가로질러 이동시켜 주는 수송 메커니즘을 통해 뇌로 들어갈 수 있다(예를 들면, 렙틴, 인슐린). 다른 펩티드들은 작용 영역이 혈액-뇌 장벽 바깥쪽 뇌 부분으로 국한돼 있는 것으로 보인다. 많은 펩티드 호르몬이 말초와 중추신경계 모두에서 생산된다. 말초에 있는 것은 펩티드, 중추신경계에 있는 것은 신경펩티드neuropeptide라고 부른다(표 7.2). 이들 중 몇몇에서는 신경펩티드와 펩티드, 말초에서 생산되는 스테로이드 호르몬 간에 상호작용이 있다. 말초의 펩티드가 스테로이드의 분비에 영향을 미치고, 이렇게 분비된 스테로이드가 혈액-뇌 장벽을 가로질러 들어가 신경펩티드의 합성과 분비에 영향을 미치는 것이다.

일부 경우에서는 신경펩티드와 펩티드가 상호 보완적으로 기능을 수행해 도전 과제에 대한 중추의 반응과 말초의 반응을 조종하기도 한다. 행동과 생리적 메커니즘은 함께 작동한다. 예를 들어 나트륨 손실이나 부족 상태에 대한 반응에서는 수분과 나트륨을 아껴 쓰게 만드는 말초 내분비 반응과 소금을 찾아서 섭취하고픈 동기를 부여하는 중추의 반응이 병행된다. 말초와 뇌에는 별개의 레닌-안지오텐신계renin-angiotensin system가 있다. 말초의 레닌-안지오텐신계는 신체의 나트륨의 보존과 재분배를 조절하는 반면 중추의 레닌-안지오텐신계는 소금을 찾아서 섭취하게 하는 행동을

표 7.1 정보 분자가 분비되는 일부 내분비계

내분비샘	분비되는 주요 호르몬
뇌하수체전엽	프로락틴, 부신피질자극호르몬, 황체형성호르몬(LH), 갑상선자극호르몬(TSH), 난포자극호르몬(FSH)
신경중간엽/뇌하수체후엽	옥시토신, 아르기닌 바소프레신(AVP), 엔도르핀
송과체(솔방울샘)	멜라토닌
갑상선(갑상샘)	갑상선호르몬, 칼시토닌
부갑상선(부갑상샘)	부갑상선호르몬(PTH)
심장	심방나트륨이뇨펩티드(ANP)
부신피질(부신겉질)	당질코르티코이드, 무기질코르티코이드, 안드로겐
부신수질	에피네프린, 노르에피네프린, 도파민
신장	레닌, 1,25–디히드록시 비타민 D
췌장	인슐린, 글루카곤, 췌장 폴리펩티드(PP), 아밀린, 엔테로스타틴
위와 장	그렐린, 렙틴, 부신피질자극호르몬 – 유리호르몬(CRH), 우로코르틴, 콜레키스토키닌, 가스트린방출펩티드, 펩티드 YY, 봄베신, 소마토스타틴, 오베스타틴
간	인슐린 유사 성장 인자, 안지오텐신, 25 – 히드록시 비타민 D
생식선: 난소	에스트로겐, 프로게스테론
생식선: 고환	테스토스테론
대식세포, 림프구	사이토카인
피부	CRH, 비타민 D
지방 조직	렙틴, 아디포넥틴, 안드로겐, 당질코르티코이드, 사이토카인

표 7.2 일부 중요한 펩티드와 신경펩티드

	뇌에서의 합성 여부	말초기관
β-엔도르핀	O	
다이놀핀	O	
엔케팔린	O	
소마토스타틴	O	
부신피질자극호르몬 – 유리호르몬	O	결장, 피부
우로코르틴	O	위, 심장
심방나트륨이뇨펩티드(ANP)	O	심장
봄베신	O	
글루카곤	?	췌장
혈관활성장펩티드(VIP)	?	
바소토신	O	
SP(substance P)	O	
신경펩티드 Y	O	지방 조직
뉴로텐신	O	
갈라닌	?	
칼시토닌	O	갑상선
콜레시스토키닌	O(?)	장
옥시토신	O	젖샘
프로락틴	O	
바소프레신	O	
안지오텐신	O	신장
인터류킨	O	지방 조직
갑상선자극호르몬 – 유리호르몬	O	
생식선자극호르몬 – 유리호르몬(GRH)	O	
황체형성호르몬 – 유리호르몬(LHRH)	O	
뉴로트로핀	O	
칼레티닌	O	
렙틴	×	지방 조직, 위
그렐린	O(?)	위
인슐린	×	췌장

유발시킨다(Schulkin, 1991).

소화 내분비계

2장에서 우리는 사람의 소화기관에 대해 대략적으로 살펴보았다. 이 장에서는 다양한 기관들의 조화롭고 기능적인 집합체로서의 사람의 소화계에 대해 살펴본다. 기관계의 다양한 집합들이 조화로운 방식으로 작용하여 유기체의 생존 능력을 높이는 것, 이것은 몸 전체에 대한 아주 훌륭한 비유라 할 수 있다. 이런 다양한 기관계를 조절하고 조화시키는 핵심 주자가 바로 뇌다.

소화계는 여러 부위로 나뉘어 있으며, 각각의 기능도 다르다. 이 각각의 부위에서 장내분비세포enteroendocrine cell가 합성하고 분비하는 펩티드들은 국소적, 전신적, 중추적으로 영향을 미쳐 소화 과정, 대사, 섭식 행동에 영향을 미친다. 간, 담낭, 췌장 등의 보조 기관들도 음식 섭취에 반응해서 펩티드를 분비한다. 이런 기관의 분비는 직간접적으로 장내 분비에 영향을 미치고, 거기서 영향도 받는다. 이것이 중추신경계 메커니즘에 의해 일어나는 경우도 많다.

소화기관의 일차적 기능은 분명 섭취된 물질을 받아들여, 소화하고 흡수하고 결국 배설하는 일이다. 하지만 소화기관은 대사와 면역 반응에도 능동적으로 참여하고 있다. 음식을 먹는다는 것은 일부러 몸 안으로 이물질을 들여놓는 행위나 마찬가지다. 이는 유기체의 생존 능력 유지에 반드시 필요한 것이지만, 동시에 항상성에는 크나큰 위협이다. 이것이 바로 섭식의 역설이다(10장 참조). 위장관은 내적 환경을 보호하는 핵심 장벽이다. 생존 능력을 유지하기 위해서는 항상성을 어쩔 수 없이 위험에 노출시켜야 할 때가 많다. 하지만 그로 인한 교란이 견딜 수 있는 한계 내에 있어야 한다. 장관-뇌 축gut-brain axis의 기능은 혈액 순환에 드나드는 영양분의 흐름을 조절하는 것이다.

음식이 소화기관의 서로 다른 구획 안으로 들어오면 펩티드 분비의 식후 단계postprandial phase가 시작된다. 장내 분비 세포 중 상당수는 혀의 미각수용체세포와 특성이 비슷하다. 예를 들어, 사람의 십이지장 L 세포와 생쥐의 창자 L 세포는 단맛수용체 T1R3와 미각 G 단백질 거스트듀신gustducin을 발현한다(Jang et al., 2007; Margolskee et al., 2007). 소화기관에 있는 이 장관 미각 수용체 덕분에 장내 분비 세포들은 음식의 영양적 특성에 반응해 펩티드 분비를 조절할 수 있다(Cummings & Overduin, 2007). 이러한 분비는 장관의 운동성, 위산과 소화 효소의 분비, 췌장 분비 등을 조절하고, 미주신경vagus nerve을 자극한다. 분비된 일부 펩티드는 순환계로 들어가 뇌 등 다른 기관계에 작용할 수도 있다. 예를 들어 설탕과 인공 감미료는 나트륨 의존성 포도당 수송체 이소폼(SGLT1: sodium-dependent glucose transporter isoform 1)의 장내 발현을 증가시켜 포도당 흡수를 강화시킨다(Margolskee et al., 2007). 식욕, 인슐린 분비, 장관 운동성에 영향을 미치는 글루카곤 유사 펩티드-1(GLP-1: glucagon-like peptide-1)의 분비는 이런 미각 전달 요소에 의해 조절된다(Jang et al., 2007). 이들 펩티드의 영향으로 영양분 소화와 흡수의 효율이 증대되는 것은 사실이지만, 섭식 행동을 중지시키는 생리적 연쇄 작용이 시작되기도 한다. 다른 말로 하면 이런 펩티드들 상당수는 음식 섭취를 줄이는 작용을 한다.

장관-뇌 펩티드

뇌와 장관은 신경계를 통해, 그리고 다양한 장관-뇌 펩티드를 통해 연결되어 있다(표 7.3). 이들 펩티드 중 상당수는 장관과 뇌, 양쪽 모두에서 생산되는 것으로 밝혀졌다. 일부는 장관에서만 만들어지기도 하지만 뇌 영역으로 수송되어 수용체와 결합한다. 이 펩티드 중 일부는 주로 구심성 미주신경에 작용한다.

  이 펩티드들은 다양한 기능을 가지고 있고, 다른 조직들에 영향을 미친다. 이들은 장관의 운동성이나 다른 장관 분비, 말초 대사, 그리고 섭식 행동에 변화를 일으키는 중추 신호에도 영향을 미친다. 예를 들면, 장관 펩티드인 그렐린은 위에서 생산된 후 성장호르몬분비촉진수용체growth hormone secretagogue receptor에 결합해 성장호르몬의 분비를 자극한다(Kajima et al., 2001). 그렐린은 섭식 행위도 자극한다. 그렐린은 지금까지 알려진 장관 펩티드 중에서 유일하게 섭식 행위를 자극하는 펩티드로, 이 작용은 적어도 부분적으로는 활꼴핵(궁상핵)arcuate nucleus에서 신경펩티드 Y(NPY: neuropeptide Y)와 아구티관련단백질(AgRP: Agouti-released protein)을 상향 조절함으로써 일어난다(Kamegai et al., 2001).

  장관-뇌 펩티드는 섭식 행위에만 관여하는 것이 아니다. 이들 중 일부는 생식에도 기능하여 영향력을 발휘하는 것으로 보인다(Gosman et al., 2006). 예를 들면, 그렐린의 상승은 황체형성호르몬을 억제하고 프로락틴Prolactin 분비를 자극한다(Arvat et al., 2001). 펩티드 YY(PYY: Peptide YY)와 NPY는 췌장 폴리펩티드 폴드 계열(아래 참조)의 구성원이다. 과도한 NPY 분비는 설치류 모델에서 생식선기능저하증hypogonadism과 관련이 있었다. PYY는 NPY 분비를 억제하므로 번식 능력에 영향을 미친다(Gosman et al., 2006). 곰곰이 생각해보면 섭식과 생식이 서로 연결되어 있는 것은 놀라운 일이 아니다.

표 7.3 음식 섭취 조절에 관여하는 장관-뇌 펩티드

| 펩티드 | 합성 장소 | 섭식과 관련된 작용 부위 | | | 기능 |
		시상하부	후뇌	미주신경	
그렐린	위	×	×	×	섭식 자극
렙틴	위	×	×	×	섭식 억제
GRP	위		×	×	
NMB	위		×	×	
콜레키스토키닌	소장	×	×	×	섭식 중단
APO AIV	소장	×		×	지방 흡수에 반응해서 분비
글루카곤 유사 펩티드-1	소장, 결장	×	×	×	위 배출 시간 지연
옥신토모듈린	소장, 결장	×			
펩티드 YY(PYY)	소장, 결장	×		×	위 배출 시간 지연
아밀린	췌장	×	×		위 배출, 위산, 글루카곤 분비 억제
엔테로스타틴	췌장			×	지방 섭취에 반응해서 분비
글루카곤	췌장				
인슐린	췌장	×			
췌장 폴리펩티드(PP)	췌장		×	×	

우로코르틴과 CRH는 장관-뇌 펩티드다. 우로코르틴은 위에서 CRH 2형 수용체와 함께 발현된다. 우로코르틴과 콜레키스토키닌(CCK: cholecystokinin)은 공동 상승 작용을 일으켜 위 배출을 지연시키고, 식이성 비만에 저항성이 있는 생쥐에게서 음식 섭취를 줄이는 작용을 한다(Gourcerol et al., 2007). CRH, 우로코르틴, CRH 1형, 2형 수용체 모두 결장에서 발현된다(Tache & Perdue, 2004). 우로코르틴과 CRH를 외부에서 투입하면 위 배출이 지

연되지만 결장의 운동성은 향상된다(Martinez et al., 2002). 뇌의 CRH 신호 체계는 공포 및 괴로움과 관련되어 있다. 우르코르틴과 CRH가 장관 기능에 미치는 영향은 공포나 괴로움이 위 배출을 지연시키고 결장 배출을 자극하는 것과 일맥상통한다. 따라서 괴로움의 자극은 소화물이 장관에서 배제되는 결과를 낳는다. 장관에 소화물이 들어오면 소화를 위해 혈류 공급과 에너지 소비가 그쪽으로 집중될 테지만, 장관에서 소화물이 배제됨에 따라 혈류 공급과 에너지 소비가 뇌와 근육 조직으로 우선 공급되고, 따라서 인식된 위협에 대처할 수 있는 준비가 된다(Power & Schulkin, 2006). 공포로 인해 뱃속이 비워지는 것은 일종의 적응 반응이다.

췌장 폴리펩티드 폴드 계열 _____

췌장 폴리펩티드 폴드 계열은 상호 관련된 정보 분자들이 서로 다른 조직에서 다양한 여러 기능을 진화시킨 훌륭한 사례다. 이 계열은 파랄로그성 펩티드인 신경펩티드 Y(neuropeptide Y, 펩티드 YY(PYY), 췌장 폴리펩티드(PP: pancreatic polypeptide)로 구성되어 있다. PYY는 두 개의 활성형, PYY_{1-36}과 활성형 분할 생산물 PYY_{3-36}을 가지고 있다.

이 리간드에는 억제성 G 단백질과 결합된 다섯 개의 수용체(Y1R, Y2R, Y4R, Y5R, y6R)가 있다(Cummings & Overduin, 2007). 약리학 연구를 통해 NPY 선호 수용체(NPY-preferring receptor, Y3R)가 있다는 주장이 나오기는 했지만, 아직 복제는 되지 않았다. 자료에 따르면 Y3R에 의한 것으로 보이는 약리학적 결합은 다른 수용체들에 대한 조직 특이적 영향 때문으로 설명할 수 있다는 주장도 있다(Berglund et al., 2003에서 리뷰). y6 수용체는 사람과 돼지에서는 아무런 기능이 없는 것으로 보이고, 쥐에는 없으며, 기능을 가지고 있는 것으로 보이는 생쥐와 토끼 두 종에서도 아주 다른 약리적 특성을 가지고 있기 때문에 보통 소문자로 표시한다(Wraith et al., 2000; Berglund et al., 2003). 이 리간드들은 수용체마다 친화력이 다르게 나타난다. 리간드들은 NPY는 뇌, PYY는 장, PP는 췌장 등 서로 다른 기관에서 합성되어 분비된다.

NPY는 강력한 식욕 증진 분자다. 음식이 부족해지면 그에 반응해서 활꼴핵에서 NPY mRNA가 상향 조절된다(Brady et al., 1990). 어류, 파충류, 새, 포유류 등 몇몇 동물에서 NPY를 뇌실 내로 주사하면 음식 섭취가 자극되고 탄수화물이 풍부한 음식을 찾는 경우가 많다(Berglund et al., 2003 참조). 최근 연구에 따르면 NPY는 중추에 영향을 미칠 뿐 아니라 말초에도 직접 영향을 미치는 것으로 밝혀졌다.

동물 모델에서는 PYY와 PP가 작용 부위에 따라 식욕 증진 효과와 식욕 감퇴 효과를 둘 다 나타냈다. 이는 아마도 서로 다른 수용체가 다른 작용을 나타냈기 때문일 것이다. 예를 들어, PYY와 PP 모두 말초로 투입하면 음식 섭취를 감소시킨다. PP와 PYY_{3-36}를 활꼴핵에 투입하면 음식 섭취가 줄어드는데, 이는 각각 Y4R, Y2R을 활성화시키기 때문일 것이다(Cummings & Overduin, 2007). 하지만 PYY_{3-36}나 PP를 뇌실 내로 분산 주입하면 음식 섭취가 증가한다. 이는 시상하부에 있는 YR5를 통해 이루어지는 것으로 보인다(Batterham et al., 2002; Cummings & Overuin, 2007). 리간드와 수용체 시스템은 정말 복잡하면서도 대단히 유연하다.

췌장 폴리펩티드 폴드 계열은 유전자 중복 사건을 거친 오래된 리간드-수용체 한 쌍에서 유래되었을 가능성이 크다. 연구 결과들을 보면, NPY와 PYY는 첫 유전자 중복의 결과물이고, PP는 PYY 유전자의 중복에서 나온 결과물이라는 가설이 지지를 받고 있다. 어류는 PP가 결여되어 있지만, NPY와 PYY 오솔로그를 지니고 있다. 이는 PYY-PP의 분리가 사지 동물이 어류에서 갈라져 나온 후에 일어났음을 보여 준다(Berglund et al., 2003). 하지만 흥미롭게도 어류는 어류의 PYY 유전자 중복의 결과인 것으로 보이는 세 번째 리간드(PY)를 발현한다(Cerda-Reverter et al., 1998). 이 펩티드는 어류 NPY보다는 어류 PYY에 더 가깝지만, 포유류의 NPY와 PYY와는 같은 거리로 떨어져 있기 때문에 PP의 오솔로그인 것 같지는 않다. 따라서 그보다는 사지 동물과 어류가 갈라져 나온 이후에 각각의 혈통에서 PYY 유전자의 중복이 독립적으로 일어났던 것으로 보인다(Berglund et al., 2003).

Y1, Y2, Y5 수용체의 유전자는 사람의 4번 염색체(4q31 위치)에 무리지어 자리 잡고 있다. 사람, 생쥐, 돼지의 수용체들에 대해 검사한 결과 최초의 중복은 Y1과 Y2에서 일어났고, 다른 수용체(Y4, Y5, y6)는 Y1 수용체의 중복이며, Y4와 y6는 각각 사람의 10번 염색체와 5번 염색체로 전좌translocation된 것으로 보인다(Wraigh et al., 2000). 흥미롭게도 Y1, Y2, Y5 수용체는 사람, 생쥐, 돼지에서 상당히 보존이 잘 된 반면, Y4와 y6는 종에 따라 상당한 변이를 나타낸다.

렙틴 이야기

마지막으로 소개할 장관-뇌 펩티드는 렙틴이다. 렙틴은 흔히 지방 조직과 관련해서 생각하지만, 렙틴도 장관 펩티드다. 지금까지 알려진 바로는 렙틴은 위에서 분비되며 위장관의 나머지 부분에 의해서는 분비되지 않는다(Bado et al., 1998). 하지만 장에서는 Ob-Rb 수용체가 발현되며(Cammisotto et al., 2005), 렙틴 단백질이 장에서 발견되었다(Cammisotto et al., 2006). 반면, 재조합체 렙틴recombinant leptin을 위 같은 곳에서 발견되는 산성 조건이나 펩티다아제 조건 아래 놓으면 빠른 속도로 분해된다. 위의 세포에서 분비되는 렙틴은 짧은 형태의 가용성 수용체(Ob‒Re)에 결합되어 있다. 이 수용체는 렙틴이 위산과 펩티다아제에 의해 분해되는 것을 막아 주는 것으로 보인다(Cammisotto et al., 2006). 위에서 분비된 렙틴은 장에서 Ob‒Rb 수용체를 통해 작용해서 섭식(Peters et al., 2005)과 영양분 흡수(Picó et al., 2003에서 리뷰)도 조절할 가능성이 있다.

렙틴은 호주의 육식 유대류marsupial*인 더나트dunnart를 비롯해서 지금까지 연구된 모든 포유류에서 확인되었다(Doyon et al., 2001). 더나트를 외집단 outgroup으로 사용하면 렙틴 분자의 아미노산 서열을 바탕으로 살펴본 진성 태반포유류eutherian mammal**의 분자 계통발생은 형태학, 화석, DNA 증거를 바탕으로 확립되어 있는 계통발생과 잘 맞아떨어진다. 영장류가 한 그룹으로 묶이고, 육식 동물도 한 그룹으로 묶이며, 설치류도 또 하나의 단위를 형성하고 있다. 양, 소, 돼지는 흰돌고래와 함께 한 그룹을 형성한다. 고래가 우제류artiodatyla***와 친척 관계에 있다는 증거와 잘 맞아떨어지는 부분이다(Gingerich et al., 2001). 아미노산 치환 비율은 지금까지 특성이 밝혀진 포유류 혈통 사이에서 차이가 나지 않는다.

렙틴의 기능은 무엇일까? 이것은 조직, 유기체의 상태(특히 그중에서도 인슐린, 당질코르티코이드, CRH 같은 다른 정보 분자의 발현), 유기체의 나이에 따라서 달라진다. 렙틴은 많은 기능을 가지고 있으며, 이 기능들은 시간, 조직, 상황에 따라 변한다.

지방량을 식욕 및 음식 섭취에 연관 지은 지는 50년이 넘었다(예를 들면, Kennedy, 1953). 이런 연관 관계의 중요한 중재 인자 중 하나가 바로 펩티드 렙

---

* 암컷의 배주머니에서 새끼를 키우는 캥거루 등의 동물을 말한다.
** 태반이 있는 포유 동물을 말한다.
*** 2본 또는 4본의 발굽을 가진 사슴, 소, 낙타, 돼지와 같은 동물을 말한다.

틴이다. 렙틴은 주로 지방 조직에서 합성 및 분비되어 혈류를 순환하며, 분비량은 지방 조직과 정비례 관계에 있다(Havel et al., 1996).

녹아웃 동물 모델을 만드는 기술이 발명되기 전에도 세심한 선택 교번 selective breeding*을 통해서 특정 유전자가 비정상적으로 발현되는 설치류 모델을 만들어 냈다. 개발된 지 50년도 넘은 비만 생쥐 모델은 음식 섭취의 조절에 중요한 미확인 체액성 인자humoral factor가 하나 이상 있으며, 그 인자의 결핍은 비만의 경향과 연관되어 있다는 강력한 증거를 제공해 주었다(Hervey, 1959). 펩티드 렙틴의 존재는 서로 다른 두 종류의 비만 돌연변이 생쥐 모델의 실험을 통해 특징이 밝혀지기 오래전부터 이미 예측되고 있었다. 비만 생쥐 모델과 당뇨병 생쥐 모델은 둘 다 비만해진다. 두 생쥐의 순환계를 연결하는 개체 연결 실험parabiosis experiment에서 비만 생쥐는 혈액 내 순환 인자circulating factor가 결여되어 있고(Hervey, 1959), 당뇨병 생쥐는 수용체가 결여되어 있다는(Coleman, 1973) 결과가 나왔다. 간단히 요약하면, 개체 연결 실험에서 야생형 생쥐를 비만 생쥐와 짝 지으면, 비만 생쥐는 음식 섭취가 줄어들고 체중이 감소했다. 비만 생쥐와 당뇨병 생쥐를 짝 지으면 비만 생쥐는 체중이 감소했지만, 당뇨병 생쥐는 영향이 없었다. 따라서 이와 관련 연구를 한 D. L. 콜맨D. L. Colman은 비만 생쥐는 음식 섭취를 억제하는 순환 인자가 결여되어 있고, 당뇨병 생쥐는 기능성 수용체가 결여되어 있다고 결론 내렸다(Coleman, 1973).

1990년대 초에 이 비만 모델에서 기능하고 있는 체액성 인자의 정체는 지방 조직에서 분비되는 16킬로달톤의 단백질 호르몬인 것으로 확인되었으며(Zhang et al., 1994), '야위다'라는 의미의 그리스어 'leptos'를 따서 렙틴

---

* 특정한 특성을 나타내는 동물끼리 교배시켜 그 특성을 많이 가진 개체를 만들어 내는 육종법을 말한다.

leptin이라 명명되었다. 이후 머지않아 수용체가 복제되었고, 시상하부의 복부핵과 활꼴핵에 있는 것으로 밝혀졌다(Tartaglia et al., 1995; Mercer et al., 1996; Fei et al., 1997).

렙틴은 식욕과 에너지 대사를 조절해서 체중 조절에 관여하는 것으로 보인다. 렙틴은 표적 조직 세포에 위치한 특정 렙틴 수용체(적어도 다섯 개의 아형이 존재)를 통해 작용한다. 가장 긴 형태의 수용체인 렙틴 수용체 B(Ob-Rb)는 지금까지 알려진 모든 신호 경로를 활성화시킬 수 있다(Cammisotto et al., 2005). Ob-Rb는 시상하부에서 많이 발현되는데, 여기서 Ob-Rb는 식욕과 음식에 대한 쾌락적 인식hedonic perception에 영향을 미쳐 음식 섭취 조절에 중요한 역할을 담당하는 것 같다(Isganaitis & Lustig, 2005). 그리고 짧은 형태의 가용성 수용체도 있다. 이것은 더 긴 형태가 분할되면서 생긴 것으로 결합 단백질이나 수송 단백질로, 혹은 두 가지 모두로 작용하는 것으로 보인다(Ahima & Osei, 2004).

렙틴 수용체에 결함이 있는 생쥐 모델도 마찬가지로 비만을 나타냈다(예를 들면, Cohen et al., 2001). 렙틴이 부족한 생쥐에게 렙틴을 회복시켜 주면 상당한 체중 감소가 일어났지만, 렙틴 수용체에 결함이 있는 생쥐에서는 효과가 없었다(Halaas et al., 1995). 렙틴은 가포화 활성 수송계saturable active transport system를 통해 혈액-뇌 장벽을 통과할 수 있다(Banks et al., 2000). 렙틴을 중추로 투입하면 음식 섭취가 줄어든다(Schwartz et al., 2000에서 리뷰). 렙틴이 음식에 대한 쾌락적 인식에 영향을 미친다는 주장을 비롯하여, 렙틴을 식욕 감퇴 효과의 메커니즘으로 설명하려는 시도가 있었다. 예를 들면 렙틴이 '지방 항상성lipostat'의 일부로 기능한다는 주장을 들 수 있다. '지방 항상성'이란 식욕을 조절함으로써 지방의 총량을 안정적인 범위 안에서 유지하려 하는 시스템을 말한다. 이 연구는 대중 언론을 통해 큰 반향을 불러일으켜, 체중 감량의 해결책이 발견되었다는 기사로 뉴스를 장식했다.

그러나 생물학적 과정이 그렇게 단순하게 일어나는 경우는 드물다. 렙틴이 결핍되지 않은 비만 동물은 약리학적인 용량의 렙틴을 투여해도 식욕 감퇴와 체중 감소가 잘 일어나지 않는다. 진화적 관점으로 생각해 보면 인간을 비롯한 동물의 진화 역사에서 비만은 드문 현상이었을 것이다. 따라서 과도한 지방 조직으로 인해 렙틴의 수치가 비정상적으로 높아지는 경우는 별로 없었다. 그보다는 먹이의 부족으로 지방 저장량이 낮아지고, 또 그로 인해 렙틴의 수치가 낮았다고 보는 것이 더 적절한 시나리오다. 렙틴이 말초의 지방 저장량을 중추신경계에 알리는 지표로 역할을 했을지는 모르나, 이는 비만해졌으니 음식 섭취를 줄이라는 신호를 보내기 위해 진화되었다기보다는 에너지 저장량이 낮아졌으니 어서 먹이를 찾아 나서라거나 에너지를 아끼라는 신호를 보내기 위해 진화되었다고 보는 것이 옳다.

또한 혈중 순환 렙틴도 조절된다. 혈액 속을 순환하는 렙틴의 수치가 단순히 체지방량에만 비례하는 것은 아니다. 음식 공급이 중지되면 렙틴의 수치가 떨어졌다가 다시 음식을 먹기 시작하면 정상 수치로 되돌아온다 (Mizuno et al., 1996; Mars et al., 2005). 이런 변화는 지방 조직의 변화 비율과는 상당히 차이가 있다. 혈중 순환 렙틴의 수치는 24시간 리듬을 따르며, 일반적으로 사람과 설치류의 경우 규칙적인 수면 기간 동안 수치가 가장 높아진다 (Licinio et al., 1998).

특정 생리적 상태도 렙틴 저항성, 즉 식욕이나 음식 섭취의 감퇴가 일어나지 않는 고렙틴혈증hyperleptinemia과 관련이 있다. 이와 관련해서는 임신과 비만을 통해 많은 것을 알 수 있다. 임신과 비만에서 나타나는, 식욕 감퇴 효과에 대한 저항성은 서로 다른 메커니즘에 의해 일어나는 것으로 보이기 때문이다. 렙틴은 태반에서도 만들어진다. 따라서 임신 기간 동안 산모의 혈중에서 과량으로 순환하는 렙틴은 태반에서 기원한 것일 가능성이 크다. 임신 기간에는 짧은 형태의 가용성 렙틴 수용체도 상향 조절된다. 따라서 산모의 혈중 렙틴의 양이 많아져도 렙틴의 상당량은 가용성 짧은 형태 수용체와 결합되어 비활성화될 가능성이 커진다(Henson & Castracane, 2006). 임신 기간 동안 혈중 렙틴의 증가는 식욕 감퇴를 불러오지 않는다. 임신은 식욕 증진 상태지, 식욕 감퇴 상태가 아니다.

비만 또한 렙틴 저항성 상태로 인식되고 있다. 지방 조직의 양이 많아지면 혈중 렙틴의 양도 많아진다. 하지만 이 고렙틴혈증은 식욕을 감퇴시키지 않는 것으로 보인다. 혈중 렙틴의 수치가 어느 수준에 오르면 식욕을 감소시키는 능력이 제대로 발휘되지 않는다. 가능성 있는 한 가지 메커니즘은 혈액-뇌 장벽을 통과하는 렙틴의 능동 수송과 관련되어 있다(Banks et al., 2000). 말초의 렙틴 혈청 농도가 어느 수준에 도달하면 이 시스템이 포화되기 때문에 혈중 렙틴의 농도가 높아져도 중추신경계로 수송되는 렙틴의 양이 증가하지 않는다. 말초의 렙틴이 증가한다고 해도 중추의 렙틴 신호의 양이 변화하지 않는 상태에 도달하는 것이다. 이는 렙틴의 중추적, 행동적 기능이 비만에서 보이는 높은 수준보다는 그보다 낮은 수준에서 발휘된다는 것이라는 추가적인 증거이기도 하다.

렙틴은 음식 섭취나 지방 조직 항상성하고만 관련이 있는 것이 아니다. 렙틴의 수준은 생식에 필요한 최소의 지방 저장량을 알려 주는 역할을 할 수도 있다. 사실 렙틴이 생식에 중요한 영향을 미친다는 것은 잘 알려져 있다. 렙틴이 결핍된 비만 생쥐는 암컷과 수컷 모두 불임이었다. 하지만 렙틴을 회복시켜 주자 불임도 해소되었다(Chehab et al., 1996). 렙틴의 생식 기능을 살펴보면, 사춘기의 시작과도 관련이 있으며, 남성과 여성의 생식력, 난소의 난포 발생folliculogenesis, 수정난의 착상에서도 역할을 한다. 생쥐에게 렙틴을 투여하면 상당히 이른 나이에 성적으로 성숙해진다(Chehab et al., 1997). 사내아이는 사춘기가 시작되면 혈중 렙틴의 양이 일시적으로 상승한다(Mantzoros et al., 1997). 렙틴은 태반, 탯줄, 기타 태막fetal membrane에서 발현된다

(Ashworth et al., 2000). 렙틴 수용체는 태아 조직에 폭넓게 퍼져 있으며, 렙틴이 태아의 발달에서 어떤 역할을 하는 것으로 짐작된다(Henson & Castracane, 2006). 정자도 렙틴을 분비한다(Aquila et al., 2005). 렙틴은 '지방 항상성' 외에도 다양한 기능을 갖고 있는 것 같다.

닭의 렙틴

렙틴은 대단히 오래된 분자다. 아마 CRH만큼이나 오래되었을 것으로 추정된다. 렙틴의 오솔로그가 새(Taouis et al., 2001; Kochan et al., 2006), 어류(Johnson et al., 2000; Huising et al., 2006), 도마뱀(Spanovich et al., 2006), 양서류(Boswell et al., 2006; Crespi & Denver, 2006)에서도 발견된 바 있다. 렙틴 분자와 수용체는 가금류인 닭과 칠면조 모두에서 그 특성이 밝혀졌다(Taouis et al., 2001). 닭과 칠면조의 렙틴은 서로 상당한 상동관계를 보이며, 포유류의 렙틴과도 상동관계가 깊다. 지금까지 밝혀진 특성을 보면 이들의 렙틴은 포유류의 렙틴과 80% 이상 동일하다. 초기에는 닭의 렙틴 염기 서열과 관련해서 일부 논란이 있었다(Taouis et al., 2001). 생쥐나 쥐의 렙틴과 약 95%나 일치했기 때문이다! 닭의 렙틴 염기 서열은 여러 연구자들에 의해 거듭 확인되었으며, 설치류 렙틴과 놀라울 정도로 일치하는 부분도 마찬가지로 확인되었다. 이렇게 아주 먼 두 혈통 사이에서 렙틴 분자가 대단히 유사하게 나타나는 것은 평행 진화parallel evolution 혹은 수렴 진화convergence evolution의 사례인 것으로 보인다(Doyon et al., 2001).

포유류에서와 마찬가지로 닭의 렙틴도 지방과 강력한 상관관계가 있다. 하지만 닭의 지방 조직에서도 렙틴을 합성하고 분비하지만(Taouis et al., 2001), 닭에서 렙틴의 주요 합성 부위는 간이다(Taouis et al., 1998; Ashwell et al., 1999).

닭의 간은 지방 생산이 활발하며, 지방은 조류의 에너지 대사에서 중대한 역할을 맡고 있다. 간은 잉어에서도 주요 렙틴 합성 부위로 작동한다(Huising et al., 2006). 이는 렙틴의 간 발현은 포유류에 와서 소실된 오래전 조건일 수 있음을 암시하고 있다.

그 외의 부분에서는 닭의 렙틴도 포유류에서와 같은 역할을 한다. 혈중 렙틴의 양은 먹이를 먹고 나면 증가하고, 먹이 공급이 차단되면 감소한다. 외부에서 렙틴을 투여하면 음식 섭취가 줄어든다(Denbow et al., 2000). 어린 암탉에게 렙틴을 주면 성적으로 빨리 성숙해졌다(Paczoska-Eliasiewicz et al., 2006). 렙틴은 닭의 난소에 강력한 영향을 미치고(Paczoska-Eliasiewicz et al., 2003; Cassey et al., 2004), 생식의 영양 조절에도 관여한다(Cassey et al., 2004). 따라서 지방, 렙틴, 여성 생식 사이의 관계는 아주 오래전에 기원했을 가능성이 크다.

렙틴의 기능

렙틴은 유기체의 삶 시기에 따라 다른 기능을 한다. 태아 조직과 신생아에서의 렙틴 신호는 성인에서 일어나는 렙틴 신호와는 상당히 다른 영향을 미친다. 렙틴은 어린 동물에서 발달호르몬developmental hormone으로 작용한다. 예를 들면 사람의 태아에서는 약 8주경에 렙틴 수용체(Ob-Rb)가 식도에서 결장에 이르는 위장관에서 발현된다(Aparacio et al., 2005). 렙틴 mRNA는 11주까지 발견되지 않았지만 렙틴 단백질은 발견된 바 있다. 양수에는 렙틴이 상당한 농도로 들어 있다. 이는 아마도 태반에서 기원했을 것이다. 태아는 대략 이 시기부터 양수를 삼키기 시작한다. 렙틴의 mRNA가 감지되기 전에 렙틴이 존재하는 것은 삼킨 양수에서 기원한 렙틴일 가능성이 있다(Aparacio et al., 2005). 이 자료는 수용체를 통해 작용하는 렙틴이 위장관의 성장과 성숙에서 역할을 담당하고 있음을 보여 준다.

　모유에는 렙틴이 들어 있고(Casabiell et al., 1997; Housenechte el al., 1997; Sith-Kirwin et al., 1998), 출생 이후 태아의 위장관에는 렙틴 수용체가 있다(Barrenetxe et al., 1998). 사실 렙틴 수용체는 성인의 위장관에도 있다(Cammisotto et al., 2005). 위장관은 적어도 만 1년이 되기 전에는 완전히 성숙되지 않는데, 렙틴은 태아기부터 성인기에 이르기까지 중요한 역할을 맡고 있을 수 있다. 하지만 렙틴이 결핍된 생쥐는 위장관과 관련해서 아무런 발달상의 문제를 보이지 않는다(Cammisotto et al., 2005). 따라서 위장관의 발달 과정에는 상호 보완적인 여러 메커니즘이 작용하고 있거나, 렙틴이 어떤 역할을 하지만 필수불가결한 요소는 아닐 수 있다.

　다른 종에서는 렙틴이 성장과 발달을 촉진하는 특성을 나타낸다. 남아프리카 발톱개구리Xenopus laevis에 있는 렙틴 오솔로그의 특성도 밝혀졌다(Crespi & Denver, 2006). 렙틴의 기능은 변태 과정에 따라 변화하는 것으로 보인다. 렙틴은 변태가 마무리된 개구리와 심지어는 변태 후기에서도 식욕을 조절하는 역할을 하지만, 변태 초기의 올챙이 시기에는 식욕에 아무런 영향도 미치지 않는다. 대신 이 시기에는 렙틴이 변태 발달의 속도를 올려 뒷다리를 더욱 빨리 성장시키고, 발가락의 발달을 재촉하는 역할을 한다(Crespi & Denver, 2006).

　렙틴은 신생 설치류의 뇌에 다른 호르몬의 분비를 자극하는 작용도 하는 것으로 보인다. 흥미롭게도 렙틴은 신생 쥐와 신생 생쥐의 식욕에는 아무런 영향이 없다. 렙틴 결핍 생쥐도 생후 첫 2주 동안은 몸집의 크기나 비만도에서 야생형과 차이가 나지 않는다. 하지만 그 이후로는 과도해진 식욕으로 인해 비만도에서 급격한 차이가 나게 된다(Bouret & Simmerly, 2004). 설치류에서는 생후 첫 1주와 2주에 혈중 렙틴의 양이 급격히 증가한다. 이 시기는 중요한 뇌 발달 기간과 일치한다. 이 시기에 활꼴핵이 다른 시상하부 신경핵들과 연결된다. 이 연결을 자극하는 것이 바로 렙틴인 듯하다. 렙틴 결핍 생쥐는 시상하부의 활꼴핵과 다른 핵 사이의 연결이 빈약하게 발달하기 때문이다(Bouret & Simmerly, 2004).

따라서 렙틴의 기능은 조직에 따라 달라질 뿐 아니라, 나이에 따라서도 달라진다. 렙틴은 동물의 핵심 발달기에도 참여한다. 흥미롭게도 발달 기간 동안 렙틴이 작용했던 조직이 다 자란 후에도 렙틴의 작용 조직인 경우가 많다. 위장관, 시상하부 신경핵, 생식선 모두가 발달 과정이나 그 이후 모두에서 렙틴 신호의 표적으로 작용한다. 하지만 이때 렙틴이 미치는 영향은 생의 초기에 발달을 자극하고 조절하던 렙틴과는 본질적으로 달라진다.

렙틴으로 비만을 해결할 수 있을까 _____

렙틴의 특성이 처음 밝혀지고, 렙틴의 혈중 인자가 결여되면 설치류에서 비만이 유발된다는 것이 밝혀지자, 사람들은 식욕과의 전쟁에 사용할 해결책이 발견되었다는 희망으로 들떴다. 물론 회의적인 시각과 경계심도 없지 않았다. 과거에도 큰 기대를 모았다가 결국 기대를 충족시키지 못했던 분자들이 많았기 때문이다(예를 들면 콜레키스토키닌). 렙틴의 특성을 밝혀냄으로써 식욕 조절과 비만의 병리생리학에 대한 이해가 크게 증진된 것은 사실이다. 하지만 비만인 사람 중에 우리가 알고 있는 렙틴 신호 체계의 결함을 가지고 있는 사람은 거의 없다. 비만인 사람들은 렙틴 저항성(사람을 과식으로 이끄는 이 저항성 가설의 메커니즘에 대해서는 아직 입증된 바가 없다)을 나타내는 경우가 많기는 하지만 대부분 혈중 렙틴의 수치가 높고, 수용체 결함도 없다. 렙틴의 생물학은 진화적으로 봤을 때 렙틴 수치가 낮은 경우가 혈중 순환 렙틴의 수치가 높은 경우보다 훨씬 더 흔했을 것이라는 가설을 지지하고 있다. 렙틴 신호 체계는 렙틴의 수치가 과도할 때보다는 낮을 때(예를 들면 지방 조직의 양이 적을 때나 음식 섭취가 적거나 없는 시기에) 더 잘 반응하도록 적응되어 있다. 이것을 보여 주는 사례로, 렙틴을 혈액에서 혈액-뇌 장벽을 건너 뇌로 수송해 주는 전달계가 비만에서 보이는 혈중 농도에서는 포화된다는 사실을 들 수 있다. 이는 렙틴에 의한 섭식 행동 조절이 혈중 렙틴이 고농도가 되었을 경우에는 제대로 발휘되지 못한다는 뜻이다.

렙틴의 적응 기능은 풍족한 음식에 반응하는 쪽보다는 다양한 음식에 반응하는 쪽으로 더욱 기울어 있는 듯하다. 혈중 렙틴의 수치가 낮으면 동물로 하여금 섭식 행위를 증가시키도록 동기를 부여한다. 혈중 렙틴 수치가 낮아지면 환경에서 음식들이 더 두드러져 보이게 만든다. 동물들은 언제나 여러 가지 행동 중에서 선택을 해야 하는 상황에 직면해 있다. 그 모든 일을 동시에 할 수는 없기 때문에 행동에 우선순위가 부여되어야 한다. 혈중 렙틴은 다른 행동보다 섭식 행위에 높은 우선순위를 부여하게 만드는 방법일 수 있다. 렙틴의 농도가 떨어지면 섭식이 상대적으로 더 중요해진다. 하지만 렙틴의 농도가 높아지면 다른 행동이 상대적으로 우선순위가 더 높게 인식될 수 있다. 물론 현대의 환경에서는 이런 균형이 많이 깨졌다. 음식은 어디든 널려 있고, 섭식 행위에 따르는 대가도 작아졌다. 이제는 다른 일(예를 들면, 운전, 독서를 할 때나 심지어는 글을 쓸 때도)을 하면서도 얼마든지 음식을 먹을 수 있으니 말이다.

생리적 메커니즘과 대사는 복잡하고 다차원적인 현상이다. 체내에 있는 다양한 기관들의 조화가 필수적이며, 이것은 근본적인 개념이다. 기관들 사이의 소통은 신경계와 신호 분자에 의해 이루어진다. 여기서 장관-뇌 연결 관계가 섭식 행위를 이해하는 데 무척 중요하다.

    종이 진화의 길을 걸어온 것처럼, 분자와 생리 경로 또한 진화해 왔다. 대사를 조절하고 조화시키는 기능을 하는 신호 분자의 종류는 유한하지만 이들이 창조해 내는 기능은 믿기 어려운 정도로 다양하다. 이는 부분적으로는 이 강력한 분자들이 다양한 조직에서 다양한 기능을 수행할 뿐 아니라, 조직과 맥락에 따라 특이한 조절 기능을 수행하고 있기 때문이다. 기원이 되는 분자들 중 상당수는 유전자 중복을 통해 갈라져 나와 신호 분자와 신호 전달 경로의 계열을 만들어 냈다. 정보 분자들은 다양한 조직에서 다양한 기능을 수행하며, 그들의 영향은 다른 신호 분자들과의 복잡한 상호작용에 달려 있다.

08
뇌는 포만감의 비밀을 알고 있다

우리는 음식을 먹는다. 이것은 영양분이 필요하기 때문이다. 우리가 언제 먹고 어떻게 먹고 얼마나 자주 먹고 어떤 종류를 먹는지에 관여하는 요인 은 다양하다. 하지만 언제 먹고 어떻게 먹는지 등에 상관없이, 먹는 행위가 지닌 여러 측면 가운데 중요한 것은 필요한 영양분을 충족시키는 행동이 라는 점이다.

유기체는 자기가 특별히 필요로 하는 영양분이 있고, 이런 영양분이 귀해졌을 때 그것을 전부가 아닌 일부라도 좀더 잘 구할 수 있도록 진화 해 왔다. 가장 일반적인 적응인 배고픔은 동물로 하여금 음식을 먹도록 동 기 부여한다. 갈증은 동물로 하여금 물을 마실 동기를 부여한다. 나트륨(소 금)과 같은 영양분에 대한 특정 식욕이 있다는 것은 많은 동물에서 확인되 었다(Richter, 1936; Denton, 1982; Schulkin, 1991; Fitzsimons, 1998). 간단히 설명하면, 나트륨 의 결핍(혹은 심각한 수분 손실)은 신장의 레닌−안지오텐신계를 자극한다. 그 러면 이것은 말초에 작용해서 물과 나트륨을 보존하게 하고, 부신에서 스테로이드인 알도스테론aldosterone의 방출을 유도한다. 알도스테론은 다시 혈액-뇌 장벽을 통과해 들어가 중추의 안지오텐신을 유도하고, 다시 다양한 뇌 회로를 통해 물과 소금을 취하려는 행동에 나서도록 동기를 부여한다. 이 효과에는 소금에 대한 쾌락적 인지를 변화시키는 것도 포함된다. 이 경우 짠맛이 나는 음식과 액체가 더 맛있게 느껴진다(Rozin & Schulkin, 1990; Schulkin, 1991; Fitzsimons, 1998).

나트륨(소금) 식욕은 섭식생물학의 여러 가지 중요한 개념을 보여 주는 훌륭한 사례다. 말초기관(이 경우에는 신장)과 뇌가 어떻게 서로 소통하고 조화하는지를 보여 주는 사례이자, 신체의 생리와 행동이 어떻게 조화를 이루는지를 보여 주는 사례이며, 신체의 욕구가 어떻게 행동의 동기를 이루고 실제 행동으로 이끄는지를 보여 주는 사례이기도 하다. 이것은 또한 동일한 펩티드(안지오텐신)가 (나트륨을 보존하기 위해 생리적 메커니즘을 조절하는) 말초기관과 (나트륨을 찾아서 섭취하도록 행동에 동기를 부여하는) 뇌 모두에서 보완적인 기능들을 수행하는 것을 보여 주는 사례이기도 하다. 정보 분자의 숫자가 상당히 많기는 하지만 분명 유한한 숫자이며, 유기체의 복잡성을 생각해 보면 오히려 적다고 볼 수도 있다. 이들 정보 분자들은 다양한 조건, 다양한 조직 아래서 다양한 기능을 발휘하고 있다. 또한 복잡한 생명을 존재 가능하게 해준 것도 바로 이런 다양해진 기능 덕분이었다.

영양분에 대한 특정 식욕이라는 개념은 흥미롭긴 하지만 나트륨을 제외하면 입증하기가 여간 까다롭지 않다(Richter, 1957; Rozin, 1976). 예를 들어 칼슘 결핍은 칼슘에 대한 식욕을 낳지만, 나트륨 식욕도 함께 불러일으키며, 이 나트륨 식욕은 여러 면에서 칼슘 선호보다 더욱 강력하게 나타난다(Schulkin, 2001). 또 하나의 예를 들면, 티아민thiamin*이 결핍된 식단을 먹인 쥐는 티아민이 풍부한 먹이가 제공되면 기꺼이 그 음식을 선택하지만, 쥐는 티아민을 감지하는 능력을 타고나지 않는다는 연구 결과가 있다. 오히려 티아민이 결핍된 쥐의 행동은 학습을 통해 결핍 식단을 혐오하게 되고 새로운 식단을 먹으면 질병에서 회복할 수 있다는 연관성을 학습하게 된 결과라고 설명하는 것이 가장 타당하다(Rozin & Schulkin, 1990). 맛 자체는 임의적이지만 티아민이 결핍된 쥐는 티아민이 없는 음식의 맛을 피하고, 티아민이 풍부한 음식 맛을 좋아하는 법을 학습할 수 있다. 만약 두 음식의 맛을 뒤바꿔 놓으면 쥐는 당분간 티아민이 결핍된 음식을 좋아하고, 티아민이 풍부한 음식을 회피할 것이다(Rozin, 1976). 하지만 이 경우에도 결국은 티아민 결핍 식단의 맛을 피하는 법을 다시 배우게 된다.

동물은 음식 선택 행동의 방향을 잡아줄 여러 전략을 갖고 있다. 그 전략은 종에 따라, 영양분에 따라 달라진다(Rozin, 1976). 시간 척도가 중요한 고려 사항이다. 칼슘에 대한 식욕이 애매하게 나타났던 이유는 (뼈에) 저장된 칼슘의 양이 필요한 양에 비해 엄청나게 많기 때문일 수 있다. 단기적인 식이 칼슘 섭취 부족에 따르는 결과는 같은 기간 동안 나트륨이나 물이 부족한 경우와 비교하면 심각성이 훨씬 덜하다. 칼슘 결핍에 따르는 급성 반응은 주로 칼슘의 보존과, 저장해 두었던 칼슘의 동원으로 나타난다. 행동적인 요소는 결핍 상태가 만성적으로 진행된 이후에야 등장한다(Schulkin, 2001).

에너지 결핍에 대한 반응으로 일어나는 사람의 배고픔은 아마 이 두 가지 시간 척도의 중간에 해당할 것이다. 배고픔은 나트륨 고갈이나 심각한 수분 손실처럼 즉각적인 반응은 아니지만, 칼슘 결핍보다는 더 신속하게 반응이 나타난다. 우리는 상대적으로 몸집이 큰 동물에 해당하기 때문에 에너지 요구량의 상당 부분을 체내에 저장할 수 있다. 하지만 에너지 결핍이 어떤 방식으로 초래되었는지도 생리 반응과 행동 반응에 영향을 미친

---

* 비타민 B 복합체의 일종으로 에너지 대사와 핵산 합성에 관여하며 신경과 근육 활동에도 필요로 한다.

다. 밤사이에 자고 일어나 느끼는 배고픔처럼 단기 및 중기의 단식으로 생긴 배고픔은 오랫동안 고강도로 운동을 해서 야기된 배고픔과 다르며, 이 둘도 오랫동안 음식이 부족해서 생긴 단식과 다르다.

음식 섭취의 조절에서 고려해야 할 서로 다른 시간의 척도가 존재한다. 가장 짧은 것은 끼니의 시작과 끝에서 일어나는 조절이다. 이 과정에 관여하는 물리적, 생리적, 호르몬적 신호가 있고, 일반적으로 이들은 모두 장관, 미주신경, 뇌를 끌어들인다.

음식 섭취는 조절된다. 우리가 물리적으로 섭취 가능한 양을 최대한으로 채워서 먹는 경우는 드물다. 음식 섭취의 조절을 연구하는 데는 다양한 패러다임이 존재한다. 섭식 동기 자체가 다양하기 때문이다. 영양분은 음식 섭취에서 가장 근본적인 요소임이 확실하지만, 그것이 유일한 원동력은 아니다. 섭식에는 중독과 유사한 쾌락적 측면도 어느 정도 있다. 불쾌한 스트레스 상황에 놓인 동물은 먹이 섭취와 선호 패턴에 변화가 생긴다. 사람에게서 나타나는 수많은 섭식 장애도 부정적인 심리적 환경과 연관되어 있다(Dallman et al., 2003).

포만과 식욕

식욕 조절은 식욕과 포만이라는 정반대의(혹은 상호 보완적인) 개념에 의해 이루어진다. 이 두 가지가 섭식 기간, 섭식 빈도, 섭취하는 음식량, 섭취하는 음식의 종류 등을 결정한다. 장관과 뇌는 이런 과정을 통해 조화되고 상호작용한다. 장관과 뇌의 상호작용은 음식을 섭취하기 이전에 이미 시작된다. 음식을 보거나, 냄새 맡거나, 심지어 음식에 대한 기대감만으로도 장관으로 하여금 음식을 받아들여 소화시키고, 다른 기관들로 하여금 흡수된 영양분을 대사하도록 준비시키는 일련의 생리적 메커니즘이 촉발된다(이 식사 초기 반응에 대해서는 9장에서 자세히 다룬다).

만족과 포만은 서로 관련이 있으면서도 차이가 있는 개념이다. 만족은 단기간의 섭식을 조절한다. 동물은 만족을 느끼면 먹는 행동을 멈춘다. 포만은 섭식 빈도나 식사와 식사 사이의 시간을 조절한다. 따라서 만족은 끼니를 멈추게 하는 과정을 말하고(이 맥락에서는 끼니가 한 번의 식사 시간을 의미한다), 포만은 끼니의 숫자와 끼니 사이의 시간을 조절하는 과정을 말한다(Cummings & Overduin, 2007).

장관의 만족 펩티드satiation peptide 중 최초로 그 특성이 기술된 것은 콜레키스토키닌(CCK)이었다(Gibbs et al., 1973). 이 물질은 소장과 뇌에서 만들어진다. CCK 수용체는 두 가지가 알려져 있다. 1형 수용체(CCK1R)는 주로 장관에서 발현되고, 2형 수용체(CCK2R)는 주로 뇌에서 발현된다(Moran & Kinzig, 2004; Cummings & Overduin, 2007). 말초로 CCK를 주사하면 투여량에 따라 끼니의 양이 감소한다(예를 들면 Gibbs et al., 1976). 내인성 CCK의 식욕 감퇴 효과는 대단히 강력하고 신속하지만, 지속 시간이 짧아서 주사 후 30분 이내다(Gibbs et al., 1993에서 리뷰). 예를 들어 붉은털원숭이에게 정맥 주사로 CCK를 투여하면 먹이 섭취량이 상당히 감소되는 효과가 나타났다(Gibbs & Smith, 1977; 그림 8.1a). 하지만 15분 후에는 먹이 섭취 속도가 차이가 나지 않았고, 결국 원숭이에게 CCK를 투여한 지 3시간 후에 측정한 먹이 섭취량은 줄어들어 있었다. 먹이 섭취의 감소는 모두 첫 15분 동안에 발생한 것이었다(그림 8.1b).

따라서 CCK의 작용으로 만족이 유발되는 것은 사실이지만, 이것이 포만 신호는 아니다. 다시 말하면, CCK는 섭식을 종결하는 역할은 하지만 끼니의 빈도나 하루의 총음식 섭취량에는 거의 영향을 미치지 않는다는 뜻이다. 실제로 CCK를 장기간 투여한 쥐는 하루에 여러 번에 걸쳐 조금씩 끼니를 먹었으며, 총먹이 섭취량은 대조군과 다르지 않았다(예를 들면, West et al.,

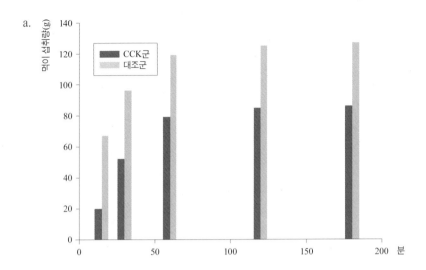

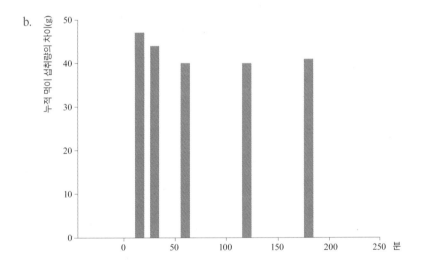

그림 8.1 a. 붉은털원숭이에게 CCK를 정맥주사하면 먹이 섭취량이 줄어들었다. b. 먹이 섭취량의 전체적인 차이는 첫 15분 동안의 섭식 행동 변화에서 비롯되었다.   출처: Gibbs & Smith, 1977.

1984; Moran & Kinzig, 2004에서 리뷰). CCK1R이 발현되지 않은 쥐에서는 끼니의 지속 시간이 길었고, 섭취되는 먹이의 양도 많았지만, 하루에 먹는 끼니의 수는 감소했다. 어쨌거나 결국 이 실험의 최종적인 효과는 하루 먹이 섭취량의 증가와 비만으로 나타났다(Moran & Kinzing, 2004). 따라서 CCK 신호가 증가한다고 해서 꼭 체중 감소로 이어지지는 않지만, CCK 신호가 붕괴되면 비만으로 이어질 수 있다고 결론 내릴 수 있다. 이런 종류의 비대칭성은 아주 흔한 것일 수 있다.

만족 작용satiation action을 나타내는 장관 – 뇌 펩티드가 많이 있다. 그중 일부는 대사 기질에 특이성을 나타낸다. 예를 들어 APO AIV(glycoprotein apolipoprotein A – IV)의 경우에는 지방 흡수에 반응해서 장에서 분비된다. 이것은 시상하부 활꼴핵에서도 합성된다. APO AIV를 외부에서 투여하면 먹이 섭취가 감소한다(Tso & Liu, 2004). 식욕 감퇴 효과가 있는 펩티드 YY는 칼로리 부하에 비례해서 분비된다. 다만 반응의 효능은 지방에서 제일 크고, 그다음으로 탄수화물, 단백질 순이다(Degen et al., 2005; Cummings & Overduin, 2007).

현재 알고 있는 장관 – 뇌 펩티드 중에서 식욕 증진 작용을 하는 것은 딱 하나밖에 없다. 바로 그렐린이다. 그렐린은 설치류의 위 점막 상피에서 처음 분리되었다(쥐, Kojima et al., 1999; 생쥐, Tomasetto et al., 2000). 그렐린은 먹이 섭취량을 증가시키고 지방 대사에 영향을 미침으로써 설치류의 비만도를 증가시키는 것으로 밝혀졌다(Tschop et al., 2000). 먹이 섭취량에 대한 영향은 활꼴핵을 비롯한 다양한 뇌 영역에서 일어나는 NPY 뉴런의 활성화에 의해 중재된다(Gil-Campos et al., 2006에서 리뷰).

그렐린은 위와 소장 근위부proximal intestine에 있는 위점막 세포에서 합성, 분비된다. 그렐린은 장관의 운동성을 증가시키고, 인슐린 분비를 감소시킨다. 또 많은 종에서 음식 섭취량을 강력하게 증가시키는 역할을 한다(Gil-Campos et al., 2006에서 리뷰). 그렐린의 분비는 단식에 의해 촉진되고 섭식에 의해 억제된다(Wren et al., 2001a, b; Inui et al., 2004). 혈중 그렐린 농도는 끼니에 앞서 급증한다. 실제로 매일 일정한 시간에 끼니를 제공하면 그렐린이 증가하는 시간을 길들일 수 있다(예를 들면 Cummings et al., 2001). 따라서 식사 전에 이루어지는 그렐린 분비는 식사 초기 반응이나 예상 반응anticipatory response으로 작용해서 섭식 행동을 자극하는 것으로 보인다(자세한 내용은 10장 참조).

그렐린이 뇌에서도 만들어지는지는 확실치 않다. 설치류 뇌의 그렐린을 세포면역학적으로 염색해서 수준을 확인해 보면 기준선을 간신히 넘는 정도도. 하지만 야생형 생쥐와 그렐린 녹아웃 생쥐의 뇌를 염색해서 비교해 보면, 그렐린의 흔적이 약하게나마 감지된다(Sun et al., 2003). 그렐린이 뇌에서 낮은 수준으로나마 생산이 되고 있거나, 혈액-뇌 장벽을 가로질러 그렐린의 수송이 어느 정도 일어나고 있다고 볼 수 있다. 흥미롭게도 그렐린 녹아웃 생쥐도 섭식 행동에서 야생형과 차이가 없었고, 사실 측정한 그 어떤 변수에서도 차이를 발견할 수 없었다(Sun et al., 2003). 그렐린이 없는 생쥐에게 외부에서 그렐린을 투여하면 야생형과 똑같은 방식으로 반응했다. 녹아웃 생쥐도 리간드의 유전자가 제거되어 그렐린이 있지 않을 뿐, 그렐린의 기능적 신호 전달 체계는 온전했다. 섭식 행위를 조절하는 잉여 회로는 다양하게 존재한다. 그렐린은 섭식 행위에 미치는 강력한 영향력에도 불구하고 정상적인 음식의 섭취와 성장에 필요불가결한 요소는 아닌 것으로 보인다. 우리 저자들이 알고 있는 한, 길들여진 24시간 리듬이나 조건화 때문에 생긴 끼니 예상 능력이 그렐린이 없는 생쥐에서는 손상되는지 실험해 본 연구는 없었다.

그렐린은 아실화 형태acylated form와 비아실화 형태nonacylated form로 혈액 속을 순환한다. 아실화 형태에서는 중간사슬지방산medium-chain fatty acid, 보통 n-옥탄산n-octanoic acid이 3번 위치의 세린에 부착되어 있다(그림 8.2). 아실화 형태는 식욕에 대해 중추 작용을 하는 활성화 형태다. 비아실화 분자는

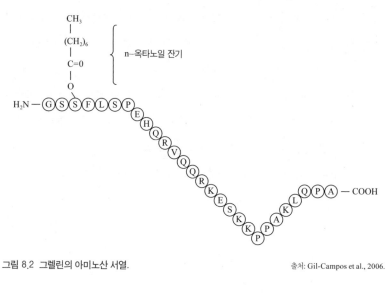

그림 8.2 그렐린의 아미노산 서열.

출처: Gil-Campos et al., 2006.

메커니즘은 확실하지 않지만 심혈관 작용 등을 비롯한 말초 작용을 나타
내는 것으로 보인다(Gil-Campos et al., 2006에서 리뷰).

식욕을 조절하는 신호

생존에서 음식 섭취가 대단히 중요하다는 점을 생각하면 식욕과 섭식 동기
를 조절하는 신호가 여러 가지 있고, 그런 신호들도 서로 다른 시간 척도에
서 작용하는 것은 대단히 타당한 일이다. 몸집의 크기가 단기적, 장기적 에
너지 상태와 관련된 신호의 상대적인 중요성을 결정하는 중요한 인자가 될
수 있다. 소형 동물들은 필요한 에너지를 글리코겐이나 지방으로 많이 저
장하지 못하기 때문에 먹지 않고 오래 버틸 수가 없다. 하지만 대형 동물들
은 기아 시간이 길기 때문에 단기적 필요에 대응할 수 있는 선택 사항이 더

많다. 그렇다면 몸집이 큰 동물들은 에너지 수요와 에너지 조절에 대처하기 위해 장기적 신호, 즉 지방 및 지방 조직과 관련된 신호를 이용하는 메커니즘을 진화시켜 왔으리라는 추론이 가능하다.

쥐는 소형 동물이다. 쥐에서는 단식 이후의 섭식 행동이 간의 에너지 상태와 관련이 있다는 연구 결과가 있다(Ji & Friedman, 1999). 쥐를 24시간 동안 굶긴 후에 해가 뜰 무렵부터 마음껏 먹을 수 있도록 먹이를 제공해 주었다. 이 시간대에는 쥐들이 보통 먹이 활동을 잘 하지 않는다. 하지만 굶은 쥐들은 해가 떠 있는 시간 동안에도 대조군에 비해 상당히 많은 양의 먹이를 먹었다. 굶은 쥐의 간 글리코겐의 양은 단식하지 않은 쥐에 비해 상대적으로 크게 감소되어 있었지만, 다시 먹이를 공급해 주자 신속하게 정상으로 돌아왔고 단식하지 않은 쥐의 글리코겐 수치를 초과했다(Ji & Friedman, 1999). 하지만 간의 ATP 수치는 오랫동안 정상 수치 아래 머물렀다. 먹이 섭취 행동은 간의 ATP 및 글리코겐 양의 변화와 대략 맞아떨어졌으며, 간의 글리코겐 및 ATP의 양이 기준선보다 낮은 동안에는 먹이 섭취가 대단히 활발했다가, 간의 에너지 상태가 정상으로 돌아오면 먹이 섭취도 느려지면서 대조군의 먹이 섭취 속도와 비슷해졌다(Ji & Friedman, 1999).

렙틴은 섭식 행동에 강력한 영향력을 미친다. 렙틴 수치는 보통 전체 지방 조직의 양을 반영하지만, 모든 상황에서 그런 것은 아니다. 예를 들면 아주 야윈 사람들에서는 혈중 렙틴 농도와 비만도는 관련성이 없다(Bribiescas, 2005; Kuzawa et al., 2007). 야생 개코원숭이 집단의 렙틴 수치도 마찬가지로 낮은 값을 보이는 경향이 있는데, 체중보다는 나이와 더 관련되어 있다(Banks et al., 2001). 물론 이 야생 집단은 포획 개체들보다 더 야위었다. 낮은 혈중 농도(적은 지방 조직의 양을 반영)에서 렙틴 농도는 다른 과정을 반영하는 듯하다. 한 가지 가능성은 혈중 렙틴 농도가 전체 지방 조직의 양에 덧붙여, 지방 조직을 통한 지방산 유동량fatty acid flux을 함께 반영한다는 것이다.

단식을 한 동물에서는 혈중 렙틴의 농도가 지방 조직의 변화량에서 예상되는 것보다 훨씬 크게 감소한다(Weigle et al., 1997; Chan et al., 2003; MacLean et al., 2006). 그와 유사하게 식사 이후에도 렙틴은 지방 조직의 변화를 통해 예상되는 양보다 훨씬 크게 올라간다.

뇌와 포만

먹는 행위는 본질적으로 동기가 부여된 행동이다(Richter, 1953; Stellar, 1954; Berridge, 2004). 여기서 아주 간단하면서도 중요한 개념 한 가지는 동물은 주어진 한순간에 많은 행동을 동시에 수행할 수 없다는 것이다. 동물은 그중에서 '선택'을 해야 한다. 만약 그 순간에 무언가를 먹기로 선택한다면 자동적으로 다른 행동은 하지 않기로 선택한 것이 된다. 매 순간 마음속에서는 여러 가지 동기들이 서로 갈등하기 마련이고, 이런 갈등은 해소되어야만 한다. 배고픔과 포만에서 얻는 적응상의 이점은 이런 느낌들이 먹는 행동과 다른 행동 중 어느 것을 선택할지에 영향을 미친다는 것이다. 섭식 동기는 다른 동기 및 감각적 자극과 관련되어 있는데, 배고픔과 포만보다 더 우선하는 동기도 있을 수 있다.

중추신경계는 행동을 조화시키고 우선순위를 부여하는 기관이다. 중추신경계는 파리부터 인간에 이르기까지 모든 동물종의 섭식 행동에 관여한다. 파리의 경우에는 신호 체계가 아주 간단하다(Dethier, 1976). 파리는 음식 위에 앉으면 섭식 행동을 시작한다. 파리에게는 먹이가 감지되면 섭취 행동과 함께 일어나는 흥분성 반사가 있다. 파리의 위가 가득차면 억제성 신호가 발생해 섭식 행동을 중단시킨다. 만약 장관으로부터 오는 감각 신호를 차단해서 억제성 반사가 붕괴되면, 파리는 배가 터져 죽을 때까지 계속 먹는다(Dethier, 1976). 이것은 파리의 섭식 행동에 훌륭히 작동하는 명쾌한 시스템이다. 포유류를 비롯한 모든 척추 동물은 섭식에 영향을 미치는 신경회로가 좀더 복잡하고 다양하다. 포유류는 배고픔 및 포만이 파리와 같지 않다(Berridge, 2004).

배고픔과 포만은 복잡한 인지 과정으로서 말초기관으로부터의 자극뿐만 아니라, 많은 신경 부위에서 오는 자극을 통합해서 나온다(그림 8.3). 가장 중요한 말초 조직은 소화기관(구강/혀에서 위를 거쳐 소장과 대장에 이르기까지), 췌장, 간, 근육, 지방 조직이다. 뇌에서는 뇌줄기에서 피질에 이르기까지 모든 수준의 신경 조직이 관여한다. 섭식 행동에 결정적으로 관여하

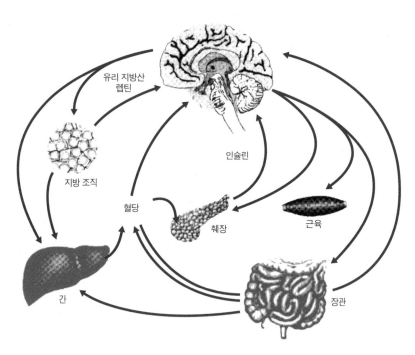

그림 8.3 생리적 메커니즘과 행동은 조화되고, 조절된 방식으로 작용한다. 뇌와 말초기관들은 모두 고대로부터 보존되어 온 정보 분자를 통해 서로 소통한다.

는 핵심 영역들은 분명 있지만(예를 들면, 뇌줄기의 팔곁핵parabrachial nucleus, 시상하부의 활꼴핵; 전전두피질), 섭식 행동을 뒷받침하는 신경계는 뇌 전체에 분포되어 있다. 심지어는 유도된 나트륨 식욕처럼 비교적 간단한 행동도 뇌줄기 및 대뇌의 변연계에 폭넓게 분포한 신경섬유계에 의해서 부호화된다(Fitzsimons, 1998). 포유류의 섭식 행동은 신경 조직의 모든 수준을 포괄하는 복잡하고 통합되고 분산된 네트워크에 의해 중추에서 조절되고 있다.

끼니와 관련된 정보들은 몇 가지 양상을 통해 뇌로 전송된다. 혈액－뇌 장벽 안에 있는 뇌 영역은 적어도 네 가지 메커니즘을 통해 말초기관으로부터 정보를 입력 받는다. (1) 직접적인 신경 연결, (2) 혈액－뇌 장벽을 통과할 수 있는 스테로이드 호르몬, (3) 수동적으로는 혈액－뇌 장벽을 통과할 수 없지만, 조절을 받는 가포화 분자 수송계를 통해 뇌로 수송되는 펩티드 호르몬과 기타 분자들, (4) 뇌실주위기관circumventricular organ. 뇌실주위기관은 혈액－뇌 장벽 바깥쪽에 있기 때문에 말초기관으로부터 오는 신경 입력뿐만 아니라 펩티드 분비를 통해 들어온 입력에도 반응할 수 있다. 그에 더해서 뇌실주위기관은 혈중 대사산물에도 반응할 수 있다. 본질적으로 이 기관들은 세포외액의 맛을 느낄 수 있다. 이들은 말초의 입력에 반응해서 행동과 생리적 메커니즘을 조절하며, 그 정보를 다른 뇌 부위로 보내 주기에 적합한 위치에 있다.

미측caudal 뇌줄기 네트워크가 전뇌의 입력 없이도 적어도 겉보기로는 정상적인 섭취 행동을 조절하고 지지할 수 있다는 가설이 입증되고 있다(Grill & Norgren, 1978; Grill & Kaplan, 2002). 뇌를 제거한 쥐도 다양한 미각 자극 물질을 구강 내로 투여해 주면 적절한 구강/안면 반응을 나타낸다. 예를 들어 섭식 행동 연구를 하는 하비 그릴Harvey Grill과 조엘 카플란Joel Kaplan은 뇌가 제거된 쥐도 포도당(단맛)에 대해서는 양성 쾌락 반응을 나타내고, 퀴닌(쓴맛)에 대해서는 혐오 반응을 나타낸다는 것을 보여 주었다(Grill & Kaplan, 2002). 섭취한 자당 용액의 부피로 측정한 끼니 용량도 정상 쥐와 뇌가 제거된 쥐에서 비슷했다. CCK를 주사한 경우에도 끼니의 용량이 정상적인 쥐와 뇌가 제거된 쥐에서 비슷한 방식으로 감소가 일어났다(Grill & Smith, 1988). 하지만 뇌를 제거한 쥐는 완전히 정상적인 섭취 반응을 보여 주지 못했다(Grill & Kaplan, 2002). 이들은 필요량과 관련해서 자신의 섭취량을 조절하지 않았다. 미각 혐오 학습도 이루어지지 않았다(Grill & Norgren, 1978). 뇌를 제거한 쥐의 섭식 행동 조절은 제대로 기능이 발휘되지 않았는데, 이는 놀랄 일이 아니다. 정상적인 섭식 행동이 일어나려면 완전한 뇌가 필요하다.

뇌줄기 고립로solitary tract의 신경핵들은 혀와 위장관에서 오는 구심성 신호를 통합한다(Norgren, 1995; Travers et al., 1987). 이후 정보는 뇌줄기 앞쪽을 통해 다른 대뇌 부위 사이에 있는 시상하부까지 이동한다. 활꼴핵과 실방핵paraventricular nucleus은 음식 섭취의 조절에서 중요한 영역이다(Woods et al., 1998; Bouret & Simerly, 2004). 활꼴핵에 있는 두 가지 뉴런 유형이 섭식 행동 조절에서 결정적이면서도 서로 정반대 역할을 수행한다. NPY 뉴런과 POMC(proopiomelanocortin) 뉴런은 각각 섭식을 자극하고 방해하는 일에 관여한다. NPY 뉴런은 NPY와 아구티관련단백질(AgRP)을 발현하는데, 둘 모두 강력한 식욕 증진 펩티드다. NPY나 AgRP를 쥐의 중추로 주입하면 음식 섭취가 증가하고 결국 비만이 유발된다(Sahu, 2004). NPY/AgRP 뉴런은 그렐린 수용체를 발현하는데, 그렐린이 식욕 증진 효과를 나타내는 메커니즘 중 하나가 바로 NPY/AgRP 뉴런을 자극하는 것이다(Zigman & Elmquist, 2003). 렙틴은 NPY 뉴런과 POMC 뉴런을 통해 작용하는 것으로 보인다. NPY 뉴런을 억제하고 POMC 뉴런을 자극해서 먹이 섭취를 억제하는 것이다. 렙틴과 인슐린은 모든 경우에서 다 똑같은 것은 아니지만 같은 뉴런 집단에 들어 있는 같은 세포 내 경로 중 일부를 활성화시킨다.

렙틴이 다 자란 생쥐에 미치는 영향과는 반대로 적어도 생후 몇 주 동안에는 신생 생쥐에게 외부에서 렙틴을 투여해도 먹이 섭취가 감소하지 않는다(Mistry et al., 1999; Bouret & Simerly, 2004). 이는 렙틴이 결여된 생쥐가 생후 몇 주 동안은 몸집이나 비만도에서 야생형과 차이가 나지 않다가 그 후에야 차이를 나타낸다는 사실과도 일맥상통하는 부분이다(Bouret & Simerly, 2004). 렙틴 수용체는 신생 쥐의 시상하부에서 발현된다. 렙틴을 신생 쥐의 말초로 투여하면 활꼴핵에서 NPY와 POMC의 mRNA 발현이 달라진다(Proulx et al., 2002). 따라서 신생 쥐와 신생 생쥐에서 렙틴 신호는 온전한 것으로 보인다. 하지만 출생 당시에는 활꼴핵에서 다른 시상하부 신경핵으로의 전달이 미성숙 상태에 있으며, 생후 첫 주가 지난 다음에야 이 과정이 진행되기 시작한다(Bouret et al., 2004). 이와 같은 시기에 생쥐와 쥐에서는 렙틴 분비가 급상승한다(Ahima et al., 2000; Bouret & Simerly, 2004). 다 자란 렙틴 결핍 생쥐에서는 외부에서 렙틴을 투여해 주면 활꼴핵에서 신속하게 다시 전달이 일어나는 것으로 보아(Pinto et al., 2004), 렙틴이 시상하부에서 식욕 통제 회로의 발달에 결정적인 역할을 하는 것 같다(Bouret & Simerly, 2004).

섭식 행동의 조절에서 시상하부 회로들과 활꼴핵이 중요한 것은 사실이지만 다른 뇌 영역들도 마찬가지로 중요하다. 예를 들면, 렙틴 수용체는 뇌 전체에서 발견된다. 심지어는 뇌줄기도 렙틴 신호의 표적이다(Hosoi et al., 2002). 미각 회로는 뇌줄기를 통과해 고립로핵solitary nucleus으로 간 후, 다시 팔곁핵까지 이어진다. 팔곁핵부터는 두 개의 회로가 있다. 하나는 편도체와 분계선조 침상핵bed nucleus of stria terminalis으로 이어지고, 다른 하나는 미각시상gustatory thalamus을 통해 미각피질gustatory cortex로 이어진다(Norgren, 1995). 섭식은 대단히 복잡한 행동이다. 섭식은 말초기관과 다양한 뇌 영역 간의 상호작용과 협조가 요구된다(그림 8.3 참조). 섭식 행동에 중요한 신경회로들은 뇌 전체에 분포되어 있다.

대뇌피질도 분명 섭식 행동에 관여하고 있다. 우리는 언제, 무엇을 먹을지를 결정할 수도 있고, 먹지 않기로 결정할 수도 있다. 시상하부 섭식 회로는 우리의 섭식 행동을 통제하는 것이 아니라, 먹거나 먹지 않는 섭식행동의 동기를 결정한다(Berridge, 2004). 비만 여성은 마른 여성이나 예전에 비만이었던 여성에 비해 끼니 식사에 반응해서 일어나는 좌측 배외측 전전두피질dorsolateral prefrontal cortex의 활성화가 훨씬 약한 것으로 밝혀졌다(Le et al., 2007). 전전두피질의 역할은 행동을 억제하는 것이다. 특히 더 이상 적절하지 않은 행동을 억제하는 역할을 한다. 전전두피질은 (섭식 행동의) 의사결정에서 중요한 것으로 알려져 있으며(Heekeren et al., 2004, 2006), 식욕을 증진시키는 뇌 영역을 억제함으로써 섭식을 조절하는 데 중요한 역할을 하는 것으로 추측된다(Gautier et al., 2001). 액상 음식을 섭취하게 한 남성과 여성에 대한 연구에서 전전두피질과 시상하부의 활성화가 끼니를 멈추는 장관 펩티드인 글루카곤 유사 펩티드-1(GLP-1: glucagon - like peptide 1)의 혈중 농도를 증가시키는 것으로 나타났다(Pannacciulli et al., 2007).

이러한 연구들의 결과로 뇌줄기 미측부, 시상하부 뇌 영역, 그리고 피질이 다른 어떤 부위보다도 섭식의 조절에 더 중요하게 관여한다는 사실이 밝혀졌다. 섭식 행동은 모든 수준에서 부호화되어 있으며, 일반적 행동에 관여하는 신체 조직들의 계층 구조적 관점hierarchical view과도 일맥상통한다. 영국의 신경의학자 존 헐링스 잭슨John Hughlings Jackson(1835~1911)은 뇌병변이 있는 환자들을 임상적으로 관찰한 결과 대부분의 심리적 기능에 뇌의 계층들hierarchies이 관여한다고 결론 내렸다. 여기서 중요한 점은 각각의 심리적 기능들은 신경 조직의 모든 레벨에 각인되어 있다는 사실이다. 예를 들어, 미소를 지으려면 뇌줄기에 부호화된 운동 패턴이 필요하다. 이 뇌줄기 영역에 손상을 받으면 안면 근육이 마비되어 미소를 지을 수 없다. 하지만 이 경우 미소 짓고자 하는 욕망, 그리고 어떤 상황에서 미소가 적절한 것인지에 대한 인식은 여전히 온전한 상태로 남아 있다. 반면, 헐링스 잭슨의

한 환자는 운동피질에 특별한 손상을 입어서 얼굴 한쪽을 자기 뜻대로 미소를 지을 수 없게 되었다. 하지만 재미있는 농담을 들으면 그 환자는 얼굴 양쪽 면 모두에서 미소를 지었다. 미소를 짓는 근육의 운동을 부호화하는 뇌줄기 영역과 마찬가지로 농담을 재미있는 것으로 만들어 주는 감정을 부호화하는 전뇌 아래 영역도 여전히 작동하고 있었던 것이다. 단지 운동피질에 의해 부호화되는 수의적 통제voluntary control만이 소실되어 있었다. 따라서 기능은 모든 수준에서 부호화되어 있지만, 전뇌가 뇌줄기 기능을 지시하는 과정에는 전반적인 계층 구조가 있다.

이 계층 구조가 절대적인 것은 아니다. 신피질이 모든 경우에서 나머지 모든 뇌 영역을 통치하는 것은 아니다. 강한 감정 반응은 수의적 조절을 압도할 수 있다(Berridge, 2004). 뇌의 계층 구조 각각의 수준은 반자율적으로 행동한다(Gallistel, 1980). 상당수의 동작과 행동은 피질의 관여가 최소화된 상태에서도 일어날 수 있다. 예를 들면, 언제 먹을지 결정할 때 피질이 중요하게 작용하는 것은 분명하지만, 일단 음식이 입에 들어온 이후에는 피질의 지시가 없어도 뇌줄기만으로 독자적으로 음식물을 씹어 삼킬 수 있다. 뇌줄기는 전뇌로 신호를 보내서 정보를 제공하고 신경 기능에 영향을 미치기도 한다. 일례로, 음식의 맛과 질감 등은 전뇌로 하여금 뇌줄기에 저작 활동을 멈추고 삼키지 말고 그대로 뱉어내라고 지시 내리게 만들 수 있다.

전뇌 안의 계층 구조는 훨씬 더 복잡하다(Berridge, 2004). 전뇌 신경회로는 직선적인 하향식 구조를 띠는 경우가 거의 없다. 이 회로는 말 그대로 회로로, 복잡한 연결과 피드백 루프로 구성되어 있다. 뇌의 다양한 영역들이 상호작용하여 행동을 만들어 내는 것이다. 더군다나 말초에서 분비된 정보 분자들(스테로이드와 펩티드 호르몬)이 뇌줄기 신호에 관여하거나 관여하지 않으면서 전뇌의 신호에 직접 기여할 수 있다. 상향식 신호 전달과 하향식 통제라는 간단한 모델로는 섭식생물학을 제대로 기술할 수 없다.

섭식 행동을 조절하는 신경회로는 뇌 전체에 분산되어 있다. 입력 정보와 출력 정보는 뇌줄기에서 출발해 변연계를 거쳐 피질로 이동한다. 이들 회로는 아주 오래된 것이고 전부는 아니어도 대부분의 포유류에서 작동되고 있는 것으로 보인다. 이것들에 대해 우리가 알고 있는 지식 중 상당수는 실험용 쥐의 섭식에 관여하는 신경 연결을 추적해서 얻은 것이다. 쥐의 섭식생물학을 조사해서 얻은 내용들은 일반적으로 사람을 비롯한 다른 포유류에도 그대로 적용된다.

인간과 다른 포유류 사이의 가장 중요한 차이는 거대해진 인간의 대뇌 피질일 것이다. 물론 인간은 다른 독특한 특성들도 있다. 현존하는 모든 동물들은 자기만의 특별한 적응 과정을 거쳐 왔기 때문이다. 인간이 다른 포유류, 특히 다른 영장류들과 공유하는 생물학적 특성도 상당히 많다. 우리의 섭식 행동 중 어떤 측면이 다른 포유류와 차이가 있는지 조사하고 싶다면 인간에 와서 증가한 기능의 피질화corticalization가 좋은 출발점이 될 것이다.

피질은 전통적으로 행동을 억제하는 중요한 기능을 수행한다고 알려졌다. 변연계는 감정과 동기 부여에서 중요한 역할을 하며, 뇌줄기는 불수의적 행동을 조절하고 입력된 정보를 전뇌로 운반하고 전뇌에서 출력된 정보를 말초로 운반하는 데 중요한 역할을 하는 것으로 본다. 물론 뇌는 함께 일한다. 위에서 말하는 구분은 사실 지나치게 단순화해서 표현한 것이다.

과거와 현재의 우리의 섭식 행동을 생각해 보자. 과거에는 외부적 요인 때문에 음식의 가용성이 제한되는 경우가 많았다. 하지만 오늘날에는 음식을 구할 수 있느냐 없느냐는 거의 문제가 되지 않는다. 하루 24시간 어느 때라도 문을 연 가게나 식당을 찾기가 그리 어렵지 않다. 음식의 저장도 편리해졌고, 언제 어디서든 쉽게 구할 수 있다. 아직도 섭식 행동에 제약이 없는 것은 아니지만, 그런 제약은 대부분 내면의 동기에 의한 것일 경우가 많다. 우리는 언제 먹을지를 결정한다. 배고픔은 대단히 강력한 동기를 부여한다. 하지만 우리는 먹는 행위를 늦추고, 언제 먹을지를 의식적으로 선택할 수 있다. 먹는 일에는 사회적인 측면도 있다. 이런 사회적 측면은 영양적 측면만큼이나 중요할 수 있다. 사람은 배가 고파도 일을 하는 중이거나 다른 활동을 하고 있으며, 그 일을 중단하고 싶지 않을 때는 식사를 뒤로 미룰 수 있다. 그리고 배가 고프지 않은 사람도 사업상의 만남이라든가, 친구와의 만남 등 사회적인 자리에서는 무언가를 먹을 수 있다. 사람은 스스로 언제 먹을지를 결정한다.

대사 모델

말초의 생리적 메커니즘은 섭식 행동에 영향을 미치기도 하고 그로부터 영향을 받기도 한다. 장관, 간, 지방 조직, 그리고 체내의 다른 내분비기관들은 음식 섭취의 조절을 돕는 신호를 보내고 또 받는다. 대사 신호와 대사 과정은 내분비 신호만큼이나 중요한 것일 수 있다.

'대사metabolism'라는 단어는 서로 다른 맥락으로 사용된다. 이 책의 맥락에서 가장 적절한 사전적 정의는 "생명 과정과 활동에 필요한 에너지와 새로운 물질의 동화에 필요한 에너지를 공급해 주는, 살아 있는 세포에서 일어나는 화학적 변화"다. 이 정의에는 다양한 시간 척도에 따라 다양한 기관과 관련된 여러 개념이 관여되어 있다. 에너지 공급, 생명 과정, 활동, 새로운 물질의 동화 등은 모두 서로 다른 대사 경로, 서로 다른 기관계, 서로 다른 생리적 조건들을 반영하고 있다. 대사는 수많은 신호에 의해 조절된다. 어떤 신호는 대사 그 자체에 의해 만들어진다. 대사의 중간 산물이나 최종 산물이 곧 대사 신호가 되는 경우다. 어떤 신호는 환경으로부터의 외부 신호가 뇌를 통해 변환되어 만들어진다.

이 책의 주요 초점은 에너지 대사다. 에너지 대사가 섭식생물학과 비만 감수성과 관련된 모든 대사적 측면을 포괄하는 것은 분명 아니지만, 결국 비만이란 과도한 에너지 저장을 의미하는 것이기 때문에 에너지 대사 시스템이 관여될 수밖에 없다. 에너지는 대사 연료로부터 나오고, 그 연료의 주요 성분은 탄수화물, 지방, 단백질이다.

대사 연료를 갈아타며 사용하는 능력(예를 들면, 탄수화물, 지방, 단백질의 산화를 상향 혹은 하향 조절하는 능력)을 의미하는 대사 유연성metabolic flexibility은 개체마다 집단마다 다양하게 나타난다. 이런 다양성 때문에 식욕을 조절하는 에너지 균형과 지방 항상성 메커니즘의 개념이 더욱 복잡해진다. 이로 인해 다음과 같은 의문이 제기될 수 있다. 만약 에너지에 대한 대사적 수요가 있음에도 불구하고 섭취된 음식에서 나온 에너지가 대사에 이용되기보다는 저장된다면, 그것은 '과도한' 음식 섭취에 따른 결과인가? 다음은 연구자들이 측정한 음식과 에너지 섭취량이 우리 몸이 느끼는 방식과는 다를 수 있다는 점을 검토해 본다.

대사와 비만

실험용 쥐Sprague-Dawley rat에서는 고지방식을 했을 때 체중 증가 감수성이 다양하게 나타난다. 몇몇 연구자들은 어느 쥐가 체중 증가에 취약하고 어느 쥐가 저항성이 있는지 예측하기 위해 대사의 서로 다른 측면들을 관찰하여 이런 다양성이 어떤 특징을 보이는지 조사했다. 마크 프리드먼Mark Friedman 등은 지방 산화를 상향 조절하는 능력이 떨어지는 쥐들이 고지방식을 했을 때 체중 증가가 쉽게 일어나는 경향이 있음을 밝혀냈다(Ji &

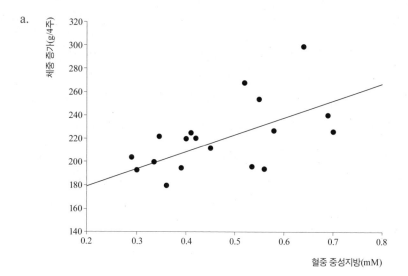

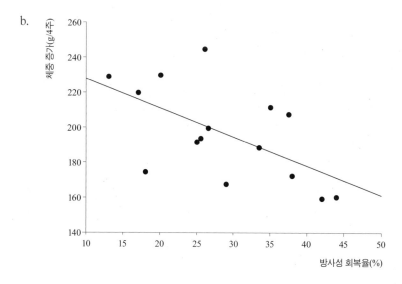

그림 8.4 a. 쥐는 18시간 동안 단식을 시켰다. 공복 시 중성지방은 쥐에게 고지방식을 먹였을 때 4주 동안 일어나는 체중 증가량과 양의 상관관계를 나타냈다. b. 표지된 팔미트산을 먹인 쥐에서 나온 방사성 이산화탄소radioactive CO_2 회복률은 고지방식에서 4주 동안의 체중 증가량과 음의 상관관계를 나타냈다. 따라서 지방 산화 상향 조절 능력이 떨어지는 쥐는 체중 증가가 더 컸다. 출처: Ji & Friedman, 2003.

Friedman, 2003. 그림 8.4a와 b).

　　이 연구 결과는 음식 섭취 조절과 그에 따르는 체중 증가의 '대사 기질 이론metabolic substrate theory'을 지지해 준다(Friedman & Stricker, 1976). 이 모델에서는 고지방식을 먹였을 때 지방 산화를 신속하고 효율적으로 상향 조절할 수 있는 쥐는 체내 기관에, 특히 간에 충분한 속도로 에너지(예를 들면 포도당, 글리코겐, ATP 등의 분자)를 공급할 수 있을 것이라 예측했다. 반면 지방 산화 능력이 떨어지는 쥐는 에너지를 전달하는 속도가 느릴 것이다. 지방산 유입 속도를 따라잡을 만큼 지방 산화를 충분히 상향 조절하지 못하기 때문에 결국 지방 조직에 직접 저장되는 지방의 양이 많아질 수밖에 없는 것이다. 따라서 이 경우 감각기관이나 간은, 대사에 사용할 수 있는 에너지가 충분하지 않다는 신호를 뇌에 보내게 된다는 것이 음식 조절과 관련된 '대사 연료 이론metabolic fuel theory'의 주장이다. 달리 말하면, 지방 산화 능력이 떨어짐으로써 산화 가능한 연료에 결핍이 생긴다는 뜻이다. 결국 더 많은 음식 섭취를 지시하는 행동 반응이 나온다. 따라서 지방 조직에 저장되어 있던 에너지가 산화되어 대사에 사용되는 대신 더 많은 음식을 섭취하는 결과가 생긴다. 결국 총에너지 섭취량이 늘어나고, 지방에 저장되는 에너지의 양도 함께 증가한다.

　　이 모델은 체중 증가와 비만의 원인에 대해 조사할 때 고려해야 할 몇 가지 중요한 핵심을 말해 준다. 신체는 분명 가용 에너지가 순수하게 증가했는지 감소했는지, 그리고 서로 다른 대사 연료(지방, 탄수화물, 단백질)에서 나오는 에너지의 상대적 비율이 얼마나 되는지를 알 수 있지만, 특정 ATP 분자가 어떤 연료로부터 유래했는지, 혹은 그 ATP 분자가 섭취된 음식에서 만들어진 것인지(외인성 원천), 혹은 저장되었다가 동원된 것인지(내인성 원천) 가려내지 못한다는 것이다. 생리적 메커니즘은 ATP의 원천이 필요하다는 것을 감지할 수 있을지는 모르지만, 산화 가능한 기질의 원천이 저장

에너지에서 온 것인지, 새로 섭취한 음식에서 오는 것인지를 언제나 가려 낼 수 있는 것은 아니다. 사실 진화적으로 보면 가용한 음식이 있는 상황에서는 저장된 에너지를 동원하는 것보다는 음식을 섭취하는 것이 일반적으로 더 선호될 것이라고 주장할 수 있다. 체내에 저장된 에너지는 나중에 사용할 수 있고, 또 그렇게 사용될 가능성이 높다. 하지만 단기적으로 에너지 대사와 식욕 조절 시스템의 입장에서는 그런 저장된 에너지가 사실상 보이지 않을 수도 있다.

다른 연구자들도 똑같이 비만 경향성 쥐와 비만 저항성 쥐의 현상을 연구했지만, 이번에는 지방 조직에서 합성되는 호르몬인 렙틴에 초점을 맞추었다. 이들은 고지방식에서 체중 증가 성향을 보이는 쥐들은 섭식에 대한 렙틴 반응이 증가함을 보여 주었다(Leibowitz et al., 2006). 이 발견은 직관에 어긋나 보일 수 있다. 외부에서 렙틴을 투여하면 보통 식욕이 감소했는데 섭식에 대한 과장된 렙틴 반응이 어째서 더 많은 먹이 섭취로 이어진단 말인가? 비만 경향성 쥐들은 실제로 더 많은 먹이를 섭취했다.

이 해답은 지방 조직으로부터의 렙틴 분비가 어떻게 조절되는가에 달려 있는 것 같다. 렙틴은 전체 지방 조직의 양을 예측하게 해주는 믿을 만한 변수로 생각되는 경우가 많지만, 그러한 결과는 기저basal 혹은 정상 상태steady-state의 혈중 렙틴 농도를 반영하는 것이다. 혈중 렙틴 농도는 분명 비만도와 관련되어 있다. 하지만 렙틴의 농도는 24시간 리듬과 섭식 패턴 때문에 하루 중에도 다양하게 변화한다. 일반적으로 렙틴 농도는 밤늦은 시각에 가장 높고, 금방 잠에서 깨어난 아침 시간에 가장 낮다(Licinio et al., 1998). 비만과의 관련성은 동물이 먹이를 먹은 후 시간이 흘러도 추가적으로 영향을 받을 수 있다. 예를 들어 급성으로 단식이 이루어진 후에는 혈중 렙틴 수치가 극적으로 낮아져서 실제 전체 지방 조직의 변화량보다도 훨씬 과도하게 변화한다. 따라서 정상 상태 조건하의 렙틴은 전체 지방 조직의 양과 상관관계가 매우 높지만, 단식처럼 이화 작용이 일어나는 조건에서는 렙틴 분비 감소가 지방량의 변화에서 예상되는 것보다 훨씬 더 커질 수 있다. 이런 다양한 발견을 설명할 수 있는 가설은 이렇다. 지방 조직에서의 렙틴의 합성과 분비는 지방이 저장되고 있느냐, 혹은 동원되고 있느냐에 의해서도 부분적으로 조절된다는 것이다. 지방이 순방향으로 동원되고 있는 경우에는 렙틴 분비가 감소하고, 지방이 순방향으로 축적되고 있는 경우에는 렙틴 분비가 증가한다.

다양한 연구에서 얻은 비만 경향성 쥐와 비만 저항성 쥐의 특성의 차이를 살펴보면 자료들이 일관성이 있음을 알 수 있다. 비만 경향성 쥐는 지방 산화 능력도 떨어지며, 고지방식 섭취에 대한 렙틴 반응도 과장되게 일어난다는 사실이다. 이 두 가지를 결합하면 한 가지 추론이 가능하다. 즉 지방 산화 능력이 떨어지면 섭취된 지방의 상당 부분이 지방 조직에 저장된다. 이것은 결국 지방 조직으로부터의 렙틴 분비 증가를 유발한다. 따라서 비만 경향성 쥐는 지방 산화를 증가시키는 능력이 떨어지기 때문에 고지방식을 섭취하면 지방 조직으로 흘러들어가는 지방의 흐름이 과장되게 되어 결국 과장된 렙틴 반응을 촉발하게 된다.

물론 과장된 렙틴 반응을 보이는 쥐에서 단식에 대한 반응으로 혈중 렙틴의 감소가 과장되게 일어날 가능성도 없지는 않지만, 이것이 암시하는 바는 렙틴이 식욕을 조절하는 핵심적인 대사 신호가 아니라는 것이다. 이것은 직관적으로 볼 때 매력적인 부분이 있다. 지방 산화 능력이 빈약하면 단식 기간 동안 지방 조직에서 방출되는 지방의 산화 속도가 낮기 때문에 공복 시 중성지방의 농도를 높이는 결과를 가져온다(이는 비만 경향성 쥐에서 보이는 특성이다). 이것은 또한 탄수화물 대사나 단백질 대사가 상향 조절되어 보상해 주지 않는 한 ATP 생산 속도도 늦어진다는 것을 의미한다. 어느 경우든 지방 조직으로부터 지방 방출을 촉진하는 신호가 강화되어 렙틴 분비가 더욱 감소하고, 결국 음식을 획득하게 되었을 때는 식욕이 더 커질 것이라고 생각할 수 있다. 이 자료들은 또한 다른 대사 신호의 존재를 암시한다. 이 신호는 아마도 ATP의 생산과 간이나 근육 같은 기관에서의 농도와도 더욱 직접적으로 연결되어 있을 것이며, 식욕을 증진시켜 쥐의 과식을 유도하여 체중 증가로 이어지게 한다.

대사 유연성은 사람의 비만 취약성을 연구하는 데 중요한 고려 사항으로 자리 잡게 되었다. 지금까지 나온 연구들은 사람마다 지방 산화와 포도당 산화 사이를 변환하는 능력에 상당히 차이가 있다는 개념을 지지하고 있다. 지방 산화를 상향 조절하는 능력은 남녀의 차이가 있다(12장 참조). 인종이나 민족 간에도 상당한 다양성이 있는 것으로 보인다(13장 참조).

음식 섭취는 분명 조절된다. 동물과 사람은 물리적으로 가능한 양을 가득 채워서 먹는 경우가 드물다. 동물은 무엇을, 언제, 얼마나 먹을지 결정을 내린다.

섭식은 복잡한 행동이다. 섭식에는 말초기관과 여러 뇌 영역 사이의 상호작용과 조화가 필요하다. 섭식 행동에 중요한 신경회로들은 뇌 전체에 분산되어 있다. 입력 정보는 신경계를 타고 뇌줄기를 통해 뇌로 전달되지만, 스테로이드와 펩티드 호르몬을 통해서도 전달될 수 있다. 이 정보 분자들은 혈액-뇌 장벽을 가로질러 뇌에 도달할 수도 있고, 혈액-뇌 장벽 바깥에 있는 뇌의 뇌실주위기관을 통해 들어올 수도 있고, 미주신경을 타고 올라올 수도 있다.

뇌 조직에는 전반적인 계층 구조가 있다. 기능은 뇌 조직의 모든 수준에서 부호화돼 있지만 피질은 변연계와 뇌줄기를 지배할 수 있다. 하지만 이 계층 구조가 완전한 것은 아니다. 뇌는 하나의 전체로서 작동하며, 어느 특정 부위가 다른 부위를 단순한 하향식 모델에 따라 통제한다고 할 수 없다. 확장된 인간의 피질은 섭식생물학의 행동적 유연성을 향상시켜 놓았다. 우리는 말초와 다른 뇌 영역에서 오는 식욕 신호와 포만 신호를 억제할 수 있기 때문에 배고플 때 먹지 않거나, 배가 고프지 않을 때 먹을 수 있다.

마지막으로, 섭식 행동에서 대사 신호는 내분비 신호만큼이나 중요한 역할을 할 수 있다. 기본적인 생물학적 수준에서 보면 음식 섭취는 산화를 통해 생명에 필요한 대사 에너지를 제공해 줄 대사 연료를 획득하는 일이다. 쥐에 따라 지방을 산화시키는 조절 능력이 매우 다르게 나타난다는 사실은 쥐에게서 비만이 발생할 수 있는 한 가지 요소가 될 수 있는 것으로 밝혀졌다. 인간도 포도당 산화와 지방 산화를 전환하는 능력은 개인 간에 차이가 있다는 것으로 보고되었다. 서구식 식단으로 인한 비만 취약성에서 대사 유연성은 핵심 요소로 작용할 수 있다.

09

지방에도 맛이 있을까

먹는 행위에는 복잡하게 조화된 신체적, 생리적, 행동적 행위가 요구된다. 물론 먹을 때 이런 부분까지 생각할 필요는 없다. 우리는 편안하고 자연스럽게 이런 동작들을 실행에 옮길 수 있다. 하지만 과학자의 입장에서 이런 부분을 생각해 보면 먹는 행동은 아주 복잡한 과정임을 알 수 있다. 먹는 행동은 간헐적이기도 하다. 우리는 쉬지 않고 계속 먹지는 않는다. 항상 먹는 생각만 하고 있는 것도 아니다.

한동안 먹은 것이 없는데 부엌에서 견디기 힘든 맛있는 냄새가 풍기면 우리 몸은 반응한다. 몸이 생리적 메커니즘을 통해 음식을 받아들일 준비를 시작하는 것이다. 먹는 일에 정신이 팔리게 된다. 어쩌면 의자를 박차고 일어나 저녁 식사 준비가 언제 끝나나 부엌을 기웃거리게 될지도 모른다. 이미 몸은 자신의 대사 상태를 바꾸었다. 요리하는 사람이야 뭐라 하건, 몸은 이미 저녁 먹을 준비를 마친 상태다. 음식의 냄새나 모양, 맛에 대한 이런 예상 반응anticipatory responses을 처음 발견한 사람은 19세기 말 파블로프였다.

파블로프

1904년에 이반 페트로비치 파블로프Ivan Petrovich Pavlov는 소화계에 대한 연구로 노벨 생리학상을 수상했다. 그의 연구에서 핵심적인 부문은 장관과 중추신경계가 소화 과정에서 함께 일을 한다는 것을 입증한 것이다. 소화액, 타액, 위산 등의 분비는 뇌에 의해 자극 받을 수 있다. 그래서 펩티드 혁명이 일어나고 수많은 장관-뇌 펩티드가 확인되기 이전에도 중추와 말초의 섭식 생리가 연관되어 있다는 개념이 제안되었다.

파블로프가 과학에 접근한 방법과 과학에 기여한 바를 이해하려면 '공장factory'이라는 개념이 중요하다. 공통 주제를 놓고 지식을 추구하는 과정에서 자원과 기술을 공유하고 서로 관련돼 있지만 동일하지 않은 연구를 수행하는 수많은 연구자들의 집합이 그가 말하는 '공장'의 개념이다. 파블로프는 생리학 연구를 위한 공장을 세웠다(그림 9.1). 그는 소화계를 수많은 부분들이 생명에 필요한 영양분을 공급하기 위해 조화롭게 작동하는 복잡한 화학 공장으로 생각했다(Todes, 2002). 질서정연한 그의 정신은 그의 연구 방법과 그가 내놓은 생리 개념에도 잘 반영되어 있다(파블로프의 삶과 업적에 대한 자세한 내용은 Daniel P. Toes, *Pavlov's Physiology Factory*, 2002를 참조하라).

파블로프가 연구하던 초기 시절에는 신경계가 소화액 분비에 기여하는지를 두고 논란이 있었다. 당시 생리학자들 사이에는 중추신경계가 관여하지 않는다는 생각이 주를 이루었다(Todes, 2002). 하지만 파블로프의 생각은 달랐다. 앞선 실험 결과를 바탕으로 차근차근 확장하며 그의 공장에서 시행한 일련의 실험을 통해 파블로프는 뇌와 장관 사이의 연관 관계를 밝힐 수 있었다. 이는 지금은 소화생리학에서 '식사 초기 반응'이라 부르는 현상을 연구함으로써 이루어졌다.

그림 9.1 러시아 상트페테르부르크에 있는 파블로프의 실험실인 동물 사육장.

이 장에서 우리는 음식 섭취 조절에서 식사 초기 반응이 하는 역할에 대해 알아본다. 식사 초기 반응을 적응의 관점에서 검토할 것이다. 다양한 식사 초기 반응의 기능, 그것의 적응상 가치, 그리고 그것이 진화에 영향을 미친 선택압에 초점을 맞추어 진행한다.

식사 초기 반응

우리는 음식을 먹는다. 우리에겐 영양분이 필요하다. 영양분은 필수적이지만 이런 영양분 중에도 농도가 높아지면 독성으로 작용하는 것이 상당히 많다. 음식 속에는 영양분 말고도 몸에 좋은 것과 나쁜 것들이 많이 들어 있다. 소화계의 생리적 메커니즘의 기능은 안전하고 효율적으로 음식을 영양분으로 변환하는 것이다.

'식사 초기 반응'*이라는 용어는 음식 및 섭식과 관련해서 예상을 통해 이루어지는 생리적 조절을 말한다. 중추신경계는 유기체로 하여금 음식을 섭취하고 소화하고 흡수하고 대사하도록 준비시키는 작용을 하는데, 식사 초기 반응이란 이 중추신경계에 의해 발생되는 음식 존재 신호에 대한 소화적, 대사적 반응을 일컫는 용어다(Pavlov, 1902; Powley, 1977; Smith, 1995). 예상을 통해 이루어지는 이 생리적 반응은 유기체가 음식을 영양분으로 변환하는 효율을 증가시켜 준다. 그로 인해 생기는 한 가지 결과는 주어진 시

---

* 식사 초기는 소화의 첫 단계라고 할 수 있는 뇌 단계(뇌상)cephalic phase를 말한다. 뇌 단계는 음식에 대한 생각이 자극되어 위액이 분비되는 조건 반사를 의미한다. 이것은 신경과 호르몬에 의한 위의 기능적인 단계를 분류한 것으로 뇌 단계 외에 위 단계(위상), 장 단계(장상)가 있다. 위 단계는 음식물이 위에 도달하여 발생하는 자극을 말하며, 장 단계는 위에서 소장으로 넘어가며 발생하는 장 호르몬 분비 단계를 의미한다.

간 안에 처리할 수 있는 음식의 양이 증가한다는 점이다. 이는 인간의 진화 역사에서는 분명 이점으로 작용했겠지만, 현대의 환경에서는 비만에 취약하게 된 이유로 작용했을 수도 있다. 우리는 어떤 음식(예를 들면 단당류가 많은 음식)에 대해서는 지나치게 효율적으로 작용하는 것 같다. 최근 연구에 따르면 섭식을 중단시키는 작용을 하는 생리적 반응도 식사 초기 단계에 있는 듯하다. 음식을 처음 한 입 베어 먹을 때, 심지어는 그 이전부터도 생리적 메커니즘들이 작동을 시작해서 식사의 지속 기간과 섭취할 음식량에 영향을 미친다.

파블로프가 애초에 사용한 용어는 '정신적 분비psychic secretion'였다 (Powley, 1977; Todes, 2002 참조). 이것은 소화액 분비에서 '정신psyche'의 역할을 강조하기 위한 용어였다. 하지만 이 용어를 '식사 초기 반응cephalic-phase response'으로 바꿈으로써 'psychic'이라는 단어와 얽혀 있는 신비주의적인 느낌과 거리를 두고, 식사 초기 반응에는 분비가 아닌 다른 반응(예를 들면 위의 운동성, 열 생산)도 포함된다는 사실을 반영할 수 있게 되었다.

파블로프는 처음에 췌장과 위의 분비를 연구했다. 그가 처음으로 성공을 거둔 부분은 미주신경이 췌장의 분비와 연결되어 있다는 사실을 입증한 것이었다(Smith, 1995; Todes, 2002). 식사 초기 위액 분비 반응을 입증하는 일은 시간이 많이 걸렸지만 그의 연구팀은 파블로프가 개발한 외과적으로 처리된 개 모델들을 이용해서, 미주신경이 온전하기만 하면 음식을 맛보거나 심지어 눈으로 본 후에 몇 분 안으로 위산 분비가 시작된다는 사실을 입증할 수 있었다. 미주신경을 절단하면 식사 초기 단계가 사라졌다. 결국 이 말초의 생리적 메커니즘에 뇌와의 연결이 필요함을 밝힌 것이다.

파블로프라고 하면 사람들은 대부분 침을 흘리는 개를 떠올린다. 파블로프에게 타액 분비란 소화액 분비 현상이었으며, 위와 장의 분비와 똑같은 내재적 기능, 즉 동물로 하여금 신체적인 필요에 음식을 활용할 수 있게 해주는 현상이었다. 그는 섭취된 음식에 따라 타액 분비가 달라진다는 것을 개를 통해 입증해 보였다. 예를 들어 마른 음식을 섭취하면 물기 있는 음식을 섭취할 때보다 타액 분비가 더욱 촉진되었다(Todes, 2002). 또한 개가 섭식을 예상하는 것만으로도 타액 분비가 일어날 수 있으며, 여러 외부 자극과 곧 등장할 음식을 연관 짓도록 훈련시킬 수도 있음을 보여 주었다(Pavlov, 1902). 이것은 아주 유명한 실험이다. 독자 여러분도 잘 알다시피 종소리도 그가 사용한 외부 자극 중 하나였다.

파블로프는 임의의 외부 자극에 대한 이런 반응을 '조건 반응'이라고 이름 지었다. 분비 반응은 섭식에 대한 예상으로 이루어졌다. 따라서 소화액의 분비는 대응reactive일 뿐만 아니라 예상anticipatory이기도 하다. 장관과 뇌는 긴밀하게 서로 연결돼 함께 작용하여 생명에 필요한 영양분을 획득하고 이용한다.

식사 초기 반응의 전반적인 개념은 처음 입증된 이후로 거의 변화 없이 유지되어 왔다. 섭식과 관련된 뇌 등의 신경회로를 연구하는 행동신경학자 테리 폴리Terry Powley(1977)가 섭식에서 중요한 대사 반응인 식사 초기 인슐린 반응을 특별히 강조함으로써 새로이 활력을 얻었다. 기능적인 용어로 설명하면 식사 초기 반응은 소화기관으로 하여금 음식을 소화하고 영양분을 흡수할 수 있도록 준비시키며, 다른 기관계(예를 들면 간, 지방 조직)로 하여금 흡수된 영양분을 대사하고 저장할 수 있도록 준비시키는, 생리적 메커니즘과 대사의 예상 변화를 말한다. 파블로프 시절 이후로 변화된 부분이 있다면 식사 초기 단계를 나타내는 것으로 보이는 분비나 다른 반응들의 목록이 꾸준히 확장되어 왔다는 점이다(표 9.1). 식사 초기 반응은 물리적일 수도 있고(예를 들면 장관의 운동성), 분비성일 수도 있고(예를 들면 소화 효소, 펩티드 호르몬 등), 대사적일 수도 있다(예를 들면 열 생산). 이런 반응들은 소화, 대사, 행동에 영향을 미칠 수 있다. 최근 연구에 따르면 식사 초기 반응들

표 9.1 지금까지 알려진 일부 식사 초기 반응

식사 초기 반응	기관	기능
타액 분비	구강	음식에 윤활 작용. 녹말 소화를 시작. 음식 입자의 용해 (미각을 위해 필수적)
위산 분비	위	음식의 가수분해
가스트린	위	위산 분비 자극
리파아제	위, 췌장	지방 소화
위 배출	위	음식의 통과 조절
장 운동	창자	음식의 통과 조절
중탄산염	창자	위산 중화
콜레키스토키닌	소장	섭식 중단
인슐린	췌장	혈당 조절
췌장 폴리펩티드(PP)	췌장	췌장과 위장관의 분비 조절
소화 효소	췌장	단백질, 탄수화물, 지방의 소화를 지원
담즙	담낭	지방의 유화
렙틴	지방 조직, 위	식욕 감퇴
그렐린	위	식욕 자극, 성장호르몬 분비와 지방 흡수 자극
열 생산	다수	섭식과 관련된 소화 과정과 생리적 메커니즘 때문에 생기는 에너지 대사 증가를 나타냄

은 동물로 하여금 음식을 소화하고 흡수하고 대사하게 준비시킬 뿐 아니라, 내분비를 자극함으로써 식욕과 포만에서도 어떤 역할을 할 것으로 보고 있다. 따라서 식사 초기 반응은 식사의 시작과 끝에 모두 영향을 미치는 셈이다.

조절생리학에서 예상 반응의 중요성 _____

동물은 예상을 한다. 행동, 생리적 메커니즘, 대사가 그저 대응적으로만 이루어지는 것은 아니다. 감각은 외부 환경에 대한 정보를 중추신경계로 실어 나른다. 중추신경계는 경험(지식), 진화된 내재적 경향(계통발생), 현재의 조건(사회적 처지, 영양 상태) 등의 제약 안에서 이 정보를 해석한다. 위협 요소가 있는가? 기회가 열렸는가? 그 후로 중추신경계는 적절한 말초기관으로 메시지를 보내 예상된 도전에 대응할 수 있도록 유기체를 준비시키는 일련의 생리적 메커니즘을 시작한다. 동물은 잠재적 필요에 따라 자신의 상태를 미리 변화시킬 수 있다.

이 예상 생리적 변화는 자신이 처한 상황에 대한 반응일 수도 있고, 시계 같은 내부 리듬을 반영하는 것일 수도 있다. 예를 들면, 많은 호르몬(예를 들면, 코르티솔, 렙틴, 그렐린)의 분비는 24시간 리듬을 따른다. 이로써 동물은 서로 다른 시점에서 가장 적절한 생리적 상태에 있을 수 있다. 생리학자 무어에드는 생리적 메커니즘의 이러한 예상 변화를 두고 '예측 항상성 predictive homeostasis'이라는 용어를 제안했다. 예상 반응은 생리적 메커니즘의 중추 조화central coordination, 그리고 생리적 메커니즘과 행동의 상호작용과 연관되어 있다. 일부 연구자들(예를 들면, Schulkin, 2003; Sterling, 2004)은 생리적 조절의 고전적 항상성 패러다임에서는 생리적 메커니즘의 중추 조화, 예상 생리적 반응, 생리적 메커니즘과 행동의 상호작용 등이 홀대받아왔다고 강조했다. 그 대안으로 '유기체가 몸의 상태 변화를 통해 내부적 생존 능력을 획득하는 과정'이라 정의되는 알로스타시스의 개념을 제안했다(Schulkin, 2003, p.21). 슐킨이 제공한 알로스타시스 조절의 사례 중 상당수는, 말초기관의 생리적 메커니즘을 조절하는 호르몬이 뇌의 중추 동기 상태central motive states도 변화시켜 동물이 도전에 적절한 행동을 취할 수 있도록 한다는 것을 보여 준다(Epstein, 1982; Herbert, 1993; Smith, 2000도 참조). 음식 섭취의 조절은 말초 생리적 메커니즘과 중추의 연관성, 그리고 행동과 생리적 메커니즘은 생존 능력의 보존을 위해 함께 작용한다는 개념을 잘 보여 주는 전형적인 사례다.

알로스타시스, 특히 알로스타 부하의 개념(McEwen, 2000; Schulkin, 2003)은 비만 때문에 생기는 건강 문제에도 적용 가능하다. 비만은 과도한 지방 조직을 의미한다. 지방 조직은 대사적 내분비적으로 대단히 활성이 높다. 비만에 따르는 많은 건강 문제는 정상적인 생리적 메커니즘이 과도하게 나타난 결과다.

섭식생물학에서 예상 반응의 중요성

인간은 끼니를 통해 섭식하는 종이다. 우리는 식사 시간을 따로 정해서 먹으며, 그사이에는 음식을 먹지 않고 보내는 상당히 긴 시간이 있다. 그 결과 음식은 우리 몸에 파동처럼 들어온다. 이것은 대부분의 동물에 해당하는 얘기이기는 하지만 모든 동물이 그런 것은 아니다. 예를 들어 소 같은 반추 동물은 반추위rumen에 항상 최소한의 음식을 채워 넣어 소화기관이 절대로 완전히 비는 일 없이 항상 혈류로 영양분을 전달하게 한다. 그리고 사람을 제외한 대부분의 영장류는 끼니로 식사하기보다는 방목의 형태로 먹이를 섭취하는 경우가 많다.

야생에서 영장류는 외부적, 내부적 제약 때문에 섭식을 자제할 때가 있다. 예를 들면 소형의 신세계 원숭이인 황금사자타마린은 잠에서 깨는 순간부터 열심히 섭식 활동을 한다. 하지만 열매가 풍부한 나무에 도착하면 잠깐 동안의 섭식 이후에는 먹기를 멈추고 사회적 행동에 참여하는 경우가 많다. 그리고 20~30분 정도가 지나면 사회적 행동을 멈추고 다시 섭식을 시작한다. 섭식을 재개하기 전에 원숭이는 소화기관에 들어 있던 씨 앗들을 비 내리듯 쏟아낸다(MLP, 개인적 관찰). 다른 말로 하면 과일이 넘쳐나는 조건에서는 원숭이의 과일 섭취가 그들의 소화 능력을 넘어설 때가 있다는 것이다. 이 원숭이들은 물리적 제약 때문에 섭식을 멈출 수밖에 없었다!

오늘날의 사람들은 음식이 더 안 들어갈 정도로 배를 채우는 경우가 드물다. 아주 먼 과거에는 잔뜩 먹는 것이 적응에 유리한 전략이었던 때가 분명 있었을 것이다. 하지만 지금은 웬만해서는 더 이상 안 들어갈 때까지 배를 채우지 않는다. 우리는 보통 사회적으로 정해진 특정 시간이 될 때까지 일부러 먹는 행동을 자제한다.

이렇게 끼니로 식사하는 패턴은 인간 진화의 역사에서 상당 기간 있어 왔을 것이다. 이것은 단순히 음식 섭취 속도가 소화계의 음식 처리 속도를 초과해서 생긴 반응이 아니다. 끼니는 협동을 통해 음식을 모으고 나눈 인간의 적응을 반영하고 있다. 끼니는 영양적 가치뿐만 아니라 사회적 중요성도 띠고 있다. 끼니는 인간의 진화에서 중요한 행동적 적응이었을 수 있다.

우리는 끼니를 정해서 먹는 종이기 때문에 우리의 내적 환경은 엄격하게 일정한 상태로 유지되지 않는다. 소화계와 수많은 다른 기관계(예를 들면, 간, 신장, 지방 조직)의 상태는 잠재적 영양 결핍(끼니 사이)과 그에 뒤따르는 영양 과다(끼니 중) 상태를 수용하기 위해 끊임없이 변화한다. 영양분은 저장소에서 끊임없이 흘러나오고, 또 거기로 흘러들어간다. 결국 끼니는 내적 환경에 교란을 가져오기 마련이라서 우리 몸은 이러한 교란에 적응해야 한다(Woods, 1991; 10장 참조). 먹는 동안 소화기관에서 혈류로 파동처럼 들어오는 영양분은 대사되거나, 적절한 저장소로 운반되어 격리되어야 한다. 그리고 얼마 후에 위장관이 대체적으로 비게 되면 저장되었던 영양분은 다시 저장소에서 혈류로 재진입하게 된다. 흡수, 저장, 영양분의 동원을 조절하는 분비 반응은 하루 내내 지속적으로 변화한다.

이런 변화에는 시간이 든다. 먹을 시간이 멀지 않았다는 신호에 의해 예상으로 나타나는 생리적 과정인 식사 초기 반응은 유기체가 이런 준비를 미리미리 할 수 있게 해준다. 이 반응은 동물이 음식을 소화하고 흡수하고 대사하고 저장하는 효율을 향상시켜 준다. 혈중 pH나 전해질의 변화 등, 영양분 유입에 의해 생기는 항상성 교란에 대처할 수 있도록 유기체를 대비시키는 역할도 한다.

식사 초기 반응에 의해 소화액이 분비되고 대사를 위한 분비가 일어났는데, 섭식 행위가 그 뒤를 잇지 못하는 경우도 가끔씩 생긴다. 때로는 다 잡은 먹잇감이 달아나기도 하고, 포식자나 같은 종의 다른 개체가 섭식을 방해할 수도 있다. 하지만 섭식 활동을 미리 예상하고 반응하는 데 따르는 이점은 쓸데없이 소화액을 분비하는 데 따르는 대가를 보상하고도 남았을 것이다.

음식을 먹을 수 있다는 기대 _____

식사 초기 반응에 대해 다룬 문헌은 상당히 많으며, 파블로프까지 거슬러 올라간다(Tades, 2002). 식사 초기 반응은 사람, 영장류, 개, 고양이, 양, 토끼, 쥐 등 다양한 포유류에서 입증되었다(Powley, 1977). 식사 초기 반응 중 일부는 공통적으로 나타나며, 일부는 미각 자극 물질의 영양적 특성에 따라 특이적으로 나타나는 것 같다. 즉 단 물질에 대한 반응은 쓴 물질이나 고지방 물질에 대한 반응과 다르게 나타난다는 뜻이다. 음식과의 감각적 접촉은 식사 초기 소화 반응을 자극해서 타액 분비(Pavlov, 1902)와 위산 분비(Pavlov, 1902; Farrel, 1928), 효소, 단백질, 중탄산 등을 포함하는 췌장 분비(Pavlov,

1902; Preshaw et al., 1966)를 증가시킨다는 사실이 밝혀진 지는 오래되었다. 심지어 비닐봉지 안에 밀봉된 음식만 보아도 사람의 위액 분비가 자극된다(Feldman & Richardson, 1986). 이 감각적 경험에 냄새와 맛이 더해지면 반응이 더 커진다(Feldman & Richardson, 1986).

사람, 개, 쥐에서는 제공된 음식의 좋은 맛이 식사 초기 타액 분비와 위액 분비 반응의 정도 및 규모, 양과 상관관계가 있다는 것이 여러 번에 걸쳐 밝혀졌다(Powley, 1977에서 리뷰). 따라서 식욕, 혹은 음식을 원하는 심리적 상태가 소화와 대사의 생리적 메커니즘에 직접 영향을 미친다고 할 수 있다(Pavlov, 1902; Powley, 1977).

식사 초기 반응은 가성 급식sham feeding이라는 기법을 이용해서 입증할 수 있다. 사람에게는 실험용 식단이나 미각 자극 물질을 씹기만 하고 삼키지는 못하게 해서 가성 급식 실험을 한다. 동물 모델에서는 동물이 음식을 씹어서 삼킬 수 있게는 하지만 소화기관의 서로 다른 부분에 누공fistula을 내서 음식이 그 누공 아래로는 내려가지 못하게 한다. 따라서 음식의 감각 신호가 소화기관의 일부 구간에 국한된다. 파블로프(1902)는 동물의 식도 누공을 이용해서 감각적 입력을 구강과 혀에 국한시켰다. 그렇게 해서 파블로프는 가성 급식에 의해 자극된 위액 분비가 음식 자극을 시각적으로 받았을 때보다 더 크다는 것을 밝혔다. 많은 실험 연구자들은 위 누공을 선호한다. 음식을 위에 노출시키는 데 따르는 잠재적 효과를 고려해야 한다는 뜻이다. 두 경우 모두 흡수된 영양분으로 인한 대사적 변화가 완전히 없지는 않아도 그것을 최소화시킬 수는 있다.

가성 급식은 위장관과 혈류, 그리고 행동에서 많은 변화를 자극한다. 예를 들면, 가성 급식은 개(예를 들면, Pavlov, 1902), 쥐(예를 들면, Martinez et al., 2002), 사람(예를 들면, Goldschmidt et al., 1990)에서 위산을 증가시켰다. 가성 급식은 췌장에서 펩티드 분비를 유도했고, 혈중 인슐린 농도와 췌장 폴리펩티드 농도가 예

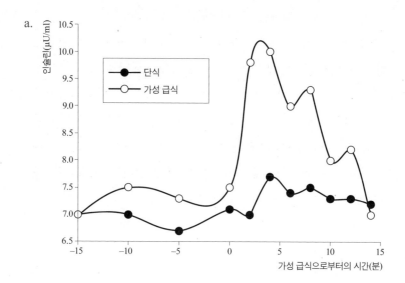

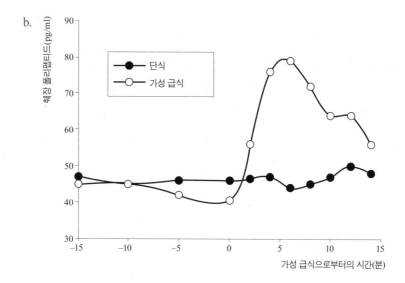

그림 9.2 가성 급식에 대한 사람의 반응: a. 식사 초기 인슐린, b. 췌장 폴리펩티드.   출처: Teff, 2000.

상을 통해 증가하는 결과를 낳았다(Teff, 2000; 그림 9.2a 와 b).

파블로프(1902)는 음식을 위내 삽관을 통해 개의 위로 직접 집어넣으면 소화가 잘 되지 않는다는 것을 입증해 보였다. 하지만 위내 삽관 전에 가성 급식이 이루어진 경우에는 소화가 증진되는 것을 알 수 있었다. 1800년대와 1900년대 초반에 몇몇 의사들은 누공 때문에 어쩔 수 없이 위내 삽관을 통해 음식을 섭취해야 하는 환자들이 음식을 소화기관으로 집어넣기 전에 먼저 씹고 맛을 느끼게 하면 소화를 더 잘 한다는 사실을 발견했다. 그로 인해 식욕이 훨씬 나아졌고, 환자들은 체중을 더 잘 유지할 수 있었다. 한 환자는 음식을 삼켜봤자 식도 주머니로 금방 빠져나와 버리는 데도 씹은 음식을 고집스럽게 계속 삼키기도 했다(Powley, 1977에서 리뷰). 이러한 관찰을 통해 소화 반응을 조화시키는 데 뇌의 중요성이 다시 한 번 부각되었다.

식사 초기 반응과 대응 반응reactive response의 차이를 밝히는 또 다른 방법은 섭취 후 효과가 일어나기 전에 생리적 변화가 먼저 일어난다는 것을 보여 주는 것이다. 예를 들어, 음식 섭취에 대한 반응으로 일어나는 인슐린 분비의 초기 파동은 정상 체중 남성에서 10분 이내로 일어난다(최고치는 섭취 후 4분). 이것은 영양분 흡수로 인한 혈당 변화가 전혀 일어나지 않는 시간이다(Teff et al., 1991). 식사 초기 인슐린 반응은 사카린처럼 영양이 없는 단맛 물질에 의해서도 촉발될 수 있다(Powley & Berthoud, 1985).

모든 실험이 식사 초기 인슐린 반응을 입증할 수 있었던 것은 아니다. 예를 들면, 사람은 단맛 물질을 맛보기만 한 것으로는 식사 초기 인슐린 반응을 발생시키기에 충분하지 않다는 점에서 쥐와는 달랐다. 쥐에게 포도당 용액을 구강 내로 주입하면 식사 초기 인슐린 반응이 자극되었다(예를 들면, Berthoud et al., 1980). 사카린 용액을 섭취한 쥐는 일관되게 식사 초기 인슐린 반응을 나타냈다(Powley & Berthoud, 1985; 그림 9.3). 하지만 사람을 대상으로 한 실험에서는 감미료 용액을 섭취하거나, 감미료 정제를 빨게 해도 인슐린 분

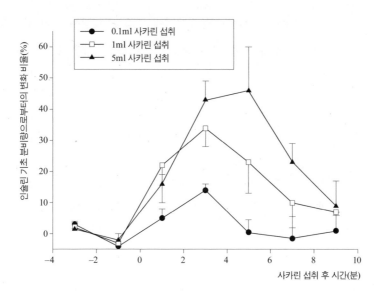

그림 9.3 쥐에서 0.15% 나트륨–사카린 용액을 용량을 달리해서 섭취시켰을 때 나타나는 식사 초기 인슐린 반응. 혈당 수치는 변화가 없었다.　　　　　　　　　　　　　　　출처: Powley & Berthoud, 1985.

비가 일관되게 개시되지 않았다(Bruce et al., 1987; Abdallah et al., 1997). 한 연구에서는 사람에게 단맛이 나는 용액을 맛만 보고 삼키지는 못하게 했는데, 식사 초기 인슐린 반응이나 혈당에 대한 영향이 발견되지 않았다(Teff et al., 1995). 하지만 사과파이 가성 급식을 이용해 똑같은 실험을 진행했을 때는 일관되게 인슐린 반응이 나타났다.

　사람을 대상으로 가성 급식을 한 실험은 대부분 식사 초기 인슐린 반응이 일관되게 나타났다. 음식 자극의 복잡성 정도가 식사 초기 반응에 영향을 미치는 것 같다. 여러 가지 양상이 관여할수록 반응도 커지는 것이다(Feldman & Richardson, 1986). 먹는 행동에 동반되는 운동이나 다른 분비 현상(예를 들면 저작, 타액 분비 등)이 없이 맛으로만 자극했을 때는 사람의 식사 초기 대사 반응을 완전히 이끌어내기에 역부족인 듯하다. 단맛만으로는 음식이 섭취되리라는 '기대'를 확실히 이끌어내기에 부족하다. 식사 초기 인슐린 반응의 기능적 측면들을 뒷받침하고 있는 것은 바로 이 '기대'다.

맛의 역할

입은 "유기체의 어음교환소"이다(Smith, 1995에 인용된 파블로프의 말). 입은 소화기관의 근위부 말단proximal end이고, 소화가 일어나는 첫 번째 무대다. 입은 음식을 씹고 타액과 섞으면서 소화 과정을 개시한다. 입은 음식의 맛도 느낀다.

맛은 식욕, 음식 섭취, 소화에서 다양한 역할을 수행한다(Norgren, 1995). 음식은 쾌락적 특성이 있으며, 이것은 음식 선택의 종류나 양에 영향을 미친다. 하지만 맛은 예상 생리적 조절에서도 역할을 한다. 맛은 섭식이 시작되었고, 소화될 음식이 시스템 안으로 들어가고 있음을 알리는 직접적인 신호다. 그러면 소화된 음식에서 나온 영양분이 혈류로 흘러들어가기 시작한다. 사람은 영양분이 반추 동물처럼 지속적으로 들어오지 않고 파동처럼(끼니) 들어온다. 우리는 에너지 동원(음식을 구하고, 에너지를 소비)과 에너지 저장(소화, 흡수, 저장) 사이를 오가야 한다. 음식을 소화해서 그 영양분을 흡수한 후에 적절한 저장 기관이나 저장소에 축적하려면 여러 생리적 사건들이 일어나야 한다. 초기 녹말 분해에 관여하는 아밀라아제가 들어 있는 타액의 분비가 증가되며, 위에서는 위산 분비가 증가되며, 소장에서는 단백질 분해 효소들이 분비된다. 췌장에서는 지방 소화에 필요한 담즙이 분비되며, 그 외에도 소화기관이 음식을 소화할 수 있도록 준비시켜 주는 다른 변화들이 일어난다. 그리고 혈당이 올라가기도 전에 이미 인슐린이 혈중으로 분비된다. 이런 식사 초기 반응들은(Powley, 1977) 영양분의 유입을 예상하고 그 영양분을 흡수하고 동화할 수 있도록 몸을 준비시킨다. 영양분을 소화, 흡수, 동화하는 생리적 메커니즘은 대응일 뿐만 아니라 예상이기도 하며, 이 예상 조절에서 맛은 핵심적인 역할을 한다.

이른바 '기본 맛'에는 몇 가지가 있다. 기본 맛이 정확히 몇 가지인가에 대해서는 어느 정도 논란도 있고, 정의를 어떻게 내리느냐에 따라 달라질 수 있다. 예를 들면, 어떤 사람은 '떫은 맛'도 맛의 일종이라 생각한다. 사람은 적어도 다섯 가지의 기본 맛을 구분할 수 있다. 단맛, 신맛, 짠맛, 쓴맛, 감칠맛umami. 그리고 지방의 맛이 있다는 연구 결과도 있다. 맛은 두 가지 주요 기능을 가지고 있다. 음식 섭취를 촉진하거나 억제하는 기능, 그리고 섭취된 음식을 사용하거나 거기에 대사적으로 반응하도록 몸을 준비시키는 기능이다. 식사 초기 반응은 일반적으로 동물로 하여금 섭식을 통해 몸으로 들어온 영양분을 소화하고 흡수하고 저장하도록 준비시킨다. 하지만 식사 초기 반응은 섭식을 억제하게 만들거나, 동물로 하여금 독성 물질이나 부패한 음식에 대처하도록 준비를 시킬 수도 있다. 예를 들면, 쓴맛이 나는 물질은 위의 운동을 감소시킬 수 있다(Wicks et al., 2005). 어떤 맛과 냄새는 구토를 유발할 수도 있다. 이는 선천적인 것일 수도 있고, 학습을 통한 연상 효과 때문일 수도 있다. 자극에 대한 이런 반응은 섭취에 의한 생리적, 대사적 효과가 나타나기도 전에 나타난다.

단맛은 일반적으로 쥐와 사람에서 섭취를 자극하고, 식사 초기 소화 및 대사 반응을 자극한다. 이것은 영양이 있는 단맛 물질과 영양이 없는 단맛 물질(예를 들면 사카린, 그림 9.3 참조) 모두에 해당하는 이야기다. 자연에서는 단맛이 난다는 것은 곧 단당류가 고농도로 들어 있다는 의미다. 잘 익은 과일이나 과즙, 혹은 식물 부위를 먹고사는 잡식 동물이나 과식 동물frugivorous species이 단맛을 감지하는 능력이 있고, 단맛 음식을 좋아하는 것은 말이 된다. 하지만 동물에 따라서는 단맛을 감지하지 못하는 종도 있는 것 같다. 고양이과 같은 엄격한 육식 동물은 단맛을 감지하는 능력을 잃어버리고 말았다(Li et al., 2006).

신맛은 산성도와 관련이 있다. 신맛은 혐오 반응을 일으킬 수 있다. 여기서 식사 초기 반응이 일어나는지는 아직 알려져 있지 않다. 감칠맛은 고농도의 유리 글루타메이트glutamate가 포함된 발효 음식과 관련이 있다. 감칠맛은 또한 고단백 음식과 아미노산 감지 능력과도 관련이 있다. 식품 첨가물인 글루탐산모노나트륨monosodium glutamate, 즉 MSG는 구강의 글루타메이트 수용체를 자극함으로써 감칠맛을 만들어 낸다. 남성과 여성에서 모두 MSG에 대한 미각 민감도는 고단백 음식에 대한 선호도 증가와 관련되어 있다(Luscombe-Marsh et al., 2007). 식사 초기 인슐린 반응을(Niijima et al., 1988) 비롯한 식사 초기 췌장 분비(Ohara et al., 1988)는 MSG 용액을 구강 내로 주입하면 유도할 수 있다. 인슐린은 아미노산의 대사에서 중요하다.

짠맛은 나트륨과 관련이 있다. 나트륨이 결핍되면 짠맛이 나는 물질에 대한 식욕이 대단히 왕성해진다(Richter, 1936; Denton, 1982; Schulkin, 1991; Fitzsimons, 1998). 소금(나트륨) 식욕에 대한 문헌은 상당히 많다. 깨어 있는 비글*에게 염화나트륨 용액을 구강 내로 주입하면 자당이나 MSG를 주입했을 때보다 췌장 반응이 훨씬 떨어진다(Ohara et al., 1988).

쓴맛은 일반적으로 섭식을 억제하는 효과가 있다. 식물에서 발견되는 많은 독성 물질(예를 들면, 알칼로이드)은 쓴맛이 난다. 어떤 쓴맛 물질은 사람에 따라 감지 능력이 유전적으로 상당히 차이가 난다. 쓴맛은 위의 운동을 느리게 만들 수 있다(Wicks et al., 2005).

* 개의 일종.

지방에도 맛이 있을까

사람들은 대개 음식에 들어 있는 지방분을 좋아한다. 음식에 들어 있는 지방은 여러 가지 메커니즘을 통해서 감지될 가능성이 크다(Mattes, 2005). 질감texture은 음식 속 지방 성분에 대한 단서를 제공해 주는 것으로 생각된다. 식품 산업 쪽에서는 이것을 '식감'(입에 닿는 느낌)이라고 부른다. 하지만 질감만으로는 사람의 지방 성분 인식 능력을 설명하기 힘들다(Mattes, 2005). 쥐는 후각으로 지방산을 감지할 수 있는 것으로 보이지만 사람도 이런 능력이 있는지에 대해서는 일관된 연구 결과가 나오지 않고 있다(Mattes, 2005). 한편, 입 안에 있는 어떤 화학 수용체가 지방산을 감지할 수 있다는 연구 결과는 축적되고 있다. 그런 수용체로 제기된 것 중 하나가 CD36(지방산 전위효소[FAT: fatty acid translocase]로도 알려져 있다)이다. 이것은 긴사슬지방산을 비롯한 지질과 결합하는 막관통단백질transmembrane protein이며, 지질을 세포막 너머로 수송할 수 있는 능력이 있다. CD36는 세포의 지질 수송에서 많은 기능을 한다. 이것은 쥐와 생쥐의 혀 미각돌기(미뢰)에서도 발현되며, 미뢰세포 중 16% 정도가 CD36를 발현한다(Laugerette et al., 2005).

생쥐를 이용한 최근의 연구에서 CD36가 지방의 맛을 전달하는 메커니즘으로 작용할 수 있다는 결과가 있었다. 생쥐는 리놀레산linoleic acid이 들어 있는 용액과 먹이를 좋아하는 것으로 밝혀졌는데, CD36가 발현되지 않는 CD36 결핍 생쥐는 그런 구분을 하지 못했다(Laugerette et al., 2005). 자당 용액을 좋아하고, 퀴닌 용액을 회피한다는 점에서는 CD36 결핍 생쥐는 야생형 생쥐와 다르지 않았다. 이는 CD36가 지방 특이성 반응에 관여한다고 추측할 수 있다(Laugerette et al., 2005).

신호가 질감에 의한 것이든, 후각이나 지방의 맛에 의한 것이든, 구강 내로 지방이 노출되면 일련의 식사 초기 반응이 시작된다. 위에서는 지방 분해효소lipase가 분비된다. 그리고 위장관 전이Gastrointestinal transit가 조절되고, 췌장의 내분비와 외분비가 자극된다. 그리고 장세포에 저장되었던 지질이 동원된다(Mattes, 2005에서 리뷰). 하지만 식사 초기 인슐린 반응은 보통 지방의 구강 내 노출로는 자극되지 않는다. 따라서 식사 초기 반응은 지방에 대해 나타나는 것으로 보이며, 섭식이나 음식에 대해 전반적으로 다 나타나는 것은 아닌 듯하다. 섭취한 음식에 대해 의식적인 판단이 있어야만 이런 반응이 일어나는 것은 아니다. 한 연구에 따르면(Crystal & Teff, 2006), 젊은 여성들은 고지방 케이크와 저지방 케이크를 의식적으로 구분하지 못했지만, 케이크를 가성 급식해 보니 췌장 폴리펩티드의 분비가 고지방 케이크에서 훨씬 크게 자극되었다.

어떤 지방 성분은 사람에서 식사 초기 반응을 개시시키는 것으로 보인다. 남성과 여성에게 올리브유나 리놀레산이 들어 있는 고지방식을 가성 급식했더니, 혈중 중성지방과 비에스테르형 지방산nonesterified fatty acid이 증가했다. 이들은 포만감도 더 크게 느낀 것으로 알려졌다(Smeets & Westerterp-Plantenga, 2006). 끼니에서 들어오는 상당량의 지방이 장관의 내강gut lumen이나 장세포에 남아 있다가 끼니가 지난 다음에야 혈중으로 들어온다고 가정하는 지방 흡수 저장 이론storage theory of fat absorption이 있다(Jackson et al., 2002; Mattes, 2002). 지방 저장 구획에서 혈중으로 지방이 방출되는 데는 미각적 요소가 작용한다고 한다(Mattes, 2002; Tittelbach & Mattes, 2001).

식욕의 네트워크

음식 신호에 대한 반응은 본능적일 수도, 학습에 의한 것일 수도 있다(Booth, 1972; Rozin, 1976). 조건 맛 선호conditioned taste preference와 조건 맛 혐오conditioned taste aversion는 음식 신호에 대한 반응이 학습되거나 변형될 수 있다는 강력한 증거를 제공한다. 예를 들어, 대부분의 동물은 자기를 아프게 만들었던 음식의 회피를 어렵지 않게 학습한다. 이는 음식 섭취와 관련된 특수한 내장 학습visceral learning이다(Garcia et al., 1974, Rozin, 1976). 독성과 관련된 먹이 기피성 bait shyness은 잘 알려져 있는 중요한 적응이다(Richter, 1953).

쥐에게 달콤한 용액을 먹이고 나서 몸이 아파지게 만들면 혐오 반응을 나타내도록 조건화시킬 수 있다. 이 경험을 한 쥐는 다시 달콤한 용액을 만났을 때 섭취량이 줄어들게 된다. 그들은 또한 음식 섭취와 관련된 정상적인 구강/안면 반응과는 다른, 종 특유의 구강/안면 거부 반응을 나타낼 것이다(Berridge et al., 1981). 여기서 중요한 것은 이 경우 달콤한 용액을 구강

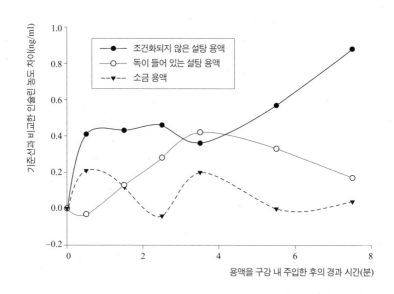

그림 9.4 쥐에게 위장관에 탈을 일으키는 독이 들어 있는 설탕 용액을 주어 조건화시킨 후에 구강 내로 설탕 용액을 주입하면 식사 초기 인슐린 반응이 상당히 약화된다. 하지만 소금 용액에 대해서는 인슐린 반응이 일관되게 나타나지 않았다.　　　　　　　　　　　　출처: Berridge et al., 1981.

내로 주입했을 때 식사 초기 인슐린 반응이 감소한다는 점이다(Berridge et al., 1981; 그림 9.4).

식사 초기 반응은 조작적 조건 형성operant conditioning에 의해서도 자극될 수 있다. 동물로 하여금 임의의 자극과 음식을 먹을 수 있는 상황을 함께 연관 짓도록 학습시키면, 자극만 줄 때도 그 동물은 마치 음식 자체를 인식한 듯 반응하게 된다. 동물은 시간(Woods et al., 1970; Dallman et al., 1993), 소리, 물 속에 들어 있는 맛, 시각적 신호(예를 들면, Pavlov, 1902; Woods et al., 1977) 등등에 조건화될 수 있다. 예를 들면, 섭식의 예상에 따른 인슐린 분비는 하루 중 시간, 소리, 시각적 신호, 맛(예를 들면 Woods et al., 1977) 등 환경의 자극과 연관될 수 있다. 매일 특정 시간에 먹이를 먹는 쥐는 체내 시계circadian clock에 맞춰진 알람 신호에 따라 인슐린을 분비하기 시작한다(Woods et al., 1970; Dallman et al., 1993).

미주신경은 식사 초기 반응의 주요 경로로 생각되고 있다. 미주신경은 식도에서 결장까지의 위장관을 신경 지배하고 있다. 횡경막 아래쪽의 미주신경 구심성 섬유들은 끼니와 관련된 위장관 신호를 통합한다(Schwartz & Moran, 1996). 줄기미주신경전달술truncal vagotomy을 하면 인슐린 식사 초기 반응을 비롯해서 음식을 맛 본 후에 유도되는 위산 분비 및 췌장 효소, 중탄산의 분비도 거의 사라진다(Powley, 2000). 콜린성 입력cholinergic input(부교감신경성 자극)을 차단해도 식사 초기 반응이 차단된다. 예를 들어, 아트로핀atropine을 주입하면 사람에서 가성 급식에 의해 일어나던 위산 분비 증가가 사라진다(Katschinski et al., 1992).

음식을 구강을 통하지 않고 곧바로 위로 보내도 대부분의 식사 초기 반응이 사라진다(Powley, 1977에서 리뷰). 췌장 β세포를 파괴한 후에 미주신경의 신경 지배가 결여되도록 새로운 β세포를 이식해서 만든 설치류 모델에서는 혈당 증가에 따라 반응하는 인슐린 분비는 여전히 온전했으나, 식사 초기 인슐린 분비 반응은 사라졌다(예를 들면, Berthoud et al., 1980).

음식의 섭취가 예상되면 장관과 뇌는 조화롭게 함께 작용하여 유기체가 그 음식을 소화하고 대사할 수 있게 준비시킨다. 중추신경계로부터 오는 신호가 말초에 반응을 일으키고, 말초는 다시 혈액-뇌 장벽을 통과하는 체액성 신호humoral signal와 미주신경 자극을 통해 중추신경계로 피드백을 보낸다. 이런 반응들이 뇌에서 통합되어 결국 섭식과 먹이 섭취를 조절한다.

식사 초기 반응 중 상당수는 본능적인 것이다. 이런 반응은 뇌줄기 기능만 살아 있어도 가능하고, 전뇌 구조물에 의지하지 않는다. 뇌를 제거한 쥐는 학습을 통해 연상을 형성할 수 없다. 하지만 이들도 구강 내 포도당 주입에 대해 만족할 만한 식사 초기 인슐린 반응을 나타내는 것이 밝혀졌다(예를 들면, Flynn et al., 1986; 그림 9.5) 뇌를 제거한 쥐는 다양한 미각 자극 물질을

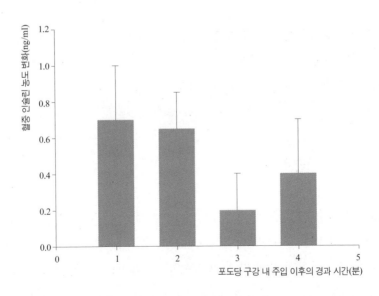

그림 9.5 뇌를 제거한 쥐에게 포도당 용액을 구강 내로 주입하면 즉각적인(식사 초기 반응) 인슐린 분비 증가를 자극한다. 출처: Flynn et al., 1986.

구강 내로 주입했을 때 적절한 구강/안면 반응을 나타낸다. 예를 들어 그릴과 카플란(2002)은 뇌를 제거한 쥐가 포도당(단맛)에 대해서는 양성의 쾌락 반응을, 퀴닌(쓴맛)에 대해서는 혐오 반응을 보인다는 것을 입증했다.

시상하부 뇌영역와 미측부 뇌줄기 모두가 섭식 조절에 관여하는 것으로 밝혀졌다. 뇌줄기는 신경과학자 제러드 스미스Gerard Smith(2000)가 말하는 '직접 섭식 통제direct feeding control'에 반응한다는 주장이 있다. 이것들은 구강, 혀, 위, 장에서 만들어지는 신호들로서 맛, 위의 팽창, 음식의 특성에 따라 나타나는 소화기관 반응 등의 입력 내용을 반영하는 신호들이다. 이 모델에서 전뇌는 '간접 섭식 통제indirect feeding control'라는 것에 반응한다. 여기에는 혈액을 통해 전달되며, 결핍이나 과도의 상태를 나타내는 대사 신호가 포함된다. 물론 전뇌는 학습을 통한 음식 연상association에도 관여한다.

따라서 섭식 행위 조절을 위한 중추의 통제축central control axis은 신경내분비 신호를 위한 전뇌 복측 네트워크ventral forebrain networks와, 행동 조직화와 반사 조절을 위한 뇌줄기 미측부 네트워크caudal brain stem networks로 구성되어 있다(Grill & Kaplan, 2002). 식사 초기 반응 및 섭취 행동 조절의 바탕을 이루는 신경 네트워크에 대해서도 검토되었다(Zafra et al., 2006).

식사 초기 인슐린 반응

포도당은 혈중 농도가 대응 생리적 메커니즘과 예상 생리적 메커니즘 양쪽을 통해 능동적으로 조절되는 영양분의 대표적인 사례다. 혈당 수치가 어느 임계 농도 아래로 떨어지면 뇌가 급속히 손상을 받고 사망에 이를 수도 있다. 하지만 높은 혈당도 잠재적인 독성이 있으며, 근육의 퇴화, 뇌세포 사망, 뇌졸중으로 인한 사망률 증가 등과 관련되어 있다(Williams et al., 2002; Gentile et al., 2006). 혈당의 변화에 저항하고, 혈당을 안전한 범위 안에서 유지하기 위한 여러 가지 메커니즘이 진화되었다. 포도당은 서로 다른 포도당 풀pool 사이를 끊임없이 들락거리고 있다. 좀더 정확히 말하면 포도당 안에 들어 있는 에너지가 이 풀들 사이를 들락거리고 있다고 표현하는 것이 옳다.

인슐린은 포도당의 대사를 조절하는 가장 중요한 펩티드다. 인슐린은 간과 근육의 포도당 저장(글리코겐 형태로)을 증가시키며, 지방 분해와 포도당신생gluconeogenesis을 감소시키고, 지방 조직의 지방산 합성을 증가시킨다(Porte et al., 2005). 그로 인해 최종적으로는 다른 에너지 저장 분자(글리코겐과 지방)로 전환되는 포도당의 양을 증가키시고, 간으로부터의 포도당 생성을 감소시켜 혈중 포도당 수치를 낮추는 결과가 나타난다.

사람과 쥐에서는 활발한 식사 초기 인슐린 반응이 나타난다(Powley, 177; Powley & Berthoud, 1985; Teff, 2000). 음식을 씹고 맛보면 그에 반응해서 췌장은 신속하게 인슐린을 분비하기 시작한다. 이렇게 처음에 한 번 인슐린 분비가 있고 나면 소화된 영양분 흡수에 대한 반응으로 좀더 대규모로 지속적인 인슐린 분비가 뒤따른다(Teff, 2000). 따라서 식사 초기 인슐린 반응은 혈중 포도당 농도의 변화에 대한 흡수 후 인슐린 반응을 약한 수준에서 예상하고 흉내 내는 것이라 할 수 있다(Teff, 2000).

식사 초기 인슐린 반응의 강도가 식후 반응보다 낮기는 하지만 생리적으로는 중요한 효과가 있는 것으로 보인다(Ahren & Holst, 2001). 예를 들어 자율신경절의 신경 전달을 억제하는 트리메타판trimethaphan을 주입하여 식사 초기 반응을 막으면 혈당 최고치가 크게 올라가고, 식후 첫 한 시간 동안의 포도당 감소가 저해된다(Ahrens & Holst, 2001). 따라서 식사 초기 인슐린 반응이 없어지면 포도당 조절에 문제가 생겨 고인슐린혈증hyperinsulinemia으로 이어질 수 있다(Berthoud et al., 1980). 식사하기 바로 전과 식사를 시작할 때, 즉 흡수가 이루어지기 전 시기에 인슐린을 투여하면 비만 환자(Teff & Townsend, 1999)와

2형 당뇨병 환자(Bruttomesso et al., 1999)의 혈당 조절이 향상된다.

비만인 사람들은 식사 초기 인슐린 반응이 무뎌지거나 심지어는 아예 없는 경우가 많다(예를 들면, Teff & Townsend, 1999). 하지만 무뎌진 식사 초기 인슐린 반응이 비만에 기여하는 것인지, 비만이 식사 초기 반응의 상실에 기여하는 것인지, 아니면 둘 다인지는 확실하지 않다.

식욕, 음식의 선호, 음식 섭취의 조절은 에너지 균형과 체중 항상성의 핵심적 측면이다. 식욕과 음식 섭취 조절과 관련된 펩티드, 수용체, 그리고 다른 유전자의 목록이 나날이 늘어나고 있으며, 서로 얽혀 있는 그것들의 역할을 조사하는 일은 사람이 언제, 무엇을 먹고, 또 언제 먹는 것을 멈출지 결정하는 대략의 메커니즘을 이해하는 데 중요한 과정이라 할 수 있다.

예상 피드 포워드 시스템anticipatory feed forward system은 조절생리학에서 필수적이다. 생리적 메커니즘은 그저 대응으로만 일어나지 않는다. 예상 생리 조절은 동물로 하여금 생리적, 대사적 도전에 더 빨리 반응할 수 있게 해주는 적응 전략이다. 식사 초기 반응은 동물이 영양분을 소화, 흡수, 대사하도록 준비시켜 주는 예상 반응이다. 식사 초기 반응은 음식의 감각적 측면들이 동물의 대사 상태와 상호작용하게 하여 식사량을 비롯한 다양한 섭식 행동에 영향을 미친다. 식사 초기 반응은 소화 효율을 높이고 섭식으로 인한 대사 연료의 혈중 농도 증가를 조절하는 데 도움을 준다(Woods, 2002). 따라서 소화, 대사, 식욕은 조화로운 방식으로 조절되고 있다고 말할 수 있다.

식사 초기 반응은 조절생리학에서 가장 근본적인 개념 중 하나이며,

예상 생리 반응의 대표적인 사례다. 식사 초기 반응은 현재 발견되고 있는 다양한 조절 정보 분자regulatory information molecule들을 대상으로 통합될 필요가 있다. 이것은 적응과 진화라는 관점에서 바라볼 필요가 있다. 이 식사 초기 반응은 영양분의 획득 속도를 높여야 할 필요성과, 몸 안의 환경을 방어해야 하는 필요성 사이에서 이루어진 진화적인 압력, 즉 '공격과 방어'를 위한 '군비 경쟁'의 결과물이다.

10

무엇이 식욕을 통제하는가

먹이 획득은 동물이 살아남기 위한 필수조건이다. 강력한 선택압의 작용으로 동물은 생존과 번식에 필요한 영양분을 섭취하고 소화하고 흡수하며 궁극적으로는 대사하는 능력을 향상시켜 줄 해부학적 구조, 생리적 메커니즘, 행동 등을 만들어 냈다. 하지만 음식이 언제나 있다고 해도 동물이 끊임없이 먹기만 하는 것은 아니다. 동물로 하여금 먹이 섭취를 멈추게 하는 생리적 반응을 만들어 낸 선택압과 적응상의 기능은 무엇일까? 다른 말로 하면, 섭식에 따르는 대가는 무엇이며, 음식이 가능한 상태임에도 불구하고 동물이 섭식을 삼가야 하는 상황은 어떤 것일까?

식욕과 음식 섭취 조절을 다룬 수많은 문헌에서 암묵적으로, 심지어는 노골적으로 가정하는 점은 음식 섭취는 에너지 균형을 유지하기 위해 조절되는 것이며, 그 결과는 체중/지방 조직 항상성이라는 것이다. 음식이 무제한으로 공급되는 조건에서도 사람을 비롯한 동물들이 체중을 상대적으로 일정하게 유지한다는 실증적인 자료가 실제로 많이 있다(Woods et al.,

1998; Havel; 2001). 반면 사람의 비만에 대한 역학 조사 결과를 비롯해 동물원의 포획 동물과 실험실 동물들의 과체중 및 비만 문제를 살펴보면, 체중 항상성이 깨지는 경우, 즉 사람과 동물이 종종 만성적인 플러스 에너지 균형 상태에 있는 경우가 많음을 말해 주고 있다.

진화적 관점에서 중요한 질문은 다음과 같다. 에너지 균형은 어느 정도까지, 그리고 어떤 방식으로 자연 선택의 표적이 되는가? 에너지와 에너지 균형이라는 개념은 가치 있고 통찰력 넘치는 개념이기는 하나, 이런 개념도 결국은 사람이 만들어 낸 개념이다. 동물은 자신의 에너지 섭취와 소비를 직접 측정할 길이 없다. 그들이 마치 이런 측정이 가능한 것처럼 보이는 이유는 에너지 균형을 간접적으로 측정하고 감시할 수 있는 다른 메커니즘이 있었기 때문이다(예를 들면, 지방의 양과 직접 관련이 있는 렙틴과 인슐린의 혈중 농도 등). 더군다나 계절에 따라 과식, 소식, 혹은 양쪽을 일상적으로 경험하는 종들도 많다. 동면하는 곰이나 서식지를 옮겨 다니는 철새 같은 종들은 성체로서의 삶 중 상당 부분을 지속적인 플러스나 마이너스 에너지 균형 상태로 살아간다. 사람은 동면을 하지도 않고 계절에 따라 이동하지도 않지만(대부분의 경우), 사람의 음식 섭취 조절을 이해하는 데 관심이 있는 과학자라면 마땅히 에너지 균형이 인류의 진화에서 얼마나 중요한 측면으로 작용했는지, 그리고 어떤 식으로 적응에 유리하게 작용했는지 신중하게 고려해 볼 필요가 있다. 지속적인 마이너스 에너지 균형에 빠지지 않도록 적응하는 것이 중요하다는 점은 자명한 사실이다. 하지만 보통 수준의 플러스 에너지 균형을 피하는 것도 좋은지는 확실치 않다.

음식 섭취 조절의 기능을 이해하는 데는 시간 척도도 중요한 측면이다. 상당수 문헌에서는 음식 섭취 조절을 에너지 균형이라는 틀 안에서 생각한다. 하지만 에너지 균형을 논의하는 데 적절한 시간 척도는 끼니 단위가 아니라 일days 단위다. 사람은 보통 플러스 에너지 균형이거나, 마이너스 에너지 균형이라서 식사를 시작하고 끝내는 것이 아니다. 거기에는 끼니의 양과 빈도를 조절하는 단기적 포만 신호가 있다. 또한 얼마나 많이, 그리고 자주 먹는가에 영향을 미치는 사회적, 문화적, 심리적 요인도 있다(Rozin, 2005). 예를 들면 식당에서 제공되는 한 끼 식사량은 프랑스와 미국 사이에 현저한 차이가 있다. 미국에서는 한 끼 식사 제공량이 대단히 많다. 프랑스 인들은 대개 미국인들보다 식사 시간이 더 길지만, 끼니당 섭취 칼로리는 더 적다(Rozin, 2005).

음식 섭취 조절에는 시간의 척도가 다른, 적어도 두 가지 측면이 있다. 하루, 혹은 여러 날 동안의 총음식 섭취량(이는 에너지 균형의 영향을 크게 받을 것이다), 그리고 한 끼니에 먹는 음식의 종류와 양(이것은 에너지 균형이나 체중/지방 조직 항상성과 아울러 생리적, 심리적 과정에 의해서도 영향을 받는다). 에너지 균형이 플러스인가 마이너스인가는 분명 끼니의 선택에 영향을 미친다(예를 들면 끼니의 지속 시간, 음식의 종류 등). 하지만 생리적이고 심리적인 많은 요소들도 함께 작용한다. 실제로 섭식에 대한 예상 생리 반응인 식사 초기 반응이란 것이 있다. 이것은 직간접적으로 끼니의 양과 지속 시간을 조절하는 일련의 내분비 현상을 작동시킨다. 이 식사 초기 반응은 조건화가 가능하기 때문에 경험, 학습, 그리고 사회적, 문화적 요인이 그 발현에 있어서 중요한 역할을 한다.

식사 초기 반응은 소화뿐만 아니라 흡수 후의 대사와 생리적 메커니즘도 돕는다(9장 참조). 이 반응은 유기체가 흡수한 영양분을 흡수할 수 있게 준비시킨다. 이는 적응에서 대단히 중요한 부분이다. 섭식은 생존에 필수불가결한 부분이지만 항상성에 심각한 도전을 제기하는 행동이기도 하기 때문이다. 이것을 '섭식의 역설paradox of eating'이라고 부른다(Woods, 1991).

항상성 패러다임은 생리학에 대한 사고방식과 연구에서 100년 넘게 길잡이 역할을 해왔다. 클로드 베르나르Claude Bernard(1865)*의 연구에서 시작해

월터 캐넌Walter Cannon(1932)**을 거쳐 현대 생리학에 이르기까지, 건강과 생존을 위해서는 내적 환경의 안정성이 필요하다는 개념이 핵심 교리로 자리 잡아 왔다. 비만을 연구하는 행동신경과학자인 스티븐 우즈Stephen Woods는 이런 생리적 관점에서 바라본 섭식의 근본적 역설을 뛰어난 솜씨로 제시했다(Woods, 1991). 유기체는 살아남기 위해 음식을 섭취해야 한다. 하지만 이런 섭취 행동은 외부 물질을 몸 안으로 가지고 들어오는 역할을 하기 때문에 내적 환경의 안정성 유지에 심각한 도전을 던진다. 영양분은 반드시 필요하지만, 독성을 띠는 영양분도 많다. 영양분들의 혈중 농도가 넘어서는 안 될 최고치와 최저치도 있다. 섭식을 통해 유입되는 영양분은 긍정적인 효과도 있지만 부정적인 효과도 있을 수 있으며, 간질액을 항상성에서 정해 놓은 수치로 되돌리기 위해서는 대사적인 적응이 요구된다.

우리 저자들은 항상성 패러다임을 으뜸으로 보는 시각에는 의문을 가지고 있지만(Schulkin 2003, Power, 2004), 생리적 메커니즘의 기능적, 적응적 측면 이해에 항상성이 매우 중요하다는 점을 부정하지 않는다. 단지 항상성이 모든 생리적 조절을 대표하지는 않으며, 동물이 생존 능력(진화론에서는 자신의 유전자를 후대에 물려주는 능력으로 정의된다)을 갖추기 위해서는 항상성을 버릴 필요가 있는 경우도 많다는 주장을 펼치고 있을 뿐이다. 진화의 중요성을 결정하는 핵심적인 변수는 안정성stability이 아니라 생존 능력viability이다(Power, 2004 참조). 하지만 영양분의 소화, 흡수, 대사에 의해 발생하는 도전적 문제의 경우, 항상성 패러다임은 그것을 보완하는 소화적, 대사적 적응의

---

* 현대 실험 의학의 아버지라 불리는 프랑스의 생리학자로 1865년에 출간된 그의 저서 《실험 의학 서설 Introduction á l'étude de la médecine expérimentale》은 고전이다.
** 미국의 생리학자로 혈액이나 체액 등의 생체 내부 환경이 항상성을 유지하는 기전을 규명해 '항상성homeostasis'라는 개념을 만들었다. 1932년에 출간된 그의 저서 《인체의 지혜The Wisdom of the Body》는 생리학의 고전이다.

진화를 촉진하는 선택압이 무엇이었는지 통찰을 제공해 준다. 특히 항상성 패러다임은 영양분 소화와 흡수의 효율을 증진시키는 적응 변화와 흡수된 상당량의 영양분을 혈류 속에 일정한 한계 이내로 유지해야 할 필요성 사이에 있는 본질적 모순을 강조하고 있다.

섭식 과정은 여러 단계로 구분할 수 있다. 이 책의 목적에 맞게 우리는 이것을 세 단계로 나누었다. (1) 음식 찾기, (2) 섭취와 소화, (3) 흡수와 대사. 첫 단계에서 음식은 완전히 동물의 외부에 있다. 이것은 음식 찾기 단계로, 동물이 음식을 발견해서 마침내 획득하기까지의 단계를 말한다. 이 단계는 섭식 욕구 행동appetitive behavior으로 구성되어 있다(Craig, 1918). 비록 음식은 완전히 동물의 외부에 있지만, 음식에 대한 감각적 신호(시각, 후각 등)와 학습을 통한 연상 작용은 이미 동물을 다음 단계(섭취와 소화)에 대비하도록 타액, 위액 등의 분비를 자극한다.

두 번째 단계인 '섭취와 소화'에서는 음식이 동물 안으로 들어오지만, 아직은 내적 환경과 여전히 분리된 상태로 있다. 소화기관이 아직 장벽으로 기능하기 때문이다. 섭취된 물질의 혈류로의 흐름이 조절되어야 하고, 음식에 든 물질 중에는 흡수하지 않아야 더 나은 것도 있기 때문에 이런 장벽의 존재는 필수적이다. 우리는 음식을 먹지만, 정말로 필요한 것은 영양분이다. 먹은 음식은 소화되어야 한다. 음식에 든 물질은 그 구성 성분으로 분해되어 영양분으로 흡수된 후 나중에 사용하기 위해 저장소로 운반된다. 유기체가 음식을 얼마나 효율적으로 활용하는지는 이런 과정이 얼마나 조화로운가에 달렸다. 한 과정에서 일어난 적응 변화는 다른 부분의 변화를 이끌어낼 수 있는 기회와 선택압을 동시에 제공한다.

사람은 잡식 동물이다. 우리는 영양 구성이 매우 다양한 여러 형태의 음식을 먹는다. 우리가 먹는 음식은 여러 성분 중에서도 지방, 탄수화물, 단백질 등의 비율이 다양하고, 소화와 흡수에서 제기되는 도전도 다양하게 나타난다. 음식이 다르면 소화 반응과 흡수 반응도 달라진다. 동물, 적어도 잡식 동물(예를 들면 사람이나 쥐)은 섭취된 음식에 들어 있는 이 성분들을 감지해서 거기에 필요한 소화액 분비나 외분비, 내분비가 무엇인지 예상할 수 있는 메커니즘을 발전시킨 듯하다. 우리의 소화기관은 항상 같은 상태에 머무르지 않는다. 소화액 분비도 지속적이기보다는 섭식, 섭취된 음식의 특성, 심지어는 섭식에 대한 예상과 발맞추어 변화한다. 식사 초기 반응은 섭식에 의해 유도되는 분비 중 상당한 비율을 차지하고 있다(Katschinski, 2000).

음식 신호에 대한 이 예상 소화 반응은 음식을 영양분으로 변환해서 장관 벽으로 흡수하는 속도와 효율을 높여 준다. 이러한 흡수 효율의 증가는 유기체에게 이점이자 도전으로 작용한다. 이점이 무엇인지는 분명하다. 소화기관은 단위 시간당 처리할 수 있는 음식의 양이 많아지고, 따라서 환경으로부터 동물로의 영양분 이동 속도가 빨라진다. 이것은 여러 가지 효과가 있지만 그중에서도 음식 총섭취량의 증가, 끼니 식사 사이의 대기 시간 단축, 필요량에 맞추기 위한 총먹이 찾기/섭식 시간의 단축, 질이 낮거나 환경에서 구하기 힘든 음식으로도 요구량에 맞출 수 있는 능력의 증가 등으로 이어진다. 하지만 유기체가 섭취된 음식을 더 신속하고 효율적으로 소화하고 흡수할수록 내적 환경의 항상성이 붕괴할 잠재적 위험 또한 같이 커진다. 이 때문에 혈류로 들어오는 대량 영양분을 수용해서 영양분의 농도를 견딜 수 있는 범위 안에서 유지하고, 간질액을 '정상' 범위로 되돌릴 수 있도록 그에 어울리는 신속하고 효율적인 대사가 필요하게 된다. 이것이 섭식의 세 번째 단계인 소화된 영양분의 흡수와 대사 조절이다. 이 섭식 단계를 지원하는, 음식이나 음식 신호와의 감각적 접촉에 대한 예상 대사 반응이 밝혀졌으며, 그중에서 가장 주목할 만한 것이 식사 초기 인슐린 반응이다(Powley & Berthoud, 1985).

소화 관련 식사 초기 반응과 대사 관련 식사 초기 반응은 아마도 함께 진화되었을 것이다. 영양분이 신속하고 효율적으로 소화되고 동화되는 것은 분명 이점이지만, 그렇게 효과적으로 획득한 영양분의 급속한 유입으로 인해 생기는 항상성 교란으로 말미암아 그 이점이 반감될 수밖에 없었다. 예상의 식사 초기 대사 반응은 이런 항상성 교란을 완화해서 소화와 흡수의 효율을 증가시키는 역할을 한다. 이런 과정들이 서로 조화되면서 결국에는 섭식에 많은 제약이 생겼다. 이를테면 최대 식사량과 식사 빈도, 먹을 수 있는 음식의 유형, 영양분이 체내로 흡수되는 효율 등이다.

이런 섭식 단계들 사이에는 서로 얽혀 있는 균형과 제약들이 있다. 소화계가 감당할 수 있는 것보다 더 많은 먹이를 찾아내는 전략은 적응에 유리하지 않을 수도 있다(음식을 따로 보관해 둘 수 없는 한). 대사 과정이 처리할 수 있는 속도보다 더 빠른 속도로 영양분을 몸속에 끌어들이는 신속하고 효율적인 일상적 소화 전략은 자연 선택상의 이점보다는 단점이 훨씬 더 클 수 있다.

뱀과 소형 족제비과 동물(예를 들면 족제비)의 사례를 생각해 보자. 두 종류 모두 소형 포유류(예를 들면, 쥐)를 잡아먹고 산다. 족제비는 필연적으로 하루에 뱀보다 더 많은 쥐를 잡아야 한다. 족제비는 또한 잡아먹은 쥐를 더욱 신속하게 소화한다. 하지만 뱀은 쥐의 영양분을 족제비보다 더 효율적으로 체내에 흡수한다. 그래서 같은 양의 쥐를 먹었을 때 뱀이 족제비보다 체중 증가가 더 크다.

뱀의 입장에서는 족제비의 먹이 찾기 및 소화 전략을 사용하기가 곤란하다. 뱀의 대사는 빠른 속도의 영양분 투입을 필요로 하지 않으며, 만약 영양분 투입이 가속된다면 항상성도 깨질 것이다. 족제비도 마찬가지로 뱀의 먹이 찾기 및 소화 전략을 이용해서 자신의 대사 속도를 유지해야 한다면 죽을 수밖에 없다. 뱀의 상대적으로 느린 섭식 전략은 섭취한 먹이를 성장으로 전환하는 데 효율적이다. 족제비의 상대적으로 빠른 섭식 전략은 섭취된 먹이의 상당 부분을 대사에 이용하기에 좋다. 이 두 전략은 생존과 번식이라는 궁극의 문제를 방식은 아주 다르지만 똑같이 성공적으로 풀어 낸 해결책이다.

포유류의 생리적 메커니즘에서는 섭취된 먹이의 상당 부분이 대사 연료로 사용되어야 한다는 사실 때문에 포만이라는 개념과 식사 초기 반응과 관련해서 흥미로운 아이디어가 등장한다. 영양분 흡수 속도를 증가시키는 식사 초기 반응은 전반적으로 포유류의 높은 대사 속도 때문에 필요한 부분이기도 하지만, 역으로 식사 초기 반응 때문에 어쩔 수 없이 대사 속도를 높여야 할 필요가 생긴 부분도 없지 않다. 따라서 포유류의 섭식 전략에서는 항상성을 방어하기 위해 섭취 영양분의 일부분을 '태워 없애는 burned off' '비효율성'이 필요할 수 있다. 섭식에 의해 유발되는 대사 증가와 체온 상승인 열 생산은 혈중에서 포도당과 지방산을 대사적으로 제거함으로써 항상성을 방어하기 위한 적응일 수도 있다. 열 생산에도 식사 초기 반응이 있는 것으로 보인다(Diamond & LeBlanc, 1988; Soucy & LeBlanc, 1999). 단기 포만 신호short-term satiety signal도 궁극적으로는 같은 목적을 수행하고 있을 가능성이 높다. 즉 한 끼 식사량을 제한함으로써 섭식에서 유입되는 영양분으로 인한 내적 환경의 교란을 완화시킬 수 있도록 돕는 것이다.

포만 신호는 항상성 방어라는 단기적 고려 사항과 상반되는 개념인 장기적 에너지 균형을 어느 정도까지 반영하고 있을까? 과당을 섭취한 경우에는 같은 칼로리의 포도당을 섭취했을 때보다 유발되는 인슐린 반응이 훨씬 약하다는 점이 무척 흥미롭다(Teff et al., 2004). 물론 과당의 세포 내 흡수는 GLUT4 수송체가 아닌 GLUT5 수송체에 의존하기 때문에 인슐린 비의존성이다. 하지만 인슐린이 포만에서 상당히 중요한 역할을 한다면, 고과당 옥수수시럽으로 가미한 음식처럼 과당 성분이 높은 음식은 칼로리당 포만 반응satiety-to-calories response이 약하게 일어날 것이다. 이런 음식은 일부 사람들의 체중 증가에서 아주 중요한 역할을 하는 것으로 생각되고 있다(Isganaitis & Lustig, 2005). 예를 들면, 음식 섭취를 스스로 제한한다고 보고한 여성들(즉 건강이나 체중 등의 문제로 특정 음식의 섭취를 의식적으로 삼가는 여성)은 아침식사로 고과당 음료를 제공 받았을 때는 같은 칼로리의 포도당 음료를 제공받았을 때보다 배가 더 고프다고 보고했다. 그리고 아침에 고과당 음료를 제공받았던 날에 마음껏 먹을 수 있도록 음식이 제공되면 포도당 음료를 제공 받았던 날보다 지방을 더욱 많이 섭취했다. 하지만 음식 섭취를 제한하지 않는 사람들은 배고픔이나 지방 섭취에서 차이를 나타내지 않았다(Teff et al., 2004). 따라서 과당에 대한 반응은 사람마다 다양하게 나타난다.

식욕에서 식사 초기 반응이 하는 역할

식사 초기 반응은 식욕과 포만에서도 역할을 한다는 주장이 있다(Powley, 1977; Woods, 1991). 일반적으로 맛있는 음식은 좋아하지 않는 음식보다 더욱 활발한 식사 초기 반응을 유발시킨다. 식사 초기 반응을 막아 버리면 동물이나 사람 모두 먹는 양이 줄어든다(Woods, 1991에서 리뷰). 이것은 식사 초기 반응의 단기적 영향과 식욕과 포만의 항상성 방어 역할을 보여 주는 사례다. 식사 초기 반응은 소화 과정을 자극하며, 소화를 통해 흡수된 영양분으로 인한 항상성 교란의 문제에 대처하는 능력을 모두 갖추고 있기 때문에 끼니의 용량을 크게 늘려 주는 것으로 보인다.

식사 초기 반응은 섭식 동기와도 연관되어 있기 때문에 섭식에 따른 부정적 영향을 완화시킬 수 있는 한계 너머로 끼니 용량과 하루 음식 섭취량을 늘리는 데 좀더 직접적인 역할을 할 수 있다는 주장도 있다. 예를 들

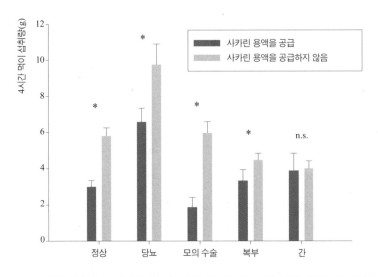

그림 10.1 먹이를 주기 전에 사카린 용액을 제공해 준 쥐는 간 미주신경절단술을 시행한 쥐를 제외하고는 모두 먹이를 더 많이 먹었다. '정상'은 조작하지 않은 쥐, '당뇨'는 스트렙토조토신으로 당뇨를 유발시킨 쥐, '모의 수술'은 모의 수술 대조군 쥐, '복부'는 복부 미주신경절단술을 한 쥐, '간'은 간 미주신경절단술을 한 쥐를 말한다. * = p <.05

출처: Tordoff & Friedman, 1989.

면 식사 초기 인슐린 반응은 유기체를 영양분 흡수에 대비하게 만드는 과정에서 대사가 대사 연료를 저장하는 쪽으로 편향되게 만든다. 그로 인해 간에서 산화시킬 수 있는 연료의 양이 줄어들고, 이로 인해 식욕이 더 왕성하게 된다고 식욕의 연료 산화 이론fuel oxidation theory of appetite은 예측한다 (Friedman & Stricker, 1976). 사카린 섭취는 쥐에게 먹이 섭취를 증가시키는 것으로 밝혀졌다. 이 반응은 간 미주신경절단술hepatic vagotomy를 하면 사라졌다 (Tordoff & Friedman, 1989; 그림 10.1).

지금까지 확인된 장관 펩티드 중 식욕 증진을 활성화하는 것은 그렐린 한 가지밖에 없다. 그렐린은 위와 장에서 혈류로 분비된다. 외부에서 그렐린을 주입해도 쥐(Wren et al., 2001a)와 사람(Wren et al., 2001b)에서 먹이 섭취가 급속

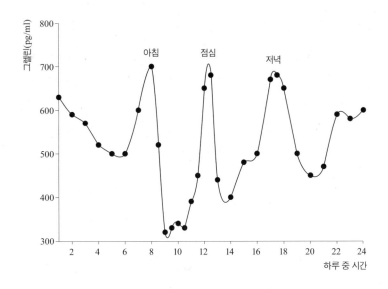

그림 10.2 정해진 시간(8:00, 12:00, 5:30)에 아침, 점심, 저녁 식사를 먹은 실험 참가자 10명(여성 9명, 남성 1명)의 24시간 평균 혈중 그렐린 농도. 참가자들은 언제 식사를 할지 알고 있었다.

출처: Cummingst al., 2001.

하게 증가한다. 실제로 그렐린의 섭식 자극 능력은 뉴로펩티드 Y에 버금간다. 쥐를 굶기면 혈중 그렐린 농도가 증가하고, 다시 먹이를 먹이면 혈중 그렐린의 농도가 급속하게 떨어진다(Ariyasu et al., 2001). 그렐린이 섭식을 개시하는 작용이 있다는 주장도 있다(Cummings et al., 2001).

사람을 대상으로 하는 실험에서 피실험자들에게 정해진 일정에 따라 식사를 제공했더니 혈중 그렐린 농도가 일정한 패턴을 나타내, 식사 직후에는 낮아지고 천천히 증가하다가, 다음 식사 바로 직전에 급속히 농도가 증가했다(Cummings et al., 2001; 그림 10.2). 그렐린 농도의 패턴은 대략 인슐린 농도의 패턴과 정반대였지만, 렙틴 농도의 24시간 리듬과 비슷하게 움직였다. 그렐린과 렙틴 모두 아침 식사 직후에 최저치가 됐다. 렙틴 농도는 끼니 직후마다 조금씩 떨어지면서 하루 전체에 걸쳐 꾸준히 상승하였으며, 대략 수면기 중간에 정점에 도달했다. 그렐린도 식사 직전에 현저하게 증가했다가 식사 직후에 마찬가지로 극적인 감소를 보이는 것을 제외하면 렙틴과 같은 패턴을 따랐다(Cummings et al., 2001; 그림 10.2). 이 끼니들은 피험자가 알고 있는 고정된 시간에 제공된 것이다. 따라서 이 결과는 끼니 직전의 그렐린 분비 폭주가 섭식을 개시하고, 음식을 소화하고 대사하도록 준비시켜 주는 식사 초기 반응이라는 가설을 지지해 주고 있다.

사람을 대상으로 진성 급식real feeding과 가성 급식을 한 연구에서 혈중 그렐린 농도는 끼니 식사 전에 동일한 방식으로 증가했다. 진성 급식과 가성 급식 모두에서 혈중 그렐린 농도는 처음에는 감소했다. 진성 급식에서는 이러한 감소가 지속된 반면, 가성 급식 60분 후에는 혈중 그렐린 농도가 증가하기 시작했다(Arosio et al., 2004). 따라서 그렐린 분비는 끼니 식사 전의 예상 상승과 섭식 시작에 의한 감소 모두에서 식사 초기 반응을 가지고 있는 것으로 보인다.

그렐린 분비 패턴에 식사 초기 반응적 요소가 들어 있다는 추가적인 사실은 쥐에게 마음껏 음식을 먹게 하거나, 정해진 시간에 음식을 먹게 한 연구에서도 나왔다. 마음껏 섭식한 쥐는 그렐린 분비가 하루(24시간) 중 어둠기 직전에 정점에 도달했다. 반면 식사 시간을 훈련시킨 쥐는 먹이를 제공 받도록 길들여진 시간인 빛이 노출되어 밝아지기(4시간 밝음) 시작할 때 그렐린 분비가 상당히 높은 정점에 도달했다(Drazen et al., 2006).

이 결과는 하루 세끼가 습관이 된 실험 참가자 6명(남성 3명, 여성 3명)을 33시간 동안 단식시켰을 때 나타난 혈중 그렐린 농도 패턴과도 일치했다. 혈중 그렐린은 아침(8시경), 한낮(12~1시), 초저녁(5~7시)에 모두 증가했다. 이 참가자들 모두 단식 중이었음에도 불구하고 이러한 증가 뒤에는 혈중 그렐린의 자발적 감소가 일어났다(Natalucci et al., 2005; 그림 10.3).

쥐와 사람에서 얻은 이런 결과는 식욕을 체내 시계에 맞추어 훈련시킬

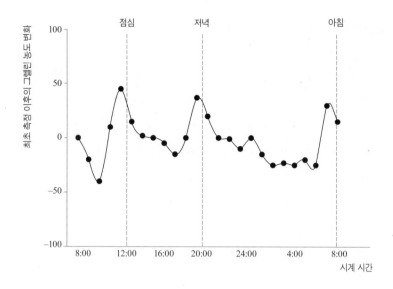

그림 10.3 아침, 점심, 저녁 식사를 대략 8:00, 12:30, 18:30 정도에 먹는 것이 습관화되어 있는 실험 참가자들을(남성 3명, 여성 3명) 한밤중에 시작하여 약 32시간에 걸쳐 단식시켰다. 그리고 아침 8시부터 시작해 25시간 후에 다시 아침 식사를 제공할 때까지 20분마다 카테터를 통해 혈액을 채취했다. 실험 시간 동안 섭취된 음식이 없었음에도 불구하고 혈중 그렐린 농도는 식사 예상 시간 전에 상승했다가 그 이후에 떨어지는 일관된 패턴을 나타냈다.   출처: Natalucci et al., 2005.

수 있음을 의미한다. 이 결과에 따르면 음식을 구할 수 있으리라는 예상이 있으면 배고픔이 생길 수 있지만, 음식을 구하지 못하면 시스템이 다시 '비섭식 상태'로 되돌아간다는 것을 알 수 있다. 아마 독자들도 배는 고픈데 먹지 못할 때 일어나는 현상을 익히 접해 보았을 것이다. 이 경우 몇 시간 정도가 지나면 배고픈 느낌이 약해진다. 물론 음식을 눈으로 보거나 냄새를 맡게 되면 다시 배고픈 느낌이 강해질 수 있지만, 그렇지 않은 경우에는 음식을 먹지 않아도 더 이상 배고프지 않게 된다. 이것 또한 에너지 균형이 배고픔과 음식 섭취를 결정하는 유일한 요소가 아니라는 주장과 맞아떨어진다. 우리는 특정 시간에 배고파지도록 훈련될 수 있다.

포만에서 식사 초기 반응의 역할

렙틴이 음식 섭취를 조절한다는 주장이 있다. 렙틴은 지방 조직에서 분비되기 때문에 혈중 렙틴의 농도는 지방량과 상관관계가 높다. 렙틴은 시상하부와 활꼴핵의 뉴런에 작용한다. 렙틴은 뉴로펩티드 Y와 반대로 작용하는 것으로 보이며 인슐린과 CRH와 함께 작용하여 음식 섭취를 감소시킨다. 렙틴과 인슐린은 중추적으로(Isganaitis & Lustig, 2005), 그리고 미각 수용체를 통해서 음식의 쾌락적 인식에 영향을 미치는 것으로 본다. 렙틴은 렙틴 수용체를 통해 단맛 수용체 세포에 작용해서 단맛의 감각을 조절한다. 렙틴이 증가하면 생쥐 미각세포의 신경 흥분이 감소한다(Kawai et al., 2000).

렙틴은 위 점막에서도 합성 및 분비되며, 식사 시간 동안 분비되는 것으로 보인다(Bade et al., 1998). 미주신경을 자극하면 위 점막에서 렙틴이 분비되지만, 혈중 렙틴 농도는 증가하지 않는다(Sobhani et al., 2002). 이는 위의 렙틴은 위액 분비의 식사 초기에 분비되며, 측분비paracrine로 이루어진다는 의미다. 렙틴 수용체 mRNA는 위를 지배하는 구심성 미주신경 뉴런에 있다. 이는 렙틴이 미주신경 구심성 섬유를 직접 자극하는 효과가 있을 수 있다는 뜻이다(Peters et al., 2005). 렙틴을 복강동맥celiac artery으로 주입하고, 경정맥(목정맥)jugular vein에는 주입하지 않으면 쥐의 자당 용액 섭취가 크게 감소하지만, 미주신경절단술을 시행하면 이런 효과가 사라진다(Peters et al., 2005).

위 점막에서 분비된 렙틴 중 일부는 위산에서도 살아남아 온전하게 장(창자)까지 이동하는 것으로 보인다. 장으로 이동한 렙틴은 지방, 탄수화물, 단백질의 흡수를 조절하는 다양한 기능을 수행하는 것으로 알려져 있다(Picó et al., 2003에서 리뷰). 렙틴 수용체의 기능형(Ob‑Rb)은 사람의 공장(빈창자)과 회장(돌창자)에서 발현된다(Morton et al., 1998; Barrenetxe et al., 2002). 렙틴은 D‑갈락토오스D‑galactose의 흡수를 억제하고(Lostao et al., 1998), 소형 펩티드의 장 흡수를 증가시키는(Morton et al., 1998) 것이 밝혀졌다. 렙틴은 CCK 분비도 자극한다(Guilmeau et al., 2003). 렙틴과 CCK는 양의 피드백 루프를 형성하는 것으로 보인다. 혈중 CCK는 위의 렙틴 분비를 자극하고(Bado et al., 1998), 쥐에서 렙틴을 십이지장에 주입하면 섭식의 영향에 버금가는 혈중 CCK 농도의 증가가 나타난다(Guilmeau et al., 2003). 렙틴과 CCK는 상호 상승 작용을 통해 미주 신경 구심성 뉴런을 활성화한다(Peters et al., 2004). 복강 카테터를 통해 주입한 렙틴과 CCK는 상호 상승 작용을 통해 자당 용액 섭취를 감소시켰다(Peters et al., 2005).

CCK는 끼니의 용량에 직접적인 영향을 미친다. 쥐에게 CCK를 투여해 주면 대조군의 평균 식사 지속 시간보다 식사 시간이 짧아졌다. 하지만 이렇게 처리된 쥐들은 하루당 끼니의 숫자가 더 많아졌고, 하루 총먹이 섭취량은 처리된 쥐나 대조군 쥐나 차이가 나지 않았다(West et al., 1984). A형 CCK 수용체CCK receptor type A가 발현되지 않은 쥐는 식사 지속 시간이 더 길었고 섭취량도 더 많았지만, 하루당 끼니 횟수는 감소했다. 이 영향들을 종합하면 결국은 하루 먹이 섭취량이 증가하고 비만으로 이어지는 결과를 낳았다(Moran & Kinzig, 2004).

CCK는 정보 분자가 다양한 기능을 나타내는 또 하나의 뛰어난 사례다. CCK는 신경 전달 물질이자 장관 펩티드다. CCK의 유전자는 하나지만, 유전자 해독 후 과정post-translational process과 세포외 과정extracellular processing에서 유래된 다양한 분자 형태를 가지고 있다. 서로 다른 CCK 분자 형태에 대해 서로 다른 친화력으로 결합하는 두 가지 수용체가 있다. 포만에서 맡은 역할과 더불어, 장관에 있는 CCK는 장관의 운동성, 위배출, 췌장의 효소 분비, 담낭에서의 담즙 분비 등도 조절한다. 중추의 CCK는 불안, 성적 행동, 기억과 학습 등과 연관되어 있다(Maran & Kinzig, 2004).

따라서 렙틴은 장기적인 에너지 균형에서 역할을 맡고 있을 뿐 아니라,

미주신경 구심성 섬유를 통해 직접적으로, 혹은 CCK 분비 자극을 통해 간접적으로 단기 포만 신호에서도 역할을 하는 것으로 알려져 있다. 실제로 렙틴과 CCK는 상호 상승 작용을 일으켜 장단기적으로 음식 섭취를 감소시키는 작용을 하는 것으로 나타난다(Matson & Ritter, 1999; Barrachina et al., 1997).

정보 분자의 다양한 기능

우리가 조절생리학에서 강조할 필요가 있다고 믿고, 또 이 책 전반에서 계속 강조해 온 핵심 개념의 사례를 렙틴이 잘 보여 준다. 생리적으로 중요한 펩티드, 스테로이드, 기타 정보 분자들이 다양한 조직에서 다양한 기능을 수행하고 있다는 것이 입증된 사례가 더욱 더 많아지고 있다. 그들의 작용과 조절은 조직이나 맥락에 따라 특이적으로 이루어질 수 있다. 예를 들어, 태반에서 분비되는 렙틴은 태아의 발달에서 중요한 기능을 수행하는 것으로 보인다(Bajari et al., 2004; Henson & Castracane, 2006). 렙틴은 생식선(성선)gonads에도 작용하여, 특히 여성에게는 성적인 성숙과 생식력을 조절하는 역할을 한다(Bajari et al., 2004). 렙틴은 에너지 균형과 관련된 호르몬으로 작용하지만, 생식 호르몬으로서의 역할도 그에 못지않다.

그렐린도 마찬가지로 오래된 조절 분자인 것으로 보인다. 그렐린의 구조는 포유류에서 대단히 잘 보존되어 있으며, 닭, 어류, 황소개구리에서도 감지된 바 있다(Tritos & Kokkotou, 2006). 그렐린은 GHS 수용체(growth hormone secretogue receptor)와 결합하여 뇌하수체로부터 성장호르몬의 분비를 촉진하는 강력한 분비 촉진제이다(Takaya et al., 2000). 혈중 그렐린은 아실화 형태와 비아실화 형태 모두 있다. 비아실화 형태는 GHS 수용체를 활성화시키지 않지만, 포도당 항상성, 지방 분해, 지방 생성, 세포 사멸apoptosis, 심혈관 기능 등에 영향을 미치는 것으로 보인다. 이는 아직 발견되지 않은 추가적인 수용체가 있을 가능성을 암시하고 있다(Tritos & Kokkotou, 2006). 그렐린은 117개의 잔기로 구성된 프리프로펩티드의 유전자 해독 후 분할post-translational cleave을 통해 생산된다. 이 프리프로펩티드가 다른 식으로 분할되면 오베스타틴obestatin이 만들어진다(Zhang et al., 2005). 흥미롭게도 오베스타틴은 음식 섭취를 억제하는 것으로 보인다(Zhang et al., 2005). 하지만 이런 영향은 다른 실험에서 재현되지 않았다(Gourcerol et al., 2007). 따라서 프리프로그렐린preproghrelin 유전자는 서로 상반되는 작용을 하는 적어도 두 가지의 서로 다른 펩티드 호르몬을 만들어 내는 것으로 보인다. 이러한 사실은 유전자의 영향을 이해하는 데 유전자 해독 후 메커니즘이 얼마나 중요한지 다시 한 번 일깨워 준다.

진화의 한계는 현존하는 다양성에만 영향을 미칠 수 있다는 점이다. 렙틴과 그렐린처럼 시간의 흐름 속에서 다양한 여러 가지 기능을 수행하도록 적응된 오래된 조절 분자의 사례는 많이 있다. 이 조절 분자들은 '정보 분자'로 활동하며 기관계들 사이에서 정보를 전달하고, 유기체의 생존 능력에 영향을 미치는 내외의 도전에 대한 말초기관과 중추신경계의 반응을 조화시키는 역할을 한다. 진화적 관점에서는 이런 분자들이 다양한 기능을 가지고 있으며, 그 조절·기능·작용 방식은 분류군에 따라, 그리고 그 분류군 안에서도 조직의 종류에 따라 다양하게 나타날 것이라고 예측한다.

식욕과 에너지 균형 _____

끼니의 양과 빈도의 조합은 하루 총에너지 섭취량에 큰 영향을 미치지만, 모든 식욕 신호와 포만 신호가 에너지 섭취 조절 기능을 하는지는 확실치 않다. 섭식을 시작하거나 멈추려는 동기가 언제나 에너지나 다른 영양분의 요구량을 정확히 추적해서 그를 바탕으로 이루어지는 것은 아니다. 단기적으로는 더더욱 그렇다. 서로 다른 음식은 서로 다른 생리적, 대사적 결과를 낳는다. 특정 유형의 음식을 먹거나, 먹기를 멈추고 싶은 동기는 에너지 균형 그 자체보다는 이런 대사적 결과 및 그 영향과 더 관련이 있을 것이다.

예를 들어, 신경과학자 메리 달먼Marry Dallman 등은 고지방, 고설탕 음식('위안 음식comfort food')을 먹으면 중격의지핵nucleus accumben의 쾌락 관련 영역을 자극하는 생리적, 대사적 반응(예를 들면, 인슐린과 당질코르티코이드의 증가)이 나타난다고 주장했다(Dallman et al., 2005). 쥐와 사람은 불쾌하고 어렵고 스트레스가 많은 환경에 놓이면 위안 음식을 먹고 싶은 동기가 발생한다는 보고가 있다. 이런 행동이 부분적으로는 일종의 자기 치료self medication 역할을 한다고 한다. 음식의 섭취가 영양적 기능보다는 약물 기능, 혹은 치료 기능을 한다는 것이다. 위안 음식을 먹는 것은 흥분(자극)arousal을 증가시키는 호르몬 신호를 완화하는 한 방법이다. 이런 효과는 남성보다 여성에게서 더욱 강력한 것이 밝혀졌다(Zellner et al., 2006). 스트레스 때문에 음식 섭취를 늘리는 사람들은, 자신이 과식하는 음식들은 평상시에는 건강이나 체중 조절 등의 이유로 피하는 음식들이며, 이런 음식을 먹는 것은 기분을 좋게 하기 위함이라고 말한다(Zellner el al., 2006).

스트레스가 많고 도전적인 상황은 여러 뇌 영역에서 CRH를 증가시킨다. 부신절제술도 CRH의 기저 수준basal level에 변화를 일으켜 시상하부 실방핵paraventricular nucleus에서 CRH를 증가시키고, 편도체의 중앙핵central nucleus에서는 CRH를 감소시킨다(예를 들면, Swanson & Simmons, 1989). 흥미롭게도 부신을 절제한 쥐에게 설탕을 먹이면 뇌 영역의 CRH가 정상화된다(Dallman et al., 2003; 그림 10.4). 또 한 실험에서는(Pecina et al., 2006) 소리가 날 때 막대를 누르면 먹이가 나오도록 쥐에게 연상 훈련을 시켰다. 그리고 CRH를 중격의지핵에 주입하자 청각 신호에 의해 촉발되어 설탕 먹이를 얻으려고 막대를 누

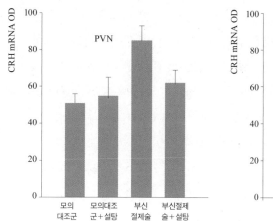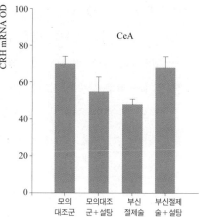

그림 10.4 부신이 제거된 쥐는 시상하부 방실핵(PVN)의 CRH 기저 수준이 높고, 편도체 중앙핵의 CRH 기저 수준은 낮다. 설탕(자당)을 섭취하면 CRH 수준이 정상화된다.   출처: Dallman et al., 2005.

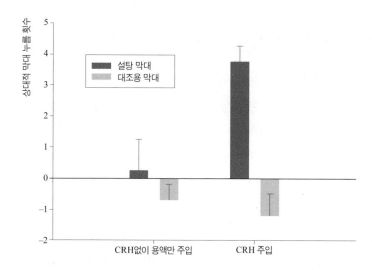

그림 10.5 중격의지핵에 CRH를 주사한 쥐는 막대를 누르면 설탕 먹이를 얻을 수 있음을 알리는 청각 신호에 대해 더 큰 반응을 보였다. CRH 주입은 쥐로 하여금 설탕 막대를 누르는 횟수는 증가하게 만들고, 대조용 막대를 누르는 횟수는 감소하게 만들었다. 상대적 막대 누름 횟수는 청각 신호를 주고 2.5분 내로 막대를 누른 횟수에서 청각 신호를 주기 전 2.5분 동안 막대를 누른 숫자를 뺀 값이다.

출처: Pecina et al., 2006.

르는 횟수가 증가했다(그림 10.5). 이것은 CRH가 외부적 신호를 더욱 두드러지게 만들어 쥐로 하여금 반응하려는 동기가 커지게 만들었다고 해석할 수 있다. 이것은 또한 쥐가 증가된 신경 CRH에 대한 반응으로 자당에 대한 동기가 더욱 상승했다고 볼 수도 있다. 설탕은 '위안'을 주는 속성이 있기 때문이다. 쥐는 인위적으로 상향 조절된 중추 CRH 때문에 생기는 흥분을 완화하기 위해 자기 치료를 했던 것이다.

여기에 덧붙여, 말초의 내분비 프로파일이 똑같아도 개체에 따라 다른 행동이 나타날 수 있다. 예를 들면 고과당 음료를 곁들인 아침 식사는 같은 칼로리의 고포도당 음료를 곁들인 아침 식사보다 혈중 포도당과 인슐린의 증가 폭이 작았다(Teff et al., 2004). 고과당 음료를 섭취한 이후에는 그에 따르는 혈중 렙틴의 증가와 혈중 그렐린 감소의 폭도 마찬가지로 작았다. 이 모든 내분비 패턴은 과당이 포도당보다 포만감이 낮다는 사실과 맞아떨어진다. 음식 섭취를 제한하는 사람과 제한하지 않는 사람 사이의 내분비 반응이 다르지 않았음에도 불구하고, 음식 섭취를 제한한 사람들에서만 고과당 음료를 섭취한 당일의 배고픔 지수와 그다음 날의 지방 섭취량이 더 높게 나왔다. 이것은 음식 섭취에 영향을 미치는 신호 메커니즘이 여러 가지 있다는 것과 일맥상통한다.

에너지 균형과 체중은 실제로 조절되고 있다. 하지만 그 조절은 비대칭적으로 이루어지는 것으로 보인다. 우리 몸은 체중 증가(지속적인 플러스 에너지 균형)보다는 체중 감소(지속적인 마이너스 에너지 균형)를 더욱 적극적으로 방어한다. 진화적으로 볼 때 이것은 말이 된다. 인간의 진화 역사 대부분 동안 먹이 섭취는 내부적 요인보다는 외부적 요인에 의해 조절되었기 때문이다. 음식 공급은 극적으로 다양한 양상으로 이루어졌으며, 먹을 것이 풍부한 시기에는 체지방을 통해서 에너지를 저장했다. 따라서 우리의 에너지 균형 조절 시스템은 에너지 균형을 중등도로 플러스 상태로 유지하면서 잉여 에너지를 체지방의 형태로 저장하는 쪽을 선호하도록 진화해 온 것으로 보인다(Schwartz et al., 2003).

식욕과 섭식의 신경내분비학에서도 이러한 비대칭성을 살펴볼 수 있다. 먹이 섭취를 자극하는 잉여 메커니즘이 있는 듯하다. 신경펩티드 Y와 아구티관련단백질(AgRP)은 강력한 식욕 증진 효과를 가진 것으로 밝혀졌다. 하지만 이 신경펩티드가 하나나 둘 모두 결여된 생쥐는 식욕 부진을 나타내지 않으며, 굶기면 대조군과 마찬가지로 과식으로 반응한다(Schwartz et al., 2003에서 리뷰). 반면 렙틴이 결핍된 경우에는 어김없이 과식과 비만으로 이어진다. 렙틴과 뉴로펩티드 Y가 둘 다 결여된 쥐는 렙틴이 결여된 생쥐보다 과식도 덜하고 비만도 덜 했지만, 정상적인 생쥐와 비교하면 여전히 과식과 비만을 나타냈다(Erickson et al., 1996).

생리계와 대사계는 유기체의 생존 능력과 생식 능력(적합성fitness)에 기여한다. 실제 세상에서 동물은 서로 갈등하는 시급한 문제들 사이에서 무엇을 먼저 해야 할지 끊임없이 저울질하고 있다. 이런 갈등을 해소하고 일의 우선순위를 정하는 것이 중추신경계의 주된 기능이라고 주장할 수 있다. 중추신경계의 또 다른 주요 기능은 앞으로 다가올 도전적 과제들을 예상하고, 그 도전에 대한 반응을 조화시키는 것이다. 따라서 중추신경계는 생리적 조절에 긴밀하게 관여하고 있다.

포만의 주요 기능은 식사를 중단시키는 것이다. 하지만 식사 중단은 에너지 균형과 간접적으로만 관련되어 있을 뿐이다. 식사 초기 반응은 끼니의 양과 지속 시간(소화 반응과 대사 반응의 효율)을 증가시켜 끼니당 먹이 섭취량을 증가시키는 역할을 한다. 일련의 내분비 반응을 시작해서 식사를 중단시키는 역할도 한다. 식사를 중단하는 데는 에너지 균형과 지방 조직 항상성 외에도 여러 가지 이유가 있다. 항상성 방어(Woods, 1991)는 중요하게 고려해야 할 부분이다. 높아진 혈중 포도당, 아미노산, 인슐린 수치는 식욕 감퇴에 기여한다.

아주 간단한 것인데도 잘 고려되지 않는 또 하나의 요소는 동물은 살아남기 위해서 수행해야 할 필수 기능이 아주 많다는 점이다. 강력한 인센티브와 잉여 신경회로 때문에 섭식 행동이 강화되는 것은 사실이다. 하지만 아무리 먹을 것이 많아도 섭식을 중단시켜 줄 강력한 메커니즘 또한 반드시 필요하다. 그렇지 않으면 동물은 다른 중요한 일들을 모두 제쳐두고 그저 먹기만 할 것이기 때문이다. 여기에 제약을 가하는 요소는 많이 있지만, 시간이 보편적으로 작용하는 제약이라 할 수 있다. 동물은 살아남기 위해 자신의 시간을 생존과 번식에 필요한 다양한 활동에 적절히 배분해야 하기 때문이다.

섭식 종결에 따르는 적응상의 가치가 다른 활동을 위해 시간을 보존하는 것과는 어느 정도까지 관련이 있을까? 과거에는 칼로리 획득에 필요한 시간이 지금보다 훨씬 길었는데, 이 사실은 현재 일어나고 있는 비만의 유행과 어느 정도까지 관련되어 있을까? 끼니 식사량을 조절하는 진화와 에너지 균형을 조절하는 진화에는 서로 독립적인 측면이 있다. 따라서 끼니 단위 시간 척도에서 이루어지는 음식 섭취의 조절은 에너지 균형의 조절과는 따로 분리할 수 있으며, 이는 비만의 발병을 이해하는 데 있어서도 중요한 의미를 지닌다.

11

모든 지방이 똑같지는 않다

지방은 우리 몸에서 없어서는 안 될 성분이다. 지방은 영양, 호르몬, 심지어 구조적인 기능 등 수많은 일을 수행한다. 예를 들면 축삭돌기를 감싸서 신경 흥분 전도 속도를 높여 주는 미엘린myelin(미엘린 수초)은 80%가 지방으로 구성되어 있다. 어떤 지방산은 적절한 뇌 발달에 필수적이다. 사실 뇌는 대단히 지방 성분이 많은 기관이다. 이 때문에 뇌는 구축과 유지에 에너지가 대단히 많이 소비되는 비싼 기관이라 할 수 있다. 포식 동물은 먹잇감을 잡으면 가장 먼저 간이나 뇌처럼 에너지가 많이 들어 있는 기관을 먹는 경우가 많다. 먹잇감이 넘쳐나는 시기에는 일차 포식자가 이런 것들만 먹고 나머지 시체는 '청소 동물'의 몫으로 돌리는 경우도 많다.

지질lipid은 살아 있는 조직에서 생명에 필수적인 많은 기능을 한다. 세포막은 인지질, 당지질, 스테로이드로 구성돼 있다. 에스트로겐, 테스토스테론, 당질코르티코이드 등의 콜레스테롤 기반 스테로이드 호르몬도 생명에 필요한 핵심적인 기능을 수행한다. 지방은 적응에 필요한 필수 성분이다. 우리의 식단과 몸에 지방이 없다면 우리는 죽고 말 것이다.

위의 사례들은 모든 지방이 나쁜 것은 아님을 다시 한 번 확인시켜 준다. 실제로 지방은 필요불가결한 성분이며 체내에서 다양한 기능을 수행한다. 이 책에서는 지방의 영양, 대사, 호르몬 측면을 주로 알아본다. 우리 몸에서 가장 큰 지방 저장고는 지방 조직이며, 비만이라는 주제와 관련이 있는 부분도 바로 지방 조직이다. 지방 조직은 우리 몸에서 지방의 영양적, 대사적 기능을 수행하고 있고 호르몬 기능에도 깊이 관여한다.

비만은 과체중을 의미하는 것이 아니라 과도한 지방 조직을 의미한다. 비만이 건강에 미치는 영향을 이해하려면 지방 조직의 적응 기능을 먼저 알아야 한다. 우리의 식단과 몸에서 적당한 양의 지방은 좋은 것이다. 다만 이 좋은 것이 너무 많아지면 오히려 적응에 불리하게 작용한다. 정상적인 생리적 메커니즘이라도 적응적인 기능을 넘어서면 질병이 될 수 있다. 이러한 개념을 알로스타 과부하allostatic overload라고 한다. 이 장에서는 지방 조직의 기능에 대해 살펴보고, 왜 지방 조직이 지나치게 많으면 해로운지 그 이유에 대해서도 알아본다.

지방 조직

지방 조직은 지방세포adipocyte를 다수 포함하는 소성 결합 조직loose connective tissue*이다. 지방세포 안에는 얇은 세포질로 둘러싸인 지방 방울이 하나 들어 있다. 지방 조직은 피부 하방(피하 지방), 내장 기관 주변(내장

---

* 섬유성 결합 조직의 한 형태로 섬유 성분의 밀도가 낮아 비교적 넓은 섬유 간극을 갖는 조직이다.

지방), 근육 속(근육 내 지방)에서 발견된다. 지방 조직은 에너지의 저장 기능, 열 손실을 감소시키는 단열 기능, 내부 기관에 대한 물리적 완충 및 보호 기능 등 여러 기능을 수행하는 것으로 보인다. 성인의 경우 지방 대부분은 백색 지방 조직white adipose tissue에 들어 있다. 신생아는 갈색 지방 조직brown adipose tissue도 가지고 있다. 미토콘드리아를 많이 가지고 있는 갈색 지방은 체온 조절에 중요한 짝풀림 단백질 반응uncoupling protein reaction*을 통해 상당한 양의 열에너지를 방출할 수 있다(떨림 없는 열 생산)(Nichols & Rial, 1999; Nichols, 2001). 일반적으로 성인에게는 갈색 지방의 양이 최소화되어 있지만(Haney t al., 2002; Cohade et al., 2003), 다른 포유류, 특히 소형 포유류에서는 갈색 지방이 평생 중요하게 작용한다. 갈색 지방은 추위에 적응한 동물에서 특히 활발하게 작용한다. 같은 질량의 간 조직보다 최고 60배나 많은 열을 발생시킬 수 있기 때문이다(Nichols & Rial, 1999). 백색 지방 조직은 대사적으로는 활발하지 않지만, 그렇다고 수동적으로 에너지 저장 역할만 하는 것은 아니다. 백색 지방 조직도 내분비, 면역, 대사와 관련된 기능을 가지고 있다. 지방 조직은 에너지 대사에서 중요한 기능을 한다.

백색 지방 조직은 체중의 상당 부분을 차지할 수 있다. 건강한 여성의 경우 체중의 20% 이상이 백색 지방 조직이다. 지방 조직은 중성지방의 형태로 저장된 지방산의 공급원이다. 에너지 섭취가 에너지 소비보다 많을 때는 결국 지방세포에 지질 축적이 일어난다. 에너지 섭취가 부족할 때는 지방세포에서 방출하는 지방산이 생명을 유지하는 데 필요한 대사 연료로 사용된다.

지방에 들어 있는 그램당 대사 가능 에너지는 탄수화물과 단백질보다

---

* 짝풀림 단백질은 갈색 지방 조직 세포 내의 미토콘드리아 내막에 있으며 산화와 인산화의 결합을 막는 작용을 한다.

두 배 이상 많다. 지방이 에너지 저장에 효율적인 까닭은 바로 이 때문이다. 평균 체중인 사람은 (생명에 필요한) 최소 에너지 요구량을 한 달 이상 만족시킬 수 있는 충분한 에너지를 지방에 저장할 수 있다.

상당한 에너지양을 지방 조직에 축적할 수 있는 능력은 적응면에서 이점이 많다. 우선 유기체로 하여금 예측 불가능하고 들쭉날쭉한 먹이 공급의 영향을 완충해 준다. 가용한 잉여 에너지를 섭취하였다가 나중에 사용할 수 있게 해준다. 섭식과 섭식 사이에 오랫동안 먹지 않고도 버틸 수 있게 해준다. 지방 저장 능력은 행동적인 유연성을 높여 주며, 동물이 쓸 수 있는 잠재적인 섭식 전략을 늘려 준다. 지방 저장을 증가시킬 수 있었던 우리 선조의 능력은 적응에서 여러 역할을 했을 것이다.

그렇지만 지방 조직이 에너지를 저장하는 일만 하는 것은 아니다. 지방이 체내에서 중요한 기능을 많이 하고 가장 효율적인 에너지 저장 수단이긴 하지만, 독성도 갖고 있다(Schrauwen & Hesselink, 2004; Slawik & Vidal-Puig, 2006). 세포와 기관에 축적되는 지방 방울들은 질병을 일으킬 수 있다(예를 들면 지방간). 지방 독lipotoxicity의 부작용을 막기 위해서는 지방산을 산화시키든가, 아니면 격리시켜야 한다. 지방의 산화는 상당한 양의 에너지를 방출한다. 따라서 지방은 유기체에게 무척 중요한 에너지 공급원임에 틀림없다. 하지만 인간은 산화 가능한 양보다 더 많은 양의 지방을 섭취할 수 있다. 특히 오늘날의 인류에게는 이런 일이 흔히 일어난다. 대사에는 한계가 있으며, 동물이 에너지를 처리할 수 있는 속도에도 한계가 있다. 지방은 너무 많으면 세포에 독이 된다. 만약 지방을 산화시킬 수 없는 상황이라면 지방은 안전하게 저장되어야 한다. 따라서 지방 조직의 또 다른 기본 기능은 과도한 양의 지방을 격리하여 지방 독성을 막는 것이다(Slawik & Vidal-Puig, 2006).

지방세포는 지방 저장을 위해 특별하게 적응된 세포다. 지방은 지방 조직에 주로 저장되기 때문에 근육, 간, 심장 등에 축적되는 지방의 양이 줄어든다. 이런 장기에 지방이 축적되면 질병을 일으킬 수 있다. 따라서 지방 세포는 에너지를 저장하고 지방 독성을 예방하는 기능을 한다. 지방세포 는 에너지를 효율적으로 사용하기 위해 지방을 저장한다. 에너지를 저장함 으로써 음식을 섭취할 수 없는 상황에 처했을 때도 에너지를 사용할 수 있 게 해주는 것이다. 지방세포는 과도한 세포 내 지방 때문에 생기는 대사 과 정에서의 부정적인 결과를 피하기 위해서도 지방을 저장한다.

이런 점에서 볼 때 지방 조직은 다른 조직을 보호하고, 지금 섭취한 에 너지를 나중에 사용할 수 있게 해주는 저장 창고로 작용한다고 할 수 있 다. 이것은 적응 과정에서는 대단히 중요한 기능이다. 하지만 지방 조직은 수동적으로만 기능하지 않는다. 지방 조직은 다양한 경로를 통해 대사를 능동적으로 조절하고 있다. 사실 지방 조직에는 지방세포만 들어 있는 것 이 아니다. 지방세포 외에도 섬유아세포, 비만세포, 대식세포macrophage, 백 혈구 등 상당히 많은 세포들이 들어 있다(Fain, 2006). 지방세포와 그 외의 세 포들 모두 활성 펩티드와 스테로이드를 비롯해(Kershaw & Flier, 2004) 면역 기능 분자들을(Fain, 2006) 생산, 조절, 분비한다. 지방의 생물학은 우리가 기존에 가 지고 있던 개념보다 훨씬 더 복잡하고 통합적임을 알 수 있다. 지방 조직은 조절생리학에서 능동적으로 작용하는 요소인 것이다.

지방의 기능 중 비만 관련 질병과 중요하게 얽혀 있는 것은 대사적 활 성을 띤 것들이다. 의학자들은 지방 조직을 내분비 기능과 면역 기능을 가 진 기관으로 바라보게 됨으로써 왜 과도한 지방 조직이 생리적 메커니즘과 대사에 큰 영향을 미치는지를 이해하게 되었다. 만약 동물의 간이나 부신 의 크기가 두 배로 커졌다고 상상해 보자. 이것은 분명 대사와 건강에 문제 를 일으킬 것이다. 비만이란 우리가 지난 과거에 일반적으로 경험했던 기능 적 범위를 훨씬 뛰어넘는 지방 조직의 증가를 말한다. 이 경우 지방 조직에 서 분비되는 것들은 다른 기관계와 균형이 깨질 가능성이 크다. 어떤 측면에서 보면, 비만으로 인한 대사적 결과는 내분비의 기능 장애나 내분비기관의 과도한 증식이 일으키는 결과와 유사한 면이 있다.

내분비계

초기에는 내분비계가 여덟 가지 내분비선(부신, 생식선, 췌장, 부갑상선, 송과선, 뇌하수체, 흉선, 갑상선)으로 구성돼 있다고 생각했다. 이런 기관들의 주요 목적은 내분비 호르몬을 합성해서 혈중으로 분비하는 것으로 보였다. 이런 호르몬들은 혈류를 타고 표적 기관으로 이동한 후에 수용체와 결합해서 자기만의 특정한 신호 연쇄 반응을 개시한다. 하지만 신체의 생리, 대사, 기관들에 대해 좀더 알아갈수록 내분비기관의 개념이 크게 바뀌었다. 내분비기관들은 내분비 신호를 보내는 기능을 한다는 점을 제외하면 그다지 특별한 것이 아니었다. 그런데 다른 주요한 기능을 하는 기관들도 내분비 기능을 가지고 있다. 예를 들면 1983년에 독일의 W. G. 포르스만W. G. Forssmann 등은 〈심장의 우심방은 내분비기관이다The Right Auricle of the Heart Is an Endocrine Organ〉라는 논문을 발표했다. 그 후로 호르몬을 합성하고 분비하는 조직의 목록은 끊임없이 확장되어 사실상 체내의 모든 조직을 아우르게 되었다. 내분비기관이라는 낡은 개념은 수많은 조직들이 내분비기관처럼 행동한다는 생물학적 진실, 즉 다른 조직들도 다른 말단기관계에 작용해서 생리적 메커니즘을 조절하는 물질을 만들어 낸다는 진실을 받아들일 수밖에 없었다. 7장에서 살펴보았던 소화계가 그 좋은 예다. 심장, 피부, 지방 조직도 모두 내분비 기능을 가지고 있는 것으로 밝혀졌다.

　내분비 호르몬의 원래 개념은 '원격 작용action at a distance'이었다. 다른 말로 하면, 혈중으로 분비된 호르몬이 혈류를 타고 적절한 말단기관으로 이

동해 거기서 효과를 나타낸다는 뜻이다. 이런 개념에도 변화가 왔다. 이들 호르몬 중 상당수는 원격으로도 작용하지만 국소적으로도 작용도 한다는 것을 깨닫게 된 것이다. 요즘에는 분비된 호르몬을 분류할 때 다른 조직에 작용하느냐(내분비endocrine), 국소적으로 근처의 세포나 조직에 작용하느냐(주변 분비paracrine), 분비하는 세포 자신에게 작용하느냐(자기 분비autocrine)에 따라 내분비 호르몬, 주변 분비 호르몬, 자기 분비 호르몬으로 구분한다. 생리적 메커니즘과 대사에 대한 이해가 좀더 완전해짐에 따라 내분비기관과 내분비 기능의 개념도 좀더 복잡해졌다.

지방 조직과 내분비 기능

지방 조직은 한때 믿었던 것보다 대사적으로 훨씬 활발하게 작용한다(Kershaw & Flier, 2004). 기존에는 지방 조직을 대사적으로는 그다지 기능하지 않는 에너지 저장 창고로 보았으나 이제는 수많은 생리적 메커니즘과 내분비 과정에 대사적으로 활발하게 참여하는 존재로 보고 있다. 지방 조직은 에너지를 저장하는 수단인 동시에 몸 전체의 생리적 메커니즘에서 중요한 역할을 하는 내분비기관이다. 지방 조직은 호르몬뿐만 아니라 호르몬을 조절하는 효소도 저장, 합성, 분비한다. 이들 분자는 펩티드와 스테로이드 호르몬의 국소적 농도와 전신적 농도에 모두 영향을 미친다. 지방 조직은 펩티드와 스테로이드 호르몬의 수용체도 많이 발현한다. 지방 조직이 분비하는 호르몬은 자기 분비, 주변 분비, 내분비의 형식으로 국소적으로, 혹은 다른 말단기관계에 작용할 수 있다.

지방 조직의 내분비선 기능은 세 가지 방식으로 이루어진다. 우선 지방 조직은 미리 만들어진 스테로이드 호르몬을 저장하고 방출한다. 또한

표 11.1 지방 조직에서 생산되는 생리 활성 분자

호르몬	기능	비만에서의 변화
렙틴	음식 섭취, 사춘기 개시, 뼈의 발육, 면역 기능에 영향	혈중 렙틴의 양 증가
종양괴사인자 α(TNF-α)	비에스테르형 지방산과 포도당의 흡수와 저장에 관여하는 유전자를 억제	지방 조직의 TNF-α 발현 증가
아디포넥틴	인슐린의 작용 강화	혈중 아디포넥틴 감소
인터류킨 6(IL-6)	인슐린 신호 조절에 관여. 에너지 대사에서 중추에 영향	혈중 IL-6의 양 증가. IL-6의 발현이 내장 지방에서 더욱 많아짐
신경펩티드 Y(NPY)	지방 조직의 신생 혈관 생성angiogenesis. 렙틴 분비 조절	확실치는 않으나 NPY와 Y2 수용체의 기능 증가가 내장 지방 증가와 관련되어 있음
레시스틴	인슐린 작용에 영향. 인슐린 저항성과 관련되어 있음	설치류 비만 모델에서 혈중 레시스틴 농도가 증가
아로마타제	안드로겐을 에스트로겐으로 변환	변화는 없지만 지방의 증가는 총변환량을 증가시키는 결과를 가져옴
17β-히드록시스테로이드 탈수소효소	에스트론을 에스트라디올로, 안드로스텐디온을 테스토스테론으로 변환	변화는 없지만 지방의 증가는 총변환량을 증가시키는 결과를 가져옴
3α-히드록시스테로이드 탈수소효소	디히드로테스토스테론 비활성화	
5α-환원효소	코르티솔 비활성화	
11β-히드록시스테로이드 탈수소효소	코르티손을 코스티솔로 변환	지방 조직에서의 활성 증가

이들 호르몬 중 상당수는 지방 조직 속에서 전구체가 대사적으로 변환되어 만들어지기도 하고, 활성화 호르몬에서 비활성화 대사산물로 변환되기도 한다. 지방 조직에서는 스테로이드 호르몬 대사에 관여하는 효소도 많이 발현된다(표 11.1). 예를 들어 에스트론estrone은 지방 조직에서 에스트라디올estradiol로 변환된다. 폐경 이후의 거의 모든 여성에게서 발견되는 에스트라디올은 지방 조직에서 나온 것이다(Kershaw & Flier, 2004). 지방 조직은 11-베타-히드록시스테로이드 탈수소효소 1형(11β-HSD1: 11β-hydroxysteroid dehydrogenase type 1)을 발현하는데, 이 효소는 코르티솔을 5α-테트라하이드로코르티솔(5α-THF: 5α-tetrahydrocortisol)로 변환한다. 따라서 지방 조직은 당질코르티코이드의 국소적 농도를 조절하고 당질코르티코이드를 대사적으로 제거하는 데도 기여한다(Andrew et al., 1998).

마지막으로, 지방 조직은 생리 활성bioactive을 띠는 펩티드 상당수와 사이토카인을 생산 및 분비한다. 이 펩티드들은 그 합성과 분비에서 지방 조직이 맡는 역할을 강조하기 위해 아디포카인adipokine이라고 부른다. 우리의 이해가 증진될수록 이 목록도 계속해서 길어지고 있다. 지방 조직에서 만들어지는 정보 분자 가운데 우리가 더 깊이 이해하게 된 것들에 대해 그 기능과 조절을 알아보도록 하자.

비타민이지만 실제로는 스테로이드 호르몬

비타민 D는 내분비기관과 내분비 호르몬의 정의가 유연해져야만 하는 이유를 보여 주는 흥미로운 사례다. 우선, 이름은 비타민이지만 대부분의 동물에서 비타민 D는 영양분이 아니다. 오히려 비타민 D_3(D_3는 동물형, 비타민 D_2는 식물에서 발견된다)는 중파장 자외선(UVB)에 노출되었을 때 피부에서 생산되는 스테로이드 호르몬이다. 이 법칙의 예외를 들면 순수 육식 동물인 고양이(MOrris, 1999)나 북극곰(Kenny et al., 1999) 등이 있다. 이런 동물들은 이 광합성 능력을 잃어버린 것으로 보인다. 이들에게 비타민 D는 진짜 비타민이다. 하지만 사람을 비롯한 영장류는 피부에 활발한 비타민 D₃ 광합성 시스템을 갖추고 있다. 적어도 여름에는 1주일에 며칠을 하루 10~15분 정도 손과 얼굴을 햇빛에 완전히 노출시키면 충분한 양의 비타민 D가 생산되는 것으로 추정된다. 겨울에는 UVB가 대기를 통과해서 들어오다가 오존과 다른 분자에 흡수되기 때문에 적도에서 먼 지역에서는 UVB의 강도가 훨씬 약해진다. 예를 들어 보스턴, 매사추세츠 같은 위도에서는 10월 말에서 2월 말까지 대기를 통과해 들어오는 UVB가 거의 없다시피 하다(Holick, 1994). 위도 30도 위쪽 지역에서는 비타민 D의 생산이 계절에 따라 들쭉날쭉하고, 북극권에서는 비타민 D를 합성할 수 있는 계절이 무척 짧다. 반면 남극권에서는 오존층에 뚫린 구멍 덕분에 비타민 D를 합성할 수 있는 계절이 더 늘어났다.

비타민 D 자체는 식물형, 동물형 모두 생물학적 활성이 낮다. 이것이 활성화 호르몬으로 되기 위해서는 히드록실화hydroxylatioin 단계들을 거쳐야 한다. 첫 단계는 간에서 일어나며, 25-히드록시 비타민 D(25-OH-D)로 히드록실화된다. 이 히드록실화 단계는 조절되지 않는다. 혈중 25-OH-D는 비타민 D의 상태를 측정하는 가장 좋은 방법이다. 이것은 비타민의 저장형이지만 그 자체로는 생물학적 활성에 한계가 있다. 생물학적으로 가장 활성이 높은 비타민 D의 대사산물은 1,25-디히드록시 비타민 D(1,25-dihydroxy vitamin D, 1,25-OH₂-D)다. 이 대사산물은 25-OH-D의 엄격하게 조절된 히드록실화를 통해 신장에서 주로 생산된다. 1,25-OH₂-D의 주된 기능은 장(칼슘과 인의 흡수 조절), 신장(칼슘과 인의 배설 조절), 뼈(골 개조에 영향을 미쳐 칼슘과 인의 순흐름이 유출, 또는 유입되도록)에 작용하여 이온화된 칼슘과 인의 혈중 농도를 조절하는 것이다(DeLuca, 1988).

따라서 내분비 호르몬 $1,25-OH_2-D$는 세 가지 다른 기관, 즉 피부, 간, 신장의 대사로 만들어지는 물질이다. 신장에서 만들어진 $1,25-OH_2-D$는 멀리 떨어진 조직과 신장에 작용하여 칼슘의 배설을 조절할 뿐 아니라, $25-OH-D$를 $1,25-OH_2-D$로 변환하는 $1\alpha-$수산화효소1α- hydroxlase enzyme의 생산을 하향 조절하는 역할도 한다. 따라서 이것은 주변 분비 및 자기 분비 형태로도 작용하는 것이다. 최근의 연구에 따르면 $1,25-OH_2-D$는 혈중 $25-OH-D$의 히드록실화를 통해 피부에서도 만들어지는 것으로 보인다. 따라서 비타민 D는 피부를 떠나 혈액 내로 유입된 후에 간에서 $25-OH-D$로 히드록실화되고, 그중 일부는 다시 피부로 스며들어가서 추가적으로 히드록실화되어 활성화 형태가 된다. 피부에서 $1,25-OH_2-D$는 주변 분비, 자기 분비, 혹은 두 방식 모두 작용해서 피부 세포의 분화와 성숙을 조절한다(Holick, 2004).

비타민 D와 지방 조직

지방 조직은 비타민 D 대사산물과 다른 지용성 분자의 저장 창고 역할을 한다. 비타민 D 결핍 증상이 일어나는 데 시간이 오래 걸리고, 적도에서 먼 지역에 사는 사람들이 음식을 통해 섭취하는 비타민 D의 양이 부족해도 겨울을 견딜 수 있을 만큼 비타민 D가 충분한 것은 바로 이 때문이다. 여름 동안 햇빛을 충분히 쐬면 결국 체지방 속에 몇 달치의 비타민 D와 그 대사산물이 저장된다. 이 메커니즘은 신생아의 건강에도 마찬가지로 중요하다. 신생아는 자궁 속에서 몇 달치의 비타민 D를 공급받아 지방 조직에 저장한 상태로 태어난다. 모유에는 비타민 D가 결여되어 있지만(Hillman,

1990), 모유만 먹는다 해도 아기에게는 저장된 비타민 D가 충분하기 때문에 몇 달 동안 비타민 D 결핍에서 자유로울 수 있다. 물론 아기가 강한 햇빛(혹은 다른 UVB 공급원)에 노출이 된다면 내인성 광합성 생산도 충분해질 것이다. 우리의 진화 과정에서 비타민 D는 대부분 햇빛 노출에 의해 획득되었다. 인류가 비타민 D 대사산물을 모유에 농축시키는 생리적 메커니즘을 진화시키지 않은 것은 바로 이런 까닭이다. 신생아들은 보통 햇빛에 충분히 노출되기 때문이다. 따라서 과거에는 비타민 D 결핍이나 그와 관련된 질병(예를 들면, 구루병)이 거의 없었을 것이다. 비타민 D 결핍은 현대 인류에 들어서 나타난 질병이다.

비만은 지방 조직이 과도한 상태를 말한다. 비만은 25-OH-D의 혈중 농도 감소 및 비타민 D 결핍 위험 증가와 관련이 있다(Wortsman et al., 2000; Arunagh et al., 2003; Hyppönen & Power, 2006). 식단과 햇빛 노출만으로는 이러한 연관 관계를 설명할 수 없다. 지방 조직의 양이 과도하게 많아지면 지방 조직에 격리되는 비타민 D(그리고 다른 지용성 비타민도)의 양도 함께 과다해질 가능성이 있다. 비만인 사람은 비타민 D의 순흐름이 지방 조직 쪽으로 치우치고, 따라서 비타민 D의 혈중 농도가 감소하는 경향이 있는 듯하다.

따라서 비만은 비타민 D 결핍과 관련이 있다. 그렇다면 혹시 비타민 D가 비만 취약성에 영향을 미친다는 증거는 없을까? 사람과 동물 실험에서 모두 칼슘 섭취 부족이 체중 증가 및 지방량 증가와 관련되어 있었다(Heaney et al., 2002; Zemel, 2002). 비타민 D의 대사는 부분적으로 칼슘 섭취에 의해 조절된다. 일부 연구에 따르면 비타민 D의 상태와 비만이 연관돼 있다고 한다. 지방 조직에서의 지방 대사는 $1,25-OH_2-D$에 의해 조절된다(Sun & Zemel, 2004). 예를 들어 칼슘 섭취 저하에 따르는 $1,25-OH_2-D$의 상향 조절은 지방 조직으로의 지방 축적을 증가시키는 것으로 보인다. 칼슘 섭취의 증가는 혈중 $1,25-OH_2-D$의 양을 감소시키고, 지방 생성을 억제함으로써 지방 축적을 감소시킨다(Sun & Zemel, 2004; Zemel, 2004).

스테로이드 호르몬과 지방

스테로이드와 지방은 오래전부터 서로 관련돼 왔다. 예를 들자면, 스테로이드는 콜레스테롤에서 만들어지는데, 콜레스테롤 자체가 지방이다. 따라서 스테로이드는 지용성이고 혈중에서 지방 조직으로 확산이 가능하다. 에스트로겐, 프로게스테론, 테스토스테론, 당질코르티코이드 등의 스테로이드 호르몬을 비롯한 스테로이드는 지방 조직에서 발견된다. 이 스테로이드 호르몬은 지방 조직에 저장되었다가 다른 생리적 연쇄 과정에 의해 촉발되면 방출된다. 지방 조직은 스테로이드의 저장고이자 공급원으로 작용하면서 생리적 신호에 따라 스테로이드를 보유하거나 방출한다. 하지만 지방 조직은 단순히 스테로이드의 저장고 역할만 하는 것은 아니다. 지방 조직은 대사적으로도 무척 활발하다. 이제 우리는 지방세포에서 합성되는 효소의 작용을 통해 지방 조직에서 스테로이드가 만들어지고 비활성화된다는 것을 알고 있다. 지방 조직은 스테로이드 호르몬의 중요한 조절 역할을 하고 있다.

지방 조직이 과다해지면 스테로이드 호르몬 대사의 조절에 이상이 올 수 있다. 비만이 스테로이드의 혈중 농도 증가나 감소와 관련이 있다는 몇몇 연구 보고가 있다. 비타민 D도 그런 사례다.

당질코르티코이드도 지방 조직의 양에 영향을 받는다. 코르티솔의 국소적 농도와 전신적 농도 모두 코르티솔과 코르티코스테론 사이의 변환, 그리고 지방 조직에서 발현되는 효소에 의한 당질코르티코이드의 대사에 영향을 받는다(표 11.1 참조). 비만은 부신의 당질코르티코이드 생산 증가와 대사를 통한 당질코르티코이드 제거의 증가와 연관되어 있다. 이 효과는 서로 상쇄되어 결국 당질코르티코이드의 혈중 농도는 정상으로 나온다. 비만인 사람은 간에서의 11β-HSD1 활성이 감소되고, 5α-환원효소에 의한 코르티솔 비활성화가 증진된다(Andrew et al., 1998; Steward et al., 1999). 하지만 지방 조직에서 11β-HSD1의 활성은 증진된다(Rask et al., 2001).

성호르몬도 지방 조직의 영향을 받을 수 있다. 지방 조직의 아로마타제aromatase는 안드로겐androgens을 에스트로겐으로 변환한다. 비만 남성, 특히 복부 비만인 남성은 고에스트로겐증hyperestrogenism과 저안드로겐증hypoandrogenism이 나타날 수 있다. 비만 남성의 증가된 지방 조직은 혈중 에스트로겐의 증가와 테스토스테론의 감소에 직접적으로 기여한다(Hammoud et al., 2006에서 리뷰).

반면, 비만 여성의 경우에는 역설적으로 고안드로겐증hyperandrogenism이 나타날 위험이 커진다. 여성에서 나타나는 가장 흔한 고안드로겐증 장애는 다낭성난소증후군(PCOS: polycystic ovary syndrome)이다. 이것은 비만과 강력한 상관관계가 있다. 하지만 비만은 일반적으로 여성의 성호르몬 불균형과 관련되어 있다(Pasquali et al., 2003). 여성에서 고인슐린혈증hyperinsulinemia은 직접적으로 안드로겐 과다로 이어질 수 있다. 인슐린이 혈중 성호르몬 결합 글로불린(SHBG: sex hormone-binding globulin)에 영향을 미쳐 이것이 다시 스테로이드의 대사적 제거와 변환에 영향을 미치기도 하며, 고인슐린혈증이 난소의 안드로겐 분비를 자극하기도 하기 때문이다.

렙틴

지방 조직은 다양한 펩티드도 만들어 낸다. 알려진 아디포카인(지방 조직에서 생산되는 펩티드)의 목록도 상당하고, 지금도 계속 늘어나고 있다. 예를 들면, 지방 조직에서는 인터류킨 1β(IL-1β), IL-6, Il-8, IL-10, IL-18, 인터류킨-1-수용체 길항제(IL-1Ra: interleukin-1 receptor antagonist) 등을 비롯한 다양한 인터류킨을 만들어 낸다(Juge-Aubrey, 2003; Fain, 2006). 다음은 렙틴, 종양괴사인자 α(TNFα: Tumor necrosis factor α), 아디포넥틴Adiponectin, 신경펩티드 Y 등 네 가지 아디포카인에 대해 간략하게 알아본다. 우선 렙틴부터 시작한다.

렙틴은 제일 먼저 발견된 아디포카인은 아니지만 여러 면에서 아디포카인의 원형이라 할 수 있다. 렙틴은 주로 지방세포에 의해 분비된다. 렙틴은 구조적으로 사이토카인과 유사한 167 아미노산 펩티드다(Kershaw & Flier, 2004). 일반적으로 렙틴의 분비는 지방 조직의 양과 정비례한다. 하지만 렙틴의 합성과 분비는 몇 가지 요소에 의해 조절된다. 그중에서 인슐린, 당질코르티코이드, 에스트로겐은 렙틴의 분비를 증가시키고, 안드로겐, 유리지방산free fatty acid, 성장호르몬은 렙틴 분비를 감소시킨다(Kershaw & Flier, 2004). 렙틴의 분비는 지방의 종류와 위치에 따라서도 달라진다. 피하 지방은 대개 내장 지방보다 렙틴 분비량이 많다(Fain et al., 2004; Kershaw & Flier, 2004).

렙틴은 체내에서 다양한 기능을 하지만, 비만의 정도, 혹은 체내에 저장된 에너지의 수준을 알려주는 신호로서의 역할이 가장 주된 것으로 보인다. 중추에서는 렙틴, 인슐린, 신경펩티드 Y, 코르티솔, CRH 등이 때로는 반대로, 때로는 협력적으로 상호작용하여 식욕과 음식 섭취를 조절한다. 이 정보 분자들은 에너지 대사, 에너지 요구량에 대한 인지(예를 들면, 온도, 사회적 요인, 생식 상태, 질병, 24시간 리듬 등)와 에너지 저장량에 대한 인지를, 에너지 섭취와 소비를 조절하는 동기가 부여된 행동motivated behavior 등과 연결함으로써 말초의 생리적 메커니즘과 중앙의 동기 상태motive status를 조화시키는 역할을 한다. 이 분자들은 음식의 쾌락적 인지, 섭식 의지, 음식을 찾아 나서려는 동기, 그리고 궁극적으로는 하루 단위나 장기적 시간 척도에서의 음식 섭취량에 영향을 미친다.

렙틴은 조직의 발달과 생식 기능 등을 비롯한 다른 중요한 내분비 기능도 하고 있다(7장 참조). 면역 기능에서도 렙틴은 중요하다. 렙틴은 지방 조직을 조절하는 역할과 아울러 다양한 조직에서 다양한 기능을 수행한다.

렙틴과 임신

렙틴은 산모의 영양 상태(지방)와 강한 상관관계가 있기 때문에 생식력 fertility 및 임신의 유지와 기간을 말해 주는 중요한 대사적 신호로 사용할 수 있는 후보감이다. 낮은 렙틴 수치는 유산과 관련되어 있다(Laird et al., 2001). 당뇨병이나 임신중독증 등의 합병증이 있는 경우에는 임신 중 렙틴의 수치가 비정상적으로 높게 나올 수 있다(Hendler et al., 2005; Ategbo et al., 2006). 렙틴이 사춘기나 임신을 알려주는 주요 신호가 될 수 있다는 증거는 없지만, 산모의 상태가 생식에 적합함을 알려주는 많은 대사적 신호 중 하나로 기능할 수 있음을 알려주는 연구 결과는 나와 있다.

렙틴은 태반에서도 만들어진다. 태반의 무게는 태반의 렙틴 mRNA와 상관관계가 있다(Jakimiuk et al., 2003). 제대혈청cord serum 렙틴 농도는 태반 렙틴 mRNA, 산모의 혈청 렙틴, 태아의 체중과 상관관계가 있다(Jakimiuk et al., 2003). 산모의 혈청 렙틴 농도는 임신 중기에서 최고치에 도달하고, 그 후로는 감소한다. 임신은 렙틴 저항성이 동반된 고렙틴혈증hyperleptinaemia 상태인 것으로 본다. 산모의 렙틴 수치가 높아도 음식 섭취가 줄어들지 않는다는 것이다. 산모의 혈중 렙틴 수치는 분만과 함께 가파르게 감소한다. 이는 아마도 태반 렙틴이 상실되어 일어나는 현상으로 보인다. 혈중 렙틴 농도는 임신 기간 동안에도 산모의 지방량과 여전히 상관관계가 있다. 그림 11.1은

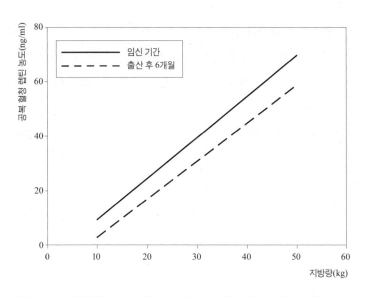

그림 11.1 산모의 혈청 렙틴 농도는 임신 기간과 출산 후 6개월 동안에도 산모의 지방량과 상관관계가 있다.

회귀방정식 출처: Butte et al., 2001.

임신 기간과 출산 후 6개월 동안 지방량 대비 공복 혈청 렙틴의 농도를 회귀방정식으로 나타낸 것이다(Butte et al., 1997). 그래프를 보면 선이 평행하게 나온다. 이는 지방량이 혈중 렙틴 농도에 일관되게 영향을 미치지만, 임신 동안의 값은 전체적으로 상승되어 있음을 암시한다. 이것은 태반 요소가 일정하게 작용하고 있다는 뜻이다.

렙틴은 인슐린, 인슐린 유사 성장 인자insulin－like growth factor, 성장호르몬과 관련이 있지만 사람의 태아 크기를 예측할 수 있는 독립적인 예측 인자인 것으로 보인다. 임신령에 비해 큰 태아는 정상보다 렙틴 수치가 더 높고, 임신령에 비해 작은 태아는 렙틴 수치가 낮다. 쌍둥이 임신의 경우 몸집이 더 큰 태아가 혈중 렙틴 수치도 더 높다(Sooranna et al., 2001). 제대혈 렙틴cord blood leptin은 신생아의 신장과 머리둘레와 관련이 있다. 연구들을 보면 태아의 렙틴 중 일부는 태아의 지방 조직에서 만들어지기도 하지만, 대부분은 태반에서 온 것이라는 가설을 지지한다. 흥미롭게도 산모의 혈중 렙틴 농도는 남아의 산모보다 여아의 산모가 더 높은 것으로 나타났다(Al Atawi et al., 2005).

렙틴 수용체는 태반에서 발견되며, 태반은 짧은 수용성 형태의 sOB-R(렙틴 수용체)을 분비한다. 이는 임신 기간 중 산모의 렙틴 혈청 농도가 증가해도 식욕 감소가 일어나지 않는 이유를 부분적으로 설명해 줄 수 있다. 증가한 만큼의 렙틴이 태반에 붙잡혀 있는 것이다. 사람을 대상으로 한 자료는 나와 있지 않지만 설치류에서는 렙틴 수용체가 지방세포 외에도 상당히 많은 태아 조직에서 발견되었다(예를 들면, 모낭, 연골, 뼈, 폐, 췌장도세포 pancreatic islet cell, 신장, 고환 등). 렙틴은 태반과 태아 조직에서 내분비, 자기 분비, 주변 분비 효과를 가지고 있는 것으로 추측된다. 그래서 렙틴이 태아의 성장과 발달을 조절하는 데 중요한 기능을 하고 있다는 가설도 나와 있다 (Henson & Castracane, 2006). 렙틴은 성장과 발달의 신호/표지일 수 있다. 렙틴 수용체는 개코원숭이 태아의 폐조직에서도 발견되는데, 폐가 성숙하는데 역할을 담당할 수도 있다(Henson et al., 2004). 렙틴 수용체는 소화기관에서도 발견된다(Lostao et al., 1998; Barrenexte et al., 2002).

종양괴사인자 α

종양괴사인자 α(TNFα)도 사이토카인이다. 렙틴과 마찬가지로 TNFα의 발현도 내장 지방보다는 피하 지방에서 상대적으로 더 높다(Fain et al., 2004; Kershaw & Flier, 2004). TNFα는 국소적으로도(자기 분비와 주변 분비), 전신적으로도(내분비) 작용하고, 지방 조직에서는 아디포넥틴, 인터류킨-6 같은 다른 아디포카인의 발현을 조절한다. TNFα는 비에스테르형 지방산과 포도당의 흡수 및 저장, 그리고 지방세포 형성adipogenesis에 필요한 유전자의 발현을 하향 조절한다.

TNFα는 간에서 대사 경로에 중요한 유전자를 조절해 포도당의 흡수와 대사 및 지방산의 산화를 감소시키고, 콜레스테롤과 지방산의 합성을 증가시킨다. 인슐린 수용체 기질의 세린 인산화 반응을 증가시키는 세린 키나제serine kinase를 활성화시켜 인슐린 수용체의 분해 속도를 높인다. 이것은 인슐린 신호를 감소시키는 결과를 낳는다(Kershaw & Flier, 2004).

아디포넥틴

아디포넥틴은 혈중 아디포카인 중에서 가장 풍부해서, 농도가 렙틴보다 대략 1,000배 정도 높다. 아디포넥틴은 비만에서 혈중 농도가 감소한다는 점에서 지방 조직이 분비하는 다른 대부분의 요소들과는 차이가 있다(Arita et al., 1999). 아디포넥틴 수치 저하는 인슐린 저항성과 관련이 있고, 혈중 수치가 높으면 2형 당뇨병을 방어해 주는 것으로 보인다(Lihn et al., 2005; Trujillo & Scherer, 2005). 아디포넥틴이 생리 활성을 나타내는 주요 표적은 간이며, 아디포넥틴은 간의 인슐린 감수성을 증진시킨다(Trujillo & Scherer, 2005).

아디포넥틴은 복합체를 형성한다. 이런 고분자량 분자 형태가 활성이 더 높다(Lihn et al., 2005; Trujillo & Scherer, 2005). 아디포넥틴 신호에 영향을 미치는 중요한 출산 후 사건이 있다. 고분자량 복합체가 형성되려면 아디포넥틴 분자가 히드록실화와 글리코실화glycosylation되어야 한다. 어떤 의미에서는 분자 대사가 일어나야 하는 것이다. 세균 파지bacterial phage*에 의해 만들어진 아디포넥틴은 유전자 해독 후 변화가 일어나지 않는데, 그래서 이 아디포넥틴은 포유류 세포에서 만들어 내는 아디포넥틴만큼 효과적이지 않다(Trujillo & Scherer, 2005). 이것은 생물학적 시스템에서 나타나는 복잡성을 잘 나타낸다. 본질적으로는 이것도 유전자를 토대로 작동하지만(DNA에서 RNA로, 그리고 다시 펩티드로 전사) 유전자 해독 후 사건이 결정적으로 중요한 경우가 있기 때문이다.

혈중 아디포넥신의 농도는 남성보다 여성에게서 더 높게 나타나지만, 역설적이게도 아디포넥틴은 에스트로겐에 의해 억제되는 것으로 보인다. 산모의 혈중 아디포넥틴의 농도는 임신 기간에 줄어든다(Catalano et al., 2006; O'Sullivan et al., 2006). 이는 아마도 임신 중에 에스트로겐성 환경이 조성되기 때문일 것이다. 수유 기간에는 산모의 혈중 아디포넥틴 농도가 더 낮아진다. 이는 프로락틴의 억제 효과 때문인 듯하다. 흥미롭게도 혈중 아디포넥틴의 농도는 암컷 생쥐보다 수컷 생쥐에서 더 낮게 나왔지만, mRNA의 합성은 암컷과 수컷 사이에서 차이가 없었다(Comb et al., 2003). 이는 혈중 아디포넥틴 단백질의 성별 차이가 유전자 해독 후 메커니즘 때문에 생길 수도 있다는 것을 보여 준다.

아디포넥틴은 세심하게 연구할 필요가 있는 중요한 아디포카인이다. 이것은 에너지 대사를 비롯한 대사 과정에도 중요한 영향을 미친다. 아디포넥틴 대사의 성별 차이는 비만에 따르는 질병 발생 위험의 성차를 이해하는 데도 무척 중요한 역할을 할 수 있다.

---

* 세균을 감염시키는 바이러스균을 말한다.

신경펩티드 Y

신경펩티드 Y(NPY)는 중추에 작용해서 식욕을 조절하는 중요한 식욕 증진 분자다. 다른 대부분의 신경펩티드와 마찬가지로 NPY도 말초 작용을 함께 나타낸다. NPY는 췌장에서도 발견되고, 지방세포에서도 물론 발견된다. 2형 수용체 Y2(type 2 receptor Y2)뿐만 아니라 NPY도 지방 조직에서 발현되고 분비된다(Kos et al., 2007).

추위와 공격에 노출된 생쥐는 복부 지방에서 NPY와 Y2의 발현이 증가한다(Kuo et al., 2007). NPY와 Y2 활성화는 신생 혈관 생성을 자극한다(Lee et al., 2003). 이것은 생쥐에게 고지방 고설탕 식단을 먹이고 추위나 동종의 공격

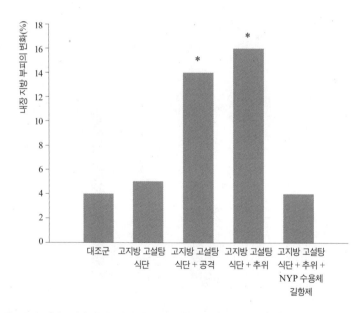

그림 11.2 고지방 고설탕 식단을 먹이고 추위와 공격에 노출시킨 생쥐는 내장 지방이 크게 증가했다.

출처: Kuo et al., 2007.

에 노출시킬 경우 내장 지방 증가로 이어진다(Kuo et al., 2007; 그림 11.2). 추위와 동종의 공격 등 환경적, 사회적 스트레스 유발 인자는 지방과 단당류 때문에 에너지가 풍부한, 이른바 '위안 음식'에 대한 선호와 연관되어 왔다(Dallman et al., 2003). NPY는 그런 음식을 먹고 싶은 동기와도 관련되어 있고 스트레스 유발 인자와 고지방 고설탕 식단의 조합으로 인한 내장 지방의 증가와도 관련되어 있는 것 같다. 스트레스 유발 인자와 고지방 고설탕 식단의 조합은 내장 지방의 부피를 증가시킨 반면, 고지방 고설탕 식단만으로는 그런 효과가 나타나지 않았다. 거기에 덧붙여, Y2 수용체 길항제(NPY 수용체 길항제)를 주사한 경우에도 그런 효과가 사라졌다(Kuo et al., 2007; 그림 11.2).

NPY가 아디포카인 분비에 미치는 영향은 불분명하다. 여기에는 상충되는 자료들이 나와 있다. 당뇨병과 대사 관련 연구를 하는 K. 코스K. Kos 등에 따르면 체외(시험관 내) 실험에서 NPY 처치가 복부 피하 지방 지방세

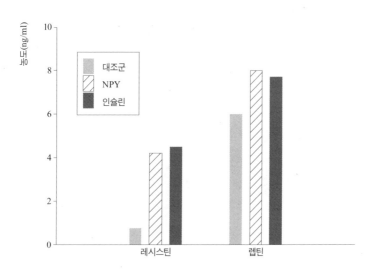

그림 11.3 체외 실험에서 NPY가 내장 지방의 지방전구세포로부터 레시스틴과 렙틴 분비를 자극하는 힘은 인슐린만큼이나 강력하다.   출처: Kuo et al., 2007.

포의 렙틴 분비는 감소시켰지만, 아디포넥틴이나 TNFα에는 아무런 영향도 없었다(Kos et al., 2007). 하지만 리디아 E. 쿠오Lydia E. Kuo 등은 생체외 실험에서 NPY가 인슐린만큼이나 강력하게 내장 지방의 지방전구세포preadipocyte로부터 렙틴과 레시스틴resistin의 분비를 증가시킨다고 했다(Kuo et al., 2007; 그림 11.3). 이것은 정보 분자의 조직 특이적 효과tissue-specific effect의 또 다른 사례이자 피하 지방과 내장 지방의 차이를 말해 주는 사례일 수 있다.

비만과 염증

비만은 만성적인 저도의 염증과 관련되어 있다(Clement & Langin, 2007). 지방 조직에는 몸의 면역적 방어에 관여하는 세포들이 포함되어 있다(Fain, 2006). 지방 조직은 염증과 관련된 여러 펩티드와 사이토카인을 분비하는데, 비만은 보통 이런 분자들의 혈중 농도를 높이는 결과를 가져온다. 아디포카인 대부분은 염증성 분자들이지만, 아디포넥틴은 항염증성이다. 그런데 아디포넥틴은 비만 상태에서는 오히려 줄어든다.

대식세포들은 지방 조직으로 모여들어 지방세포들 사이에 뭉쳐서 자리 잡는다(Weisberg et al., 2003). 지방 조직에서 활발하게 이루어지는 분비 중 상당수는 대식세포로부터 유래하는 것이다(Roth et al., 2004a, b). 대식세포에서 생산되는 사이토카인과 다른 염증 유발 분자proinflammatory molecule들은 과도한 지방 조직으로 인한 병리 현상에 기여한다. 인슐린 저항성은 비만으로 인한 염증과 특히 연결되어 있다(Xu et al., 2003; Roth et al., 2004a, b).

저산소증hypoxia도 과도한 지방 조직으로 인한 염증에 한몫하는 것 같다. 지방 조직이 늘어나면 혈류가 지방세포까지 도달하게 하기 위해 신생 혈관 형성이 일어난다(아마도 이는 NPY의 작용에 의한 것인 듯하다. 위의 설명 참조).

하지만 지방 조직의 크기가 커지면 일부 지방세포와 대식세포는 순환계와의 접촉이 적절하지 못해 저산소증을 겪게 된다. 그러면 이 세포들은 이에 반응해서 적절한 염증성 사이토카인을 분비하기 시작한다. 이런 반응은 정상적이고 적응적인 반응이다. 하지만 이러한 반응은 국소적으로는 이롭게 작용할지 모르나 전신적으로는 해롭게 작용한다.

중심형 비만과 말초형 비만

"모든 지방이 똑같지는 않다"(Arner, 1998). 중심형 비만central obesity, 또는 복부 비만은 복부에 과도한 지방 조직이 축적되는 것을 말하며, 남녀 모두에서 2형 당뇨병, 고혈압, 이상지질혈증dyslipidemia, 심혈관 질환 등 동반 질환의 위험 증가와 관련이 있다(Karelis et al., 2004; Goodpaster et al., 2005; Racette et al., 2006; Van Pelt et al., 2006). 예를 들면, 복부 비만은 만 50세 이상의 남녀에서 인슐린 저항성을 가장 잘 알 수 있는 예측 변수로 드러났다(Racette et al., 2006). 하체 비만은 건강에 불리한 대사 프로파일과는 관련성이 덜하다. 대퇴부 피하 지방 조직의 비율이 높은 비만 여성과 비만 남성은 대사증후군metabolic syndrome의 증상을 나타낼 가능성이 훨씬 줄어든다(Gopodpaster et al., 2005). 지방이 대부분 말초성이고 둔부와 대퇴부의 피하 지방 조직에 분포한 경우는 복부 지방의 비율이 높은 비만인 경우보다 비만에 흔히 동반되는 질병의 위험이 낮다(Van Pelt et al., 2006).

말초형 지방(둔부와 대퇴부의 지방 조직)은 질병의 위험으로부터 보호해주는 역할을 한다는 주장을 뒷받침하는 자료들도 있다. 허리−엉덩이 둘레 비율이 높을수록(엉덩이 대비 허리의 비율이 클수록) 건강의 위험도가 높아지는 것은 허리가 너무 굵거나 둔부나 대퇴부의 둘레길이가 너무 작아서 생기는 현상일 수도 있다(Seidell et al., 2001; Snijder et al., 2003). 심혈관 질환의 위험 요인인 동맥 경직도arterial stiffness는 몸통 지방의 증가와 관련이 있지만, 말초형 지방 증가는 작게나마 보호 효과가 있었다(Ferreira et al., 2004).

하체 피하 지방의 축적은 그래도 복부 지방의 증가보다는 좀더 건강한 지방 저장 형태를 나타낸다고 말할 수 있지만, 과도한 지방 조직은 여전히 건강에 안 좋은 영향을 미친다. 대사적으로 건강한 비만인은 다른 비만인보다 위험이 덜할지는 모르지만, 비만이 아닌 사람보다는 위험이 여전히 더 큰 것으로 보인다(Karelis et al., 2004).

복부 지방은 주로 내장 지방 조직과 피하 지방 조직으로 구성된다. 이 두 저장소에 분포하는 지방의 비율은 남녀 간은 물론, 인종과 민족 간에도 차이가 있다. 대사와 건강에 미치는 결과도 달리 나타난다. 과도한 복부 피하 지방은 포도당 조절이 적절하지 않은 것과 관련되어 있음을 보여 주지만(Garg, 2004; Jensen, 2006), 건강에 부정적인 영향을 미칠 가능성은 아무래도 내장 지방 쪽이 더 크다(Karelis et al., 2004; Racette et al., 2006).

내장 지방은 복막강peritoneal cavity에 있는 지방이다. 내장 지방 조직은 비만에 따르는 건강의 위험을 증가시킨다는 점에서 피하 지방과 다르다고 지적하는 연구자들이 많다. 남성의 경우 내장 지방은 중요한 사망 위험 요인이다(Kuk et al., 2006). 과도한 내장 지방은 비만으로 인한 대사와 건강 문제에서 큰 위험 요소다(Fujioka et al., 1987; Karelis et al., 2004; Racette et al., 2006). 비만 남성과 비만 여성 중 20% 정도는 대사적으로 건강한 프로파일을 가지고 있다. 이런 사람들은 일반적으로 내장 지방의 비율이 상당히 낮다(Karelis et al., 2004). 이와는 표현형이 반대인 남녀도 있다. 체중은 정상인데 BMI에 비해 지방량이 높게 나오고 내장 지방의 비율이 높은 사람들이다(Karellis et al., 2004). 내장 지방 조직의 비율이 더 높게 나오는 것은 나이 많은 남녀, 심지어는 정상 체중인 사람들에서도 대사증후군을 유발하는 중요한 위험 요인이다

(Goodpaster et al., 2005).

내장 지방이 건강에 더 안 좋은 영향을 미치는 이유에 대해서는 크게 두 가지 가설이 있다. 이 두 가설은 서로 배타적이지 않다. 한 가설에서는 내장 지방에 의한 아디포카인(예를 들면, 렙틴, 인터류킨-1, 인터류킨-6, 종양괴사인자 α, 아디포넥틴 등)의 분비가 피하 지방과는 다르며, 이런 차이가 건강상의 위험에도 다르게 반영된다고 주장한다(Karellis et al., 2004). 일부 아디포카인의 분비는 피하 지방과 내장 지방에서 차이가 나는 것이 밝혀지기는 했으나(즉 내장 지방에서는 렙틴이 덜 분비된다), 그것이 건강에 미치는 영향을 평가할 수 있는 자료가 별로 없다. 또 다른 가설은 전부는 아니라도 내장 지방에서 방출되는 상당한 양의 유리 지방산이 직접 간문맥portal vein으로 간다는 사실에 바탕을 두고 있다. 따라서 내장 지방이 많아지면 간이 전신적으로 가용한 유리 지방산에서 예측되는 것보다 더욱 높은 농도의 유리 지방산에 노출되는 결과를 낳게 될 것이다. 남녀 할 것 없이 내장 지방의 양이 많아지면, 간으로 전달되는 유리 지방산의 양도 그만큼 증가한다(Nielson et al., 2004). 간 지방은 적절하지 못한 포도당 조절과 높은 유리 지방산 농도와 관련되어 있음이 밝혀졌다(Seppälä-Lindroos et al., 2002). 내장 지방은 간의 인슐린 저항성에 중요한 역할을 할 수 있다(Bergman et al., 2006). 하지만 일부 연구자들은 내장 지방 조직이 몸 전체의 유리 지방산에 기여하는 부분이 작다는 점을 지적하며, 과연 이것이 전신의 인슐린 저항성에서 차지하는 중요성이 큰지 의문을 제기하기도 했다. 일부 연구자들은 복부 피하 지방을 혈중 유리 지방산의 주요 공급원으로 지적하기도 했다(Garg, 2004; Jensen, 2006; Koutsari & Jensen, 2006).

내장 지방은 코르티솔 생산과 대사의 조절 이상과도 관련이 있다. 부신에서 코르티솔의 과다 분비가 일어나는 쿠싱증후군Cushing's syndrome은 증가된 내장 지방과 관련이 있다. 반대로, 내장 비만이 있는 여성(하지만 쿠싱증후군을 앓지 않는 여성)은 정상 체중인 여성과 내장 지방보다는 둔부와 대퇴부 지방이 과도한 비만 여성에 비해 CRH 문제에 더욱 예민하다(Pasquali et al., 1993). 내장 지방 조직이 과다한 여성은 소변을 통한 코르티솔과 그 대사산물의 배설이 증가한다(Pasquali et al., 1993).

내장 지방 축적에 대한 감수성은 인종별로도 차이가 나는 듯하다. 아시아인들은 백인이나 사하라 이남의 아프리카 후손들보다 주어진 BMI에 비해 상대적으로 체지방의 비율이 높으며(Deurenberg et al., 2002), 내장 지방 조직의 비율이 더 크다(Part et al., 2001; Yajnik, 2004).

폐경 후의 아프리카계 미국인 비만 여성은 폐경 후 백인 여성과 비교하면 주어진 BMI에 비해 내장 지방이 적고, 그 대신 복부 피하 지방의 비율이 더 높다(Conway et al., 1995; Tittelbach et al., 2004). 아프리카계 미국인 여성은 일반적으로 총지방량이 더 많지만 젊은 아프리카계 미국인 남녀는 젊은 백인에 비해 평균적으로 내장 지방 조직의 양이 적다(Cossrow & Falkner, 2004). 흥미롭게도 아프리카계 미국인과 백인은 대사증후군의 다른 측면들에 대한 감수성이 달라서, 백인의 경우 이상지질혈증(콜레스테롤 패턴이 좋지 않고, 중성지방 수치가 높다)이 나타날 가능성이 더 높다. 반면 아프리카계 미국인들은 포도당 대사 조절 이상에 더 취약한 것으로 보인다(Cossrow & Falkner, 2004).

지방 조직은 복잡한 조직이다. 지방 조직에는 지방세포가 들어 있지만 다른 유형의 세포들도 있다. 지방 조직은 여러 기능을 수행하며, 지방 저장 기능은 그중 하나일 뿐이다. 지방 조직은 스테로이드 호르몬의 조절에 무척 중요하다. 지방 조직에서 방출되는 인자들은 내분비 기능과 면역 기능을 가지고 있다. 이 인자들 중 상당수는 염증을 유발하는 속성을 가지고 있다. 비만은 만성적인 저도의 염증 상태와 관련이 있다. 이는 아마도 지방 조직에서 방출된 인자들에 의해 자극을 받아 일어나는 현상일 것이다. 비만에서는 대부분의 아디포카인 혈중 농도가 증가한다. 항염증성이자 인슐린의 작용을 강화하는 아디포카인인 아디포넥틴의 혈중 농도는 비만에서 감소한다.

비만과 관련된 사망 중 일부는 알로스타 부하를 반영하고 있을 가능성이 있다. 즉 정상적인 기능이라도 오랜 시간에 걸쳐 과도하게 일어나면 기관계의 기능을 저하시키고 문제를 일으킬 수 있다. 비만은 지방 조직의 양과 다른 대사계 사이의 균형을 파괴하는 결과를 초래한다.

모든 지방이 똑같이 위험한 것은 아니다. 내장 지방은 피하 지방에 비해 더 건강에 해로운 프로파일과 연관되어 있다. 다리의 지방은 대사증후군의 증상을 오히려 완화시켜 준다고 알려져 있다. 비만에 따르는 건강상의 위험이 인구 집단에 따라 다양하게 나타나는 것은 지방을 저장소에 축적하는 경향이 서로 다르게 나타나기 때문일 가능성이 크다.

12

통통한 아기, 뚱뚱한 엄마:
비만과 생식의 관계

남성과 여성은 여러 면에서 차이가 나는데, 여기에는 생물학적으로 타당한 이유가 있다. 특히 지방과 지방 대사에서는 더욱 그러하다. 남성이나 여성 모두 비만에 취약한 것은 사실이지만 지방이 축적되는 방식이 서로 다르며, 거기에 따르는 잠재적인 건강 문제도 다르다. 남성과 여성은 지방 축적의 패턴, 지방의 동원, 대사 연료로서의 지방의 사용, 지방 저장량이 과도하거나 부족했을 때 오는 문제점도 모두 다르다. 이런 차이는 생식에 따르는 남성과 여성의 비용 차이에서 유래된 진화적 적응의 차이를 반영하는 것일 수 있다. 영양 면에서 볼 때 생식은 남성보다는 여성에게 훨씬 큰 대가를 요구한다. 임신과 수유에 따르는 비용을 따져 보면 남성이 생식에 들이는 노력은 하찮아 보일 정도다. 이러한 생식 비용의 비대칭성은 지방의 저장과, 연료로서의 지방 사용에서 나타나는 비대칭성에도 그대로 반영된다.

이 장에서는 지방 저장과 지방 대사에서 나타나는 남성과 여성의 차이는 무엇이고, 이런 차이들이 어떻게 남녀의 비만 유병률과 비만 유형의 차이로 나타나는지를 살펴본다. 우리는 이런 주제를 진화생물학의 관점에서 접근할 것이다. 우리는 사람들을 체중 증가에 취약하게 만드는 특성 중 상당수는 과거의 적응력에서 유래했다는 가설을 제시한다. 과거에는 비만 표현형이 발현되는 경우가 드물었기 때문에 다른 특성들은 자연 선택적으로 중립적인 성격을 띠었을 것이고, 그래서 유전적 부동genetic drift을 통해 우리 혈통에 축적되었을 것이다(예를 들면, Speakman, 2007). 현대의 비만은 진화적으로 적응에 유리한(혹은 중립적인) 반응이 현대의 환경에 와서는 적응에 불리한 생리적 반응으로 나타났기 때문에 발생한 것이라고 본다. 나아가, 비만 성향과 그로 인한 건강 문제에서 나타나는 남녀의 차이 중 상당수는 남성과 여성의 생물학을 형성해 온 적응 압력의 차이가 반영된 것이다.

생식

생식은 진화적 적합성에서 핵심 요소다. 생식 성공률의 차이가 진화적 성공 여부를 결정하는 으뜸 결정 요인이기 때문이다. 생식을 하지 않아도 자신의 유전자가 후대에 전달되도록 돕는 것이 가능하지만(예를 들면 가족의 생식 적합성을 증가시키는 포괄 적응도inclusive fitness), 자손을 낳아 생식 가능한 나이까지 생존시키는 것이 성공에 이르는 가장 직접적인 길이다.

포유류 암컷에게 생식은 삶에서 가장 에너지 집약적이고, 영양적 부담도 큰 과업이다. 임신과 수유에 따르는 영양 대가는 수컷이 생식과 관련해서 치르는 것보다 훨씬 더 크고, 이것은 인간도 해당되는 이야기다. 만약 암컷의 영양 상태가 적절한 시기를 골라 임신과 수유가 일어나도록 생식력을 조절할 수 있다면 적응에 상당히 유리할 것이다. 특히 암컷의 상태가 좋지 않을 때 임신을 피할 수 있다면 이것은 더욱 유리하게 작용한다. 태아의 생존 가능성이 별로 없거나, 임신에 따르는 소비로 어미의 건강이 심각하게 악화되어 차후에 생식 성공률이 떨어질 가능성이 높을 때 태아에게 에너지와 영양분을 소비해야 한다면 적응에 대단히 불리하게 작용할 수밖에 없다.

사람의 여성과 포유류 암컷이 자신의 영양 상태에 따라 생식에 들이는 노력을 조절한다는 연구 결과는 상당히 많다(Wade & Jones, 2004). 하지만 이런 조절이 어떻게 이루어지는지는 아직 명확하지 않다. 물론 인간처럼 오래 사는 종의 경우에는 다양한 방식으로 생식을 조절할 수 있다. 성공적으로 생식할 수 있는 기회의 수는 생식 가능한 수명의 길이, 짝짓기의 빈도, 생식과 직접 관련된 기능(생식력, 착상, 임신의 유지 등의 요소)에 영향을 미치는 여러 변수에 달려 있다.

초기 사람속 성인 여성에게서 지방 저장량은 번식이 성공하는 데 결정적인 역할을 했을 것이다. 사람에게 번식기가 따로 있다는 증거는 거의 없다. 따라서 초기 선조들은 계절적 요인이나 연례적인 변수보다는 음식의 가용성에 반응해서 생식력을 조절했을 것이라고 가설을 세우는 것은 타당하다. 여성은 하지에 지방을 저장하는 능력을 향상시켜 왔는데, 그래서 요즘 여성들은 이 점에 불만이 많다. 여성은 지방 조직, 렙틴, 생식력이 서로 연관되어 있다. 물론 다른 요소와 신호 분자들도 함께 관여하고 있는 것으로 보인다. 지방, 렙틴, 생식력 사이의 상관관계는 다른 대사 신호나 호르몬 신호를 통한 간접적 상호작용이 반영된 것으로 추측된다(Wade & Jones, 2004).

비만이 과거에는 적응에 유리했다거나, 지금에 와서 적응에 유리하게 됐다고 주장하는 것은 아니다. 비만은 남성과 여성 모두 생식력 저하와 좋지 않은 생식 결과로 이어진다. 과거에도 비만 그 자체만으로는 생식 성공률의 증가로 이어지지 않았을 가능성이 높다. 그 대신 현대의 비만은 진화 과정에서 적응이 가진 특성을 반영하고 있을 것이다. 이 적응의 특성은 현대인을 지속적인 체중 증가에 취약하게 만들었다. 비만 그 자체는 적응에 유리한 전략이 아니다. 하지만 우리를 비만에 취약하게 만드는 대사적 적응만큼은 적응에 유리했을 수도 있다.

비만도의 성차

남녀는 지방의 양, 제지방lean mass 대비 체지방의 비율, 지방의 분포 방식 모두에서 차이가 난다. 어린 시절, 심지어는 출생 시부터 시작되어 사춘기를 거치는 동안 더욱 강화되는 이런 차이는 남자와 여자의 대사 및 호르몬의 차이에서 기원하며, 비만으로 인한 건강의 위험에서 나타나는 남녀의 차이에도 기여한다.

여성은 남성보다 지방 저장 비율이 더 높게 나온다. BMI를 기준으로 보정을 해도 그렇다. 이것은 인종과 문화권을 막론하고 모두 해당된다. 사실 정상 체중 여성(BMI 18kg/m^2~25kg/m^2)의 평균 체지방률은 비만으로 분류되는 남성(BMI > 30kg/m^2)의 체지방률과 비슷하게 나온다(Nielsen et al., 2004; 그림 12.1). 이것은 남성의 제지방량(근육량)이 더 높다는 사실로도 부분적인 설명이 가능하지만, 남녀의 체구 차이를 감안하더라도 여성의 지방량이 남성보다 훨씬 많은 경우가 많다.

남성과 여성은 단지 체내에 보유하는 지방의 양만 차이가 나는 것이 아니다. 지방이 쌓이는 위치도 차이가 있다. 체지방은 남성과 여성에서 분포 양상이 다르게 나타난다(그림 12.1, 12.2). 여성은 대퇴부와 둔부에 저장되는 지방이 많다(Williams, 2004). 남성은 복부에 지방이 많이 쌓여 복부 비만에 더 취약하다(Nielson et al., 2004). 여성은 피하 지방이 많이 쌓이고, 남성은 내장 지방이 많이 쌓인다(Lemieux et al., 1993). 이런 비만의 성차는 출생 시부터 존

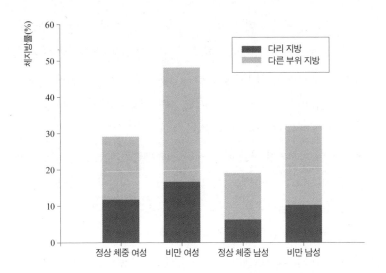

그림 12.1 여성은 남성보다 체지방의 총비율이 더 높고, 다리에 축적되는 지방의 비율도 모든 BMI에서 높게 나타난다. 정상 체중 남성과 여성: BMI < 25kg/m². 비만 남성과 여성: BMI > 30kg/m².

출처 Nielson et al., 2004.

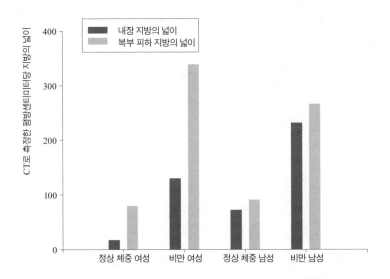

그림 12.2 여성의 복부 지방은 남성에 비해 피하 지방의 비율이 더 높다. 남성은 모든 BMI에서 내장 지방의 비율이 훨씬 크다. 비만 여성과 남성: BMI > 30kg/m². 출처: Nielson et al., 2004.

재한다. 모든 임신령에서 여자 태아는 남자 태아보다 피하 지방이 더 많다 (Rodríguez et al., 2005). 사춘기 이전의 여자 아이는 사춘기 이전의 남자 아이보다 다리와 골반에 지방이 더 많다(He et al., 2004). 하지만 이것은 모두 정도의 문제일 뿐이다. 비만 여성은 내장 지방의 양도 많을 것이고, 비만 남성은 다리의 피하 지방량도 많다(그림 12.1, 12.2).

남성과 여성의 지방 분포 차이는 비만과 관련된 다른 건강상의 위험에도 영향을 미친다. 허리둘레는 비만에 동반되는 질병의 위험성을 알려주는 중요한 요소다. 예상대로 남성과 여성의 허리둘레는 복부의 피하 지방 및 내장 지방의 양과 관련되어 있다. 허리둘레는 복부 지방 조직의 양을 반영한다. 하지만 그 상관관계는 성차가 분명하게 나타난다. 남성과 여성에서 복부 피하 지방 대비 허리둘레의 회귀선을 구해 보면 평행하게 나오지만 차이가 드러난다. 주어진 허리둘레에서 여성은 남성보다 복부 피하 지방이 평균 1.8kg 더 많다(Kuk et al., 2005). 반면, 내장 지방 대비 허리둘레의 회귀선을 구해보면 남성은 폐경 전 여성에 비해 그 기울기가 훨씬 크다(Kuk et al., 2005).

나이와 폐경 여부도 허리둘레와 내장 지방과의 관계에 중요하게 영향을 미친다. 나이가 많은 남성과 여성은 젊은 사람들보다 회귀선 기울기가 훨씬 더 크게 나온다. 남성의 회귀선 기울기는 표준화된 여성보다 모든 나이에서 더 크게 나오지만, 40세 여성의 표준화 기울기는 25세 남성의 것과 같다. 폐경기 여성의 기울기는 폐경 전 여성의 것보다 크고, 그보다 나이가 많은 남성의 기울기와 평행하다(Kuk et al., 2005). 폐경기 여성에서는 비만 관련 건강상의 문제점도 남성과 더 비슷하게 나온다. 이러한 자료들은 테스토스테론과 에스트로겐이 지방의 분포와 그에 따르는 결과에 영향을 미친다는 사실을 보여 준다(아래 참조).

중심형 비만 대 말초형 비만

중심형 비만은 2형 당뇨병, 고혈압, 이상지질혈증, 심혈관 질환 등의 동반 질환 위험을 높인다(11장 참조). 하체형 비만은 그래도 건강에 덜 유해한 대사 프로파일이 나온다. 적당한 범위 안에서 다리 지방 조직이 증가하면 대사 프로파일에 긍정적인 영향을 미친다는 연구 결과도 나와 있다(Ferreira et al., 2004).

흥미롭게도 남성은 평균적으로 내장 지방의 비율이 높을 뿐 아니라, 내장 지방의 회전율도 여성보다 높은 것으로 보인다. 남성은 내장 지방에서 지방산의 방출(지방 분해lipolysis)과 흡수(지방 생성lipogenesis)가 이루어지는 속도가 일관되게 여성보다 높게 나오는 것으로 밝혀졌다(Williams, 2004). 아드레날린성 자극은 남성에서는 내장의 지방산 방출을 증가시키지만, 여성에서는 그렇지 않다(Jensen et al., 1996). 따라서 남성은 내장 지방이 과도하게 축적되는 경향이 더 크며, 내장 지방이 건강에 미치는 영향도 성별에 따라 차이가 난다. 내장 지방으로 중년 백인 남성의 사망 위험을 예측할 수 있다는 연구 결과가 나왔다(Kuk et al., 2006).

내장 지방은 코르티솔 생산과 대사의 조절 이상과 관련이 있다. 부신에서 코르티솔이 과분비되는 쿠싱증후군은 비만, 특히 내장 지방의 증가와 관련되어 있다. 역으로 내장 비만이 있는 여성(하지만 쿠싱증후군은 앓지 않는)은 정상 체중 여성이나 내장 지방보다 둔부와 대퇴부의 지방이 과도해진 비만 여성에 비해 CRH 문제에 더 민감하다(Pasquali et al., 1993). 내장 지방 조직의 양이 과도한 여성은 소변을 통한 코르티솔과 그 대사 산물의 배설이 증가한다(Pasqualli et al., 1993).

성호르몬이 지방의 축적과 대사에 미치는 영향 _____

지방의 생물학이 남녀에 따라 차이가 나는 데는 당연히 성호르몬도 역할을 하고 있다. 생식호르몬은 지방 조직 대사에 영향을 미치며, 그로 인한 지방의 분포와 후속 결과에도 상당히 중요한 역할을 하는 듯하다. 테스토스테론은 지방 분해를 증가시키고, 지단백 분해 효소(LPL: lipoprotein lipase)의 활성을 억제하고, 중성지방이 지방 조직에 축적되는 것을 감소시키는 작용을 한다. 건강한 젊은 남성에서 혈중 테스토스테론 수치를 낮추면 지방 조직의 총량이 증가하고, 피하 지방 조직에서 증가 비율이 가장 높게 나타난다. 반면, 혈중 테스토스테론 수치를 높이면 지방 조직의 총량이 줄어든다 (Woodhouse et al., 2004). 남성과 여성 모두 에스트로겐이 지방 조직의 조절에서 여러 역할을 하고 있다. 에스트라디올은 지방 조직에 직접 영향을 미치며, 중추로 작용해서 음식 섭취와 에너지 소비에 영향을 미치기도 한다(Singh et al., 2006). 안드로겐은 생체외 실험에서 남성과 여성 모두 지방전구세포의 증식을 강화한다(Anderson et al., 2001). 그 효과는 남성보다는 여성의 지방전구세포에서 더 컸다.

에스트라디올은 피하 지방의 축적을 용이하게 한다. 여성에서 에스트로겐이 결핍되면 체중 증가로 이어지고, 특히 증가된 지방 중에서 내장 지방의 비율이 커진다. 폐경기 여성은 체지방 비율이 동등하거나(Tchernof et al., 2004) 허리둘레가 같은(Kuk et al., 2005) 폐경 전 여성에 비해 내장 지방의 양이 더 많다. 에스트라디올로 치료받은 폐경 후 여성은 지단백 분해 효소의 활성이 낮다(Pedersen et al., 2004). 에스트로겐은 여성의 지방 패턴을 결정하는 중요한 인자다.

지방 조직은 안드로겐 수용체와 에스트로겐 수용체를 모두 발현한다. 내장 지방은 피하 지방보다 안드로겐, 에스트로겐 수용체 농도가 더 높으며, 이것은 남성과 여성 모두에 해당한다(Rodriguez-Cuenca et al., 2005). 지방 조직에서는 α 에스트로겐 수용체와 β 에스트로겐 수용체가 발견된다(Pedersen et al., 2004). 피하 지방에서 에스트라디올은 α 수용체를 통해 작용해서 $\alpha2A-$ 아드레날린성 수용체$\alpha2A-$ adrenergic receptor를 상향 조절하며, 이는 지방 분해를 감소시키는 결과를 낳는다. 에스트라디올은 내장 지방의 지방세포에 있는 $\alpha2A-$아드레날린성 수용체의 농도에는 영향을 미치지 않는 것으로 보인다(Pedersen et al., 2004). 폐경 전 여성의 피하 지방세포는 남성의 피하 지방세포보다 $\alpha2A-$아드레날린성 수용체의 농도가 더 높고, 에피네프린에 대한 반응으로 나타나는 지방 분해 활성이 낮다(Richelsen, 1986).

렙틴과 인슐린

현재까지 혈중 호르몬 중 비만도 신호adiposity signal가 되기 위한 기준을 충족하는 것은 렙틴과 인슐린밖에 없다. 렙틴과 인슐린의 기저basal 혈중 농도는 지방의 양에 비례한다. 둘 다 혈액-뇌 장벽을 가로질러 수송되며, 중추에 작용해서 식욕을 조절하고 음식 섭취를 줄이며, 에너지 대사도 증가시키는 것으로 보인다(Woods et al., 2003). 음식 섭취와 생식의 조절에 지방 항상성 모델lipostatic model을 적용하는 데는 개념적·실증적으로 어려움이 따르지만(Wade & Jones, 2004), 지방 조직의 역동적인 변화는 분명 섭식 및 생식과 연관되어 있다. 특히나 인슐린과 렙틴은 중요한 신호 분자로 작동하는 것으로 보인다.

렙틴과 인슐린은 중요한 차이가 있다. 렙틴과 인슐린의 혈중 농도는 서로 다른 지방 축적을 반영하는 것으로 보이기 때문이다. 렙틴의 농도는 피하 지방을 더 잘 반영하고, 인슐린은 내장 지방을 더 잘 반영한다. 내장 지방은 피하 지방보다 인슐린에 더 민감하다. 여성과 남성은 내장 지방과 피하 지방의 비율이 다르기 때문에 일반적으로 렙틴은 여성의 총지방량과, 인슐린은 남성의 총지방량과 더 밀접한 상관관계가 있다(Woods et al., 2003).

인슐린은 지방 조직에서 만들어지지는 않지만 지방 조직에 강력한 영향을 미친다. 인슐린의 기능도 지방 조직의 영향을 받는다. BMI로 측정한 것이든, 허리-엉덩이 비율, 허리둘레, 혹은 실제 체지방 측정에 의한 것이든 지방의 증가는 말초의 인슐린 감수성 감소와 관련되어 있다. 이 부분에서는 남녀의 차이가 있다. 여성은 남성보다 체지방량이 더 많음에도 불구하고 여성의 인슐린 감수성은 체지방량에 영향을 덜 받는 것으로 보인다. 여성의 경우 체지방량이 증가해도 남성에 비해 인슐린 감수성 저하 폭이 적다(Sierra-Johnson et al., 2004). 내장 지방과 피하 지방은 대사적으로 보나, 아디포카인의 합성과 분비라는 면에서 보나 인슐린에 대한 반응에서 차이가 난다(Einstein et al., 2005). 과도한 내장 지방은 인슐린 저항성과 관련이 있다(Karelis et al., 2004; Racette et al., 2006). 따라서 남성과 여성에서 나타나는 지방 분포의 차이는 대사, 내분비, 건강 등에 미치는 영향에도 차이를 불러온다.

남성과 여성은 중추성 인슐린과 렙틴에 대한 반응에서도 차이가 난다. 남성은 중추성 인슐린central insulin에 더 민감하다. 여성은 중추성 렙틴central leptin에 더 민감하다. 비강 내로 인슐린을 투여하면 남성은 체중 감소, 특히 지방 감소가 일어났고, 여성에서는 체중 증가, 특히 세포외액의 증가가 일어났다. 인슐린의 비강 내 투여는 남성에게서는 배고픈 느낌을 줄여주는 효과가 있었지만, 여성은 그렇지 않았다(Hallschmid et al., 2004). 쥐에서도 같은 결과가 나왔다. 수컷 쥐는 중추성 인슐린에 더 민감했고, 암컷 쥐는 중추성 렙틴에 더 민감했다(Clegg et al., 2003).

이러한 차이는 생식호르몬의 영향에서 기원한 것으로 보인다. 수컷 쥐에게 외부에서 에스트로겐을 투여하면 대조군 수컷 쥐에 비해 중추성 렙틴의 효과에 더 민감해졌다(Clegg et al., 2006). 에스트로겐은 중추성 인슐린의 영향을 무디게 만드는 것으로 보인다. 온전한 수컷과 난소를 절제한 암컷은 인슐린을 중추로 투여한 후에 먹이 섭취가 줄었다. 반면 온전한 암컷 쥐와 외부에서 에스트로겐을 투여한 수컷 쥐는 그러지 않았다. 흥미롭게도 외부에서 에스트로겐을 투여하지 않은 거세된 수컷 쥐는 중추성 인슐린이 먹이 섭취에 영향을 나타내지 않았다(Clegg et al., 2006). 이는 테스토스테론이 중추성 인슐린 신호에 직접 영향을 미칠 수도 있다고 추측된다.

혈청 렙틴 농도는 성별 차이가 출생 이전에 이미 시작된다는 것을 보여 준다. 임신 중 산모의 혈청 렙틴 농도는 태아가 여자 아이인 경우에 더 높게 나온다(Al Atawi et al., 2005). 여성은 출생 때부터 이미 남성보다 렙틴의 농도가 더 높으며, 이런 차이는 평생에 걸쳐 지속된다. 이런 차이는 단지 남성

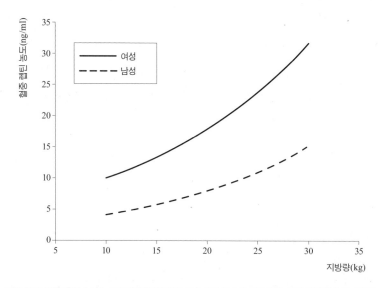

그림 12.3 혈중 렙틴 농도는 지방량 증가에 따라 지수 함수적으로 증가한다. 모든 지방량에서 여성은 남성보다 더 높은 혈중 렙틴 농도를 나타낸다.   * 이 곡선 방정식의 출처는 Saad et al., 1997.

과 여성의 전체 지방 조직의 양 차이를 반영하는 데서 그치지 않는다(그림 12.3). 여성은 모든 지방량에서 혈중 렙틴 농도가 더 높게 나온다(Ostlund et al., 1996; Rosenbaum et al., 1996; Kennedy et al., 1997; Saad et al., 1997).

지방 대사

여성의 지방 대사는 여러 면에서 남성과 차이가 난다. 이 차이는 체지방 비율이나 지방 조직의 분포에서 나타나는 성차와 일맥상통한다. 여성은 대사적으로 지방을 축적하는 경향이 남성보다 더 크다. 흥미롭게도 여성은 지속적인 운동 과정에서 지방을 에너지 기질로 사용하는 경향도 남성보다 큰 것으로 보인다.

쉬고 있을 때 여성은 남성보다 더 많은 혈중 유리 지방산을 재에스테르화 경로reesterification pathway로 보낸다(Nelsen et al., 2003). 여성은 VLDL-트리글리세리드 생산 속도가 더 빠르지만 혈중 농도는 비슷하다(Mittendorfer, 2003). 이것은 여성이 재에스테르화 속도가 더 빠르며, 따라서 지방 조직으로의 유리 지방산 흡수가 남성보다 더 많다는 또 하나의 증거다. 기저 상태에서 여성은 생리적으로 지방 저장에 더욱 잘 적응되어 있다.

유리 지방산 흡수와 방출의 속도는 지방 조직의 유형뿐만 아니라 성별에도 달려 있다. 이것은 남성과 여성의 지방 축적 패턴의 차이에도 반영되어 있다. 여성은 다리의 지방 저장소로 지방을 흡수하는 속도가 높다(Votruba & Jensen, 2006). 복부 지방 조직에서 지방산이 방출되는 속도는 남성보다 여성에서 더 빠르지만, 둔부나 대퇴부의 지방 조직에서 방출되는 속도는 느리다(Williams, 2004). 남성과 여성 모두 섭식 후에 지방산이 흡수되는 양은 둔부나 대퇴부보다는 복부 지방 조직에서 더 높다. 하지만 여성에서는 복부 지방 조직에서의 지방산 흡수 대부분이 피하 조직에서 일어나는 반면, 남성에서는 상당 부분이 내장 지방에서 일어난다(Williams, 2004). 이러한 발견 내용들은 남성과 비교했을 때 여성은 피하 지방에 지방을 저장하는 경향이 강하며, 특히 둔부와 대퇴부에 우선적으로 저장하려는 경향이 강하다는 사실과 일맥상통한다.

여성은 지구력 훈련처럼 에너지 소비가 증가된 시간 동안 지방 산화 속도가 더 높게 나타난다. 남성은 지속적인 운동이 일어나는 동안에 포도당과 아미노산 대사를 상향 조절하는 경향이 강하다(Lamont et al., 2001; Lamont, 2005). 이런 차이는 에스트로겐과 관련이 있다. 남성에게 에스트로겐을 투여하면 운동 기간 동안의 탄수화물 및 아미노산 대사가 감소하고, 지방 산화가 증가한다(Hamadeh et al., 2005). 따라서 여성은 지속적으로 힘을 써야 하는 상황에서 우선적으로 지방을 대사 연료로 사용하도록 생리적으로 설계되어 있고, 남성은 포도당과 단백질 대사에 좀더 의존하도록 설계되어 있다고 말할 수 있다. 그리고 이런 차이는 성호르몬에 의해 중재된다.

지속적인 운동에서는 여성의 지방 산화가 더 크게 늘어남에도 불구하고, 운동 증가 프로그램을 통해 지방이 빠지는 경향은 여성보다 남성이 더 크다(Ross, 1997; Donnelly et al., 2003). 이런 당혹스러운 결과가 생기는 이유에 대해서는 아직 잘 알려지지 않았다. 여기서 사회적 요소와 심리적 요소가 어떤 역할을 하고 있는지는 아직 명확하지 않다. 현재까지 나와 있는 연구를 보면 체중 감량을 위해 운동할 때 남성이 동기가 더 강하고 헌신적이라는 증거는 없다. 한 가지 가능성은 여성의 지방 대사는 지속적 운동 기간에는 지방을 소비하지만, 그 외의 시간에는 지방을 저장하도록 설계되어 있다는 것이다. 따라서 운동하는 동안에는 여성이 남성보다 더 많은 지방을 태우지만, 그 후의 회복 기간에는 그만큼을 다시 보충한다는 것이다.

분명 우리 선조들은 살아남아 자손을 남기기 위해 상당한 에너지와 노력을 투자했다. 지속적 운동 기간 중 지방 대사 차이는 과거에 남녀 사이에 있었던 진화적 압력의 차이와 관련이 있었던 것 같다. 남성에서 어떤 대사가 선택되고, 각기 다른 대사 연료들의 중요성이 어땠는지 고려하는 데는 운동이 가장 적합한 모델일 듯하다. 남성의 대사는 격렬하거나 지속적인 근육 활동이 선택압 적용의 기준이었음을 반영한 것으로 보인다. 여성 선조들 또한 육체 노동에서 상당한 양의 에너지를 소비했다. 육체적 능력에는 남녀 차이가 언제나 있어 온 것이 사실이지만 그렇다고 여성이 남성만큼 육체적으로 열심히 일하지 않았다고 주장하려는 것이 아니다. 하지만 그보다 더 중요한 것이 있다. 여성은 임신과 수유 기간 중 상당한 에너지를 소비했다는 점에서 남성과 차이가 있다. 임신과 수유는 아마도 여성 선조들의 삶에서 가장 에너지가 많이 소비되는 사건이 아니었나 생각된다. 여성에게는 근육 활동보다 생식에 대한 요구가 더 중요한 선택압으로 작용했을 것이고, 이것이 여성의 대사에 더욱 큰 영향력을 미쳤을 것이다.

생식에서 지방의 이점

지방 저장 용량이 큰 것과 임신이나 수유 등 지속적인 수요가 있는 시기에 대사 연료를 지방에 더 크게 의존하는 것, 이 두 가지는 몇 가지 이점이 따른다. 지방 대사를 상향 조절하면 포도당을 아낄 수 있다. 임신 기간에는 태아와 태반이 필요로 하는 포도당 수요와 산모 뇌가 필요로 하는 포도당 수요 사이에서 갈등이 일어나기 때문에 균형을 잘 맞춰야 한다. 하지만 산모의 근육과 말초기관에 필요한 에너지를 지방 산화를 증가시켜 충당하면 이런 갈등을 어느 정도 해소할 수 있다.

태어난 아기는 모유를 통해 영양분을 공급받는다. 이제 산모의 영양분은 태반을 통하지 않고 아기의 소화기관을 통해 전달된다. 이것은 산모가 포도당을 절약하는 효과를 준다. 또한 이것은 과거에 축적한 에너지를 이용해 현재의 생식 활동을 뒷받침하는 효과가 있다. 임신 후기에 필요한 에너지양도 분명 상당하지만, 빈곤 국가의 여성들이라도 임신 초기에 체중을 상당히 늘릴 수 있다. 보통 임신 기간에는 식욕이 증가하고, 에너지 소비는 감소하는 경우가 많기 때문이다. 임신 초기의 잉여 에너지는 지방으로 저장해 두었다가 나중에 수유할 때 사용할 수 있다.

곰의 생물학은 이런 전략에 잘 적응되어 있다. 곰의 새끼는 임신 기간이 짧기 때문에 몸집도 대단히 작고 발육도 덜 된 상태에서 태어난다. 체중이 90kg이 넘는 어미 흑곰이 체중이 450g도 안 되는 새끼들을 낳는 것이다(Oftedal et al., 1993). 새끼를 일찍 낳음으로써 어미 곰에게는 대사적으로 큰 이점이 생긴다. 곰은 이 기간 동안 먹이를 먹지 않고 있기 때문에* 외부에서 공급되는 포도당이 없다. 임신 기간에는 어미 곰의 뇌가 필요로 하는 포도당(물론 동면 중이기 때문에 필요량이 줄어들어 있다)과 태반과 태아가 필요로 하는 포도당 사이에 경쟁 관계가 성립한다. 하지만 어미 곰은 새끼를 일찍 낳음으로써 태반과 태아에게로 포도당이 빠져나가는 것을 차단하고, 그것을 고지방 고단백 모유로 전환시켜 새끼가 자신의 소화기관을 통해 직접 흡수하게 만들 수 있다(Oftedal et al., 1993). 어미는 동면에 들어가기 전에 섭취해 지방으로 저장해 두었던 에너지를 동원해서 자신이 사용할 포도당을 만들어 내고, 유지방의 형태로 에너지를 새끼에게 직접 전달하는 것이다. 여기서 큰 수수께끼는 어미가 아무것도 먹지도, 마시지도 않으면서 어떻게 젖을 만들어 낼까 하는 부분이다. 모유는 지방 성분이 대단히 높기는 하지

---

* 곰은 종류에 따라서 겨울 동면 기간 동안 새끼를 낳아 키우고, 이 기간 동안 어미는 아무것도 먹지 않는다.

만, 그래도 고형 성분보다는 수분이 훨씬 많지 않은가?(Oftedal et al., 1993) 결국 동면 중에도 어미는 새끼의 배설물을 모두 다시 섭취할 수 있는 것으로 밝혀졌다. 이는 새끼에게 전달되는 수분과 질소(단백질에서 유래)의 상당 부분을 재활용하는 효율적인 시스템이다. 이것은 모두 지방을 저장하는 것에 달려 있다.

동면하지 않는 곰도 이런 생식 전략을 사용한다. 곰의 새끼들도 아주 이른 시기에 작은 몸집으로 태어나 고지방 고단백 모유를 먹는다. 이 점은 판다곰도 마찬가지다(그림 12.4a, b). 아무것도 먹지 않는 동면 기간 동안 임신과 수유를 할 수 있도록 뒷받침해 준 적응 방식은 더 이상 동면하지 않는 종에서도 사라지지 않았다. 판다곰은 동면을 하던 선조 곰들의 유산을 그대로 지니고 있다.

사람은 곰이 아니다. 여성은 임신과 수유 기간 동안 단식하지 않는다. 단식할 수가 없다. 하지만 여성도 마찬가지로 생식 기간 동안, 특히 수유 기간 동안 동원해 사용할 수 있는 상당한 양의 영양 공급원을 저장하는 능력이 있다. 인간은 대형 동물이다. 대형 동물은 이른바 소득 투자income investment가 아닌 자본 투자capital investment 방식의 생식 전략을 구사할 수 있다. 달리 표현하자면, 소형 포유류의 경우에는 일반적으로 생식을 뒷받침해 줄 만한 충분한 에너지를 저장할 수 없다는 뜻이다. 소형 포유류는 수유에 필요한 영양분 대부분을 그때그때 현장에서 바로 구해야 한다. 하지만 고래 같은 초대형 포유류의 경우 전혀 먹지 않으면서도 수유를 할 수 있다. 이들은 사실상 과거에 섭취한 먹이로 수유를 모두 해결한다(Oftedal et al., 1993). 곰은 큰 몸집, 지방 저장, 동면이라는 이 세 가지를 조합해서 이 일을 해낸다. 사람의 경우는 현재 섭취하는 영양분과 과거에 저장해 두었던 영양분을 조합해서 사용하고 에너지 소비를 조절함으로써 수유에 들어가는 비용을 뒷받침한다. 수유에 들어가는 에너지 비용의 일부를 과거에 섭취했

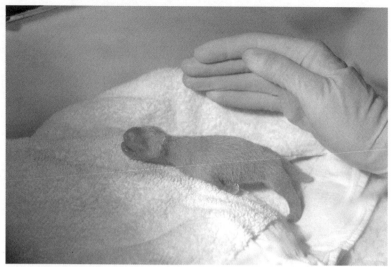

a.

b.

그림 12.4 a. 판다는 몸집이 작은 새끼를 낳고, 고지방 고단백 모유를 생산한다. 판다는 동면을 하지 않음에도 불구하고 동면하는 곰들이 가지고 있던 적응 방식을 유지하고 있다. b. 새끼에게 젖을 먹이는 어미 판다.

사진: Jessie Cohen, Smithsonian's National Zoo.

던 음식에서 저장한 에너지로 충당하는 것이다.

이것은 에너지뿐만 아니라 영양분에도 해당되는 이야기다. 산모는 아기의 뼈 성장과 광화를 뒷받침해 주기 위해 상당한 양의 칼슘을 뱃속의 태아, 그리고 출산 후의 아기에게 전달해 준다. 임신 기간 동안은 칼슘 대사가 변하면서 장으로부터 칼슘 흡수 효율이 좋아져 음식에서 뽑아내는 칼슘의 양이 많아지고, 신세뇨관에서 저류가 증가해서 소변을 통한 배설이 감소한다(Kovacs & Kronenberg, 1998; Power et al., 1999). 임신기의 내분비 프로파일은 뼈의 칼슘 축적을 증진시킨다.

하지만 수유기에는 내분비 프로파일이 역전된다. 수유 기간에 여성은 뼈의 미네랄 성분을 잃게 되며, 그중 대부분은 칼슘이다. 보통 여성은 수유 기간을 거치면서 3~10% 정도의 칼슘을 잃는다(Prentice et al., 1995; Kalkwarf et al., 1997). 이 상실분은 임신 기간 동안에 늘어났던 뼈의 미네랄 성분 덕분에 부분적으로 완충이 되며, 생리가 다시 시작되면 빠른 속도로 보충된다(Kalkwarf et al., 1997). 흥미롭게도 음식을 통해 섭취하는 칼슘은 수유기의 칼슘 손실에 영향을 미치지 않는 것 같다. 임신 기간에는 고칼슘 식단이 뼈의 칼슘 강화로 이어지지만, 수유 기간에는 식단을 통해 칼슘 성분을 보충해 주어도 뼈의 칼슘 손실에 측정 가능한 효과가 나타나지 않고 그냥 소변으로 배설되는 칼슘의 양만 많아진다(Fairweather-Tait et al., 1995; Prencice et al., 1995; Kalkwarf et al., 1997).

여성의 생식은 산모가 과거에 섭취한 음식을 체내에 저장해 둔 것에 어느 정도 의존하며, 이것은 아기에게 영양분 전달이 가장 크게 이루어지는 시기인 수유 기간에 동원된다. 남성은 이런 선택압을 경험할 일이 없기 때문에 영양분을 저장하고 동원하는 것과 관련된 대사에서 남녀에 차이가 나는 것은 놀랄 일이 아니다. 남성은 뼈의 미네랄 농도가 주기적인 변화를 거칠 일도 없으며 생식의 성공을 위해 상당한 양의 지방을 저장하고 동원할 필요도 없다.

뚱뚱한 아기

생식 기간의 여성 지방 대사에 영양을 미쳤을 것으로 보이는 또 하나의 적응이 있다. 사람의 신생아는 지금까지 알려진 포유류의 아기 중 가장 뚱뚱하다(Kuzawa, 1998; 그림 12.5). 태어날 때 체지방량이 사람보다 큰 동물은 두건물범hooded seal밖에 없다. 두건물범은 짧은 수유 기간 동안 어미의 노력이 강

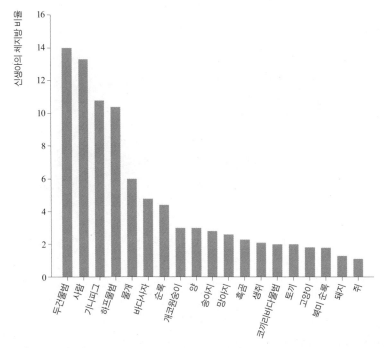

그림 12.5 사람의 아기는 포유류 신생아 중 가장 뚱뚱한 축에 속해서 거의 두건물범의 새끼만큼이나 뚱뚱하다. 출처: Kuzawa, 1998. 단 두건물범의 값은 Oftedal, 1993에서 참조.

렬하게 집중되는 극단적인 사례다. 이 수유 기간은 불과 4일이 지나지 않는다. 하지만 모유의 56~60%가 지방이며, 새끼는 그 4일 동안 말 그대로 체중이 두 배로 불어난다. 이때 조직에 쌓이는 것은 대부분 지방이다(Oftedal et al., 1993). 어미는 4일 동안의 수유를 마치면 떠나 버리고, 그 이후로 새끼는 아무것도 먹지 않고 저장된 지방을 대사하며 성장한다. 두건물범이 태어날 때 지방의 비율이 높은 것은 이런 극단적인 생식 적응의 결과라 볼 수 있다.

그렇다면 사람의 신생아는 왜 이렇게 뚱뚱할까? 두건물범과 달리 사람은 수유 기간이 길다. 수렵-채집인 사회에서 사람의 수유 기간은 석 달 이상 지속되었다. 젖도 자주 먹인다. 사람의 아기는 먹을 것 없이 긴 시간을 혼자 내버려 두는 법이 없다. 사람의 모유는 대단히 묽어서, 지방은 겨우 3~4%, 단백질은 1% 미만이다. 하루에 엄마에게서 아기에게 전달되는 영양분의 양은 다른 포유류와 비교하면 꽤 낮은 편이다. 이것은 유인원 영장류에서 일반적으로 나타나는 패턴이다. 수유 기간이 길며(일반적으로 임신 기간보다 길다), 성분은 묽지만 젖을 자주 물려 많은 양을 먹인다(Oftedal, 1984; Power et al., 2002). 이렇게 놓고 보면 영장류 신생아들은 뚱뚱하게 태어난다고 해서 적응 면에서 유리할 것이 전혀 없어 보인다. 대부분의 영장류는 뚱뚱하게 태어나지 않는다. 하지만 사람의 아기는 예외다.

사람속의 특징인 커진 뇌 때문에 뇌의 성장과 유지에 따르는 에너지 비용을 뒷받침하기 위한 대사적 적응이 필요했을 것이라는 추측이 많다(Aiello & Wheeler, 1995). 사람의 에너지 요구량에서 뇌 대사는 상당한 비율을 차지한다. 이것은 아기에게 특히 해당되는 말로, 아기의 경우 50% 이상의 에너지 소비가 뇌 대사에 들어간다(Kuzawa, 1998). 사람 아기의 뇌에서 소비하는 에너지는 침팬지 아기의 뇌보다 세 배 이상일 것으로 추정된다. 사람의 신생아가 지방이 많은 것은 이런 에너지 요구에 반응한 에너지 저장의 증가를 나타낼 수 있다(Kuzawa, 1998). 사람은 임신 말기에 태아의 지방 축적이 대량으로 일어나는데, 이는 뇌가 급속하게 성장하기 시작하는 시기와 맞아떨어진다. 사람의 아기가 특히 다른 영장류들보다도 예외적으로 뚱뚱한 것은 더욱 커진 뇌의 성장과 유지에 필요한 에너지를 뒷받침하기 위한 핵심적인 적응 방식이었을 것이다(Kuzawa, 1998).

뇌 성장이 대부분 출생 이후에 일어나는 데는 납득할 만한 진화적 이유가 있다. 산모가 임신한 상태에서 효율적이며 적응에 유리한 방식으로 걷고 달리고 움직이려면 산모의 골반 크기와 산도birth canal가 커지는 데는 한계가 있기 때문에 결국 머리가 매우 큰 아기를 낳을 수 없었던 것이다. 만약 인간의 머리 크기 성장이 대부분 자궁 속에서 일어났다면 우리 종은 살아남지 못하고 멸종하고 말았을 것이다. 여자들은 모두 좁은 골반과 산도로 머리 큰 아이를 낳다가 죽거나, 행여 그를 뒷받침할 정도로 골반과 산도가 커졌다면 손쉬운 사냥감이 되어 어른이 되기도 전에 잡아먹혔을 것이기 때문이다.

뚱뚱한 아기는 또 다른 이점이 있었을 것이다. 신생아들은 면역계가 아직 성숙되지 않았기 때문에 일반적으로 감염성 질환에 걸릴 위험이 높다. 병에 걸리면 섭식이나 소화, 혹은 둘 다 힘들어지는 경우가 많다(Kuzawa, 1998). 예를 들어 설사는 전 세계적으로 유아 사망률을 높이는 주된 원인 중 하나다. 아이나 어른 할 것 없이, 지방 조직에 저장된 지방의 양이 많으면 병을 앓고 있는 동안 보호 작용을 해준다. 물론 이것은 사람의 아기뿐만 아니라 침팬지 새끼에게도 해당하는 얘기다. 그렇다면 사람의 아기가 과거에는 질병의 위험에 더 크게 노출되어 있었다고 의심할 만한 이유가 있을까?

모유에는 아기의 면역계를 보조해 주는 면역 기능성 분자(예를 들면 분비형 면역글로불린 A[SIgA: secretory immunoglobulin A])뿐만 아니라, 항균 기능을 수행하는 것으로 보이는 다른 많은 분자들이 들어 있다. 아기는 면역계가 미성숙한 상태라 질병에 취약하다. 모유의 기능 중 하나는 아기의 면역력을 키위 병원체로부터의 위험을 줄이는 것이다. 실제로 수유 초기 며칠 동안 일반적으로 포유류의 어미들은 초유colostrum라고 불리는 모유를 만들어 낸다. 초유에는 SIgA와 다른 면역글로불린이 많이 들어 있다. 모유에는 다른 항균 분자들도 많다. 예를 들면 모유에 들어 있는 소화가 안 되는 올리고당은 병원균을 유인하는 역할을 한다. 세균은 세포에 침투할 때 세포막의 올리고당 잔기에 부착해서 들어온다. 세균이 모유에 분비되어 나온 그와 비슷한 올리고당에 부착되면 이것은 아기의 소화기관을 거쳐 대변을 통해 제거된다.

영양 면에서 볼 때 사람의 모유는 침팬지나 고릴라의 모유와 다르지 않다(Milligan, 2008). 하지만 면역 및 항균 기능 분자라는 점에서 보면 사람의 모유는 다른 모유들과 다르다. 사람의 모유는 알려진 것 중 SIgA의 농도가 가장 높다. 성숙한 사람의 모유(초유가 아닌 첫 일주일이 지난 후에 생산된 모유)는 붉은털원숭이의 초유보다도 SIgA의 농도가 높다(Milligan, 2005, 2008). 또한 사람의 모유는 지금까지 조사한 다른 모든 영장류의 모유보다도 올리고당의 농도가 높고 더 다양하다. 사람의 모유는 락토페린lactoferrin의 농도도 높다. 락토페린은 철분과 결합하여 모유 속에 들어 있는 세균을 '굶겨 죽이는' 역할을 한다. 이 모든 연구 결과들을 종합해 보면 사람의 모유는 항균 기능과 면역 기능이 대단히 강화되어 있음을 알 수 있다.

사람은 오랫동안 병원체의 밀도가 높은 환경에서 살아왔다. 열대 우림을 어슬렁거리는 침팬지와 고릴라도 수많은 미생물과 접촉하지만, 그 미생물 중 동물의 건강에 영향을 미치는 것은 극소수에 불과하다. 사실 우리가 매일 접하는 수십억 마리의 미생물 중 대다수는 우리의 건강이나 안녕과 아무런 상관이 없다. 어떤 종이든 그 종에게 병을 일으키는 미생물은 얼마되지 않는다. 하지만 인간은 우리를 성공적인 종으로 만들어 준 특성 때문에 오히려 병원체의 밀도를 높여 병원체에 더 많이 노출되는 결과를 가져왔다. 우리는 동료들과 밀집되어 살아가고, 한곳에 오래 머무는 경향이 있다. 따라서 매일 수많은 잠재적 질병 벡터disease vector*에 노출되게 된다. 또한 배설이라는 자연스러운 생물학적 기능만으로도 우리 환경 속에 병원체를 밀집시키는 결과를 가져온다. 위생이라는 개념과 하수 처리 시스템의 발명은 인간의 건강을 향상시켜 준 핵심적인 사건 중 하나이다. 하지만 이런 것들은 비교적 최근에 생긴 것으로 진화적 시간에서 보면 방금 전에 일어난 사건이나 마찬가지다. 농업이 처음 시작되었을 때는 사람의 배설물이 비료로 사용되었을 가능성이 크다. 이것 역시 병원체에 노출될 위험을 증가시킨다. 우리 선조들이 인구가 늘어나고, 전 세계로 퍼져나가고(따라서 새로운 질병과 접촉하고), 한곳에 오랫동안 정착하기 시작하고(따라서 우리 덕분에 살아가는 좋고 나쁜 미생물들을 밀집시키고), 가축을 키움에 따라(새로운 질병의 또 다른 원천이다. 조류 독감을 생각해 보라) 우리가 질병에 걸릴 위험도 커졌다(Barrett et al., 1998). 사람의 모유는 이런 상황에 대처하기 위해 진화했다. 아마 이렇게 커진 질병의 위협도 아기를 뚱뚱해지게 만든 또 다른 선택압으로 작용했을 것이다.

산모의 비만도는 아기의 체지방과 관련 있다(Catalano et al., 2007). 뚱뚱한 아기를 낳는 것은 적응상의 이점이 있는 것 같다. 적어도 과거에는 분명 이점이 있었다. 인간의 여성이 이런 지방 축적 패턴을 가지게 된 것은 부분적으로는 뚱뚱한 아기를 낳을 수 있다는 선택적 이점 때문이었을 것이다.

---

* 질병을 사람에게 옮기는 매개체의 일종인 곤충을 말한다.

지방과 여성의 생식

지방은 여성의 생식과 긴밀하게 얽혀 있다. 여성의 비만도와 생식 성공률 사이의 관련성은 출생 시부터 이미 시작된다. 여자아이의 출생 시 비만도(출생 시 체중을 출생 시 신장의 세제곱으로 나눈 값)는 어른이 되었을 때의 에스트라디올 수치 증가 및 신체 활동에 의한 에스트라디올 억제에 대한 저항과 관련이 있다(Jaseinska et al., 2006). 따라서 출생 시의 비만도 측정값이 성인이 되었을 때의 난소 기능과 관련이 있는 것이다. 이 자료가 의미하는 바는 과거에 마른 여자아이를 낳았던 여성들은 자기 딸의 생식력이 잠재적으로 저하되기 때문에 자연 선택에서 불리했다는 것이다. 산모의 비만도는 아기의 비만도와 관련이 있다(Catalano et al., 2007). 따라서 산모의 비만도와 그 딸의 생식 능력 사이에 잠재적인 상관관계가 있다고 말할 수 있다.

비만도는 초경 나이(Matkovic et al., 1997), 생식력(Gesink Law et al., 2006), 임신 결과pregnancy outcome(Pasquali et al., 2003)와도 관련되어 있다. 지방과 렙틴은 생식력에서 중요한 역할을 하며, 아직 정확한 메커니즘은 알려져 있지 않지만 영양으로 인한 불임과도 관련이 있는 것으로 추측되고 있다. 남성과 여성 모두 생식을 위해서는 분명 렙틴이 필요하다. 렙틴 자체의 결핍이나 렙틴 수용체의 기능 이상으로 렙틴 신호가 결여되면 불임이 된다. 수용체 신호는 온전하나 렙틴이 결핍된 동물에 외부에서 렙틴을 투여해 주면 생식력이 복원된다(Chehab et al., 1996). 생식을 위해서는 최소 수준의 렙틴 신호가 필요한 것이다. 따라서 일차적인 신호로 작용하는지, 아니면 다른 대사 경로나 내분비 경로를 통해 간적접으로 작용하는지는 분명하지 않지만 렙틴은 생식을 가능하게 해주는 존재라 할 수 있다(Wade & Jones, 2004).

여성의 생식은 몇 가지 방식을 통해 지방과 연결되어 있다. 이런 연결 관계는 부분적으로는 렙틴을 통해 이루어진다. 생애 주기에 상관없이 마른 여성은 생식력 저하와 잠재적으로 관련이 있다. 태어날 때 마른 상태로 태어나면 난소 기능이 감소될 가능성이 있다(Jasienska et al., 2005, 2006). 청소년기에 마르면 초경이 늦어질 수 있다(Lee et al., 2007). 성인 여성이 마르면 배란 주기가 불규칙하거나 사라질 수 있다. 따라서 지방은 여성의 생식 적합성에서 대단히 중요하다.

사춘기

지방이 많은 사춘기 연령의 여성은 사춘기가 빨리 찾아온다(Matkovic et al., 1997; Tam et al., 2006). 하지만 비만도와 청소년기 초경 연령의 연결 관계가 그리 간단하지는 않다. 여성 생식과 체지방 관계를 연구한 로즈 프리슈Rose Frisch 와 로저 르벨Roger Revelle(1971)이 제안한 바에 따르면, 여성이 생식 능력을 얻기 위해 도달해야 할 비만도의 역치 같은 것은 없는 듯하다. 사실 어떤 상황에서는 에너지 균형도 그만큼 중요하다(Wade & Jones, 2004). 달리 표현하면, 지방을 획득하거나 잃는 궤적이 중요한 역할을 한다는 것이다. 하지만 비만도와 렙틴이 사춘기에 영향을 미친다는 것만큼은 분명하다.

렙틴이 사춘기 및 생식력과 관련이 있다는 생각은 렙틴이 결핍된 생쥐가 수컷과 암컷 모두 비만했을 뿐 아니라 불임이었다는 사실이 논리적으로 확장되어 나온 것이었다. 여기서 렙틴을 투여해 주면 체중이 감소되면서 생식력도 회복되었다(Chehab et al., 1996). 렙틴은 사춘기로의 이행을 조절하는 데 중요한 역할을 한다. 일례로 생쥐에게 렙틴을 투여하면 상당히 이른 나이에 성적 성숙이 일어났다(Chehab et al., 1996). 먹이를 제한한 암컷 생쥐는 성적 성숙의 시작이 지연되었다. 그런데 외부에서 렙틴을 공급해 주자 이런 효과가 역전되었다(Cheung et al., 1997). 사춘기가 시작되기 직전의 수컷 붉은털원숭이는 야간 렙틴 수치뿐만 아니라, 인슐린 유사 성장 인자-1(IGF-1: insulin-like growth factor-1)의 수치도 올라가는 것을 보면 렙틴이나 IGF-1, 혹은 양쪽 모두가 사춘기 변화에 관여하고 있다는 이론에 더욱 무게가 실린 다(Suter et al., 2000).

지방, 렙틴, 여성 생식 사이의 관련성은 최근에 미국이나 다른 부유한 국가들의 초경 연령이 낮아지는 것에서도 나타난다. 미국에서는 초경 연령이 오랫동안 지속적으로 낮아지고 있는데(McDowell et al., 2007), 이는 청소년 여성들 사이에서 과체중 및 비만이 증가하고 있는 것과 맞아떨어진다. 어릴 때부터 BMI가 높았던 여성은 평균적으로 이른 나이에 생리가 시작된다(Lee et al., 2007). 혈중 렙틴 농도는 청소년기 여성의 BMI와 상관관계가 있다(Matkovic et al., 1997). 따라서 오늘날 어린 청소년기 여성들의 평균 BMI가 더 높아진 것이 평균 혈중 렙틴 농도의 증가와 관련이 있으며, 이것이 초경 연령이 낮아지게 된 메커니즘이라는 가설을 세울 수 있다. 실제로 청소년기 여성의 렙틴 수치와 초경 연령은 반비례 관계가 있다(Matkovic et al., 1997). 이런 자료들은 임계 렙틴 수치threshold leptin level가 사춘기에 중요함을 지지해 주고 있다. 하지만 모든 범주의 초경(이른 초경, 정상 초경, 늦은 초경)에서 렙틴 수치는 대단히 다양하게 나타나고 있으며, 모든 연구에서 렙틴과 초경 연령의 상관관계가 중요하게 나타난 것은 아니다(예를 들면, Tam et al., 2006). 현재 나와 있는 연구 결과를 보면, 렙틴이 사춘기 시작과 관련은 있지만 그와 관련된 유일한 인자는 아니라고 판단된다.

실제로, 사춘기 여성의 혈중 렙틴과 IGF-1 수치 변화에는 유전적 요소가 있다. 쌍둥이를 대상으로 한 연구를 보면 혈중 IGF-1의 유전력 heritability 추정치(54~77%)는 렙틴의 유전력 추정치(38~73%)보다 약간 높기는 하지만 비슷하다. 렙틴의 추정치 범위가 더 넓고, 혈중 렙틴의 쌍둥이 간 차이가 더 크게 나는 것은 렙틴이 환경의 영향을 더 많이 받는다는 가설을 지지하고 있다(Li et al., 2005).

사춘기 여성에서 혈중 렙틴 수치는 나이와 함께 지속적으로 증가한다. 반면 사춘기 남성에서는 혈중 렙틴이 감소한다(Ahmed et al., 1999; Kratzsch et al., 2002). 남녀 모두에서 렙틴은 지방량과 강한 상관관계가 있다(Ahmed et al., 1999). 따라서 지방과 렙틴 사이의 상관관계는 사춘기 때부터 남녀 간에 차이가 나기 시작한다.

짧은 형태의 가용성 수용체(sOb-R: soluble short form receptor)는 혈중 렙틴의 결합 단백질로 작용한다(Lemmert et al., 2001; Kratsch et al., 2002). 생후 첫 해에는 혈중 sOB-R의 농도가 높다가 사춘기가 될 때까지 서서히 감소한다. sOB-R 수치는 사춘기 첫 단계 이후에는 정체되는 것 같다(Kratzsch et al., 2002). 렙틴 그 자체보다는 유리 렙틴 지수(FLI: free leptin index), sOB-R 대비 렙틴의 비율(the ratio of leptin to sOB-R)이 성장과 성적 성숙에 밀접하게 연관되어 있다(Kratzsch et al., 2002; Li et al., 2005). 이것은 이 정보 분자들에 의해 이루어지는 생물학이 얼마나 복잡하고 유연한지 보여 주는 또 하나의 사례다.

초경의 시기는 유전과 환경 사이의 복잡한 상호작용에 의해 결정되는 것으로 보인다. 유전적 요소가 강력하게 작용하고 있지만, 출생 시 체중과 어린 시절도 중요하게 영향을 미친다. 예를 들면 내분비학 연구자인 C. S. 탐C. S. Tam 등(2006)은 출생 시에 신장이 크고 가벼웠던 여자 아이는 일반적으로 이른 나이에 생리를 시작할 가능성이 높지만 이런 결과는 만 8세 때의 BMI에 의해서 바뀔 수 있음을 밝혀냈다. BMI가 높은 여자아이는 평균 초경 연령이 더 빨랐다. 따라서 초경 연령이 제일 빠른 집단은 출생 시에 키가 크고 가벼웠으며, 만 8세에 BMI가 높았던 집단이었다. 그리고 초경 연령이 제일 느린 집단은 출생 시에 키가 작고 체중이 많이 나갔지만, 만 8세 때의 BMI는 낮은 집단이었다. 초경 연령의 가장 강력한 예측 인자는 만 8세 때의 BMI였고, 출생 시의 체형이 그 뒤를 이었다. 하지만 이 양쪽 인자는 초경 연령의 다양함을 12% 정도만 설명할 수 있을 뿐이다(Tam et al., 2006).

비만과 생식력

생식력을 갖추려면 최소 수준 이상의 지방(그리고 렙틴)이 필요한 것으로 보이지만, 그렇다고 비만이 생식력을 높여 주는 것은 아니다. 사실은 그 반대다. 남녀 모두 비만인 사람은 생식력이 떨어진다. 남성과 '여성' 모두 비만이면 임신에 걸리는 시간을 늘리는 역할을 한다. 한 연구에서는 한 생리 주기 안에서 임신이 일어난 확률은 비만 여성의 경우 평균 18% 정도 낮게 나왔다(Gesink Law et al., 2006). 비만은 여성에서 생식 장애가 나타날 위험을 증가시킨다. 배란 정지anovulation로 이어지는 고안드로겐증hyperandrogenism의 영향도 여기에 포함된다(Pasquali et al., 2003에서 리뷰).

비만은 남성의 성적 능력과 생식 능력에도 중요한 영향을 미친다. 비만은 발기장애erectile dysfunction와도 관련이 있는데, 아마도 이는 비만이 고혈압 질환과 심혈관 질환에서 영향을 미치는 것과 비슷한 방식을 통해 일어나는 것 같다(Hammoud et al., 2006에서 리뷰). BMI가 $25kg/m^2$이 넘는 젊은 남성에서는 정자 밀도와 1회 사정당 정자의 총개수가 낮게 나왔다(Jensen, 2004). 비만은 정자의 운동성에도 부정적인 영향을 미친다(Kort et al., 2005). 비만에서 정자 형성spermatogenesis에 변화가 일어나는 것은 저안드로겐증 때문이기도 하고, 지방 조직에서 아로마타제에 의해 안드로겐이 에스트로겐으로 변환되면서 에스트로겐이 증가된 영향 때문이기도 하다(Hammoud et al., 2006에서 리뷰).

비만과 임신

비만 여성은 임신 합병증이 생길 위험이 높고, 산모와 아기 모두 질병 이환율이 증가할 위험에 노출된다(Pasquali et al., 2003). 비만 임신 여성은 고혈압, 임신중독증, 임신성당뇨병, 요로감염증이 생길 위험이 크다. 불임 치료를 받은 이후에 자연 유산이 일어날 위험도 더 커진다(Wang et al., 2002). 또한 출산도 더 힘들어지고, 제왕절개로 아이를 낳을 가능성도 더 크다(Pasquali et al., 2003; Catalano & Ehrenberg, 2006). 산모가 비만하면 마취도 잘 안 된다(Catalano., 2007). 비만 여성은 제왕절개 후에 감염이 잘 되고, 상처 치유가 지연되는 등 합병증으로 고생하는 경우가 많다(Catalano, 2007).

비만 여성은 출산 결과가 안 좋게 나올 위험이 크다. 이를테면 사산, 신경관 결손 같은 다양한 선천성 결함 등이다. 적어도 하나 이상의 선천성 결손이 있는 10,000건 이상의 사례, 그리고 선천성 결손이 없는 4,000건 이상의 사례를 대상으로 진행된 한 연구에서 산모의 비만(BMI >= $30kg/m^2$)이 7가지 선천성 결손에서 중요한 위험 인자로 작용하며, 한 가지 선천성 결손(배벽갈림증gastroschisis)에 대해서는 방어 작용이 있는 것으로 확인되었다(Waller et al., 2007; 표 12.1). 산모의 과체중은 선천성 결손 중 세 가지에서 중요한 위험 인자로 작용하였으며, 배벽갈림증에서는 보호 작용이 있는 것으로 확인되었다. 산모의 마른 체형(BMI < $18.5kg/m^2$)은 구순구개열cleft lip and palate의 위험 인자였다. 이 연구 결과는 비만 여성의 아기는 척추갈림증spina bifida의 위험이 대략 두 배로 증가한다는 다른 여러 연구 결과와도 맞아떨어진다(예를 들면, Werler et al., 1996; Shaw et al., 1996; Anderson et al., 2005). 다른 선천성 결손과 관련된 위험 증가 정도는 그보다는 덜했다. 장이나 때로는 다른 기관이 태아의 복부 바깥에서 발달하는 질병인 배벽갈림증은 다른 위험 인자들 중에서도 산모의 어린 나이와 낮은 출생 시 체중과 관련된 선천성 결손이다

표 12.1 산모의 비만과 7가지 선천성 결손증의 위험

	산모의 BMI*가 30kg/m² 이상일 때의 오즈비Odds ratio**	95% 신뢰구간
척추갈림증	2.10	1.63~2.71
심장 결손	1.40	1.24~1.59
항문직장폐쇄증	1.46	1.10~1.95
2급, 혹은 3급 요도하열	1.33	1.03~1.72
사지결손기형	1.36	1.05~1.77
횡격막헤르니아	1.42	1.03~1.98
배꼽탈장	1.63	1.07~2.47
배벽갈림증	0.19	0.10~0.34

출처: Waller et al., 2007.

참고: 오즈비 >1은 위험의 증가를 뜻하고, <1은 위험의 감소를 뜻함.

* BMI = 체질량지수.

** 어느 질환에 걸리기 쉬운 정도를 두 개의 그룹에서 비교해서 나타내는 통계학적 용어.

(Feldkamp et al., 2007).

산모의 비만과 그 아기에서 나타나는 이런 다양한 선천성 결손의 위험 증가가 기능적으로 어떻게 연관되어 있는지는 아직 명확하지 않다. 사람 모델과 동물 모델 모두에서 여러 가지 선천성 결손이 적절하지 못한 혈당 조절과 관련이 있는 것으로 밝혀졌다(Eriksson et al., 2003). 포도당은 농도가 높아지면 중등도의 기형 발생 물질teratogenic substance로 작용한다. 따라서 당뇨병과 비만은 선천성 결손의 위험을 높이는 공통의 메커니즘이 있을 수 있다. 하지만 임신성 당뇨병을 조절하면 산모 비만과 관련해서 증가된 선천성 결손의 위험이 감소하긴 하였으나 완전히 제거되지는 않았다. 이는 비만의 다른 대사적 측면도 여기에 함께 작용하고 있음을 암시한다(Waller et al., 2007).

아마도 이 책과 제일 관련이 깊은 내용은 산모의 비만이 거구증

macrosomia과 관련이 있다는 점일 것이다. 미국에서는 산모의 체중과 출생시 체중이 꾸준히 동반 상승했다(Catalano et al., 2007; 그림 12.6, 12.7). 산모의 비만은 거구증의 강력한 위험 인자다. 뚱뚱한 엄마는 과도하게 뚱뚱한 아기를 낳을 확률이 높다. 이런 영향이 나타나는 몇 가지 메커니즘이 있다. 산모의 비만은 빈약한 혈당 조절과 관련이 있다. 이것이 극단적으로 진행되면 임신성 당뇨병이 된다. 임신성 당뇨병은 비만인 거구의 아기와 관련이 있다. 실제로 당뇨병 엄마에서 태어난 과체중 아기는 지방의 비율이 균형을 벗어나 있다.

거구증은 산모와 아기에서 일어나는 몇 가지 위험 증가와도 관련되어 있다. 태아의 크기가 커지면 제왕절개를 하게 될 위험도 분명히 증가한다(Ehrenberg et al., 2004; Catalano, et al., 2007). 거구증 아기는 훗날 비만과 당뇨병이 생

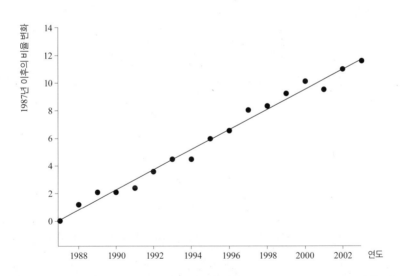

그림 12.6 오하이오 클리블랜드에 있는 메트로헬스의료센터Metro-Health Medical Center에서는 산모의 분만 시 평균 체중이 꾸준히 증가했다. 1987~2003년 사이에 평균 산모 체중이 거의 12% 증가했다.
출처: Catalano et al., 2007.

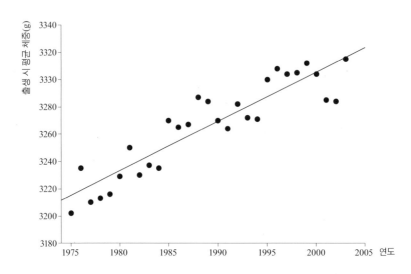

그림 12.7 오하이오 클리블랜드에 있는 메트로헬스의료센터에서는 신생아의 출생 시 평균 체중이 꾸준히 증가했다.　　　　　　　　　　　　　　　　　　　　　출처: Catalano et al., 2007.

길 위험이 커진다. 앞에서 뚱뚱한 아기가 누리는 진화적 이점에 대해서 논의하기는 했지만 여기서 다시 한 번 비만은 양날의 칼이라는 점이 드러난다. 좋은 것도 너무 많아지면 건강을 증진시키기보다는 오히려 해롭게 할 수 있다.

과거에는 음식을 구하려면 많은 육체적 노력이 들어가고, 음식이 귀한 경우가 많았다. 우리의 몸은 그런 과거의 환경에 적응해서 진화한 반면, 현대의 환경은 에너지가 농축된 음식을 쉽게 구할 수 있게 되었기 때문에 이런 불일치 때문에 비만이 생겼다고 주장하는 연구자들이 많다. 이런 주장들 중 상당수는 오늘날의 사람들에게서 나타나는 비만의 경향을 뒷받침하는 진화 요소로 기근에서의 생존에 초점을 맞추고 있다(Speakman, 2007에서 리뷰).

이러한 주장은 근거가 약하다고 비난을 받는 경우도 많이 있었지만(예를 들면, Speakman, 2007), 우리는 이 주장을 반박하지는 않는다. 자세히 살펴보면 과거의 기근은 비만 경향 표현형에 유리하게 작용할 정도로 충분히 강력한 선택압을 제공해 주지 않았을 가능성이 크다(Speakman, 2006, 2007). 하지만 진화적 성공은 생식의 성공에 크게 의존한다. 여기에는 생존 이상의 것이 포함되어 있다. 과거에 식량 부족이 훨씬 덜했다고 해도 이것이 여성의 생식력과 생식 성공률에 큰 영향을 미쳤을 것이며, 결국 언제라도 대사에 이용할 수 있도록 체내에 지방을 저장할 수 있게 해주는 유전자가 진화적으로 유리하게 되었을 것이라고 본다.

여성은 지방과 생식이 긴밀하게 연관되어 있다. '지방 항상성' 분자인 렙틴은 여성의 생식력과 태아의 성장과 발달에 직접 영향을 미친다. 낮은 렙틴 농도(강력하게 생식력을 낮추는 효과)와 높은 렙틴 농도(산모의 비만은 산모와 아기 모두에게 부정적인 대사적 결과를 낳을 수 있고, 번식 성공률도 감소시킬 가능성이 크지만, 높은 렙틴 농도가 생식에 미치는 영향에 대해서는 알려진 바가 없다)의 효과는 비대칭적인 것으로 보인다. 이는 환경이 허용하는 범위 안에서는 진화가 플러스 에너지 균형의 경향을 보이는 유전자를 선호했거나, 적어도 배제하지는 않았음을 의미한다.

비만이 주로 하체와 피하 지방에 집중되는 여성의 비만 패턴은 내장 비만이 주가 되는 남성의 비만 패턴보다 건강에 더 유리한 것으로 보인다. 여성의 비만 패턴은 관련된 동반 질환도 적고, 건강에 악영향을 미칠 가능성도 낮다. 같은 양의 내장 지방과 간을 비교했을 때, 비만 여성의 간은 유리 지방산 농도가 내장 지방보다 더 낮다. 그리고 지방 저장에 따르는 대사적인 비용도 더 낮고, 적어도 과거에는 생식에 따르는 이점이 상당했다. 여성의 생식 비용은 여성에서의 지방 조직 대사를 추동하는 강력한 적응력을 제공했을 것이다. 더군다나 더 뚱뚱한 여자아이, 따라서 더 뚱뚱한 아이들을(과거의 맥락에서 뚱뚱하다는 것이지, 현재 수준의 뚱뚱함을 말하는 것이 아니다) 낳을 수 있는 능력은 이 자손들이 초경 나이가 빨라지고 성인이 되었을 때 더 강인한 난소 기능을 가질 수 있게 해주어, 생식 가능 수명을 연장시키는 생식상의 이점이 있었을 것이다(자세한 논의는 13장 참조). 우리의 뇌가 커짐에 따라 그 큰 뇌에 필요한 높은 에너지 비용을 뒷받침하기 위해 신생아가 더 뚱뚱해지는 쪽으로 자연 선택의 힘이 작용했을 것이다. 뚱뚱한 아기는 감염성 질환으로 인한 사망에도 좀더 저항력이 있었을 것이다. 지방은 우리의 생식 성공률에서 대단히 중요하게 작용한 듯하다.

지방은 생식에 영향을 미친다. 여성의 성공적인 생식과 아기의 건강을 위해서는 어느 수준 이상의 뚱뚱함이 필수적인 것으로 보인다. 그렇다고 여성의 비만이 적응에 유리하다고 주장하는 것은 아니다. 실제로 산모의 비만은 여러 가지 생식 문제와 얽혀 있다. 비만이 생식에 미치는 영향을 보면 비만 때문에 남성과 여성 모두에서 생식 성공률이 낮아진다는 암시가 있다. 비만은 적응에 유리하지 않다. 하지만 이는 기존에는 적응에 유리했던 특성이 현대 환경에서는 과도하게, 혹은 부적절하게 발현되면서 과장된 탓에 일어난 결과일 수 있다. 인류의 진화 역사는 산모와 아기의 비만도를 다른 영장류보다 높이는 쪽으로 선택압을 작용해 온 것 같다. 비만이 여성의 생식(예를 들면, 생식력, 수유, 초경 나이)을 지속시키는 데는 잠재적으로 유리하게 작용하는 반면, 남성에서는 그런 적응 압력이 없는 것을 보면 비만 패턴에서 성적 이형sexual dimorphism*이 나타나는 이유를 이해할 수 있다. 사실

---

* 같은 종의 암수에서 나타나는 형태, 크기, 구조, 색깔 등의 뚜렷한 차이점을 말한다.

남성도 체지방이 과도해지면 발기부전, 생식력 저하가 찾아올 수 있으며, 지구력 운동 중 지방산의 가용성과 산화가 감소한다. 대량의 지방 조직 저장은 수렵-채집인 시절의 남성들에게는 생식이나 생존에서 유리하게 작용하지 않았을 것이다. 하지만 선조 여성과 아기들에게는 대단히 중요했을 수 있다. 불행하게도 현대의 환경은 그런 적응이 과도하게 일어날 수 있는 조건을 만들어 냈다. 그리고 기존에는 좋은 특성이었던 것이 너무 많아지는 바람에 결국에는 질병이환율과 사망률이 높아지는 결과를 낳고 말았다.

남성은 중심형 비만에 더 취약하다. 복부 지방 조직은 잘 동원되지 않고 버티는 특성이 있다. 내장 지방의 축적은 적응상의 이점이 거의 없는 것으로 보인다. 우리는 남성에서 더 흔히 보이고 더 큰 동반이환율comorbidity 과 관련되어 있는 중심형 비만 패턴이 인간의 비만 감수성의 유전적 부동 가설을 반영하고 있다고 본다. 과거에 흔히 마주쳤던 조건에서는 내장 지방이 많이 축적될 정도로 충분히 긴 기간 동안 플러스 에너지 균형 상태에 머물 수 있었던 개체가 거의 없었을 것이기 때문이다.

남성과 여성의 지방 저장 패턴이 차이가 나고, 지속적인 에너지 수요에 대응하는 대사도 차이가 나는 것은 생식에 들어가는 비용의 비대칭성이 그대로 반영되어 있는 것이다. 과거에는 지방이 여성의 생식 성공률에 더 중요하게 작용했다. 하체에 비만이 집중되는 여성형 비만 패턴은 여성의 생식 성공을 위한 적응이 과장되어 나타난 것이다. 현대의 환경으로 말미암아 적응에 유리하게 작용했던 패턴이 자신의 진화 기능을 넘어 병리 과정으로 넘어가게 되었다.

13

비만은 유전되는가

비만의 역학적 변화는 너무 급속하게 일어났기 때문에 전체 인구 집단에서 일어난 유전적 변화를 반영한다고 보기는 힘들다. 하지만 똑같은 환경과 똑같은 사회 조건 아래서도 어떤 사람은 비만이고, 어떤 사람은 마른 것을 보면, 사람을 비만으로부터 보호해 주거나 반대로 비만에 취약해지게 만드는 내재적인, 즉 유전적인 차이가 있음을 알 수 있다. 지금까지 비만의 유전적 연관성을 밝히기 위해 여러 부문에서 힘을 모은 결과 흥미로우면서도 때로는 혼란스러운 연구 결과들이 나오게 되었다.

입양아 연구(예를 들면, Stunkard et al., 1986)와 쌍둥이 연구(예를 들면, Stunkard et al., 1990)를 통해 비만에도 유전적 기반이 있음이 밝혀졌다. 연구에서는 일반적으로 BMI(체질량지수), 비만도, 지방 분포의 유전 가능성을 약 60% 정도로 추정한다. 입양아의 비만도는 입양한 부모보다는 친부모의 특성을 따를 가능성이 더 높다(Stunkard et al., 1986). 이란성 쌍둥이는 쌍둥이가 아닌 형제자매보다 특별히 더 유사한 것이 없지만, 일란성 쌍둥이는 체중이 비슷할 가능성이 더 크다(Stunkard et al., 1990).

비만은 유전적 요소가 크게 작용하지만, 그 유전적 기초에 대한 정의는 아직 빈약하다. 사람 모델과 동물 모델에서 비만과 관련된 단일 유전자 다형성single gene polymorphism이 알려져 있지만, 단일 유전자 돌연변이 중에서 사람에게 비만을 유발하는 돌연변이의 유병률은 아주 낮다. 렙틴 결핍을 야기하는 돌연변이는 분명 있으며, 당연히 이 돌연변이는 과식하는 성향을 낳는다(Roth et al., 2004a, b). 멜라노코르틴 4melanocortin 4 수용체의 기능 이상을 야기하는 단일 유전자 돌연변이는 폭식증과 관련되어 있다(Farooqi et al., 2003; Branson et al., 2003; List & Habener, 2003). 이와 같은 돌연변이들에 대한 연구는 사람들이 비만에 빠지는 경로에 대한 이해를 증진시켜 주었으며, 이러한 장애를 겪는 소수의 사람들을 치료하는 데도 도움이 된다. 하지만 대부분의 비만은 단일 유전자 모델로는 설명이 안 된다. 일반적으로 사람의 비만은 다양한 유전자와 환경이 상당한 시간을 두고 상호작용한 결과로 나타나기 때문이다(Roth et al., 2004a, b).

더군다나 비만으로 인해 나타나는 결과는 사람과 장소에 따라 다르게 나타난다. 비만의 인식과 수용에는 문화적, 사회적 차이가 있다. 비만과 관련된 질병에 대한 감수성도 사람마다 차이가 난다. 질병의 위험과 비만 사이의 관계는 인종이나 민족 간에도 상당한 차이를 보인다. 지방의 분포와 BMI는 인종 집단 간에 연관성이 다르게 나타난다. BMI에 따르는 대사 증후군의 위험도 유럽인과 아시아인, 사하라 이남 아프리카인에 따라 모두 다르게 나타난다(Abate & Chandalia, 2003; Yajnik, 2004). 결국 비만이 어떤 결과를 야기할지는 환경적 요소와 유전적 요소의 복잡한 집합에 달려 있음을 알 수 있다.

비만해지는 유전적 성향은 풍부한 음식에 언제든 손쉽게 접근할 수 있는 현대의 선진국에서는 적응에 불리한 것이 되었지만, 지방 저장의 발달과 조절, 그리고 대사에 영향을 미치는 다형성이 과거에는 적응에 어떤 결과를 불러왔을지 불분명하다. 지방을 축적하는 성향과 그 지방이 축적되는 부위는 사람마다 상당한 차이가 있는 것으로 보인다. 이런 다양성 중 일부는 기원이 된 지리적 지역과 관련되어 있어서 유전적 차이를 반영하고 있는 것일 수 있다. 예를 들면, 인도 아대륙(인도 반도)에서 기원한 사람들은 모든 체질량지수에서 백인이나 사하라 이남 아프리카인들에 비해 비만도가 더 높은 것으로 나타났으며, 복부 비만의 경향이 더 강했다(Yajnik, 2004). 우리는 사람을 비만에 취약하게 만드는 많은 다형성, 그리고 현대 환경에서 과도한 체중으로 인해 나타나는 부정적인 건강 문제들이 과거에는 자연 선택의 압력에 노출되지 않았거나, 오히려 자연 선택을 통해 촉진되었다는 가설을 제시한다. 과거에는 비만으로 인해 장기적으로 건강에 악영향이 찾아올 확률이 워낙에 낮았기 때문에, 가뭄에 콩 나듯 식량이 풍족해질 때 얻은 에너지를 저장하는 데 따르는 이점은 그런 건강상의 문제점을 능가하고도 남았다. 한 생물종으로서 우리는 지방 저장 표현형을 선호하는 쪽으로 진화해 온 것이다. 하지만 현대의 환경에서 이런 절약 유전자thrifty gene는 건강과 멀어지게 되었다.

이 장에서는 유전과 비만의 관계에 대해 알아본다. 지방 축적과 대사의 인종 간 차이점을 알아볼 것이다. 피마족Pima 인디언의 경우는 비만과 당뇨병에서 유전자와 환경의 상호작용을 보여 주는 좋은 사례다. 사람은 자기와 체격이 비슷한 배우자를 선택하는 경향이 있다는 가설을 지지해 주는 연구 결과가 있다. 선택 결혼assortive mating이 뚱뚱한 사람들과 마른 사람들의 분포에 영향을 미칠 수 있다. 마지막으로 우리는 식이지방에 반응하여 지방 산화를 상향 조절 능력이 위도에 따라 어떤 경향과 차이를 보이는지 한 가지 가설을 제시하려고 한다.

낡은 유전학

유전학과 진화론은 유기체를 이해하는 길잡이 역할을 한다. 유전 물질에 대한 기본적인 발견은 1800년대 중후반에 이루어졌지만, 당시에는 중요성을 제대로 인식하지 못했다. 1865년에는 그레고리 멘델Gregor Mendel이 완두콩의 특성 유전에 대한 연구를 발표했다. 1869년에 스위스의 생물학자 요한 미셰르Johann Miescher가 백혈구 핵에서 인산염이 풍부한 분자들을 추출해서 '뉴클레인nuclein'이라 불렀다. 같은 해에 태어난 러시아 출신의 미국 생화학자 피버스 레빈Phoebus Levene은 자신의 과학 경력 대부분을 당sugar의 구조를 연구하는 데 바쳤다. 그는 미셰르의 '뉴클레인'이 아데닌, 구아닌, 티민, 시토신, 디옥시리보오스, 인산기로 구성되었음을 최초로 발견했다. 그리하여 뉴클레인은 디옥시리보핵산deoxyribonucleic acid, 즉 DNA로 바뀌었다. 현대 유전학은 멘델의 연구를 재발견함으로써 1900년대 초에 시작되었다. 당시에는 유전을 담당하는 물질이 단백질일 것이라고 생각했다. 1944년에는 오스왈드 에버리Oswald Avery가 콜린 매클라우드Colin Macleod, 매클린 매카티Maclyn McCarty와의 공동 연구를 통해 단백질이 아니라 DNA가 세균 파지(세균을 감염시키는 바이러스)의 유전 물질임을 밝혔다. 이것은 1952년에 방사성 동위원소 표지법을 이용해 DNA가 세균의 유전 물질임을 입증한 알프레드 허시Alfred Hershey와 마르타 체이스Martha Chase의 실험을 통해 확인되었다. 이듬 해에는 제임스 왓슨James Watson과 프란시스 크릭Francis Crick이 로잘린드 프랭클린Rosalind Franklin(Franklin & Gosling, 1953)과 모리스 윌킨스Maurice Wilkins(Wilkins et al., 1953)의 X-선 회절 사진을 기반으로 DNA의 구조를 밝혀낸다(Watson & Crick, 1953).

유전의 기본 법칙이 발견되고, 유전 물질이 우연히 발견되고, 그 유전 물질인 DNA의 생화학적 구조가 밝혀지기까지 대략 100년이라는 세월이 걸렸다. 하지만 그런 일이 있기 전에도 유전학의 수학은 로널드 피셔Ronald Fisher, 시월 라이트Sewall Wright, J. B. S. 홀데인J. B. S. Haldane에 의해 크게 발전되어 있었다. 사실상 이 세 사람이 집단유전학population genetics을 발명하고 진화론과 유전학의 근대적 통합이 이루어질 무대를 마련했다. 유전자라는 개념은 실제 구조나 메커니즘이 나와 있지 않아도 무척 유용한 것이었다. 이 통계학자이자 생물학자들의 수학 연구에서 가장 중요한 것은 형식 모델formal model을 구성하여 자연 선택이 할 수 있는 것은 무엇이고 할 수 없는 것은 무엇인지를 보여 주었다는 점이다. 시월 라이트의 경우에는 여기에 덧붙여 임의 변동random variation과 유전적 부동genetic drift*이 무엇을 할 수 있고, 무엇을 할 수 없는지도 보여 주었다. 이들을 포함한 초기 집단유전학자들의 연구 덕분에 다윈의 진화론과 멘델의 유전 법칙이 하나로 어우러질 수 있었다. 특성들이 개별적으로 유전된다는 사실과 다윈의 점진적 변화라는 개념이 양립할 수 있음이 밝혀진 것이다.

현대적인 의미에서 유전자란 하나의 유전자 산물을 암호화하는 DNA 부위를 의미한다. DNA는 RNA로 전사되고, RNA는 아미노산 서열로 전사되어 펩티드를 형성한다. DNA 안에는 유전자의 시작과 끝을 결정하는 조절 요소가 들어 있다. 그리고 유전자가 언제 활성화되고 또 언제 꺼질 것인지 결정하는 요소도 들어 있다. 이것은 매우 명쾌한 설명 체계다. 생물학적 과정들이 얼마나 복잡하게 얽혀 진행되는지를 설명하기에는 너무나 단순하고 명확한 설명 체계일 수 있다. 하지만 이것은 믿기 힘들 정도로 중요한 시작이었다.

---

* 라이트가 이론적 토대를 제공한 것으로 라이트 효과라고도 한다. 격리된 생물의 소집단에서는 도태와 상관없이 우연히 유전자가 집단적으로 고정되거나 없어지는 경우가 있다. 이와 같은 집단의 유전적 조성 변동을 말한다.

새로운 유전학

그 후 50년 동안 유전학은 믿기 어려울 만큼 복잡해졌다. 유전자란 하나의 유전자 산물을 부호화하는 DNA 부위라는 개념은 이제 엄격히 말하면 사실이 아닌 것으로 알려져 있다. 물론 여러 경우에서 애초의 개념은 그대로 유지되고 있다. 하지만 이제는 유전자 하나가 하나 이상의 유전자 산물을 생산할 수 있음을 알고 있다. DNA의 같은 부위가 하나 이상의 유전자의 일부분이 될 수 있다는 것이다. 유전자 가운데 있는 정지 코돈stop codon(RNA 전사를 저지시키는 DNA 염기 서열)이 전사transcription를 항상 정지시키는 것은 아니다. 여러 유전자 산물의 기능에서 핵심적인 역할을 하는 것은 유전자 해독 후 효과인 경우가 많다. 유전자 해독 후 효과와 관련해 한 가지 사례를 들자면, 렙틴 수용체의 긴 형태와 짧은 형태의 유전자 산물인 OB-R과 sOB-R이 있다. 이 둘은 같은 유전자에 의해 만들어지지만, OB-R에서 유전자 해독 후 분할post-trnaslational cleavage이 일어나면 sOB-R이 만들어진다. 이 두 분자는 기능이 아주 다르다. OB-R은 렙틴의 신호 수용체인 반면, sOB-R은 결합 단백질로 작용한다.

인간의 게놈에는 20,000~25,000개 정도의 유전자가 들어 있는 것으로 보인다. 이는 기존에 추산했던 것보다 훨씬 작은 수치다. 하지만 유전자 산물의 유전자 해독 후 변형post-translational modification 덕분에 게놈에 의해 만들어지는 기능성 분자의 수가 크게 증가한다. 유전자는 기능성 단백질보다는 단백질 전구체preprotein를 만들어 내는 경우가 많으며, 이 단백질 전구체는 유전자 해독 후 분할에 따라 몇 가지 단백질 중 하나가 된다. 여기에 덧붙여 다른 유전자 해독 후 사건을 통해 펩티드의 기능이 조절되기도 한다.

예를 들면 중요한 식욕 증진 펩티드인 그렐린은 117개 아미노산 펩티드를 암호화하는 프리프로그렐린preproghrelin 유전자의 산물이다. 그렐린 자체는 아미노산의 길이가 27개와 28개인 형태를 가지고 있다. 사람에서는 28개 아미노산 형태가 주로 나타나고 쥐에서는 27개 아미노산 형태가 더 흔하다. 두 가지 형태 모두 생물학적 활성을 가지고 있다(Gil-Campos et al., 2006 에서 리뷰). 더군다나 프리프로그렐린이 다른 곳에서 분할되면 펩티드 오베스타틴이 만들어진다. 아직 확실하지는 않지만(Gourcerol et al., 2007), 이것은 식욕에 그렐린과는 반대 효과를 내는 물질이다(Zhang et al., 2005). 마지막으로 그렐린이 활꼴핵에서 NPY 뉴런을 통해(그리고 아마 다른 뉴런과 뇌 영역을 통해서도) 식욕 증진 효과를 나타내려면 세린-3serine-3 위치에서 중간사슬지방산으로 아실화가 일어나야 한다. 아실화되지 않은 그렐린은 말초에서 생리적 활성을 나타내는 것으로 보이지만, 식욕에는 영향을 나타내지 못한다. 따라서 프리프로그렐린의 상향 조절은 다양한 생리적, 대사적 결과를 낳을 수 있으며, 식욕 증진은 그중 한 가지 가능성에 불과하다. 그리고 프리프로그렐린 전사에 아무런 변화 없이도 프리프로그렐린의 분할이나 그렐린의 아실화를 통해서 아실화 그렐린의 합성 증가가 일어날 수 있다.

유전자 산물의 생산과 기능을 조절하는 다른 매력적인 메커니즘도 존재한다. 어떤 유전자는 DNA 염기 서열 안에 정지 코돈을 가지고 있다. 어떤 조건에서는 그 정지 코돈이 mRNA의 전사를 정지시키고, mRNA는 분해되어 그 성분이 재사용된다. 따라서 펩티드가 형성되지 못한다. 하지만 어떤 조건에서는 정지 코돈이 무시되어 전사가 계속해서 이루어져 펩티드가 만들어진다.

특정 단백질(예를 들면 아르고노트 단백질[Argonaut protein, Ago1~Ago4])과 어울리며 mRNA에 결합해서 mRNA의 유전자 해독과 분해를 조절하는 miRNA(micro RNA)도 있다(Buchan & Parker, 2007). 특정 miRNA-Ago 복합체가 3' UTR(3' untranslated region) 내부의 상보적 염기 서열에 있는 특정 mRNA에 결합한다. 3' UTR는 mRNA의 해독과 분해에 중요한 복합체가 조립되는 부위다. 증식하는 세포에서 이 miRNA-단백질 복합체가 미치는 영향은 mRNA 해독을 억제하여 mRNA의 분해를 촉진하는 것으로 보인다(Buchan & Parker, 2007). 하지만 세포 주기 휴지기 동안 이 복합체는 mRNA의 해독을 촉진하는 작용을 할 수 있다(Vasudevan et al., 2007). 따라서 miRNA-단백질 복합체의 조절 효과는 세포 주기 동안에 억제에서 활성화까지 다양하게 변화할 수 있다(Vasudevan et al., 2007).

DNA에는 강화 영역enhancer region이라는 것이 있다. 이렇게 부르는 것은 이들이 유전자 전사를 상향 조절하거나 하향 조절하는 기능을 하기 때문이다. 이런 영역은 비암호화 부분noncoding segment 근처에서 자주 발견되고, 심지어 그 안에 들어 있는 경우도 있다. 하지만 경우에 따라서는 자기가 조절하는 유전자에서 뉴클레오티드 수천 개만큼 떨어져 있을 때도 있다. 전사 인자transcription factor는 DNA의 이 비암호화 부분에 결합해서 유전자 전사의 범위를 조절한다.

유전학과 대사를 뒷받침하는 개념들은 사실상 서로 수렴한다. 조절은 유전학에서 핵심 단어로 자리 잡았다. mRNA에서 아미노산 서열로의 해독이 조절되는 것처럼, DNA에서 mRNA로의 전사도 조절되고 있다. 많은 경우에 유전자 산물은 대사가 이루어지기 전까지는 기능을 나타내지 않는다. 펩티드가 기능을 띠려면 아실화, 메틸화methylation, 글리코실화, 인산화가 필요한 경우가 많다. 어떤 펩티드는 복합체를 이루었을 때만 기능한다. 예를 들어 아디포넥틴의 경우 자기들끼리 결합해서 고분자량 복합체를 이룬다. 생물학적 활성도가 가장 높은 것들은 이런 복합체들이다. 이렇듯 유전적 대사는 상당히 많다.

과학자들은 다른 유전자를 조절하는 유전자가 있다는 사실을 오래 전부터 알고 있었다. 이런 유전자들이 가장 중요한 유전자일 수 있다는 것이 확실해지고 있다. 세포대사와 전신의 대사에 사용될 펩티드를 실제로 암호화하는 DNA의 양은 전체 DNA의 양에 비교하면 무척 적다. 인간의 DNA 중 실제로 단백질을 암호화하는 부분은 몇 퍼센트에 불과하다. 이런 유전자 중 상당수는 대단히 잘 보존되어 왔다. 일례로 생쥐와 사람은 대단히 다른 동물임에도 불구하고 사람의 단백질 생산 유전자 중 99%는 생쥐와 상동homologos이다. 본질적으로 생쥐와 사람은 똑같은 기본 재료로 만들어졌다고 할 수 있다.

진화는 산물을 암호화하는 DNA 염기 서열보다는 조절성 DNA 염기 서열에 더 집중적으로 작용한 것 같다. 게놈 중 대부분이 비암호화 부분이라는 것은 오랫동안 알려져 있었다. 이런 DNA 중 상당수는 '쓰레기junk DNA'라는 용어가 붙었으며, 기능이 거의 없거나 아예 없다고 추측되어 왔다. 하지만 이제는 이런 개념에도 변화가 찾아오고 있다. 예를 들면, 반복repetitive DNA는 전사되는 부분이 아니지만, 그 길이는 유전자 전사에 영향을 미치는 것으로 보인다.

자연 선택은 모든 수준의 유전자 기능에 작용할 수 있다. 생산되는 펩티드의 구조에 작용할 수도 있고, 유전자를 언제, 얼마나 자주 전사할 것인지 결정하는 조절 요소에도 작용할 수 있고, 유전자 산물이 거치는 해독후 대사에도 작용할 수 있다. 우리는 유전적 기제들도 자신이 만들어 내는 유기체만큼이나 복잡하게 상호작용하며 조절하고 있음을 배워 가는 중이다. 이것을 또 다른 방식으로 바라보면, 유기체 전체에서 세포, 그리고 마지막으로 게놈에 이르기까지 모든 수준의 생물학적 조직화에는 대사가 있다고 표현할 수 있다.

단일 염기 다형성 _____

여러 가지 종류의 돌연변이가 DNA에 변화를 일으킬 수 있다. 가장 간단하게 생각할 수 있는 돌연변이가 뉴클레오티드 염기쌍 하나에 단일 변화가 일어나는 것이다. 다른 말로 하자면 코돈 서열 중 염기쌍 하나가 다른 염기쌍으로 대체되면서 그 집단에서 단일 염기 다형성(SNP: single nucleotide polymorphism)이 형성되는 것이다. 예를 들면, 한 유전자에서 트리플렛triplet CTC가 CAC로 바뀌는 것을 들 수 있다. 때로는 코돈 서열의 변화가 유전자 산물의 변화를 가져온다. 위에서 예로 든 CTC는 원래 글루탐산glutamic acid이라는 아미노산을 위한 암호인 반면, CAC는 발린valine을 위한 암호다. 따라서 이 SNP가 전사된 DNA 염기 서열 안에 있고 이 mRNA가 펩티드로 해독된다면, 그 집단 안에는 두 가지 서로 다른 아미노산 서열을 가진 단백질 다형성이 발생한다. 헤모글로빈 분자에서 이 SNP는 낫형적혈구빈혈증(겸상적혈구빈혈증)sickle-cell anemia을 야기하는 돌연변이의 일부다.

물론 아미노산을 바꾸지 않는 다른 SNP도 있다. 예를 들어, CTC와 CTT는 모두 글루탐산을 위한 암호다. 기존에는 이런 SNP들을 잠재성 돌연변이라 여겼다. 아미노산 서열을 변화시키지 않아서 유전자 산물에 영향을 미치지 않기 때문이다. 하지만 새로운 연구 결과에 따르면 이 두 가지 트리플렛이 똑같은 아미노산을 암호화하는 것은 사실이지만, 그럼에도 불구하고 단백질 합성에 영향을 미친다고 한다. 이 차이는 단백질 조립 속도에 영향을 미치는데, 이것이 단백질의 접힘folding에 영향을 미칠 수 있다는 것이다. 단백질 접힘은 단백질의 기능에서 무척 중요하다. 이제 우리는 이른바 잠재성 돌연변이조차 기능과 적응에서 중요할 수 있음을 알게 되었다.

비만과 관련된 SNP의 위치를 밝혀내려는 노력이 공동으로 진행되고 있으며, 그 결과는 종종 혼란스럽고 불분명한 경우도 없지 않지만 무척 흥미룹다. 일례로 프리프로그렐린 유전자의 다양한 SNP가 발견되었지만, 그 중 무엇도 비만이나 대사 증후군과의 연관성이 신뢰성 있게 입증되지 못했다(Gil-Campos et al., 2006). 보기 드문 어떤 단일 유전자 돌연변이가 비만 취약성을 야기할 수는 있지만, 대부분의 비만은 여러 유전자와 환경 간의 복잡한 상호작용에서 유래된다는 것을 다시 한 번 보여 주는 사례라 할 것이다.

우리가 아는 것이 많아질수록 더 많은 생물학적 복잡성이 모습을 드러내고 있다. 이 유전 시스템이 놀라울 정도로 복잡하고 다양한 생명체를 만들어 낼 수 있는 것은 모두 이 복잡성 덕분이며, 사람에게 비만과 그 관련 질환에 대한 취약함이 다양하게 나타나는 것도 이 때문이다.

생리적 메커니즘의 자궁 내 프로그래밍

우리는 자신의 특성과 특징들이 자식에게 대물림된다는 것을 안다. 그리고 이 대물림은 유전을 통해 생물학적 속성을 물려주고, 사회화를 통해 우리의 문화와 가치관을 물려줌으로써 일어난다. 그리고 이제는 어린 시절의 영양 공급을 통해서도 아이들이 성인이 되었을 때 나타날 대사적 특성이 영향을 받으며, 그 과정이 출생 이전에 이미 시작된다는 확실한 연구 결과들이 나와 있다. 태아기와 어린 시절의 환경, 그중에서도 영양적 환경은 장래에 비만, 2형 당뇨병, 심혈관 질환에 걸릴 위험에 중대한 영향을 미치는 것으로 보인다.

이것을 설명하는 이론은 다음과 같다. 생리적 메커니즘과 대사는 인생의 어느 시점에서 그 시기의 영양적 상태에 반응해서 프로그램된다는 것이다. 생리적 발달에 결정적인 시기가 있다는 개념은 잘 확립되어 있다. 결정적 시기에는 형태, 생리적 메커니즘, 심지어 행동의 여러 측면이 개입을 통해 변경될 수 있지만, 그 결정적 시기를 벗어나면 아무리 개입해도 그런 특성에 영향을 미칠 수 없다. 예를 들면, 만족스러운 성적 행동이 발달하는 데 필요한 결정적 발육 단계 동안에는 성호르몬이 뇌 구조에 장기적인 변화를 유도할 수 있는 것으로 알려져 있다(Goy & McEwen, 1980). 이 결정적 발육 시기에 (생식선제거술에 의해) 테스토스테론이 박탈된 수컷 쥐는 성체가 된 후에 테스토스테론에 반응하지 못했다. 하지만 생식선제거술이 결정적 시기 이후에 이루어진 경우에는 수컷 쥐가 외부에서 투여한 테스토스테론에 반응했다. 이 결정적인 발육 단계에서 테스토스테론에 노출된 암컷 쥐는 남성화되었다(Goy & McEwen, 1980에서 리뷰). 어린 시절의 경험이 생리적 메커니즘과 행동에 장기적이고 근본적인 영향을 미칠 수 있는 것이다.

가난과 영양의 관계

1970년대에 안에르스 포르스다흘Anders Forsdahl은 노르웨이의 자치주들에서 심장 질환으로 인한 사망률이 대단히 다양하게 나오는 이유를 조사했다. 이 다양성은 현재 생활 수준의 다양성으로는 설명이 불가능했지만, 그 성인들이 태어났을 당시의 생활 수준 차이를 따르고 있는 것으로 보였다(Forsdahl, 1977). 특히, 남성과 여성 모두 성인의 심장 질환 비율은 그 성인들의 어린 시절 유아사망률infant mortality rate과 상관관계가 있었다(Forsdahl, 1977). 그래서 포르스다흘은 어린 시절의 가난이 훗날의 심장 질환 취약성으로 이어지지만, 이는 생활 조건이 향상되었을 경우에만 해당된다는 가설을 세웠다. 질병의 위험을 증가시킨 주범은 어린 시절과 성인이 되고 난 후 사이에 나타나는 환경의 불일치인 것이다. 1986년에 D. J. 바커D. J. Barker와 C. 오스먼드C. Osmond가 잉글랜드와 웨일스에서 조사한 자료를 발표했는데, 이는 포르스다홀이 앞서 내놓았던 관찰 결과를 다시 한 번 확인해 주었다. 1921~1925년의 유아사망률은 1968~1978년의 허혈성 심장 질환으로 인한 사망률과 강력한 상관관계가 있었던 것이다(Barker & Osmond, 1986).

바커는 연구를 계속 진행해서 출생 시 체중과 만 1세의 체중이 심장 질환 위험과 긴밀하게 연관되어 있음을 보여 주었다. 이 시기에 체중이 낮게 나온 사람들은 나중에 심혈관 질환으로 사망할 가능성이 훨씬 컸다(Barker, 1997). 이 가설은 이제 개선이 이루어져 '가난'이 '영양 부족'으로 대체되었다. 그래서 어린 시절의 영양 부족은 훗날 심장 질환 위험의 증가로 이어지지만, 이는 훗날의 영양 상태가 개선된 경우에만 해당된다는 것으로 바뀌었다. 경제적 혜택을 누리지 못하는 곳에 사는 사람들은 평생 영양이 부족한 상태로 살고, 심장 질환으로 인한 사망률도 높지 않다. 이런 곳에서는 다른 질병이나 원인으로 인한 사망률이 훨씬 높게 나온다. 반면 심장 질환은 결핍의 질병이 아니라 풍요의 질병으로 보인다. 포르스다홀 그에 이어 바커가 보여 준 연구 결과들은 어린 시절에는 영양 부족 상태에 있다가 나중에 고영양 상태로 변화가 일어났을 때 심장 질환의 위험이 가장 높아진다는 것을 말해 준다.

바커가 제시한 원래의 가설에서는 어린 시절의 영양 부족을 심장 질환의 취약성을 본질적으로 프로그램하는 조직 및 기관의 성장 및 발달과 연계시키고 있다(Barker, 1994). 바커는 생리적 메커니즘과 대사의 인생 초기 프로그램이 미래의 질병 위험에 영향을 미친다는 개념을 지속적으로 확장해 왔다. 바커 등은 여성들의 사춘기 성장과 그 여성들의 딸이 나중에 유방암에 걸릴 위험이 관련 있다는 것도 밝혀냈다(Barker et al., 2007). 따라서 대사와 질병 위험의 많은 측면들이 태아기 및 어린 시절에서 기원하는 것으로 보인다.

후성적 요인

모든 생명체에는 환경적 요인이 몸의 형태와 생리적 메커니즘, 대사에 큰 영향을 미치는 핵심적인 발달 시기가 있다. 예를 들면, 알에서 부화하는 악어의 성별은 유전에 의해 결정되지 않고, 성적 발달이 일어나는 핵심 기간에 그 알이 놓여 있던 온도에 의해 결정된다. 비만과 연관된 후성적, 유전적 각인이 있을 수 있다. 자궁 속 시절이나 어린 시절의 결정적 시기에 일어나는 유전자 조절은 평생에 걸쳐 영향을 미칠 수도 있다. 사람들 사이에서 나타나는 다양성 중 일부는 발달 기간 동안 유전적, 환경적 요인에 의해 나타나는 유전자 조절의 차이를 반영하는 것일 수 있다. 사람들 사이에서 나타나는 발달 유전자developmental gene 발현의 다양성이 그들의 비만도(지방의 총량 및 체내 분포) 다양성과 관련되어 있다는 연구 결과가 있다(Gesta et al., 2006).

후성유전학epigenetics의 개념은 유전 메커니즘을 현대적으로 이해하기에 앞서 나왔다. 영국의 생물학자 콘래드 할 와딩턴Conrad Hal Waddington(1942)은 유전자형genotype이 환경과의 상호작용을 통해 어떻게 표현형phenotype을 만들어 내는지 설명하기 위해 발생학과 유전학을 결합시켜 '후성유전학'이라는 용어를 도입했다. 당시만 해도 유전자란 물리적 실체가 밝혀지지 않은 이론적 구성물에 불과했다. 현대에 와서는 후성유전학의 정의가 더 좁혀져서, 하부 DNA 구조를 변화시키지 않고 유전자를 침묵시키는(예를 들면, DNA 메틸화 등) 메커니즘을 주로 지칭하는 말이 되었다(Crews & McLachlan, 2006). 영국의 분자생물학자 로빈 홀리데이Robin Holliday(1990)는 후성유전학을 "복잡한 유기체의 발달 기간 동안 유전자의 활성을 시간적, 공간적으로 통제하는 메커니즘에 대한 학문"이라 정의했다. 발달은 세포들 사이의 소통에 달려 있다. 발생하는 유기체에서 세포의 환경은 세포의 특성에 결정적인 영향을 미친다(Holliday, 2006).

이 개념은 서로 다른 조직에서 유전자가 침묵화silencing되거나 활성화되는 것을 보면 쉽게 이해할 수 있을 것이다. 우리 몸의 모든 세포들은 똑같은 유전적 잠재력을 지니고 있다. DNA 유전자 서열만 따지고 보면 심장세포는 신장세포, 뇌세포, 생식선세포들과 다를 것이 없다. 하지만 세포의 유형에 따라 유전자 활성화는 다르게 이루어진다. 심장에서 발현되는 유전자가 생식선세포에서는 침묵화되기도 하고, 그 반대가 되기도 한다. 그런 작용을 하는 한 가지 메커니즘이 바로 DNA 메틸화이다. 이것은 보통 유전자를 침묵시키는 작용을 한다. 메틸화된 유전자 촉진 영역은 비활성화되기 때문이다(Holliday, 2006).

후성적 변화는 세포분열이 일어나도 안정적으로 남아 있고, 심지어는 세대를 넘어 전해질 수도 있다. 예를 들어 보자. 좁은잎해란초Linaria vulgaris라는 식물에서 일어난 어떤 후성적 돌연변이는 좌우대칭이었던 꽃 모양을 방사형으로 바꾸어 놓는다. 이 돌연변이는 250년 전에 스웨덴의 식물학자 칼폰 린네Carl von Linné에 의해 처음 기술되었다. 이 현상은 다윈을 포함한 여러 생물학자들을 매료시켰다. 이 돌연변이는 열성 유전을 통해 이후 세대에도 전달되었다. 다윈은 실제로 금어초pyloric snapdragon에서도 이런 현상이 일어난다는 것을 입증하기도 했지만, 멘델의 연구 내용에 대해 알지 못했기 때문에 올바른 결론에 도달하지 못했다. 지금은 이 돌연변이가 Lcyc 유전자가 메틸화로 침묵화되어 일어난 것임이 밝혀졌다(Cubas et al., 1999). 이런 돌연변이에서는 원래의 유전적 잠재력을 잃어버리지 않는다. 이 꽃은 Lcyc의 재메틸화remethylation를 통해 야생형으로 되돌아가는 경우가 종종 있다.

정보 분자들은 생리적 메커니즘을 계통발생의 한계 이내로 돌리는 작용을 한다. 따라서 사람이 해양 포유류와 같은 지방층을 쌓는 일은 절대로 일어나지 않을 것이다. 수생유인원설aquatic ape theory*이라는 것도 있기는 하지만, 사실 우리의 지방 조직이 단열 기능을 효과적으로 한다는 증거는 나와 있지 않다(Kuzawa, 1998). 하지만 지방 저장의 수준이나 분포는 사람마다 크게 차이가 난다. 비만, 특히 중심형 비만의 위험 인자로는 유전적 요인 말고도 출생 시 체중, 산모의 BMI, 임신 중 체중 증가 등이 포함된다. 임신령에 비해 작거나 큰 태아들은 비만에 걸릴 위험이 더 높고, 특히 2형 당뇨병 등 비만 관련 질환에 걸릴 위험이 더 크다(예를 들면, Yajnik, 2004).

자궁 내 환경에 영향을 미치는 산모의 특성, 즉 산모의 영양 상태, BMI, 체중 증가, 혈당 조절 등은 자식의 생리적 메커니즘과 대사에도 영향을 미친다. 이것은 엄마의 특성이 아이에게 전달되는 일종의 '획득 형질의 유전inheritance of acquired characteristic' 메커니즘을 제공해 준다. 산모의 체중 장애나 포도당 대사 조절 이상은 자궁에서 일어나는 그 자손의 생리적 메커니즘 발달에 영향을 미친다. 그래서 그 아이는 음식 섭취에 대해 특정한 대사적, 생리적 반응을 나타내는 성향을 타고난다. 또한 이러한 생리적 메커니즘의 자궁 내 프로그래밍이 어린 시절의 환경과 다시 상호작용을 하게 되면 그 개체의 최종적인 생리적 메커니즘, 대사, 건강을 더더욱 결정하게 된다. 엄마가 자기 아이들에게 자기의 체중 장애를 물려주면, 결국 뚱뚱한 엄마의 유령이 딸들을 통해 대를 이어 전해지기라도 하는 것처럼 딸들도 뚱뚱해지고, 결국 비만이나 관련 질환의 위험이 높은 자손을 낳게 될 가능성이 커지는 것이다.

생리적 메커니즘의 자궁 내 프로그래밍이란 개념은 애초에 출산 시 저체중 유아와 임신령에 비해 몸집이 작은 유아들에 관한 것이었다. 이런 유아는 비만, 이상지질혈증, 혈당 조절 빈약, 심혈관 질환 등 이른바 대사증후군에 걸릴 위험이 더 높았다(Barker, 1991, 1998; Barker et al., 1993). 임신령에 비해

---

* 인류에게 털이 없어진 이유로 인간 선조들이 반수중 생활을 하면서 털이 거추장스러워졌기 때문이라고 주장하는 가설이다.

몸집이 작았지만 아동기에 급속한 성장이 일어나는 '따라잡기 성장catch-up growth'을 경험한 아이의 경우 위험도가 훨씬 더 커졌다. 결국 '절약 표현형 thrifty phenotype'이라는 개념이 제안되기에 이르렀다. 간단히 말하면, 산모– 태반–태아 축maternal–placental–fetal axis이 외부 환경에 관한 정보를 발달 중인 태아에게 알려주는 역할을 한다는 것이다. 산모의 영양실조 등 태아의 성장을 제한하는 조건은 태아의 생리적 메커니즘을 저에너지 섭취 조건에 적절한 상태가 되도록 이끄는 결과를 낳는다. 이것은 적응을 위해 진화된 반응으로 제안되었다. 간단히 말해서, 태아가 불리한 자궁 환경에서도 출생이 이루어질 때까지 살아남을 수 있게 해주는 적응이었다. 이 경우 유아는 먹을 것이 귀한 환경에서도 살아남을 수 있도록 생리적으로 적응이 된다. 하지만 출산 이후에 이런 유아들 상당수는 오히려 상대적으로 먹을 것이 더 풍부한 환경에 노출된다. 체내에 프로그래밍된 생리적 메커니즘과 그 후에 이루어지는 에너지 섭취 사이에 불일치가 생겨나는 것이다.

역학적인 연구 결과에 따르면 출생 시 체중 분포의 양 극단에 있는 유아들 모두 과도한 체중 증가가 결국 비만으로 이어져 대사증후군으로 이행될 위험이 높아진다고 한다. 어떤 임계점을 지나면 더 커진다고 해서 엄마나 아기에게 꼭 좋은 것은 아니라는 것이다. 산모의 비만과 관련된 태아의 생리적 메커니즘의 프로그래밍으로 제안된 것에는 산모의 적절하지 못한 혈당 조절, 산모의 코르티솔 대사 조절 이상 등이 있다. 이런 상태는 부적절한 적응 전략이라기보다는 병리 과정에 더 가까운 것이다. 예를 들면, 고농도의 포도당은 독성을 일으킬 수 있다. 태아 췌장의 인슐린 분비 상향 증가가 조기에 상당한 규모로 일어나면 결국 췌장이 인생의 후반기에 가서는 완전히 소진해 버리는 결과를 나타내게 된다. 이는 '알로스타 과부하'라는 현상의 한 사례다(McEwen, 2005).

인류의 체중 증가 취약성에 영향을 미치고 있을지 모를 또 다른 후성적 메커니즘은 환경 독소다. 인류는 대량의 화학물질을 생산해서 환경으로 배출하고 있다. 이런 화학물질 중 상당수는 잠재적으로 생물학적 활성을 지니고 있다. 이런 분자들 중 상당수가 내분비계 교란 물질endocrine-disrupting chemical이라고 불린다. 자연에서 나타나는 호르몬의 작용을 흉내 내거나 차단하는 능력이 있기 때문이다. 이런 화학물질이 에스트로겐과 비슷한 영향을 낼 때도 많다(Crews & McLachlan, 2006). 또한 상당수가 대사, 식욕, 비만과 관련된 여러 요인들에 영향을 미칠 수 있다. 동물에서 화학물질의 독성 검사를 해 보면, 독성을 유발하지 않을 만큼의(따라서 안전하다고 생각되는 만큼의) 용량이라도 화학물질이 체중 증가를 유발하는 사례가 많다(Baillie-Hamilton, 2002).

절약 표현형

개선된 바커의 가설은 프로그래밍된 생리적 메커니즘의 변화를 예측 적응predictive adaptation과 연관시킨다. 절약 표현형 가설에서는 태아가 자기 앞에 높인 여러 가지 대사적, 생리적 경로를 따라갈 수 있다고 가정한다. 일반적으로 그 최종 결과는 고정되어 있지 않다. 이것은 유전적 영향에 의해 안내되지만, 환경의 영향도 함께 받는다. 이 가설에서는 대부분의 경우 (적어도 과거에는) 현재의 조건이 미래의 조건을 예측하는 최고의 변수였다. 따라서 어린 시절의 영양 환경을 알면 성인이 되고 난 후에 영양 환경을 짐작하는 것이 가능했다. 어린 시절의 영양 환경에 대한 단서는 출생 전에는 태반과 자궁 환경을 통해서, 출생 후에는 모유를 통해서 엄마로부터 온다. 어린 시절의 영양 상태가 좋지 않으면 열악한 영양 환경에 맞춰진 생리적 메커니즘과 대사가 프로그래밍되는 결과가 찾아온다. 그런데 영양 환경이 극적으로 향상되어 버리면 프로그램된 대사와 새로운 영양 환경이 적절히 조화되지 못한다. 이렇게 풍족한 상황에서 살게 되면 절약 표현형은 체중 증가에 취약해져 결국 비만에 이르게 될 것이다.

산모의 영양 부족이나 다른 자궁 내 성장 제한 요인으로 환경이 빈약해지는 바람에 절약 표현형으로 프로그래밍된 유아가 오히려 먹을 것이 풍족한 세상에 태어나기 때문에 불일치가 생긴다고 주장하는 바커의 가설은, 개발도상국에서 비만의 유병률이 증가하는 현상을 적절히 설명해 준다. 배고픔과 영양 부족이 옛날 얘기가 되고 영양 전이nutrition transition로 인해 태아기와 어린 시절에 겪었던 영양 경험과 성인이 되어 겪는 경험 사이에 불일치가 생겨 지속적인 체중 증가에 취약해지는 결과를 낳게 되는 것이다.

그러나 절약 표현형 가설은 경제적으로 혜택을 받은 국가에서도 비만율이 지속적으로 증가하는 이유를 제대로 설명하지 못한다. 비만 취약성은 출생 시 체중 스펙트럼 양 극단에서 모두 증가하는 것으로 나타나기 때문에 생리적 메커니즘의 자궁 내 프로그래밍이라는 개념은 여전히 유효한 것으로 보인다. 몸집이 작은 아기뿐만 아니라, 몸집이 큰 아기도 비만에 취약한 것으로 보인다. 실제로 보통 임신령에 비해 몸집이 큰 아기나 작은 아기 모두 출생 시에 제지방질량lean body mass에 비해 상대적으로 지방의 양이 증가되었다는 공통점이 있다(Kunz & King, 2007). 이것은 출생 시 체중은 정상 범위 안에 있지만 엄마에게 당뇨병이 있는 아기에게도 해당되는 이야기다(Catalano et al., 2003). 성인 비만과 관련 질환의 위험 인자는 출생 시 체중과는 상관이 없으며, 출생 시에 제지방량에 비해 지방의 비율이 얼마나 높은가에 달려 있다고 할 수 있다(Kunz & King, 2007).

자궁 내 프로그래밍의 메커니즘

자궁 내에서 일어나는 사건들이 태아의 발달에 평생의 변화를 일으킬 수 있는 메커니즘은 상당히 많다. 산모의 조건과 영양은 태반 형성과 배아의 초기 발달에 영향을 미칠 수 있다. 기관 형성기에는 환경 조건이 심장, 신장, 췌장, 그리고 다른 기관에서 세포 유형의 수와 기능에 영향을 미칠 수 있다. 임신 후기에는 자궁 환경이 태아 대사의 다양한 조절 설정값regulatory set point에 영향을 미칠 수 있다. 심지어는 출산 이후에도 초기의 영양 및 상태는 기관계와 대사계의 성장과 발달에 영향을 미칠 가능성이 크다. 환경이 태아와 유아의 생리적 메커니즘에 미치는 영향은 유전자 기능의 변화를 통하거나(후성유전학), 세포의 성장과 분화를 변화시키는 방식으로 분자 환경과 대사 환경을 변화시킴으로써 일어날 수 있다.

영양도 유전자 발현에 영향을 미칠 수 있다. 최근의 연구를 통해 음식은 단지 대사 연료의 공급원이나 조직 합성의 원재료가 아니라 그 이상의 존재임이 밝혀졌다. 음식은 유전적인 영향도 미친다. 임신한 쥐에게 엽산, 비타민 B12, 콜린, 베타인을 식이 보충해 주었더니 아구우티유전자에 있는 전이인자가 끼어들면서 새끼의 털 색깔이 변했다(Waterland & Jirtle, 2003). 이 영양분들은 중요한 메틸 공여체methyl donor이기 때문에 이 효과도 DNA의 메틸화와 관련이 있을 것으로 추측되고 있다.

절약 표현형 가설에 대한 비판

일부 연구자들은 자궁 내 조건과 어린 시절의 조건이 다르면 생리적인 발현도 달라진다는 것을 인정하면서도 환경적 프로그래밍을 그 메커니즘으로 보는 개념을 비판한다. 이 이론에 약점이 있는 것은 분명하지만 임신기 동안의 환경이 훗날의 대사와 생리적 메커니즘에 강력하게 영향을 미친다는 근본적인 개념 자체는 잘 확립되어 있는 상태다.

절약 유전자와 절약 표현형이 실제로 있는지는 여전히 의문이다(Speakman, 2006). 아직까지는 내세울 만한 좋은 후보감이 발견되지 않았다. 스피크먼(2006)은 산발적인 기근만으로 지방 축적을 선호하는 적절한 선택압이 충분하게 제공되었을지 의문을 제기한다. 그의 분석은 대체로 성인의 비만에 초점이 맞춰져 있다. 과거에는 서로 다른 저장소에 지방을 저장하려는 성향에 미묘한 차이가 있었다고 하더라도, 환경에 적응하는 면에서는 그런 차이가 별로 중요하지 않았을 것이다.

자궁 내 조건이 출생 후의 조건을 예측하는 변수로 작용하고, 이런 예측 메커니즘을 통해 절약 유전자형과 절약 표현형이 자연 선택되었다는 가설은 사실 극단적인 적응만능주의적 관점adaptationist perspective이다. 대부분의 환경에서는 조건이 그렇게 오랜 기간 안정적으로 유지되는 경우가 드물다. 물론 간헐적으로 찾아오는, 음식이 귀한 기간이 선택압으로 작용했을 가능성도 있다. 하지만 신체의 생리적 과정이 신생아와 그 아이가 성인이 되었을 때 먹을 것이 귀한 환경에 대비시키기 위해 자궁 안을 프로그래밍한다는 가설을 굳이 세우지 않더라도, 자궁 내 조건 자체가 생리 체계와 대사 체계를 특정한 경로로 설정할 수 있다는 개념도 성립이 가능하다. 단순히 자궁의 조건(예를 들면, 자궁 내 성장 제한을 가져오는 조건 등)을 해부학적 구조와 생리적 메커니즘의 변화(예를 들면, 네프론의 숫자, 췌장 β세포의 기능 등)를 통해 대처한다는 개념만으로도 충분하다.

너무나 뻔한 말이지만 성인이 되어 생식에 성공하기 위해서는 그 전에 찾아오는 모든 성장과 발달의 단계들을 성공적으로 통과해야만 한다. 생식에 성공한 성인은 성공적인 청년이었을 것이고, 성공적인 청년은 성공적인 청소년이자, 유아이자, 신생아였을 것이고, 그 처음에는 결국 성공적인 태아였을 것이다. 이 모든 것이 성립해야만 생식에 성공한 성인이 될 수 있다. 태아가 영양이 부족하고 성장이 제한되는 자궁 환경에서 성공적인 신생아로 태어나기 위해 필요했던 대사적 적응이, 결국은 훗날 비만과 다른 질병에 걸리기 쉬운 성향을 낳았다 해도, 그것은 아예 태어나지도 못한 것보다는 여전히 적응에 더욱 성공적인 것이니 말이다.

사람의 신생아는 놀라울 정도로 뚱뚱하다. 출생 시의 이런 높은 수준의 체지방은 사람에서만 나타나는 출생 후의 극적인 뇌 성장을 뒷받침해 주는 중요한 적응 기능으로 작용했을 것이다. 자궁 내 성장 제한이 있었던 아기도 다른 영장류의 신생아와 비교하면 여전히 상대적으로 뚱뚱하다는 점은 흥미롭다. 이는 신생아의 비만도를 방어하는 것이 적응에 유리하게 작용했음을 의미한다. 사람 태아의 대사는 출생 시에 어느 수준 이상의 지방을 확보하기 위해 애쓰는 것 같다. 따라서 지방 축적을 촉진하는 대사적 변화는 꼭 출생 후의 음식 부족을 예측한 것일 필요가 없다. 그저 신생아가 적절한 지방을 만들어 내기 위해 필요한 반응에 불과한 것이다. 불행하게도 이런 대사적 적응을 되돌리는 것은 불가능해 보인다. 이런 아이가 먹을 것이 풍부한 환경에서 자라게 되면 뚱뚱한 아기를 만들기 위해 필요했던 생리적 메커니즘과 훗날의 영양 조건 사이에 불일치가 발생하면서 과도한 지방 조직 축적 경향이 생긴다.

태아 때 영양이 과도한 조건에서는(예를 들면 임신성 당뇨병) 유아의 몸집이 커지는 경향이 있다(거구증). 신생아의 체중 증가는 지방 쪽으로 불균형하게 치우쳐 있다. 거구증 아기는 제지방량도 더 크기는 하지만, 체중 차이의 대부분은 과도한 지방량에 의한 것이다. 여기서도 역시 진화를 통해 생긴 태아의 생리적 메커니즘은 지방 축적을 선호하는 것으로 보인다. 태아로 흘러 들어가는 영양분이 열악한 조건에서는 지방 축적으로의 편향이 적응에 유리했을 것이다. 과거에는 저체중인 아기가 태어나는 경우가 거구 중 아기가 태어나는 경우보다 더 흔했을 것이다. 태아의 영양이 정상적인 성장에 필요한 양을 초과할 때는 남은 에너지 중 상당 부분이 지방 축적에 사용된다. 우리는 현대적 환경에서 인간이 체중이 증가하기 쉬운 생물학적 성향을 갖게 된 데에는 부분적으로는 태아와 산모의 대사가 뚱뚱한 아이를 선호하도록 이끈 선택압에서 유래했다고 본다.

인간의 다양성

현대 환경은 비만을 촉진하는 환경이지만, 그렇다고 모든 사람이 거기에 똑같은 방식으로 반응하지는 않는다. 또 비만이라고 해서 모든 사람이 똑같은 건강 문제로 고통 받지도 않는다. 비만을 촉진하는 환경이나 비만 그 자체에 대한 사람의 반응은 상당히 다양한 양상으로 나타난다. 그런 다양성 중 상당 부분은 그냥 무작위적으로 분포하는 것이 아니라, 가족 및 집단과 관련돼 있다. 역학적 연구 결과를 살펴보면 비만과 관련 질병에 대한 취약성은 인종 간, 민족 간에도 차이가 있음이 드러나고 있다. 예를 들면 아메리카 인디언, 히스패닉, 아프리카계 미국인들은 유럽계 미국인들보다 비만과 2형 당뇨에 더 취약한 것으로 보인다(Abate & Chandalia, 2003).

인종, 민족, 유전에 대한 논의를 복잡하게 만드는 요인이 있는데, 인종이나 민족의 정의에 대한 명확한 합의가 없다는 사실이다(Collins, 2004; Keita et al., 2004). 인종이라는 개념은 생물학적으로 구축된 개념일 수도 있고, 사회적으로 구축된 개념일 수도 있다. 관점이 서로 다른 사람들끼리는 합의가 거의 이루어지지 않는 경우가 많다. 그리고 대부분의 역학적 연구에서 사용되는 분류는 이 두 가지 개념이 혼합되어 있다.

인간 게놈 프로젝트Human Genome Project와 인간의 유전적 다양성에 대해 이루어진 최근의 다른 연구들에서 나온 결과를 보면 개체 고유의 독특성과 사람들 사이의 공통점이 모두 있다는 것이 밝혀졌다(Royal & Dunston, 2004). 오늘날 60억이 넘는 인류가 드러내는 유전적 다양성은 우리의 게놈에 내재한 유전적 다양성 중 극히 일부에 불과하다. 따라서 새로 태어난 아기들은 적어도 일부 유전적 측면에서는 세상에 둘도 없는 독자적인 부분을 갖고 있을 가능성이 크다. 반면, 무작위로 선별된 사람들 사이의 유전적 차이를 조사해 평균을 내보면 개체수가 적은 다른 많은 종들과 비교했을 때 상당히 낮은 편에 속한다. 이는 현대 인류가 비교적 최근에(지난 10만 년 안쪽) 소규모의 초기 집단founding population에서 유래되어 나왔음을 반영하고 있다 (Jorde & Wooding, 2004에서 리뷰).

대부분이 자신의 출생지에서 멀리 떨어지지 않고 살았던 비교적 최근 (진화적 시간 척도로 보았을 때)까지만 해도 지역적 구분을 바탕으로 인구 집단을 정의하는 것이 가능했다. 한 지리적 영역 안에 사는 사람들은 비슷한 게놈를 가지고 있을 가능성이 크지만, 이 지리적 집단 안에 있는 유전적 다양성은 일반적으로 집단 간의 차이보다 더 크다(Mountain & Risch, 2004). 만약 대량의 다형성 표지자polymorphic marker를 사용한다면(현대의 유전 연구에서 생산된 엄청난 양의 새로운 자료들 덕분에 이제 우리는 잠재적 후보감을 수천 가지나 알고 있다), 서로 다른 대륙 출신 사람들 사이의 유전적 다양성 패턴은 일관된 패턴을 보인다. 아프리카의 인구 집단은 유전적으로 가장 다양하다. 유전적 거리 genetic distance가 가장 큰 것은 아프리카 인구 집단과 비아프리카 인구 집단 사이이다. 유전 계통수genetic tree의 뿌리는 아프리카 인구 집단에 가장 가깝다 (Jorde & Wooding, 2004). 이 모든 증거는 고대 인류가 아프리카에서 기원하였고, 아프리카 인구 집단의 일부가 대략 5만~6만 년 전에 다른 지역으로 퍼져나가 자리를 잡았다는 가설과도 맞아떨어진다. 인류는 상대적으로 젊은 생물종에 해당한다.

인종과 가계ancestry는 분명 연관되어 있다. 하지만 가계는 한 개체에 대해서는 더욱 미묘하고 복잡한 설명이다(Jorde & Wooding, 2004). 예를 들어 100개의 다형성을 이용해서 사하라 이남 아프리카인 107명, 동아시아인 67명, 유럽인 81명을 분류해 보니 100% 정확도로 세 집단cluster이 구분되었다. 하지만 대부분은 그 각각의 집단에 100% 확률로 매핑되지 않았다. 사람들은 대부분의 가계를 자신의 지리적 그룹과 공유했지만, 다른 집단의 가계와 함께 공유할 가능성도 일부 있었다. 더군다나 남아시아인 263명의 표본을 추가로 분석해 보니, 이들은 단일 집단으로 매핑되지 않고, 동아시아인 집단과 유럽인 집단 사이에 퍼져 있었다. 어떤 사람은 주로 동아시아인 집단에 매핑이 되었고, 어떤 사람은 유럽인 집단으로 매핑되었고, 또 상당수 사람들은 두 집단 사이의 지점들로 매핑되었다(Bamshad et al., 2003; Jorde & Wooding, 2004). 동아시아와 유럽에서 인도 아대륙으로 일어난 이민(그리고 그에 따르는 유전자의 흐름)의 역사를 놓고 보면 이는 납득이 가는 결과다.

사람들 사이에서 나타나는 유전적 유사성과 차이는 가계의 공유와 차이에서 유래한다. 인종과 민족은 가계를 판단하기에는 불완전한 표지다. 하지만 그래도 아직 유용한 면이 있는 것은 사실이다(Jorde & Wooding, 2004; Mountain & Risch, 2004). 특정 속성에 대해서 사람들 사이에서 나타나는 상당한 다양성이 인종이나 민족에 따라 분류된다는 것은 앞으로 다양성에 대한 연구가 어떻게 진행되어야 할지 방향을 제시해 준다. 하지만 집단들 사이의 차이가 유전적 차이에서 유래한다고 성급한 결론을 내리는 것은 부적절한 경우가 많다(Mountain & Risch, 2004). 현재로서는 가계에서 유래하는 유전적, 문화적, 환경적, 사회경제적 요인을 인종과 민족으로 대체하는 것은 역부족으로 보인다.

지방 축적과 대사

특별히 짚고 넘어가야 할 중요한 점은 남성의 경우 내장에 지방을 저장하는 성향이 더 크다는 것이다. 이것은 인종에 상관없이 모두 해당하는 것으로 보인다. 남성에서는 전체 지방 중 내장의 지방 조직에 축적되는 지방 비율이 더 크다(예를 들면, Park et al., 2001; Sumner et al., 2002). 하지만 주어진 체지방률에서의 지방 분포는 인종별로 차이가 있다. 아프리카계 미국인 남성들은 유럽계 미국인 남성보다 내장 지방의 양이 적다. 아프리카계 미국인 여성들은 다른 인종의 여성들보다 피하 지방의 양이 더 많다(Hoffman et al., 2005). 유럽계 미국인들과 비교해서 아시아계 남녀 미국인들의 지방 분포를 조사한 한 연구에서는 아시아계 미국인들이 키가 작고 체중도 덜 나가고 평균 BMI도 낮게 나왔다. 하지만 낮은 BMI에도 불구하고 아시아계 미국인들과 유럽계 미국인들의 체지방률은 동일했다(Park et al., 2001). 이 연구에서 남성의 내장 지방 비율은 총지방 조직의 9~10%로 차이가 나지 않았으며, 아시아계 미국인 여성들은 총지방 중 내장 지방의 비율이 유럽계 미국인 여성보다 높았다(5.1% 대 3.4%).

미국의 노년 여성층을 표본으로 삼은 경우에서는 (평균 나이 대략 만 65세) 필리핀 여성들은 아프리카계 미국인 여성보다 BMI가 더 낮고, 백인 여성들과는 BMI의 차이가 없음에도 불구하고 내장 지방이 더 많았다(Araneta & Barrett-Conner, 2005). 필리핀 여성들은 2형 당뇨병의 유병률도 가장 높았다. 아프리카계 미국인 여성들은 피하 지방의 양이 가장 많았고, 피하 지방 대비 내장 지방의 비율은 가장 낮았다.

아시아 혈통의 사람들은 서구식 식단하에서는 2형 당뇨병에 더 취약한 것으로 보인다(Abate & Chandalia, 2003; Yajnik, 2004). 아시아 혈통 사람들의 당뇨병 유발률은 원래의 출신 국가에서보다 미국에서 더 높게 나온다. 이것은 미국에 살고 있는 히스패닉 계열의 사람들과 아메리카 원주민Native American 에게도 해당하는 얘기다. 히스패닉이라는 용어는 민족을 지칭하는 말이고 모든 인종을 포함할 수 있는 말이지만, 미국에 사는 히스패닉 계열 사람들 중 상당 비율은 아메리카 원주민을 선조로 두고 있으며, 아메리카 원주민 은 대략 만 년 전에 북아메리카로 건너온 아시아 인구 집단의 후손들이다. 따라서 아시아인, 히스패닉 계열, 아메리카 원주민이 공유하고 있는 비만 과 2형 당뇨에 대한 취약성은 어느 정도 공통의 유전적 기반을 가지고 있 는 것으로 보인다.

피마족 인디언

미국에 살고 있는 피마족 인디언의 비만과 2형 당뇨병 유병률은 예외적 으로 높은 편이라서, 전 세계적으로도 최고로 높은 편에 속한다(Schulz et al., 2006). 피마족 인디언에서 비만과 2형 당뇨병의 유병률 증가는 미국에서 비 만과 2형 당뇨병의 유병률이 전반적으로 높아지기 전에 일어났다(Bennett et al., 1971; Knowler et al., 1990).

피마족 인디언은 비만과 2형 당뇨병에 잘 걸리는 것으로 보이지만, 그 런 취약성은 고밀도 에너지 음식 섭취와 신체 활동 저하라는 환경적 조건 아래서만 분명하게 드러난다. 따라서 이는 미국에 사는 피마족 인디언의 비만 및 2형 당뇨병 비율 증가가 서구식 식단으로의 생활방식 변화와 크게 줄어든 신체 활동 때문임을 암시하고 있다. 멕시코에 사는 피마족 인디언 은 훨씬 날씬하고 2형 당뇨병의 유병률은 무시할 수 있을 정도다(Schulz et al., 2006; 그림 13.1). 멕시코에 사는 피마족 인디언은 남녀 할 것 없이 미국의 피마 족 인디언보다 신체 활동이 더욱 활발했다(Schulz t al., 2006, 그림 13.2). 피마족 인

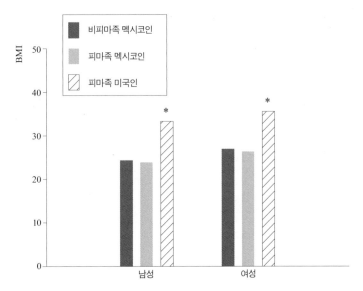

그림 13.1 멕시코에 살고 있는 피마족과 비피마족 가계의 남녀는 사실상 같은 BMI를 나타냈다. 이들은 모두 미국에 사는 피마족 인디언보다 낮은 평균 BMI를 나타냈다(* = p < .05).　　출처: Schulz et al., 2006.

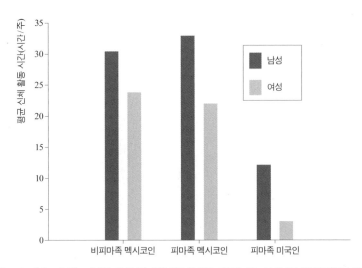

그림 13.2 멕시코에 사는 피마족 인디언의 신체 활동은 같은 지역에 사는 비피마족 멕시코인들과 거의 같았다. 양쪽 집단 모두 미국에 사는 피마족 인디언보다 신체 활동이 훨씬 더 활발했다.

출처: Schulz et al., 2006.

디언은 현대의 서구화된 환경에서는 특이할 정도로 비만에 취약한 것으로 보인다.

췌장 폴리펩티드(PP: pancreatic polypeptide) 계열이 피마족 인디언의 비만과 당뇨병 취약성에 영향을 미칠 수 있다. 단식 중 혈중 췌장 폴리펩티드와 식후 혈중 췌장 폴리펩티드가 모두 비만 취약성과 연관되어 있지만, 이 두 측정치는 방향이 서로 정반대다. 단식 중 췌장 폴리펩티드는 허리둘레 증가와 양의 상관관계가 있었고, 식후 췌장 폴리펩티드는 음의 상관관계가 있었다(Koska et al., 2004). 펩티드 YY(PYY)와 Y2 수용체(Y2R)에서의 단일 염기 다형성(SNP)은 피마족 인디언 남성에게만 해당하는 내용이지만 비만과 관련되어 있었다(Ma t al., 2005).

피마족 인디언에서 비만 취약성이 다양하게 나타나는 데는 다른 유전자의 다형성도 작용하고 있다는 연구가 있다. 여기에는 탄수화물 산화를 낮추고 비만을 막아 주는 역할을 하는 지방산 합성 효소 유전자의 과오치환missense substitution이나(Kovacs et al., 2004) 소수의 피마족 인디언 집단에서 비만에 기여하는 것으로 보이는 멜라노코르틴 4 수용체 유전자melanocortin 4 receptor gene의 몇 가지 다형성도 포함된다(Ma et al., 2004). 여기에 덧붙여, 피마족 인디언에서 10% 빈도로 나타나는 ARHGEF11 유전자의 대립 형질은 2형 당뇨병과 연관되어 있으며, 2형 당뇨병이 없는 피마족 인디언에게 있는 경우, 인슐린 저항성이 거의 명목상으로만 있는 것과 관련이 있다(Ma et al., 2007).

물론 유전적 연구는 비만과 관련된 특정한 취약성만을 확인할 수 있다. 미국 피마족 인디언 인구 집단에서 나타나는 비만은 이런 유전적 요소가 최근에 이루어진 전통적 생활방식과의 결별과 상호작용하여 생겨난 것이다. 이런 비만 취약성은 생리적 메커니즘의 자궁 내 프로그래밍 때문에 지방을 저장하도록 생리적 메커니즘이 설계된 자손이 만들어지는 양성 피드백이 일어난 결과일 수도 있다.

선택 결혼과 지방의 역학

현대 환경에서 보이는 비만의 유전적 경향이 유전적, 후성적 과정으로 인해 자기 강화적self-reinforcing으로 작동할 수 있다는 연구 결과들이 있다. 후성적 메커니즘의 하나인 산모의 조건에 따른 태아의 대사 프로그래밍은 본질적으로 라마르크 진화론에서 말하는 획득 형질의 유전에 해당한다. 비만의 위험이 유전을 통해 직접 전달된다는 연구 결과도 있다. BMI도 유전적 요소를 가지고 있음이 밝혀졌다(Stunkard et al., 1986, 1990). 사람들 사이에서는 BMI에 따르는 선택 결혼도 이루어지는 것 같다(Hebebrand et al., 2000; Jacobson et al., 2007; Speakman et al., 2007). 사람들은 자기와 BMI가 비슷한 사람과 결혼해 아이를 낳을 가능성이 더 높다는 것이다(Hebebrand et al., 2000; Jacobson et al., 2007; Speakman et al., 2007).

BMI는 이 현상을 조사하기에 가장 적절한 방법은 아닐지도 모르며, 실제로 그럴 가능성이 크다. 이런 조사를 하기에는 체형body morph이 더 나은 변수일 수 있다. 사람들은 두 가지 변수 모두 다양하게 나타나며, 체형은 BMI와 큰 상관관계가 있을 것이다. 결혼과 비만 취약성에 영향을 미치는 변수로 BMI보다 체형이 더 낫다고 가정하는 편이 더 이점이 있다. 체형은 현대의 환경적 조건이나 사회경제적 상태에 영향을 덜 받기 때문이다. 이것이 사실이라는 연구 결과가 있다. 지방이 많아서든, 근육이 많아서든, 팔이 두꺼운 사람은 남녀 할 것 없이 모두 비슷한 특성을 가지는 배우자를 만나 결혼할 확률이 높다(Speakman et al., 2007). 이런 사람들은 다리 지방의 양이 평균 이하인 사람과 결혼할 가능성도 더 높다.

사람들이 자기와 체형이 유사한 배우자를 선호하는 경향을 보이면 결국 현대 환경 아래서의 비만 위험이 쌍봉분포bimodal distribution나 다봉분포 multimodal distribution로 되는 결과를 낳게 될 것이다. 이것은 비만 경향인 사람과 비만 저항인 사람이 함께 공존하는 이유를 부분적으로 설명해 줄 수 있다. 스피크먼 등(2007)은 선택 결혼이 이론적으로는 몇 세대 안에 비만 유병률을 두 배로 증가시킬 수 있음을 입증해 보였다. 물론 선택 결혼이 어떤 영향을 미칠지는 인간의 비만 취약성을 뒷받침하는 유전적 특성에 크게 달려 있다.

위도와 식이 지방

지방을 대사 연료로 사용하는 능력은 사람마다 다양하다. 그런 다양성의 상당 부분은 인종 및 민족적 차이로 설명할 수 있을 것 같다. 일반적으로 유럽인들은 다른 인종 집단보다 지방 산화를 상향 조절하는 능력이 더 뛰어나다. 예를 들면 아프리카계 미국인 여성들은 백인 미국인 여성에 비해 대사적 유연성이 낮다(Berk et al., 2006). 백인 여성은 고지방 식단에 대응해서 지방 산화를 아프리카계 미국인 여성보다 더 크게 상향 조절할 수 있었다. 하지만 이것은 전반적인 성향을 말해 줄 뿐이며, 이를 더욱 복잡하게 만드는 흥미로운 현상이 있다. 지방 산화와 과도한 지방 조직에 따르는 악영향을 평가해 보면 에스키모 이누이트족Inuit과 북극 고위도 지역에 사는 거주민들은 유럽인이나 아시아인과 다른 양상을 보이기 때문이다. 표준 BMI 기준으로 평가하면 이누이트족의 비만율은 대단히 높아졌다. 하지만 각각의 BMI 단계별로 나타나는 이누이트족의 혈압과 혈중 지방 수치를 유럽인들과 비교해 보면 상당히 낮게 나온다(Young et al., 2007). 이는 아시아계 후손들이 유럽계 후손들보다 BMI가 낮음에도 대사증후군의 위험 인자는 더 높게 나오는 패턴을 보이는 것과는 정반대 현상이다. 따라서 이런 다양성에는 인종이라는 변수가 작용하는 것으로 보이지만, 적도에서 먼 고위도 지방의 환경에 대한 적응이라는 측면도 무시할 수는 없을 것이다.

주로 추측에 근거한 것이긴 하지만 여기서 무척 흥미로운 가설을 세워볼 수 있다. 적도에서 멀어질수록 먹잇감 동물들이 자기 몸에 상당한 양의 지방을 지니고 있을 가능성이 더 커진다는 것이다. 다른 말로 하면, 사하라 이남 아프리카의 먹잇감들은 일반적으로 몸이 말랐다는 얘기다. 반면 북유럽이나 북아시아, 특히 북극권 근처 지역의 먹잇감들은 지방 함량이 높을 것이다. 계절적으로는 틀림없는 얘기다. 적도에서 먼 곳에 사는 동물종들은 동면을 위해서든, 에너지를 보충할 먹이가 부족한 겨울 기간의 에너지 손실을 보충하기 위해서든, 겨울이 오기 전에 몸에 미리 많은 지방을 축적해 두는 경우가 많다. 포유류 먹잇감과 조류 먹잇감 모두 겨울 직전과 초겨울, 그리고 그 이후 시기에도 체내 지방의 함량이 높다. 적도에서 먼 지역에서 살았던 우리 선조들도 겨울이 되면 식물성 음식을 구하기가 무척 힘들었을 것이다. 따라서 적도에서 멀어질수록 적어도 계절에 따라서는 탄수화물은 구하기 힘들고, 대신 지방은 상대적으로 구하기가 쉬운 시기가 있었을 것이다. 반면 여름에는 지방에 비해 탄수화물을 구하기가 상대적으로 쉬웠을 것이다.

따라서 적도 근처에 살던 선조들에 비하면 고위도 지역에 살던 선조들은 지방을 주로 이용하는 대사와 탄수화물을 주로 사용하는 대사 사이를 유연하게 오가는 능력을 갖추는 것이 적응에 훨씬 유리하게 작용했을 것이다. 지방이 모든 사람의 식단에서 대단히 중요한 것이기는 하지만, 고위도 지역에 사람 사람들에게서는 훨씬 더 중요하고, 또 흔히 등장하는 영양분이었을 것이다. 위도가 높아질수록 지방 산화를 상향 조절하는 능력, 따라서 고지방 식단을 대사하는 능력도 함께 올라가는 것일 수 있다. 식단이 서구화된 아프리카계 미국인들 사이에서 비만이 더 크게 유행하게 된 것은 아프리카계 미국인들과 유럽계 미국인들 사이의 이런 차이점 때문일 수 있다. 결국 고지방 음식이 아프리카계 미국인에게는 지방 축적에 더 크게 기여하고 있는 것이다.

생물학의 지식적 기반은 놀라운 속도로 확장되고 있다. 이제 과학자들은 얼마 전까지는 확인조차 되지 않았던 현상들을 연구하고 있다. 유전학만큼 이런 현상이 분명히 드러나는 분야도 없다. 이제 사람을 비롯해서 제브라피시, 식물뿌리 미생물(예를 들면, Paulsen et al., 2005)에 이르기까지 여러 종들의 전체 게놈 서열을 분석해 냈다. 영장류 중에서는 침팬지, 오랑우탄, 붉은털원숭이, 마모셋의 게놈 서열 분석이 마무리되었다. 개코원숭이, 다람쥐원숭이squirrel monkey, 갈라고원숭이의 게놈 서열 분석도 한두 해 안으로 마무리될 계획이다. 이런 지식의 확장이 불러온 한 가지 결과는 유전학의 작용 방식에 대한 우리 두 저자의 인식이 대학원에서 공부할 때보다 훨씬 복잡하고 현실적으로 바뀌었다는 점이다.

사람은 여러 가지 특성들이 제각각 다양하게 나타난다. 지방 축적의 성향도 마찬가지라서 그 양과 분포도 무척 다양하다. 불행하게도 현대 환경에서는 상당수가 비만에 취약하다. 반면 여전히 많은 사람들이 날씬한 상태로 남아 있다. 오늘날 비만의 양상이 다양하게 나타나는 것은 분명 유전적 다양성에 의한 측면이 없지 않다. 하지만 유전 메커니즘이 단순한 경우는 거의 없다. 비만과 관련된 SNP를 찾는 노력은 분명 가치 있는 일이지만, 그 연구를 통해 드러날 잠재적 후보감들이 수백, 심지어 수천 가지 이상 나올 가능성이 크고, 또한 그 각각이 일반 대중의 비만에 기여하는 부분은 거의 없을 수 있다.

현대의 유전학 연구는 우리의 유전적 유산에 녹아 있는 단순성과 복잡성을 동시에 보여 주었다. 대략 20,000~30,000개 정도인 단백질 암호 유전자로 대표되는 기본적인 생명의 구성 요소들은 종을 막론하고 놀라울 정도로 유사하다. 하지만 이런 유전자의 조절은 아주 복잡해질 수 있으며, 살아 있는 생명체에서 발견되는 형태와 기능의 놀라운 다양성은 바로 이 DNA의 조절 기능 덕분이다. 유전자의 구조 변화 없이 유전자의 발현이 변화되는 후성적 메커니즘은 종 간, 종 내부, 그리고 체내 서로 다른 세포들 사이에서 나타나는 생물학적 표현의 다양성에 기여하고 있다. 산모의 영양 상태에서 인간이 만들어 낸 화학물질의 농도에 이르기까지, 어린 시절에 접하는 환경은 성인이 되었을 때의 생리적 메커니즘과 대사에 영향을 미칠 수 있다.

피마족 인디언은 유전적 취약성의 사례를 보여 주는 훌륭한 사례이며, 그런 취약성이 발현될 가능성을 결정하는 데 환경적 인자가 얼마나 중요한지를 보여 주는 훌륭한 사례이기도 하다. 활발하게 신체 활동을 하면서 전통적인 생활방식을 따르는 피마족 인디언들은 신체 활동이 부족한 다른 부족들과 아주 다른 모습을 하고 있다.

현대 생활의 폐해로부터 살아남기

생물학에 있어서 요즘은 아주 흥분되는 시기다. 생물학적 지식이 폭발적으로 증가하고 있기 때문이다. 새로운 과학 기술 덕분에 생명의 핵심, 즉 동물의 기능을 가능하게 하는 정밀한 분자적 메커니즘을 어렴풋이나마 훔쳐볼 수 있게 되었다. 과학자들은 새로운 사실이 하나하나 밝혀질수록 생명의 다양성, 유연성, 적응성에 더욱 더 놀라고 있다.

이 책에서 우리는 인간의 비만과 관련이 있는 생물학을 폭넓게 살펴보았다. 한마디로 우리는 진화적 사실에 근거해서 비교생물학적으로 접근했다. 우리 저자들은 분자 수준의 미시세계에서 시작해 유기체 전체를 포괄적으로 살펴보았고, 나아가 지역과 인종에 따른 영향에 이르기까지 다양한 영역에서의 분석을 통합하려고 노력했다. 또한 인간 선조들의 신체에서 정보 분자들이 했던 다채로운 역할과, 다른 동물과 구별되는 인간만의 고유한 진화적 특색을 알아보는 등 진화적 관점에서도 비만의 문제에 대해 접근하려고 했다. 그리고 대다수 포유류, 더 나아가서는 대다수 척추 동물에게 공통으로 나타나는 생물학을 살펴보면서 인간의 생물학과 어떤 차이가 있는지도 탐구해 보았다.

방법론적으로 우리 저자들은 시스템적인 접근을 강조하였다. 그것이 유기체의 생물학과 행동을 이해하는 데 가장 생산적인 방법이라고 믿었기 때문이다. 분자생물학의 발전은 생명체의 작동 방식에 대해 놀라운 정보와 핵심적인 통찰을 우리에게 안겨 주었다. 하지만 장관-뇌 펩티드가 장관이나 뇌 없이 기능할 수 없는 것처럼, 분자들은 간이나 신장, 지방 조직 같은 유기체를 구성하는 다른 기관이나 조직이 없다면 아무런 소용이 없다. 행동하는 주체는 결국 전체로서의 유기체인 것이다.

물론 우리 저자들은 분자생물학의 가치를 인정하고, 연구에서도 적극적으로 활용하였다. 신체의 각 기관과 신경회로 등에 대한 심도 깊은 조사도 가치 있다고 여긴다. 하지만 가장 중요한 것은 이 같은 서로 다른 영역에서의 연구를 하나로 통합해서 몸 전체의 생리를 이해하는 것이다. 우리의 궁극적 목표는 사람의 몸 전체 생리에 대한 이해를 포괄적이고 진화적 맥락으로 엮어서 인체의 작동 방식만이 아니라, 그것이 어떻게 세상에 나타나게 되었는지도 이해하는 것이었다.

정보 분자와 진화

모든 생명은 하나로부터 시작했다. 현존하는 모든 생명체들이 한결같이 공통된 분자를 기반으로 하고 있다는 사실이 그 증거다. 생명을 유지하기 위해서는 유기체가 자신의 내부와 외부로 정보를 전송하고 퍼뜨리고 조작하는 능력이 필요하다. 우리는 신체를 이루는 각 분자들의 기능과 그들이 어떻게 생리적 메커니즘과 대사, 행동을 조절하는지 살펴보았다. 정보 분자들은 이 책에서 다룬 것 말고도 엄청나게 종류가 많으며 해마다 더 많은 것들이 새로이 발견되고 있다. 하지만 정보 분자의 종류는 분명 무한하지 않을 것이다. 대부분은 고대로부터 이어져온 것이거나, 지금은 사라졌지만 첫 다세포 유기체에서는 존재했을 고대 분자들로부터 유래한 것이다. 진화는 이미 존재하는 것에만 작용한다. 진화는 미래를 위해 설계하지 않는다. 진화는 과거의 통합일 뿐이다.

독자 여러분은 이 책에서 논의한 특정 분자들의 기능에 대해 아는 것에서 그치지 않고, 우리가 이런 분자들을 이해하는 데 근본적 개념이라 생각했던 부분도 함께 통합해서 깨달았기를 바란다. 진화 과정은 이들 정보 분자가 신체의 각 조직과 발달 단계, 그리고 유기체가 처한 상황에 따라 다양한 기능을 나타내도록 만들었다. 진화는 정보 분자들이 원래의 기능을 넘어 여러 가지 기능을 수행하게 만들었던 것이다. 정보 분자들이 애초에 가지고 있었던 기능 중 어떤 것들은 변화를 거치며 몇억 년 전에 사라져 버려 우리가 영원히 알 수 없게 되었을 수도 있다. 물론 정보 분자들은 상호 작용하며 서로의 기능에 영향을 미친다. 이것들은 구조적 관점이 아닌 조절적 관점에서 바라볼 필요가 있다. 다층적으로 입력과 출력이 이루어지는 동적인 모델로 접근할 필요가 있는 것이다.

그렇다고 해서 한 분자의 기능에서 어떤 측면만을 따로 떼 내 연구하는 것이 지식을 확장하는 생산적인 수단이 될 수 없다는 뜻은 아니다. 과학의 대부분은 바로 그런 방식을 통해 진보한다. 연구 대상의 범위를 좁히고, 변수를 제한함으로써 한 가지 현상에 대한 명확한 시각을 얻을 수 있다. 하지만 독불장군처럼 홀로 존재하는 분자나 시스템은 없다. 생명의 형태와 기능에 관한 완전한 이해는 (분자 수준의 연구와 같은) 환원주의적 방법론들을 포괄하고 통합할 때 비로소 가능해진다.

우리는 이 책에서 이런 사례를 많이 살펴보았다. 아마도 책의 전체 주제와 맞아떨어지는 최고의 사례는 렙틴이 아닐까 싶다. 그렇다. 렙틴은 포만감을 알려주는 신호로 기능한다. 따라서 비만을 고려할 때는 직접적인 상관관계가 있다. 하지만 렙틴은 발달호르몬으로도, 생식호르몬으로도 기능한다. 렙틴의 핵심적인 역할은 신체의 조건을 생식 기능과 연결해 주는 것일 수 있다. 진화적 관점에서 보면 렙틴은 선조들로 하여금 음식이 풍부할 때 식사를 중단하게 만들기보다는 식량이 부족한 시기에 생식을 중단시키는 쪽으로 기능했을 수 있다. 그런 점에서 볼 때 렙틴을 한정된 관점에서만 접근하는 것은, 비록 우리에게 일정한 통찰을 제공하기도 하지만, 그 때문에 오히려 적응과 진화를 고려할 때 얻을 수 있는 좀더 완벽한 이해를 놓칠 수도 있다.

비만과 진화

지속적인 체중 증가에 대한 취약성으로 일어나는 비만에는 분명 유전적 요소가 작용한다. 이것은 많은 연구에서 확인된 사실이다(예를 들면, Stunkard et al., 1986, 1990). 하지만 과체중이나 비만인 사람의 숫자가 급속하게, 그리고 지속적으로 증가하고 있다는 것은 이 변화가 전체적인 유전자 변화에 의한 것이 아니라는 뜻이다. 우리의 유전자 풀은 이렇게 갑작스럽고 극적으로 변화하지 않는다. 한 생물종으로서 인류는 아마도 줄곧 이렇게 비만에 취약한 상태로 존재해 왔을 것이다. 하지만 과거에는 비만이 겉으로 나타나는 경우가 드물었다. 이는 비만 취약성이 분명히 있음에도 불구하고 외부적인 요인들이 비만의 발현을 억제하는 작용을 했기 때문일 것이다. 그런

데 현대적인 환경은 이런 제약 중 상당수를 완화시키는 역할을 했고, 나아가 체중 증가를 부추기는 인자들을 덧붙여 놓기까지 했다. 비만을 부추기는 현대 환경과 상호작용하는 우리 몸의 생리적 기능 중에 과거에는 자연에 적응하는 데 유리했지만, 오늘날에는 불리하게 작용하는 것이 있다. 우리가 도달한 결론 중 하나는 현대 세계에서는 비만에 이르는 경로가 상당히 많다는 점이다. 흥미롭게도 똑같은 환경에서 마른 체형을 유지하는 사람도 많다. 사람은 정말이지 저마다 제각각인 듯하다.

인간 혈통의 적응력을 높이기 위해 일어난 진화적 변화였지만 현대적 환경에서는 비만에 대한 민감도sensitivity를 키우는 생리적 메커니즘과 대사로 이어진 세 가지 핵심적인 측면이 인간의 생물학에 들어 있다고 믿는다. 그 세 가지는 커진(따라서 대사적으로 비싼) 뇌, 신생아 비만도의 증가, 산모의 비만도 증가다. 후자의 두 적응은 태어난 후손이 출생 이후에도 오랜 기간에 걸쳐 뇌를 성장시켜야 한다는 선택압 때문에 등장했을 가능성이 있다 (Kuzawa, 1998; Cunnae & Crawford, 2003). 더욱 커진 뇌 때문에 적어도 특정 연령대와 특정 성에서는 비만도를 증가시켜야 한다는 선택압이 작용했고, 인간에게 내재된 비만 강화 능력이 그 이전에는 불가능했던 수준으로 발현될 수 있는 환경이 구축되었다는 뜻이다.

영장류와 비교하면 사람의 경우에는 식단과 체내에 들어 있는 지방의 중요성이 크게 증가한 것으로 보인다. 우리는 이러한 영양생물학에서의 변화가 인간 혈통에서 일어난 중요한 진화적 사건, 즉 더욱 커진 뇌와 연결되어 있다고 믿는다. 커진 뇌는 더욱 강화된 인지 능력을 제공해 주었고, 인류는 이런 인지 능력을 통해 세상을 떠맡을 수 있었다. 커진 뇌는 분명 성공적인 적응이었다. 하지만 여기에는 대사적으로나 영양적으로 상당한 비용의 지출이 뒤따랐다. 더욱 커진 선조들의 뇌 덕분에 먹이를 찾는 효율도 좋아지고, 고밀도 에너지 음식을 획득하여 순수 에너지 섭취량도 커지는 등의 장점이 생겼지만, 이런 장점들은 장점 그 자체를 유지하기 위해서라도 필요한 것이었다. 뇌에게 끊임없이 에너지를 공급해 주어야 했기 때문이다. 과거에는 지방을 섭취해서 잉여 에너지로부터 대사적으로 지방을 만들어 내는 능력이 외부적 제약 때문에 한계가 있었다. 칼로리는 귀한 것이었고, 칼로리를 획득하려면 상당한 에너지의 지출이 필요했다. 플러스 에너지 균형을 달성하기는 쉽지 않은 일이어서 가끔씩 산발적으로 일어날 뿐이었다. 우리는 이런 상황들이 선조들로 하여금, 아니면 적어도 여성과 태아 및 유아로 하여금 지방 저장 능력을 강화시키는 선택압으로 작용했다고 주장하는 바이다.

산모의 비만은 여러 포유류에서 관찰되는 생식 전략이기는 하지만 인간의 아기에게서 보이는 비만은 아무래도 특이한 경우다(Kuzawa, 1998). 인간의 아기는 해양 포유류와 경쟁이 될 정도로 뚱뚱하다. 하지만 아기의 지방은 해양 포유류의 지방과 목적이 다르다. 인간의 지방 분포는 추위를 막아주는 단열 효과가 그리 크지 않다(Kuzawa, 1998). 성인의 갈색 지방의 양은 추위에 얼마나 노출되었느냐에 따라 달라지기 때문에 오랫동안 추위에 노출되고 나면 그 양이 많아진다고 한다(Nedergaard et al., 2007). 또한 갈색 지방은 열을 효율적으로 생산한다. 경제적으로 체열이 발생한다는 말이다. 그러나 성인의 갈색 지방은 양이 상당히 적기 때문에 해양 포유류와 달리 인간의 비만은 추위에 대한 적응이 아니다.

뚱뚱한 아기를 낳는 것은 다른 영장류에서는 볼 수 없는 중요한 차이다. 출산 이전에 지방 조직을 축적하는 것이 적응에서 어떤 기능을 하는지는 분명하지 않지만, 출생 후 뇌 성장의 증가와 어떤 방식으로든 관련이 있다는 가설은 타당성이 있다(예를 들면, Kuzawa, 1998; Cunnae & Crawford, 2003). 뇌의 대사적 비용이 증가함에 따라 체내 에너지 저장을 증가시키는 쪽으로 선택압이 작용했을 것이다. 더군다나 뇌는 특정한 지방산을 필요로 한다. 이것은 주로 음식을 통해 공급되거나, 신생아의 경우에는 자궁 속에서 엄마로부터 공급받아 저장되었던 저장 지방에서 나온다. 인간의 모유는 예나 지금이나 영양가 면에서 크게 변하지 않았다(Milligan, 2008). 따라서 뇌 발달을 위해서 추가적으로 필요해진 영양분이 모유의 변화를 통해 대처된 것은 아니라는 얘기다. 커진 뇌 때문에 유아가 감당하게 된 추가적인 에너지 비용 중 적어도 일부는 임신 기간 동안 산모로부터 공급받아 지방의 형태로 저장된 에너지로 충당되었다(Cunnane & Crawford, 2003).

아기가 뚱뚱해짐으로 인해 생기는 다른 적응상의 장점도 있다. 비만도의 증가는 아픈 동안에 장점으로 작용할 수 있다. 질병에 걸리면 먹이 섭취와 소화에 문제가 생기는 경우가 많다(Kuzawa, 1998). 설사나 장염 같은 것들을 예로 들 수 있을 것이다. 몸집이 커지면 기아 시간starvation time이 증가한다. 먹이를 먹지 않고도 버틸 수 있는 시간이 길다는 말이다. 이는 우리 선조들이 대형 동물로 진화하면서 생긴 한 가지 이점이었다. 하지만 인간의 아기는 어른보다 몸집이 훨씬 작다. 따라서 기아 시간도 어른보다 훨씬 짧을 수밖에 없다. 그러나 신생아의 지방량이 많아지면서 (영양 공급이 원활하지 않은) 배탈 같은 단기 혹은 중기의 굶주림으로부터 아기를 보호해 주는 역할을 했을 것이다.

사람의 모유는 유인원의 모유와 영양 면에서는 달라지지 않았지만, 항균 기능 면에서는 변화가 있었다. 사람의 모유는 면역글로블린, 올리고당, 기타 항균 분자들의 농도가 지금까지 조사한 다른 모든 포유류의 모유와 비교해 가장 높다(Goldman et al., 1982; Milligan, 2005, 2008). 이는 인간의 유아가 진화 과정에서 상당히 오랫동안 병원체의 위험에 노출되어 있었기 때문이라 추론할 수 있다. 이것은 유아의 질병 위험이 신생아의 지방량을 증가시키는 선택압으로 작용했다는 가설을 지지해 주는 증거다.

이렇게 병원체 위험이 증가한 것은 여러 변화에 따르는 당연한 결과로 볼 수 있다. 즉 인구 밀도의 증가(질병에 대한 노출의 증가), 지구 이곳저곳으로 퍼져 나감에 따라 접하는 새로운 환경(새로운 병원체의 등장), 동물의 가축화(좀더 새로운 병원체들과의 접촉), 한곳에 오래 거주하게 됨에 따라 필연적으로 발생하는 배설물의 집중(그에 따르는 병원체와 기생충의 밀도 증가) 등의 변화다. 실제로 농업이 발명되면서 인간의 병원체에 대한 부하pathogen load도 크게 솟았을 것이다. 농업에 사용된 최초의 비료는 사람과 동물의 배설물이었을 테고, 이는 병원체가 먹거리와 직접 연결되는 결과를 낳았다. 비교적 최근에 하수 시설과 기타 위생 기술이 개발되기 전까지는 인간이 한 생물종으로서 일구어 낸 성공이 역설적으로 병원체 위험이 증가되는 환경을 만들어 낸 셈이다.

결국 비만이 유행하게 된 책임은 여러 면에서 보아 인간의 뇌에게 돌릴 수 있다. 적어도 진화적 의미에서는 그렇다. 뇌는 가치 있는 기관이지만 너무 비싼 기관이기도 하다. 현대인을 비만의 위험에 빠뜨리고 있는 것은 이 비싼 기관을 만들고 유지하는 데 필요한 생물학적 과정 때문이라고 설명할 수 있다. 우리는 기술과 문화적 지식을 이용해서 음식에는 쉽게 접근하고, 생존하는 데 필요한 노력은 줄이려고 한다. 인간을 이 시대의 가장 성공적인 생물종으로 만들어 준 우리의 커진 뇌는 그 대가로 비만을 조장하는 환경을 구축했다. 이런 환경은 고밀도 에너지 음식에 대한 선호, 고된 노력을 회피하고 싶어 하는 경향으로 대표된다. 이런 선호는 아마 음식이 귀하고 음식을 구하려면 상당한 위험(다른 동물의 먹이가 될 위험)과 에너지 소비가 요구되던 시절에 진화된 생존 전략의 일부였을 것이다. 게다가 다른 종보다 더욱 뛰어난 개체로 진화하는 데 성공하면서, 지적 능력의 증대에 힘입어 등장한 사회 문화적 시스템은 선조들을 더욱 증가된 병원체에 노출시켰을 것이다. 약간의 잉여 에너지를 몸에 지니고 다닐 수 있는 능력은 먹이 공급이 불확실하고, 끔찍한 위장관 질병에 걸릴 확률이 높았던 시절에는 성공적인 적응 전략이었을 것이다. 더 큰 뇌로 적응하는 과정에서 우리를 비만에 취약하게 만드는 생리적 메커니즘과 행동을 부추기는 선택압이 함께 따라 온 것 같다. 역설적으로 인간의 뇌는 그런 취약성이 발현될 수 있는 환경을 구축할 수 있는 능력도 인간에게 부여해 주었다.

물론 우리 스스로에 대해 이해할 수 있는 능력을 부여해 준 존재도 우리의 뇌다. 덕분에 우리는 이러한 비만 취약성의 증가에 따른 위험을 평가하고, 그 문제를 완화시키려 노력할 수도 있게 되었다.

비만을 어떻게 볼 것인가

인류의 비만이 증가하는 것을 왜 걱정해야 할까? 비만이 건강에 미치는 영향 때문이다. 비만이 건강에 아무런 문제도 일으키지 않는다면 비만은 사회적, 문화적, 심미적 문제일 뿐이므로 사람들이 제각각 다양한 의견에 도달하더라도 별다른 중요한 문제는 없을 것이다. 최근 미국의 역사를 살펴보면 체중과 비만에 대한 문화적 인식이 계속 바뀌어 온 것을 알 수 있다. 1900년대 이전에는 평균 이상의 체중을 부의 상징으로 생각했으며, 비만을 질병에 걸렸을 때 유용하게 사용될 비축분이라 여겼다(Cassell, 1995). 1900년대 초에는 비만에 도덕적 판단이 개입되기 시작했다. 비만이 폭식과 자기 통제력 부족을 상징한다고 생각하는 사람이 늘어났다(Cassell, 1995). 통통하다는 뜻의 'stout'란 단어는 칭찬의 의미가 담겨 있었지만, 살짝 경멸하는 의미로 바뀌기 시작했다. 사회적으로 날씬해야 한다는 압박이 생겼고, 뚱뚱한 사람도 살을 빼야 한다는 강박이 생기기 시작했다.

이러한 인식은 1900년대 초에 두 가지 사건에 의해 강화되었다. 1912년에 보험 계약자들을 대상으로 이루어진 한 연구는 체중과 건강에 상관관계가 있으며, 평균 체중 이상인 경우에는 사망률이 증가한다는 증거를 내놓았다(Cassel, 1995). 이제 비만은 건강에 이로운 비축분이 아니라 건강을 해치는 존재로 인식되기에 이른 것이다. 또 다른 사건은 1차 세계 대전이었다. 해외에 파견된 군대에게 배급될 전투 식량을 확실히 확보하기 위해 미국 본토에서도 배급이 실시되었다. 이 영향으로 포스터와 슬로건에 날씬함은 곧 애국의 증거이고, 뚱뚱한 것은 이기적인 마음을 상징하는 것이라는 암시가 스며들게 되었다(Cassell, 1995).

영화 산업계와 텔레비전도 매력적인 체형에 대한 대중적 이미지를 형상화하는 데 한몫했다. 영화계 스타, 특히 그중에서도 여성 스타들은 일반적으로 날씬하다. 사실 유행하는 아름다움을 쫓기 위해 건강에 해로울 정도로 날씬한 몸매를 만들려고 노력하는 여성이 많다고 우려하는 사람이 많은데, 이는 괜한 우려가 아니다. 최근에는 비만이 대중의 건강을 위협하는 가장 심각한 존재 중 하나라고 걱정하는 사람들과, 비만과 관련된 부정적 인식 중 상당 부분이 미의 사회적 기준에 따른 편견과 차별을 반영하고 있을 뿐이라고 믿는 사람들이 대립하고 있다. 미국의 사회학자인 애비게일 세구이Abigail Saguy와 케빈 라일리Kevin Riley(2005)는 (비만에 대한) 사고방식이 다른 두 진영을 파악한 후 각각 '비만 반대antiobesity' 진영과 '지방 수용fat acceptance' 진영이라고 이름 붙였다. 이들은 비만에 대한 질문의 틀을 설정하기 위해 대중적으로 노력을 벌이고 있다. 과연 비만에 반대하는 노력은 대중의 건강에 대한 적절한 염려의 표현인가? 아니면 유행과 인식에 기반한 체중 강박관념의 일부에 불과한 것인가?

이 책을 쓴 우리는 과학자다. 우리는 과학적인 원칙에 기반한 연구를 통해 수집된 대규모의 자료에서 나온 증거를 최고로 여긴다. 물론 이 모든 증거들은 서로 다른 관점에서 해석할 수 있고, 따라서 거기서 나온 결론도 다를 수 있다. 어떤 논리적 추론도 밑바탕에는 근본적인 가정이 자리 잡고 있기 마련이다. 따라서 과학자들은 끊임없이 자신의 가정을 검토하고, 문제를 제기하고, 시험해 볼 필요가 있다.

인류는 크기와 형태가 변하고 있다. 모든 점을 감안할 때, 인류는 지금 그 어느 때보다도 뚱뚱하고, 이런 경향은 적어도 당분간은 지속될 것으로 보인다. 일부 자료에서는 비만의 유병률이 안정기로 접어들었고, 심지어 미국에서는 줄어들고 있다는 주장도 나오고 있다. 이것은 성인이나 아동 모두에 해당하는 얘기다. 이런 변화가 일어나는 이유는 분명치 않다. 신체 활동의 증가나 음식 섭취의 감소와 같은 행동의 변화 때문일 수 있다. 아니면 그저 비만에 취약한 인구 집단이 포화되어 더 이상 늘어나지 않게 된 것에 불과한 것일 수 있다.

이 책의 가장 중요한 목표는 현대에 와서 인류의 비만이 증가하게 된 기원을 조사하는 것이었다. 우리는 인간의 비만이 어디까지가 건강의 문제이고 어디까지가 사회적, 문화적 문제인지 판단하는 것보다는 비만 그 자체를 이해하는 데 좀더 초점을 맞추었다. 증거들을 보면 양쪽 모두 사실이라는 주장이 설득력을 얻고 있다. 비만인 사람들은 일상생활을 어렵게 하는 장벽과 도전을 마주하며 살고 있다. 이런 문제 중 상당수는 구조적인 변화로도 완화가 가능하며 굳이 체중 감소를 필요로 하지 않는다. 반면 비만이 직접적인 원인인 건강 문제가 분명히 존재하며, 이런 부분들은 관심과 연구가 필요하다. 이 책의 초점은 인간의 비만 취약성이 어디서 오는지를 이해하는 것이다. 우리는 비만을 뒷받침하는 진화생물학을 이해하는 것이 사회적, 개인적 반응의 틀을 설정하는 데 도움이 될 것이라 믿는다.

건강을 유지하는 생활방식

건강을 위협하는 환경적 요소는 한두 가지가 아님을 기억해야 한다. 비만은 그 많은 요소 중 하나에 불과하다. 흡연, 약물 남용, 영양 결핍, 운동 부족 등이 모두 비만과 상관없이 건강에 심각한 문제를 불러일으킬 수 있다. 반면 BMI가 높고, 체지방률도 높지만 대사적으로는 건강한 사람도 있다.

건강하게 비만인 사람이 존재할 수 있을까? 적어도 단기, 중기적으로는 그런 사람이 분명 존재한다. 아마도 비만인 사람 중 일부는 평생 건강을 유지할 수도 있을 것이다. 하지만 지방 조직은 대사적으로 활발한 조직이며 지방의 양이 크게 증가하면 내분비 기능 및 면역 기능과 관련해서 문제를 낳을 수 있다. 부신이나 부갑상선의 크기가 두 배로 커졌다면 당연히 걱정이 되듯이, 지방 조직이 크게 증가하는 것도 장기적으로는 건강에 해로운 결과를 낳을 수 있다. 지방 조직의 증가는 분명 개인의 생리적 메커니즘에 영향을 미친다. 이는 성호르몬이나 기타 스테로이드, 생활성 펩티드 bioactive peptide, 사이토카인, 면역 기능을 하는 분자 등의 혈중 농도에 영향을 미친다(11장 참조). 정보 분자들의 이러한 조절 이상은 많은 기관계에 생리적 긴장(알로스타 부하)을 일으킬 수 있다. 따라서 비만은 대사적인 문제를 낳을 수 있다.

생활방식도 BMI와 대사적으로 위험한 인자들 사이의 관련성에 영향을 미칠 수 있다. 덴마크로 이주해 온 이누이트족은 비만과 심혈관 질환의 연관성에서 그린란드에 살고 있는 이누이트족과 차이가 난다. 덴마크에 사는 이누이트족은 덴마크에 살고 있는 유럽계 후손과 아주 비슷한 양상을 나타낸다(Jørgensen et al., 2006).

BMI와 질병에 걸릴 위험 사이의 연관성에서는 신체 활동도 중요한 변수다. 나이든 남성과 여성(만 50~71세)을 대상으로 이루어진 대규모 추적 연구에서는 중등도의 신체 활동을 하면 모든 원인에 따른 사망률이 감소하는 것으로 나왔다(Lietzmann et al., 2007). 체력은 모든 연령에서 남성의 사망률을 감소시키는 중요한 요인이다(예를 들면, Lee et al., 1999). 미국에서 만 60세 이상인 2,603명을 대상으로 12년간 연구한 바에 따르면 신체 활동은 체지방량에 상관없이 수명을 증가시키는 효과가 있었다(Sui et al., 2007). 심혈관계의 건강은 체지방량에 상관없이 60세 이상 노인들이 더 오래 살도록 도움을 주었다. 사실 비만이지만 건강한 사람은 신체적으로 건강하지 못하지만 체중이 정상인 사람들보다 사망 위험이 낮게 나왔다. 심혈관계 건강이 떨어지는 사람들 중에서는 BMI(>35kg/m²)가 높은 사람이 사망 위험도 제일 높게 나왔다(Sui et al., 2007). 다른 연구들에서도 적당히 과체중인 사람들도 신체적으로 활발하기만 하면 사망 위험이 증가하지 않는다는 결과가 일관되게 나왔다(예를 들면, Gale et al., 2007). 운동을 굳이 격렬하게 할 필요는 없다. 30분 이상의 걷기, 골프, 춤, 수영 등 몸을 쓰면서 즐거운 활동에 참여하면 건강에 이롭다(Sui et al., 2007).

신체 활동은 세포 수준, 실제로는 염색체 수준에서의 노화와 관련이 있는 듯하다. 한 쌍둥이 연구에서는 백혈구의 말단소체telomere* 길이가 여가 시간 동안의 신체 활동과 상관관계가 있는 것으로 밝혀졌다(Cherkas et al., 2008). 그 차이가 상당해서, 신체적으로 활발한 실험 대상자들의 말단소체는, 활동이 적고 그보다 10년 젊은 사람의 말단소체와 길이가 맞먹었다.

신체 활동은 몸에 좋다. 심혈관계 건강은 전체적인 건강을 결정하는 중요한 인자다. 신체 활동의 결여는 비만과 그로 인한 후유증 등, 건강을 약화시키는 여러 가지 대사 문제와 관련되어 있다. 13장에 나온 피마족 인

---

* 염색체 끝부분에 달려 있으며 세포 분열이 진행될수록 길이가 점점 짧아져 세포 분열의 횟수를 제어하는 물질로 알려져 있다.

디언의 자료는 이 메시지를 단적으로 보여 준다. 적극적으로 신체 활동을 하는 피마족 인디언들은 일반적으로 비만이 아니었고, 신체 활동이 부족한 사람들이 비만에 걸렸다(그림 13.1, 13.2).

신체 활동과 진화

현대의 비만은 여러 가지 관점에서 바라볼 수 있다. 이 책에서는 진화생물학적 관점을 취하고 있다. 우리는 인간이 비만해 취약해지는 원리와 이유를 조사하고, 생물학적 과정이 어떻게 이런 성향을 만들어 내는지, 생물학적 과정이 인간이 창조한 현대적 환경과 어떻게 상호작용하는지를 조사했다. 진화적 관점은 인간이 현대 사회에 비만을 부추기는 특성들을 곳곳에 심어 놓은 이유를 보여 준다. 인간이 한 생물종으로서 에너지 밀도가 높은 음식을 가치 있게 여기고 그것을 획득하는 데 필요한 수고를 줄이려고 애쓰는 것은 직관적으로나 진화론적으로나 이해하기가 어렵지 않다. 수백만 년 동안 우리 선조들이 겪어야 했던 가장 중요한 제약은 환경이 요구하는 수고 및 에너지 소비의 양과 그러한 수고를 통해 획득하는 음식의 양 사이에 균형을 맞추기 어렵다는 점이었을 것이다. 과거 대부분의 시기에는 그런 균형은 거의 0에 가까웠고, 사실 이것을 유지하기도 위태로운 경우가 많았다. 따라서 우리가 에너지를 소비한 만큼 그것을 충당하거나 그것을 능가할 정도로 음식을 섭취할 수 있게 생리적인 조건을 정비하려는 성향이 생긴 것도 무리가 아니다. 그런데 과거 대부분의 시간 동안 인간은 충분한 에너지를 획득하는 데 어려움을 겪었다. 그러나 기술의 발전으로 인류는 이런 내재적 욕구를 충족시킬 수 있게 되었고, 지금은 그 욕구를 충족시킨 대가를 치러야 할 상황에 처했다. 모든 일에는 책임이 따르기 마련이다. 인간이 생물종으로서 아무리 똑똑해지고, 기술적으로 진보한다고 해도 우리의 생물학은 여전히 과거를 등에 짊어지고 있다.

비만은 과연 질병인가? 비만은 생리적 시스템이 자신의 기능을 제대로 수행하지 못하고 있음을 의미하는가? 일부 특별한 경우에 대해서는 그렇다고 대답할 수 있지만, 이것만으로는 오늘날 전 세계적으로 일어나는 비만의 사례들을 설명하기 힘들다. 비만을 연구하는 많은 학자들은 비만을 '에너지 항상성 유지의 실패'라는 관점에서 접근한다. 이것은 분명 옳은 얘기다. 하지만 '현대적 환경 안에서'라는 수식어를 앞에 붙이는 것이 중요하다. 환경에 상관없이 에너지 항상성을 유지해야 한다고 말한다면, 이는 진화의 현실을 무시하는 것이다. 진화를 통해 만들어진 시스템은 대개 모든 상황에서 만능으로 작동하지 않는다.

우리는 활동이 많은 종으로 진화했다. 우리는 고착 생물이 아니다. 수백만 년 동안 신체 활동은 우리 선조들의 생활방식의 일부였다. 하지만 현대 사회에서 우리는 게으름이라는 사치를 마음껏 누릴 수 있게 되었다. 이제 우리는 마음만 먹으면 굳이 먹고살기 위해 몸을 많이 쓰지 않아도 된다. 하지만 우리 몸의 생리적 시스템은 활발한 생활방식을 위해 설계되어 있다. 에너지 소비 수준이 극단적으로 낮은 경우에도 우리 체내의 에너지 조절 시스템이 효과적으로 작동할 것이라고 믿는 것은 너무 순진한 생각이다.

진화적 관점은 현대인으로 하여금 더 많은 신체 활동을 할 수 있는 환경을 구축해야 한다고 역설하고 있다. 단기적으로 격렬한 활동을 말하는 것이 아니다. 스포츠, 춤, 육체적인 노력이 필요한 신체의 움직임 같은 즐거운 활동들이어도 좋다. 하지만 이런 활동들도 역시 나름의 위험이 뒤따르고, 그 본질적 특성상 오랜 기간 지속하기 어렵거나 나이가 들면 힘들어질 수도 있다. 의학 문헌이나 진화적 관점에서는 우리 인체가 가장 잘 적응할 수 있고, 또 건강에도 가장 이로운 운동은 중등도의 지속적인 운동이라고 제안하고 있다. 우리가 다시 한 번 신체 활동에 시간과 에너지를 투자하게 된다면 음식 섭취에 대해서는 걱정을 덜하게 될 것이다.

항상성, 알로스타시스, 예상 조절

식욕의 조절은 항상성 과정으로 접근하는 경우가 많다. 그러나 체내 에너지의 항상성을 제외하면 '체중 항상성' 같은 것은 실제로 없을 가능성이 크다. 체중의 변화란 보통 지방 조직의 변화를 의미하기 때문에 체중 항상성은 흔히 '에너지 균형'과 동일한 의미로 통한다. 비생식 성체 동물adult nonproductive animal을 대상으로 일정한 기간 동안 여러 가지 조건 아래 관찰해 본 결과, 체내의 에너지 균형을 달성하기 위해 섭식과 행동을 조절한다는 설득력 있는 자료들이 나와 있다. 하지만 사람을 대상으로 한 수십 년 동안 행해진 역학 조사에서는 에너지 균형을 조절하지 않는 사람들의 수가 대단히 많은 것으로 나타났다. 그렇다면 이런 항상성 조절의 실패는 질병인가? 아니면 생리적으로나 행동적인 측면에서 정상적인 반응이지만 현대적인 환경과 인간이 진화해 온 환경 사이의 불일치로 인해 부적절한 것이 되고 만 것인가? 또한 비만은 어떤 병리적인 현상이어서, 치료를 통해 마른 체형으로 되돌릴 수 있는가? 아니면 비만은 질병이 아니라 과거의 환경에 적응하기 위해 진화된 생리적 시스템이 현대적인 환경에 어울리지 않아서 생긴 결과인가?

　항상성이라는 관점homeostatic perspective은 생리적인 시스템이 행하는 조절 기능을 이해하기 위한 강력한 도구다. 그러나 항상성만으로 생리 시스템의 모든 것을 설명할 수는 없다. 항상성의 유지에 해당되지 않는 생리적인 메커니즘도 많기 때문이다. 동물은 항상성을 유지함으로써 진화에서 성공을 이룬 것이 아니라 생존력을 유지함으로써 진화에 성공했다. 물론 생물학의 많은 측면에서 생존력의 유지란 바로 일정 수준의 안정성을 유지하는 것을 의미한다. 예를 들면 혈중 칼슘 이온의 농도는 아주 좁은 범위 안에서 유지된다. 여기서 너무 높거나 너무 낮으면 병에 걸리고 심지어 죽을 수도 있다. 그렇지만 그 밖의 다른 수많은 측면에서는 동물들이 적어도 일시적으로라도 항상성을 버려야만 한다. 항상성은 변화에 저항함으로써(안정성) 생존력을 달성하는 과정이다. 알로스타시스는 변화를 통해 생존력을 달성하는 과정이다. 알로스타시스는 우리 몸의 생리적 조절을 바라보는 틀로서, 항상성 이론이 놓치고 있는 점을 보완해 준다.

생명체가 살아남기 위해서는 적응을 위한 생리적 메커니즘의 '변화'가 반드시 필요하다. 변화에는 비용이 들기 마련이다. 이런 개념을 '알로스타 부하'라고 부른다. 정상적이고, 적응에 유리한 생리적 메커니즘이라 해도 일반적인 시간 척도를 넘어서 과도하게 지속되거나, 일정한 한도를 초과하는 경우에는 질병으로 이어질 수 있다. 비만과 관련이 있는 지방 조직은 내분비 조절과 면역 기능에도 관여한다. 지방 조직은 다른 신체기관과 생리적 메커니즘에 영향을 미치는 활성 분자들도 만들어 낸다. 이처럼 지방은 다양한 기능을 수행하기 때문에, 지방의 양이 과도하게 많아지는 비만은 신체의 정상적인 조절 기능에 여러 가지 이상을 초래할 수 있다.

비만을 치료하는 약?

이 책을 약간의 경고와 함께 마무리 지을까 한다. 비만을 알약 하나로 간단하게 고칠 수 있다면 얼마나 좋을까? 이런 바람은 참으로 매혹적이며, 또 인간적인 것이다. 우리는 이 책의 독자들이 그런 접근 방식에 대한 건강한 회의론을 마음에 품기 바란다. 그런 접근 방식이 효과를 보는 것이 불가능하다는 소리는 아니다. 하지만 진화를 통해 만들어진 생물학적 시스템은 너무도 복잡하기 때문에 약물을 이용한 단순한 치료는 뜻하지 않은 여러 가지 결과를 일으키고, 대사 시스템의 이상을 촉발할 수 있다는 뜻이다. 생물학적 시스템은 본질적으로 복잡하게 뒤엉켜 있다. 이것은 진화를 통해 만들어진 시스템이 막강한 이유이기도 하다.

전체 유기체의 생리학을 고려하지 않고 대사 경로만을 따로 떼어 연구하면 위험이 뒤따른다. 예를 들어 보자. 아트락틴attractin이 처음 발견되었을 때는 활성화된 T 림프구에 의해 발현되어 혈중으로 분비되는 분자로 알려졌다. 하지만 막관통 형태transmembrane form가 발견되고, 이것이 기초대사에 영향을 미친다는 것이 알려지자 아트락틴이 비만 치료를 위한 표적이 될 수 있다는 주장이 나왔다. 하지만 아트락틴 유전자 부위에 돌연변이를 일으켜 유년성 신경퇴화juvenile-onset neurodegeneration가 일어났다(Duke-Cohan et al., 2004). 아트락틴의 기능에 대한 지식은 계속해서 발전해 왔지만, 아트락틴의 기능에 변화를 주면 대사율 변화에서 그치지 않고 예상치 못한 다른 영향을 미칠 가능성이 크다.

렙틴이 약리학적으로 비만 치료에 대단히 유용할 것이라고 기대하는 사람이 있다면 렙틴은 다면발현성 작용pleiotropic action을 하는 오래된 정보 분자라는 사실을 고려해야 할 것이다. 렙틴이 성격이 다른 수많은 기능을 하고 있다는 사실은 잘 알려져 있다. 앞으로 새로이 발견될 기능도 분명 많을 것이다. 따라서 렙틴을 비만 치료에 이용하려 하면 생리적 메커니즘과 대사에 여러 가지 영향을 미치게 될 것이며, 이런 영향은 다른 신경 신호와의 맥락에 따라, 혹은 신체 조직이나 연령에 따라서도 더욱 다양하게 나타날 것이다. 그 결과 의도하지 않았던 문제점들이 생기는 것이 어찌 보면 당연하며, 경우에 따라서는 미처 생각지도 않았던 일이 일어날 수도 있다. 이것은 정보 분자를 표적으로 삼아 대사 신호를 약리학적으로 조작하려는 모든 시도에 해당하는 얘기다.

우리 몸의 건강 상태는 유기체적 관점에서 바라보아야 한다. 비만과 관련된 건강 문제도 마찬가지다. 우리는 전부는 아니더라도 상당수의 비만이 적응을 위해 진화 과정에서 형성된 생리 시스템과 현대적인 환경 사이의 불일치로 인한 결과로 본다. 외부적 요인에 의해 음식 섭취의 상한선과 에너지 소비의 하한선이 있었던 먼 과거의 환경에서는 적응에 유리했던 생리적인 반응이 현대에 와서는 불리하게 작용하고 있다는 말이다. 비만과 관련된 질병들 중에는 지방 조직의 증가와 그것이 대사, 면역계, 기타 말단기관에 미치는 영향에 대한 신체의 생리적 반응의 결과인 것이 많다. 이런 건강 관련 문제들을 되돌리거나 완화시키기 위해서는 몸을 하나의 유기체로서, 전체적으로 바라보는 방식이 필요한데, 오늘날 이루어지는 많은 비만 관련 치료들은 수축기 혈압이나 공복 시 혈당치 같은 특정 수치를 바꾸는 것을 목표로 삼는 경우가 너무나 많다. 마치 그 값만 정상으로 되돌려 놓으면 몸 전체가 건강해진다는 듯 말이다. 이런 접근 방식은 의도하지 않았고 예측이 불가능한 결과를 가져올 수 있다. 예를 들어 보자. 최근에 공복 시 혈당 수치를 '건강한' 범위로 낮추어 줌으로써 2형 당뇨병을 치료하려는 약물 실험이 이루어졌지만, 결국 중단되고 말았다. 심장마비와 뇌졸중의 위험이 증가했기 때문이다(NHLBI 보도자료, 2008).

몸은 자신의 상황에 맞추어 적응해 간다. 만약 한 가지 변수가 정상 범위를 크게 벗어나게 되면 다른 생리적 메커니즘과 대사가 그러한 변화에 맞추어 스스로를 조절하고 그 변화에 영향을 미치고 그 변화를 주도해 나갈 가능성이 크다. 환자의 대사적, 생리적 조건을 고려하지 않은 채 단순히 한두 변수만을 정상 범주로 되돌려 놓는 치료를 하려고 들면 사슬처럼 길게 이어진 대사 관련 변수들을 교란시켜 오히려 건강을 해칠 수 있다. 공복 혈당이 높으면 위험하고 장기적으로 건강을 해치는 것이 사실이지만, 이것은 다른 기관계의 조절 이상에 대한 반응이며, 실제로는 여러 가지 병적인 상황 아래에서 기능을 유지하기 위해 우리 몸이 노력하고 있는 모습일 수 있다. 아니면 혈당을 극적으로 낮춤으로써 정상적인 생리 반응을 촉발할 수 있지만, 기관계들이 약해지고 취약해진 상황에서는 오히려 그런 정상적인 생리적 반응이 문제를 일으킬 수도 있다. 혈당 대사에 문제가 없었던 사람에게는 낮은 공복 혈당치가 적절하고 또 건강에도 이로운 것이지만, 오랜 기간에 걸쳐 혈당 조절이 제대로 이루어지지 않았던 사람인 경우에는 그런 정상적인 낮은 혈당치를 감당할 수 없는 생리적 상태일 가능성이 크기 때문이다.

우리 사회에 만연한 비만에 대처하기 위해서는 다층적이고 통합된 접근 방법이 필요하다. 사람이 비만에 취약한 이유는 무척 다양하다. 비만에 이르는 경로는 한두 가지가 아니며, 따라서 과도한 지방 증가를 피하는 경로도 여러 가지가 있을 것이다. 한 가지 방법으로 모든 것을 해결하려는 방식은 과거에도 효과가 없었고, 앞으로도 효과가 없을 것이다. 섭식, 음식 선호도, 신체 활동의 중요성(기능만이 아니라 진화의 역사적 측면에서도)과 관련해서 우리의 행동을 뒷받침하고 있는 복잡한 생물학을 이해하는 것이 중요하다. 이것이야말로 우리의 세상과 행동을 바꾸어, 비만에 따르는 건강 문제와 경제적 부담을 더는 데 필요한 통합적 접근으로 한발 나아갈 수 있는 방식일 것이다.

비만은 개인적인 문제를 넘어 사회적인 문제가 된 지 오래다. 이제는 일부 사회의 문제를 넘어 전 세계적인 문제가 되어가고 있다. 그만큼 이를 해결하기 위한 노력도 개인적 차원과 사회적 차원에서 적극적으로 이루어지고 있다. 굳이 멀리 눈을 돌릴 필요도 없이, 우리 사회에 불어 닥친 다이어트 열풍만 봐도 비만의 심각성을 어렵지 않게 피부로 느낄 수 있다.

하지만 비만에 대한 관심이 상업적인 영역과 결합되면서 비만의 본질적인 문제인 건강 문제보다는 외모와 관련된 심미적인 문제에 관심이 집중되고 있다. 오히려 비만을 해결하려는 노력으로 인해 건강이 더욱 손상되고, 비만과 관련된 잘못된 상식과 인식이 퍼져 나가는 경우가 많다. 따라서 비만에 대한 잘못된 인식을 바로 잡고, 건강한 방식으로 비만을 해결하기 위해서는 그 원인에 대한 정확한 판단이 첫걸음이 되어야 할 것이다.

비만의 원인에는 여러 가지 차원이 있다. 문화적 요소, 사회적 요소, 경제적 요소, 기술적 요소, 생물학적 요소 등, 인간 사회의 모든 차원이 비만 증가의 원인과 얽혀 있다. 하지만 그중에서도 비만의 생물학이야말로 모든 원인 요소들이 작용하는 근본적인 통로라고 할 수 있다. 결국 이 모든 원인은 우리 몸의 생물학적 과정을 통해 자신의 영향력을 발휘하기 마련이다. 이런 점에서 비만의 생물학은 비만의 원인을 규명하는 첫 번째 단계라 할 수 있고, 생물학자인 저자들은 이것을 이 책의 주제로 잡았다.

비만의 생물학적 원인을 가장 간단하게 표현하면 소비하는 에너지보다 섭취하는 에너지가 더 많은 상태가 오랫동안 지속되는 것이다. 한마디로 덜 먹고, 몸을 더 많이 움직이면 비만은 해결될 수 있다는 얘기다. 하지만 이런 단순함은 그 이면에 복잡성을 숨기고 있다. 생명체는 복잡한 시스템이다. 만약 생명체가 단순한 시스템이었다면 그토록 오랜 세월 동안 일어난 다양한 환경의 변화에서 살아남을 수 없었을 것이다. 생명체는 에너지를 떠나서는 생각할 수 없는 존재이므로, 에너지를 들여오고 저장, 활용하는 방식은 생명체가 가장 공을 들여 가꾸고 다듬어 온 메커니즘들로 구성되어 있다. 이 책은 이러한 복잡성을 일목요연하게 파헤쳐 독자들에게 제시하고 있다.

인간생물학은 인간이 지나온 과거가 집적된 결과다. 과거는 현재를 이해하는 열쇠이기 때문에 진화를 통해 비만의 생물학을 규명하려는 저자들의 시도는 무척 타당한 접근 방식이라 생각된다. 그 연구를 통해 나온 결론은 어찌 보면 대단히 단순하다. 역설적이게도 비만은 인간이 진화 과정에서 거둔 성공 때문에 생겼다. 과거에는 먹을 것이 풍족하지 않았기 때문에 기회가 될 때마다 가능한 한 많은 잉여 에너지를 체내에 축적해 두었다가 기근이 찾아왔을 때 활용하려는 진화 전략이 큰 성공을 거두었다. 그러나 이런 특성이 만들어진 과거의 환경과 현대 사회의 환경이 불일치함에 따라, 생존에 보탬이 되었던 특성이 오히려 생존에 악영향을 주는 특성으로 변질되어 버린 것이다.

이 책은 이런 결론에 도달하는 과정을 놀라운 깊이로 추적, 연구하고 있다. 이 책의 진가는 결론보다는 이런 결론에 도달하기까지의 방법론과 각론에 있다. 이 방법론에는 생물학 전반에 대한 저자들의 철학이 녹아들어 있다. 부디 이 책을 통해 비만에 관심이 있는 사람들이 이러한 장점들을 공유할 수 있기를 바란다. 이 책을 통해 많은 부작용을 낳고 있는 비만을 해결하는 데도 건강한 기반을 마련할 수 있기를 기원한다.

Abate N, Chandalia M. 2003. The impact of ethnicity on type 2 diabetes. J Diabetes Complications 17: 39~58.

Abdallah L, Chabert M, Lois-Sylvestre J. 1997. Cephalic phase responses to sweet taste. Am J Clin Nutr 65: 737~743.

Ahima RS, Osei SY. 2004. Leptin signaling. Physiol and Behav 81: 223~241.

Ahmed ML, Ong KKL, Morrell DJ, Cox L, Drayer N, Perry L, Preece MA, Dunger DB. 1999. Longitudinal study of leptin concentration during puberty: sex differences and relationship to changes in body composition. JCEM 84: 899~905.

Ahren B, Holst JJ. 2001. The cephalic insulin response to meal ingestion in humans is dependent on both cholinergic and noncholinergic mechanisms and is important for postprandial glycemia. Diabetes. 50 (5): 1030~1038.

Aiello LC, Bates N, Joffe T. 2001. In defense of the expensive tissue hypothesis. In *Evolutionary Anatomy of the Primate Cerebral Cortex*, Falk D, Gibson KR (eds.), 57~78. Cambridge: Cambridge University Press.

Aiello LC, Wheeler P. 1995. The expensive-tissue hypothesis: the brain and the digestive system in human and primate evolution. Curr Anthropol 46: 126~170.

Al Atawi F, Warsy A, Babay Z, Addar M. 2005. Fetal sex and leptin concentrations in pregnant females. Ann Saudi Med 25: 124~128.

Alexe D-M, Syridou G, Petridou ET. 2006. Determinants of early life leptin levels and later life degenerative outcomes. Clin Med Res 4: 326~335.

Allison KC, Ahima RS, O'Reardon JP, Dinges DF, Sharma V, Cummings DE, Heo M, Martino NS, Stunkard AJ. 2005. Neuroendocrine profiles associated with energy intake, sleep, and stress in the night eating syndrome. JCEM 90: 6214~6217.

Anderson LA, McTernan PG, Barnett AH, Kumar S. 2001. The effects of androgens and estrogens on preadipocyte proliferation in human adipose tissue: influence of gender and site. JCEM 86: 5045~5051.

Anderson RE, Crespo CJ, Bartlett SJ, Cheskin LJ, Pratt M. 1998. Relationship of physical activity and television with body weight and level of fatness among children. JAMA 279: 938~942.

Andrew R, Phillips DIW, Walker BR. 1998. Obesity and gender influence cortisol secretion and metabolism in man. JCEM 83: 1806~1809.

Aquila S, Gentile M, Middea E, Catalano S, Morelli C, Pezzi V, Andò S. 2005. Leptin secretion by human ejaculated spermatozoa. JCEM 90: 4753~4761.

Arai M, Assil IQ, Abou-Samra AB. 2001. Characterization of three corticotropinreleasing factor receptors in catfish: a novel third receptor is predominantly expressed in pituitary and urophysis. Endocrinology 142: 446~454.

Araneta MRG, Barrett-Conner E. 2005. Ethnic differences in visceral adipose tissue and type 2 diabetes: Filipino, African-American, and white women. Obesity Res 13: 1458~1465.

Araneta MRG, Wingard DL, Barrett-Connor E. 2002. Type 2 diabetes and metabolic syndrome in Filipina-American women: a high-risk nonobese population. Diabetes Care 25: 494~499.

Arita Y, Kihara S, Ouchi N, et al. 1999. Paradoxical decrease of an adipose-specific protein, adiponectin, in obesity. Biochem Biophys Res Commun 257: 79~83.

Ariyasu H, Takaya K, Tagami T, Ogawa Y, Hosoda K, Akamizu T, Suda M, Koh T, Natusi K, Toyooka S, Shirakami G, Usui T, Shimatsu A, Doi K, Hosoda H, Kojima M, Kanagawa K, Nakao K. 2001. Stomach is major source of circulating ghrelin and feeding state determines plasma ghrelin-like immunoreactivity levels in humans. JCEM 86: 4753~4758.

Arner P. 1998. Not all fat is alike. Lancet 351: 1301~1302.

Arosio M, Ronchi CL, Beck-Peccoz P, Gebbia C, Giavoli C, Cappiello V, Conte D, Peracchi M. 2004. Effects of modified sham feeding on ghrelin levels in healthy human subjects. JCEM 89: 5101~5104.

Arunagh S, Pollack S, Yeh J, Aloia JF. 2003. Body fat and 25-hydroxyvitamin D levels in healthy women. JCEM 88: 157~161.

Arvat E, et al. Endocrine activities of ghrelin, a natural growth hormone secretagogue (GHS), in humans: comparison and interactions with hexarelin, a nonnatural peptidyl GHS, and GH-releasing hormone. JCEM 86: 1169~1174.

Aschoff J, Pohl H 1970. Rhythmic variations in energy metabolism. Federation Proceedings 29: 1541~1552.

Ashwell CM, et al. 1999. Hormonal regulation of leptin expression in broiler chickens. AJP-Regul, Integrative, and Comp Physiol 276 (1): R226~R232.

Ashworth CJ, Hoggard N, Thomas L, Mercer JG, Wallace JM, Lea RG. 2000. Placental leptin. Rev Reprod 5: 18~24.

Ategbo JM, Grissa O, Yessoufou A, Hichami A, Dramane KL, Moutairou K, et al. 2006. Modulation of adipokines and cytokines in gestational diabetes and macrosomia. JCEM 91: 4137~4143.

Avery OT, MacLeod CM, McCarty M. Studies on the chemical nature of the substance inducing transformation of Pneumococcal types. 1944. J Experimental Med 79: 137~158.

Ayas NT, White DP, Al-Delaimy WK, Manson JE, Stampfer MJ, Speizer FE, Patel, S, Hu FB. 2003. A prospective study of self-reported sleep duration and incident diabetes in women. Diabetes Care 26: 380~384.

Babey SH, Hastert TA, Yu H, Brown ER. 2008. Physical activity among adolescents: when do parks matter? Am J Prev Med 34: 345~348.

Bado A, Levasseur S, Attoub S, Kermorgant S, Laigneau JP, Bortoluzzi MN, Moizo L, Lehy T, Guerre-Millo M, Le Marchand-Brustel Y, Lewin MJ. 1998. The stomach is a source of leptin. Nature 394: 790~793.

Baillie-Hamilton PF. 2002. Chemical toxins: a hypothesis to explain the obesity epidemic. J Alt

472

Comp Med 8: 185~192.

Bajari TM, Nimpf J, Schneider WJ. Role of leptin in reproduction. 2004. Curr Opin Lipidol 15: 315~319.

Bamshad M, Wooding SP. 2003. Signatures of natural selection in the human genome. Nat Rev Genet 4 (2): 99~111.

Banks WA, Clever CM, Farrell CL. 2000. Partial saturation and regional variation in the blood to brain transport of leptin in normal weight mice. Am J Physiol 278: E1158~E1165.

Banks WA, Phillips-Conroy JE, Jolly CJ, Morley JE. 2001. Serum leptin levels in wild and captive populations of baboons (Papio): implications for the ancestral role of leptin. JCEM 86: 4315~4320.

Barker DJP. 1991. *Fetal and Infant Origins of Adult Disease*. London: BMJ.

Barker DJP. 1997. The Fetal Origins of Coronary Heart Disease. Eur Heart J 18: 883~884.

Barker DJP. 1998. *Mothers, Babies, and Health in Later Life*. Edinburgh: Churchill Livingstone.

Barker DJP, Gluckman PD, Godfrey KM, et al. 1993. Fetal nutrition and cardiovascular disease in adult life. Lancet 341: 938~941.

Barker DJP, Osmond C. 1986. Infant mortality, childhood nutrition, and ischaemic heart disease in England and Wales. Lancet 8489: 1077~1081.

Barker DJP, Osmond C, Thornburg KL, Kajantie E, Forsen TJ, Eriksson JG. 2008. A possible link between the pubertal growth of girls and breast cancer in their daughters. Am J Hum Biol 20 (2): 127~131.

Barrachina MD, Martinez V, Wang L, Wei JY, Tache Y. 1997. Synergistic interaction between leptin and cholecystokinin to reduce short-term food intake in lean mice. PNAS USA 94: 10455~10460.

Barrenetxe J, Villaro AC, Guembe L, Pascual I, Munoz-Navas M, Barber A, Lostao MP. 2002. Distribution of the long leptin receptor isoform in brush border, basolateral membrane, and cytoplasm of enterocytes. Gut 50: 797~802.

Barrett R, Kuzawa CW, McDade T, Armelagos GJ. 1998. Emerging and re-emerging infectious disease: the third epidemiologic transition. Ann Rev Anthro 27: 247~271.

Batterham RL, et al. 2002. Gut hormone PYY3-36 physiologically inhibits food intake. Nature 418: 650~654.

Bauman DE, Currie WB. 1980. Partitioning of nutrients during pregnancy and lactation: a review of mechanisms involving homeostasis and homeorrhesis. J Dairy Sci 1514~1529.

Beall MH, Haddad ME, Gayle D, Desai M, Ross MG. 2004. Adult obesity as a consequence of in utero programming. Clin Obstet Gynecol 47: 957~966.

Beck BB. 1980. *Animal Tool Behavior: The Use and Manufacture of Tools*. New York: Garland Press.

Bennett PH, Burch TA, Miller M. 1971. Diabetes mellitus in American (Pima) Indians. Lancet 2 (7716): 125~128.

Berglund MM, et al. 2003. the use of bioluminescence resonance energy transfer 2 to study neuropeptide y receptor agonist: induced b-arrestin 2 interaction. J of Pharmacol and Experim Therapeutics 306: 147~156.

Bergman RN, Kim SP, Catalano KJ, Hsu IR, Chiu JD, Kabir M, Hucking K, Ader M. 2006. Why visceral fat is bad: mechanisms of the metabolic syndrome. Obesity 14 (suppl): 16S~19S.

Berk ES, Kovera AJ, Boozer CN, Pi-Sunyer FX, Albu JB. 2006. Metabolic inflexibility in substrate use is present in African-American but not Caucasian healthy, premenopausal, nondiabetic women. JCEM 91: 4099~4106.

Bernard C. 1865. *An Introduction to the Study of Experimental Medicine*. Trans. Henry Cooper

Greene. New York: Dover Publications, 1957.

Berridge KC. 1996. Food reward: brain substrates of wanting and liking. Neurosci Biobehav Rev 20: 1~25.

Berridge KC. 2004. Motivation concepts in behavioral neuroscience. Physiol Behav 81: 179~209.

Berridge KC, Grill HJ, Norgren R. 1981. Relation of consummatory responses and preabsorptive insulin response to palatability and taste aversions. J Comp Physiol Psychol 95: 363~382.

Berthoud HR, Morrison C. The brain, appetite, and obesity. 2008. Ann Rev Psychol 59: 55~92.

Berthoud HR, Trimble ER, Siegal EG, Bereiter DA, Jeanrenaud B. 1980. Cephalicphase insulin secretion in normal and pancreatic islet-transplanted rats. Am J Physiol 238: E336~E340.

Birketvedt GS, Sundsfjord J, Florholmen JR. 1999. Hypothalamic-pituitaryadrenal axis in the night eating syndrome. Am J Endocrinol Metab 282: E366~E369.

Blaxter K. 1989. *Energy Metabolism in Animals and Man.* Cambridge: Cambridge University Press.

Blouin K, Richard C, Belanger C, Dupont P, Daris M, Laberge P, Luu-The V, Tchernof A. 2003. Local androgen inactivation in abdominal visceral adipose tissue. JCEM 88: 5944~5950.

Boden G, Chen X, Mozzoli M, Ryan I. 1996. Effect of fasting on serum leptin in normal human subjects. JCEM 81: 3419~3423.

Bondeson J. 2000. *The Two-Headed Boy, and Other Medical Marvels.* Ithaca: Cornell University Press.

Booth DA. 1972. Conditioned satiety in the rat. J Comp Physiol Psychol 81: 457~471.

Boswell T, et al. 2006. Identification of a non-mammalian leptin-like gene: characterization and expression in the tiger salamander (Ambystoma tigrinum). Gen and Comp Endocrinol 146 (2): 157~166.

Boulus Z, Rossenwasser AM. 2004. A chronobiological perspective on allostasis and its application to shift work. In *Allostasis, Homeostasis, and the Costs of Adaptation.* Schulkin J (ed.). Cambridge: Cambridge University Press.

Bouret SG, Draper SJ, Simerly RB. 2004. Trophic action of leptin on hypothalamic neurons that regulate feeding. Science. 304: 108~110.

Bouret SG, Simerly RB. 2004. Minireview: leptin and development of hypothalamic feeding circuits. Endocrinol 145: 2621~2626.

Bouret SG, Simerly RB. 2006. Developmental programming of hypothalamic feeding circuits. Clin Genet 70: 295~301.

Bowman SA. 2007. Low economic status is associated with suboptional intakes of nutritious foods by adults in the national health and nutrition examination survey 1999~2002. Nutr Res 27: 515~523.

Bowman, SA, Gortmaker, SL, Ebbeling, CB, Pereira, MA, Ludwig, DS. 2004. Effects of fast food consumption on energy intake and diet quality among children in a national household survey. J Pediatrics 113: 112~118.

Bowman SA, Vinyard BT. 2004. Fast food consumers vs. non-fast food consumers: a comparison of their energy intakes, diet quality, and overweight status. J Am College Nutr 23: 163~168.

Brady LS, et al. 1990. Altered expression of hypothalamic neuropeptide mRNAs in food-restricted and food-deprived rats. Neuroendocrinology 52: 441~447.

Brand-Miller JC, Holt SHA, Pawlak DB, McMillan J. 2002. Glycemic index and obesity. Am J Clin Nutr 76 (suppl): 281S~285S.

Branson R, Potoczna N, Kral JG, Lentes KL, Hoehe MR, Horber FF. 2003. Binge eating as a major phenotype of melanocortin 4 receptor gene mutations. NE J Med 348 (12): 1096~1103.

474

Bray GA. 2004. Medical consequences of obesity. JCEM 89: 2583~2589.

Bray GA, Gray D. 1988. Obesity. Part 1. Pathogenesis. West J Med 149: 429~441.

Bray GA, Jablonski KA, Fujimot, WY, Barrett-Connor E, Haffner S, Hanson RL, Hill JO, Hubbard V, Kriska A, Stamm E, Pi-Sunyer FX. 2008. Relation of central adiposity and body mass index to the development of diabetes in the Diabetes Prevention Program. Am J Clin Nutr 87: 1212~1218.

Bray GA, Nielsen SJ, Popkin BM. 2004. Consumption of high-fructose corn syrup in beverages may play a role in the epidemic of obesity. Am J Clin Nutr 79: 537~543.

Brenna JT. 2002. Efficiency of conversion of α-linolenic acid to long chain n-3 fatty acids in man. Curr Opinion in Clin Nutr and Metabolic Care 5: 127~132.

Bribiescas RG. 2005. Serum leptin levels in Ache Amerindian females with normal adiposity are not significantly different from American anorexia nervosa patients. Am J Hum Biol 17: 207~210.

Brody S. 1945. *Bioenergetics and Growth*. New York: Hafner.

Brotanek JM, Gosz J, Weitzman M, Flores G. 2007. Iron deficiency in early childhood in the United States: risk factors and racial/ethnic disparities. Pediatr 120: 568~575.

Brotanek JM, Halterman J, Auinger P, Flores G, Weitzman M. 2005. Iron deficiency, prolonged bottle-feeding, and racial/ethnic disparities in young children. Arch Pediatr Adolesc Med 159: 1038~1042.

Brown PJ, Condit-Bentley VK. 1998. Culture, evolution, and obesity. In *Handbook of Obesity*, Bray G, Bouchard C, James WPT (eds.), 143~155. New York: Marcel Dekker.

Brownson RC, Baker EA, Housemann RA, Brennan LK, Bacak SJ. 2001. Environmental and policy determinants of physical activity in the United States. Am J Pub Health 91: 1995~2003.

Bruce DG, Storlien LH, Furler SM, Chisolm DJ. 1987. Cephalic phase metabolic responses in normal weight adults. Metabolism 36: 721~725.

Brunet M, Guy F, Pilbeam D, Mackaye HT, Likius A, Ahounta D, Beauvilain A, Blondel C, Bocherens H, Boisserie J-R, De Bonis L, Coppens Y, Dejax J, Denys C, Duringer P, Eisenmann V, Fanone G, Fronty P, Geraads D, et al. 2002. A new hominid from the upper Miocene of Chad, Central Africa. Nature 418: 145~151.

Bruttomesso D, Pianta A, Mari A, Valerio A, Marescotti MC, Avogaro A, Tiengo A, Del Prato S. 1999. Restoration of early rise in plasma insulin levels improves the glucose tolerance of type 2 diabetic patients. Diabetes 48: 99~105.

Bucham JR, Parker R. 2007. The two faces of miRNA. Science 318: 1877~1878.

Bungum TH, Satterwhite M, Jackson AW, Morrow JR, Jr. 2003. The relationship of body mass index, health costs and job absenteeism. Am J Health Behav 27: 456~462.

Bunn HT. 1981. Archeological evidence for meat-eating by Plio-Pleistocene hominids from Koobi-Fora and Olduvai Gorge. Nature 291: 574~577.

Bunn HT. 2001. Hunting, power scavenging, and butchering by Hadza foragers and by Plio-Pleistocene Homo. In *Meat-Eating and Human Evolution*, Stanford CB and Bunn HT (eds.), 199~218. New York: Oxford University Press.

Butte NF, Hopkinson JM, Nicolson MA. 1997. Leptin in human reproduction: serum leptin levels in pregnant and lactating women. JCEM 82: 585~589.

Cammisotto PG, Gingras D, Renaud C, Levy E, Bendayan M. 2006. Secretion of soluble leptin receptors by exocrine and endocrine cells of the gastric mucosa. Am J Physiol — Gastrointestinal and Liver Physiol 290: G242~249.

Cammisotto PG, Renaud C, Gingras D, Delvin E, Levy E, Bendayan M. 2005. Endocrine and exocrine secretion of leptin by the gastric mucosa. J Histochemistry Cytochemistry 53: 851~860.

Campfield LA Smith FJ, Guisez Y, et al. 1995. Recombinant mouse OB protein: evidence for a peripheral signal linking adiposity and central neural networks. Science 269: 546~549.

Campos P, Saguy A, Ernsberger P, Oliver E, Gaesser G. 2006. The epidemiology of overweight and obesity: public health crisis or moral panic? Int J Epidemiol 35: 55~59.

Cannon WB. 1932. *The Wisdom of the Body*. New York: Norton.

Cannon WB. 1935. Stresses and strains of homeostasis. Am J Med Sci 189: 1~14.

Casabiell X, Pineiro V, Peino R, Lage M, Camina J, Gallego R, Vallejo LG, Dieguez C, Casanueva FF. 1998. Gender differences in both spontaneous and stimulated leptin secretion by human omental adipose tissue in vitro: dexamethasone and estradiol stimulate leptin release in women, but not in men. JCEM 83: 2149~2155.

Casabiell X, Pineiro V, Tome MA, Peino R, Dieguez C, Casanueva FF. 1997. Presence of leptin in colostrum and/or breast milk from lactating mothers: a potential role in the regulation of neonatal food intake. JCEM 82: 4270~4273.

Cassell JA. 1995. Social anthropology and nutrition: a different look at obesity in America. J Am Dietetic Assoc 95: 424~427.

Catalano PM. 2007. Management of obesity in pregnancy. Obstet Gynecol 109: 419~433.

Catalano PM, Ehrenberg HM. 2006. The short- and long-term implications of maternal obesity on the mother and her offspring. BJOG 113: 1126~1133.

Catalano PM, Hoegh M, Minium J, Huston-Presley L, Bernard S, Kalhan S, Hauguel-De Mouzon S. 2006. Adiponectin in human pregnancy: implications for regulation of glucose and lipid metabolism. Diabetologia 49: 1677~1685.

Catalano PM, Thomas A, Huston-Presley L, Amini SB. 2003. Increased fetal adiposity: a very sensitive marker of abnormal in utero development. Am J Obstet Gynecol 189: 1698~1704.

Catalano PM, Thomas A, Huston-Presley L, Amini SB. 2007. Phenotype of infants of mothers with gestational diabetes. Diabetes Care 30 (suppl 2): S156~S160.

CDC. 2007. Prevalence of regular physical activity among adults — United States, 2001 and 2005. MMWR [Morbidity and Mortality Weekly Report] 56 (Nov. 23): 1209~1212. Accessed at www.cdc.gov/mmwr/preview/mmwrhtml/mm5646a1.htm.

Cerda-Reverter JM, et al. 2000. cNeuropeptide Y family of peptides: structure, anatomical expression, function, and molecular evolution. Biochem and Cell Biol 78 (3): 371~392.

Chakravarthy MV, Booth FW. 2004. Eating, exercise, and "thrifty" genotypes: connecting the dots toward an evolutionary understanding of modern chronic diseases. J Appl Physiol 96: 3~10.

Chan JL, Heist K, DePaoli AM, Veldhuis JD, Mantzoros CS. 2003. The role of falling leptin levels in the neuroendocrine and metabolic adaptation to shortterm starvation in healthy men. J Clin Invest 111: 1409~1421.

Chan VO, Colville J, Persaud T, Buckley O, Hamilton S, Torreggiani WC. 2006. Intramuscular injections into the buttocks: are they truly intramuscular? Eur J Radiol 58: 480~484.

Chehab FF, Lim ME, Lu R. 1996. Correction of the sterility defect in homozygous obese female mice by treatment with human recombinant leptin. Nat Genet 12: 318~320.

Cherkas LF, Hunkin JL, Kato BS, Richards B, Gardner JP, Surdulescu GL, Kimura M, Lu X, Spector TD, Aviv A. 2008. Arch Intern Med 168: 154~158.

Christakis NA, Fowler JH. 2007. The spread of obesity in a large social network over 32 years. N Eng J Med 357: 370~379.

Clegg DJ, Brown LM, Woods SC, Benoit SC. 2006. Gonadal hormones determine sensitivity to central leptin and insulin. Diabetes 55: 978~987.

Clegg DJ, Riedy CA, Smith KA, Benoit SC, Woods SC. 2003. Differential sensitivity to central leptin and insulin in male and female rats. Diabetes 52: 682~687.

Clegg DJ, Woods SC. 2004. The physiology of obesity. Clin Obstet Gynecol 47: 967~979.

Cleland VJ, Schmidt MD, Dwyer T, Venn AJ. 2008. Television viewing and abnormal obesity in young adults: is the association mediated by food and beverage consumption during viewing time or reduced leisure-time physical activity? Am J Clin Nutr 87: 1148~1155.

Clement K, Langin D. 2007. Regulation of inflammation-related genes in human adipose tissue. J Int Med 262: 422~430.

Cohade C, Mourtzikos KA, Wahl RL. 2003. "USA-fat": prevalence is related to ambient outdoor temperature — evaluation with 18F–FDG PET/CT. J Nucl Med 44: 1267~1270.

Cohen P, Zhao C, Cai X, Montez JM, Rohani SC, Feinstein P, Mombaerts P, Friedman JM. 2001. Selective deletion of leptin receptor in neurons leads to obesity. J Clin Invest 108: 1113~1121.

Coimbra-Filho AF, Mittermeier RA. 1977. Tree-gouging, exudate-eating, and the "short-tusked" condition in Callithrix and Cebuella. In *The Biology and Conservation of the Callitrichidae*. D. G. Kleiman (ed.), 105~115. Washington, DC: Smithsonian Institution Press.

Coleman DL. 1973. Effects of parabiosis of obese with diabetic and normal mice. Diabetologia 9: 294~298.

Collins FS. 2004. What we do and don't know about "race," "ethnicity," genetics, and health in the dawn of the genome era. Nat Genet Suppl 36 (11): S13~S15.

Combs TP, Berg AH, Rajala MW, Klebanov S, Lyengar P, Jimenez-Chillaron JC, Patti ME, Klein SL, Weinstein RS. 2003. Sexual differentiation, pregnancy, calorie restriction, and aging affect the adipocytes-specific secretory protein adiponectin. Diabetes 52: 268~276.

Combs TP, Scherer PE. 2003. The significance of elevated adiponectin in the treatment of type 2 diabetes. Canadian Journal of Diabetes 27: 433~438.

Conway JM, Yanovski SZ, Avila NA, Hubbard VS. 1995. Visceral adipose tissue differences in black and white women. Am J Clin Nutr 61: 765~771.

Cordain L, Eaton SB, Brand-Miller J, Mann N, Hill K. 2002. The paradoxical nature of hunter-gatherer diets: meat-based, yet non-atherogenic. Eur J Clin Nutr 56: S42~S52.

Cordain L, Watkins BA, Florant GL, Kelher M, Rogers L, Li Y. 2002. Fatty acid analysis of wild ruminant tissues: evolutionary implications for reducing dietrelated chronic disease. Eur J Clin Nutr 56: 181~191.

Cordain L, Watkins BA, Mann NJ. 2001. Fatty acid composition and energy density of foods available to African hominids. World Rev Nutr Diet 90: 144~161.

Cossrow N, Falkner B. 2004. Race/ethnic issues in obesity and obesity-related comorbidities. JCEM 89: 2590~2594.

Coursey DG. 1973. Hominid evolution and hypogeous plant foods. Man 8: 634~635.

Craig WC. 1918. Appetites and aversions as constituents of instincts. Biol Bull 34: 91~107.

Crespi EJ. Denver RJ. 2006. Leptin (ob gene) of the South African clawed frog Xenopus laevis. PNAS 103: 10092~10097.

Crews D, McLachlan JA. 2006. Epigenetics, evolution, endocrine disruption, health, and disease. Endocrinology 147 (suppl): S4~S10.

Crystal SR, Teff KL. 2006. Tasting fat: cephalic-phase hormonal responses and food intake in restrained and unrestrained eaters. Physiol Behav 89: 213~220.

Cubas P, Vincent C, Coen E. 1999. An epigenetic mutation responsible for natural variation in floral symmetry. Nature 401: 157~161.

Cummings DE, Overduin J. 2007. Gastrointestinal regulation of food intake. J Clin Invest 117: 13~23.

Cummings DE, Purnell JQ, Frayo RS, Schmidova K, Wisse BE. 2001. A preprandial rise in plasma ghrelin levels suggests a role in meal initiation in humans. Diabetes 50: 1714~1719.

Cunnane SC, Crawford MA. 2003. Survival of the fattest: fat babies were the key to evolution of the large human brain. Comp Biochem and Physiol Part A 136: 17~26.

Dallman MF, Akana SF, Strack AM, Hanson ES, Sebastian RJ. 1995. The neural network that regulates energy balance is responsive to glucocorticoids and insulin and also regulates HPA axis responsivity at a site proximal to CRF neurons. Ann NY Acad Sci 771: 730~742.

Dallman MF, Pecoraro N, Akana SF, la Fleur SE, Gomez F, Houshyar H, Bell ME, Bhatnagar S, Laugero KD, Manalo S. 2003. Chronic stress and obesity: a new view of "comfort food." PNAS 100: 11696~11701.

Dallman MF, Pecoraro NC, la Fleur SE. 2005. Chronic stress and comfort foods: self-medication and abdominal obesity. Brain, Behavior, and Immunity 19: 275~280.

Dallman MF, Strack AM, Akana SF, Bradbury MJ, Hanson ES, Scribner KA, Smith M. 1993. Feast and famine: critical role of glucocorticoids with insulin in daily energy flow. Front Neuroendocrinol 14: 303~347.

D'Amour DE, Hohmann G, Fruth B. 2006. Evidence of leopard predation on bonobos (Pan paniscus). Folia Primatologica 77: 212~217.

Dannenberg AL, Burton DC, Jackson RJ. 2004. Economic and environmental costs of obesity: the impact on airlines. Am J Prev Med 27: 264.

Darmon, N, Drewnowski, A. 2008. Does social class predict diet quality? Am J Clin Nutr 87: 1107~1117.

Dart RA. 1925. Australopithecus africanus: the man-ape of South Africa. Nature 115: 195~199.

Dean WRJ, MacDonald IAW. 1981. A review of African birds feeding in association with mammals. Ostrich 52: 135~155.

Deaner RO, Isler K, Burkart J, van Schaik C. 2007. Overall brain size, and not encephalization quotient, best predicts cognitive ability across non-human primates. Brain Behav Evol 70: 115~124.

Decsi T, Koletzko B. 1994. Polyunsaturated fatty acids in infant nutrition. Acta Paediatr Suppl 83 (395): 31~37.

Degen L, Oesch S, Casanova M, Graf S, Ketterer S, Drewe J, Beglinger C. 2005. Effect of peptide YY3-36 on food intake in humans. Gastroenterology 129: 1430~1436.

DeLuca HF. 1988. The vitamin D story: a collaborative effort of basic science and clinical medicine. FASEB J 2: 224~236.

Demment MW, Van Soest PJ. 1985. A nutritional explanation for body-size patterns of ruminant and nonruminant herbivores. Am Nat 125: 641~772.

Denbow DM, et al. 2000. Leptin-induced decrease in food intake in chickens. Physiol and Behav 69 (3): 359~362 .

Denton DA. 1982. The Hunger for Salt. New York: Springer-Verlag.

Denver RJ. 1999. Evolution of the corticotropin-releasing hormone signaling system and its role in stress-induced phenotypic plasticity. Ann NY Acad Sci 897: 46~53.

Department of Health. 2006. Forecasting obesity to 2010. Accessed at www.dh.gov.uk/en/Publicationsandstatistics/Publications/PublicationsStatistics/DH_4138630.

De Smet B, Thijs T, Peeters TL, Depoortere I. 2007. Effect of peripheral obestatin on gastric emptying and intestinal contractility in rodents. Neurogastroenterol and Motil 19: 211~7.

Dethier VG. 1976. The Hungry Fly: A Physiological Study of the Behavior Associated with

Feeding. Cambridge: Harvard University Press.

Deurenberg P, Deurenberg-Yap M, Guricci S. 2002. Asians are different from Caucasians and from each other in their body mass index/body fat per cent relationship. Obesity Rev 3: 141~146.

de Waal FBM, Lanting F. 1997. *Bonobo: The Forgotten Ape.* Berkeley: University of California Press.

Dhurandhar NV, Israel BA, Kolesar JM, Mayhew GF, Cook ME, Atkinson RL. 2000. Adiposity in animals due to a human virus. Int J Obes 24: 989~996.

Dhurandhar NV, Whigham LD, Abbott DH, Schultz-Darken NJ, Israel BA, Bradley SM, Kemnitz JW, Allison DB, Atkinson RL. 2002. Human adenovirus Ad-36 promotes weight gain in male rhesus and marmoset monkeys. J Nutr 132: 3155~3160.

Diamond P, LeBlanc J. 1988. A role for insulin in cephalic phase of postprandial thermogenesis in dogs. Am J Physiol 254 (5 Pt 1): E625~32.

Dibaise JK, Zhang H, Crowell MD, Krajmalnik-Brown R, Decker GA, Rittmann BE. 2008. Gut microbiota and its possible relationship with obesity. Mayo Clin Proc 83: 460~469.

Dickinson S, Hancock DP, Petocz P, Ceriello A, Brand-Miller J. 2008. High-glycemic index carbohydrate increases nuclear factor-kB activation in mononuclear cells of young, lean healthy subjects. Am J Clin Nutr 87: 1188~1193.

Dierenfeld ES, Hintz HF, Robertson JG, Van Soest PJ, Oftedal OT. 1982. Utilization of bamboo by the giant panda. J Nutr 12: 636~641.

Donnelly JE, Hill, JO, Jacobsen DJ, Potteiger J, Sullivan DK, Johnson SL, Heelan K, Hise M, Fennessey PV, Sonko B, Sharp T, Jakicic JM, Blair SN, Tran ZV, Mayo M, Gibson C, Washburn RA. 2003. Effects of a 16-month randomized controlled exercise trial on body weight and composition in young, overweight men and women. Arch Intern Med 163: 1343~1350.

Doyon C, et al. 2001. Molecular evolution of leptin. Gen and Comp Endocrinol 124 (2): 188~189.

Drazen DL, Vahl TP, D'Alessio DA, Seeley RJ, Woods SC. 2006. Effects of a fixed meal pattern on ghrelin secretion: evidence for a learned response independent of nutrient status. Endocrinology 147: 23~30.

Drenick EJ, Bale GS, Seltzer F, Johnson DG. 1988. Excessive mortality and causes of death in morbidly obese men. JAMA 243: 443~445.

Drewnowski A. 2000. Nutrition transition and global dietary trends. Nutr 16: 486~487.

Drewnowski A. 2007. The real contribution of added sugars and fats to obesity. Epidemiol Rev 29: 160~171.

Drewnowski A, Darmon N. 2005. The economics of obesity: dietary energy density and energy cost. Am J Clin Nutr 82: 265S~273S.

Du S, Lu B, Zhai F, Popkin BM. 2002. A new stage of the nutrition transition in China. Pub Health Nutr 5: 169~174.

Duke-Cohan JS, Kim JH, Azouz A. 2004. Attractin: cautionary tales for therapeutic intervention in molecules with pleiotropic functionality. J Environ Pathol Toxicol Oncol 23: 1~11.

Dunbar RIM. 1998. The social brain hypothesis. Evol Anthropol 6: 178~190.

Eaton SB, Eaton SB. 2003. An evolutionary perspective on human physical activity: implications for health. Comp Biochem Physiol Pt A Mol Integr Physiol 136: 153~159.

Eaton SB, Konner, M. 1985. A consideration of its nature and current implications. N Eng J Med 312: 283~289.

Eaton SB, Nelson DA. Calcium in evolutionary perspective. 1991. Am J Clin Nutr 54 Suppl 1: 281S~287S.

Ehrenberg, HM, Durnwald CP, Catalano P, Mercer BM. 2004. The influence of obesity and diabetes on the risk of cesarean delivery. Am J of Obstetrics and Gynecology 191: 969~974.

Einstein A. 1905. Does the inertia of a body depend upon its energy content? Ann D Phys 17: 891.

Einstein F, Atzmon G, Yang X-M, Ma X-H, Rincon M, Rudin E, Muzumdar R, Barzilai N. 2005. Differential responses of visceral and subcutaneous fat depots to nutrients. Diabetes 54: 672~678.

Ellison PT. 2003. Energetics and reproductive effort. Am J Hum Biol 15 (3): 342~351.

Epstein, A. N. 1982. Mineralcorticoids and cerebral angiotensin may act to produce sodium appetite. Peptides 3: 493~494.

Erickson JC, Hollopeter G, Palmiter RD. 1996. Attenuation of the obesity syndrome of ob/ob mice by the loss of neuropeptide Y. Science 274: 1704~1707.

Erlanson-Albertsson C. 2005. How palatable food disrupts appetite regulation. Basic Clin Pharmacol Toxicol 97: 61~73.

Ezzati M, Martin H, Skjold S, Vander Hoom S, Murray CJL. 2006. Trends in national and state-level obesity in the USA after correction for self-report bias: analysis of health surveys. J R Soc Med 99: 250~257.

Fain JN. 2006. Release of interleukins and other inflammatory cytokines by human adipose tissue is enhanced in obesity and primarily due to the nonfat cells. Vitamins and Hormones 74: 443~477.

Fain JN, Bahouth SW, Madan AK. 2004. TNFα release by the nonfat cells of human adipose tissue. Int J Obesity 28: 616~622.

Fain JN, Reed N, Saperstein R. 1967. The isolation and metabolism of brown fat cells. J Biol Chem 8: 1887~1894.

Fairweather-Tait S, Prentice A, Heumann KG, Jarjou LMA, Stirling DM, Wharf SG, Turnland JR. 1995. Effect of calcium supplements and stage of lactation on the calcium absorption efficiency of lactating women accustomed to low calcium intakes. Am J Clin Nutr 62: 1188~1192.

Farooqi IS, Keogh JM, Yeo GS, Lank EJ, Cheetham T, O'Rahilly S. 2003. Clinical spectrum of obesity and mutations in the melanocortin 4 receptor gene. N Eng J Med 348: 1085~1095.

Farquharson J, Cockburn F, Patrick WA, Jamieson EC, Logan RW. 1992. Infant cerebral cortex phospholipid fatty acid composition and diet. Lancet 340: 810~813.

Farrell JI. 1928. Contributions to the physiology of gastric secretion. Am J Physiol 85: 672~687.

Fei H, et al. 1997. Anatomic localization of alternatively spliced leptin receptors (Ob-R) in mouse brain and other tissues. PNAS 94: 7001~7005.

Feldkamp ML, Carey JC, Sadler TW. 2007. Development of gastroschisis: review of hypotheses, a novel hypothesis, and implications for research. Am J Med Genet Pt A 143: 639~652.

Feldman M, Richardson CT. 1986. Role of thought, sight, smell, and taste of food in the cephalic phase of gastric acid secretion in humans. Gastroenterology 90: 428~33.

Ferreira I, Snijder MB, Twisk JWR, Van Mechelen W, Kemper HCG, Seidell JC, Stehouwer CDA. 2004. Central fat mass versus peripheral fat and lean mass: opposite (adverse versus favorable) associations with arterial stiffness? The Amsterdam growth and health longitudinal study. JCEM 89: 2632~2639.

Feynman RP. 1964. Feynman lectures on physics. Vol. 1. Reading, MA: Addison-Wesley.

Fitzsimons JT. 1998. Angiotensin, thirst, and sodium appetite. Physiol Rev 78: 583~686.

Flatt JP. 2007. Differences in basal energy expenditure and obesity. Obesity 15: 2546~2548.

Flegal KM. 2006 Commentary: the epidemic of obesity — what's in a name? Int J Epidemiol 35: 72~74.

Flegal KM, Graubard BI, Williamson DF, Gail MH. 2007. Cause-specific excess deaths associated with underweight, overweight, and obesity. JAMA 298: 2028~2037.

Flint A, Moller BK, Raben A, Sloth B, Pedersen D, Tetens I, Holst JJ, Astrup A. 2006. Glycemic and insulinemic responses as determinants of appetite in humans. Am J Clin Nutr 84: 1365~1373.

Flynn FW, Berridge KC, Grill HJ. 1986. Pre- and postabsorptive insulin secretion in chronic decerebrate rats. Am J Physiol 250: R539~R548.

Foley RA. 2001. The evolutionary consequences of increased carnivory in hominids. In *Meat-Eating and Human Evolution*, Stanford CB, Bunn HT (eds.). New York: Oxford University Press.

Foley RA, Lee PC. 1991. Ecology and energetics of encephalization in hominid evolution. Phil Trans Royal Soc Ser B 334: 223~232.

Forsdahl A. 1977. Are poor living conditions in childhood and adolescence important risk factors for arteiosclerotic heart disease? Br J Prev Soc Med 31: 91~95.

Forssmann WG, Hock D, Lottspeich F, Henschen A, Kreye V, Christmann M, Reinecke M, Metz J, Catlquist M, Mutt V. 1983. The right auricle of the heart is an endocrine organ: cardiodilatin as a peptide hormone candidate. Anat Embryol 168: 307~313.

Fowler SP, Williams K, Hunt KJ, Resendez RG, Hazuda HP, Stern MP. 2005. Diet soft drink consumption is associated with increased incidence of overweight and obesity in the San Antonio heart study. ADA Annual Meeting 1058-P. Frank BH, Willet WC, Li T, et al. 2004. Adiposity as compared with physical activity in predicting mortality among women. N Eng J Med 351: 2694~2703.

Franklin RE, Gosling RG. 1953. The structure of sodium thymonucleate fibres. I. The influence of water content. Acta Crystallographica 6: 673~677.

Freedman DS, Khan LK, Serdula MK, Galuska DA, Dietz WH. 2002. Trends and correlates of class 3 obesity in the United States from 1990 through 2000. JAMA 288: 1758~1761.

Friedmann H. 1955. *The Honeyguides*. United States National Museum, Bulletin 208. Washington, DC: Smithsonian Institution.

Friedman MI, Stricker EM. 1976. Evidence for hepatic involvement in control of ad libitum food intake in rats. Psychol Rev 83: 409~431.

Frisch RE, Revelle R. 1971. Height and weight at menarche and a hypothesis of menarche. Arch Dis Child 46: 695~701.

Fujioka S, Matsuzawa Y, Tokunaga K, Tarui S. 1987. Contribution of intraabdominal fat accumulation to the impairment of glucose and lipid metabolism in human obesity. Metabolism 36: 54~59.

Gale CR, Javaid MK, Robinson SM, Law CM, Godfrey KM, Cooper C. 2007. Maternal size in pregnancy and body composition in children. JCEM 92: 3904~3911.

Gallagher D, Heymsfield SB, Moonseong H, Jebb SA, Murgatroyd PR, Sakamoto Y. 2000. Healthy percentage body fat ranges: an approach for developing guidelines based on body mass index. Am J Clin Nutr 72: 694~70.

Gallistel CR. 1980. *The Organization of Action: A New Synthesis*. Hillsdale, NJ: Erlbaum.

Gallup Organization (eds.). 1995. Sleep in America. Accessed at www.stanford.edu/~dement/95poll.html.

Garcia J, Hankins WG, Rusiniak KW. 1974. Behavioral regulation of the internal milieu in man and rat. Science 185: 824~831.

Garg A. 2004. Regional adiposity and insulin resistance. JCEM 89: 4206~4210.

Geier AB, Foster GD, Womble LG, McLaughlin J, Borradaile KE, Nachmani J, Sherman

S, Kumanyika S, Shults J. 2007. The relationship between relative weight and school attendance among elementary schoolchildren. Obesity 15: 2157~2161.

Gentile NT, Seftchick MW, Huynh T, Kruus LK, Gaughan J. 2006. Decreased mortality by normalizing blood glucose after acute ischemic stroke. Acad Emerg Med 13: 174~180.

Gerloff U, Hartung B, Fruth B, Hohmann G, Tautz D. 1999. Intracommunity relationships, dispersal patterns, and paternity success in a wild living community of bonobos (Pan paniscus) determined from DNA analysis of faecal samples. Proc Biol Soc 266: 1189~1195.

German J, Dillard C. 2006. Composition, structure and absorption of milk lipids: a source of energy, fat-soluble nutrients and bioactive molecules. Critical Rev Food Sci Nutr 46: 57~92.

Gesink Law DC, Maclehose RF, Longnecker MP. 2006. Obesity and time to pregnancy. Hum Reprod 22: 414~420.

Gesta S, Bluher M, Yamamoto Y, Norris AW, Berndt J, Kralisch S, Boucher J, Lewis C, Kahn CR. 2006. Evidence for a role of developmental genes in the origin of obesity and body fat distribution. PNAS 103: 6676~6681.

Gibbs J, Smith GP. 1977. Cholecystokinin and satiety in rats and rhesus monkeys. Am J Clin Nutr 30: 758~761.

Gibbs J, Smith GP, Greenberg D. 1993. Cholecystokinin: a neuroendocrine key to feeding behavior. In *Hormonally Induced Changes in Mind and Brain*, Schulkin J (ed.). San Diego: Academic Press.

Gibbs J, Young RC, Smith GP. 1973. Cholecystokinin decreases food intake in rats. J Comp Physiol Psychol 84: 488~495.

Gilby IC. 2006. Meat sharing among the Gombe chimpanzees: harassment and reciprocal exchange. Anim Behav 71: 953?963.

Gilby IC, Eberly LE, Pintea L, Pussey, AE. 2006. Ecological and social influences on the hunting behavior of wild chimpanzees, Pan troglodytes schweinfurthii. Anim Behav 72: 169~180.

Gilby IC, Eberly LE, Wrangham WR. 2007. Economic profitability of social pre-dation among wild chimpanzees: individual variation promotes cooperation. Anim Behav 4~10.

Gilby IC, Wrangham RW. 2007. Risk-prone hunting by chimpanzees (Pan troglodytes schweinfurthii) increases during periods of high diet quality. Behav Ecol and Sociobiol 61: 1771~1779.

Gil-Campos M, Aguilera CM, Canete R, Gil A. 2006. Ghrelin: a hormone regulating food intake and energy homeostasis. Br J Nutr 96: 201~226.

Gingerich PD, et al. 2001. Origin of whales from early artiodactyls: hands and feet of Eocene Protocetidae from Pakistan. Science 293: 2239~2242.

Giovannini M, Radaelli G, Banderali G, Riva E. 2007. Low prepregnant body mass index and breastfeeding practices. J Hum Lac 23: 44~51.

Glazko GV, Koonin EV, Rogozin IB. 2005. Molecular dating: ape bones agree with chicken entrails. Trends Gen 21: 89~92.

Glazko GV, Nei M. 2003. Estimation of divergence times for major lineages of primate species. Mol Biol Evol 20: 424~434.

Gluckman P, Hanson M. 2006. Mismatch: Why Our World No Longer Fits Our Bodies. New York: Oxford University Press.

Goldman L, Cook EF, Mitchell N, Flatley M, Sherman H, Rosati R, Harrel, F, Lee K, Cohn PF. 1982. Incremental value of the exercise test for diagnosing the presence or absence of coronary artery disease. Circulation 66: 945~953.

Goldschmidt M, Redfern JS, Feldman M. 1990. Food coloring and monosodium glutamate: effects on the cephalic phase of gastric acid secretion and gastrin release in humans. Am J

Clin Nutr 51: 794~797.

Goodall J. 1986. *The Chimpanzees of Gombe: Patterns of Behavior.* Cambridge: Harvard University Press.

Goodpaster BH, Krishnaswami S, Harris TB, Katsiaras A, Kritchevsky SB, Simonsick EM, Nevitt M, Holvoet P, Newman AB. 2005. Obesity, regional body fat distribution, and the metabolic syndrome in older men and women. Arch Intern Med 165: 777~783.

Gordon-Larsen P, Nelson MC, Page P, Popkin BM. 2006. Inequality in the built environment underlies key health disparities in physical activity and obesity. Pediatr 117: 417~424.

Gosman, GG, Katcher, HI, Legro, RS. 2006. Obesity and the role of gut and adipose hormones in female reproduction. Hum Repro Update 12: 585~601.

Gourcerol G, Coskun T, Craft LS, Mayer JP, Heiman ML, Wang L, Million M, St. Pierre DH, Tache Y. 2007. Preproghrelin-delivered peptide, obestatin, fails to influence food intake in lean or obese rodents. Obesity 15: 2643~2652.

Gourcerol G, St-Pierre DH, Tache Y. 2007. Lack of obestatin effects on food intake: should obestatin be renamed ghrelin-associated peptide (GAP)? Regulatory Peptides 141: 1~7.

Goy RW, McEwen BS. 1980. *Sexual Differentiation of the Brain.* Cambridge: MIT Press.

Grill, HJ. 2006. Distributed neural control of energy balance: contributions from hindbrain and hypothalamus. Obesity 14: 216S~221S.

Grill HJ, Kaplan JM. 2002. The neuroanatomical axis for control of energy balance. Frontiers in Neuroscience 23: 2~40.

Grill HJ, Norgren R. 1978. The taste reactivity test. II. Mimetic responses to gustatory stimuli in chronic thalamic and chronic decerebrate rats. Brain Res 143: 263~279.

Grill HJ, Smith GB. 1988. Cholecystokinin decreases sucrose intake in chronic decerebrate rats. Am J Physiol 254: R853~856.

Guilmeau S, Buyse M, Tsocas A, Laigneau JP, Bado A. 2003. Duodenal leptin stimulates cholecystokinin secretion: evidence of a positive leptin-cholecystokinin feedback loop. Diabetes 52: 1664~1672.

Gunderson EP, Rifas-Shiman SL, Oken E, Rich-Edwards JW, Kleinman KP, Taveras EM, Gillman MW. 2008. Association of fewer hours of sleep at 6 months postpartum with substantial weight retention at 1 year postpartum. Am J Epidemiol 167: 178~187.

Halaas JL, Gajiwala KS, Maffei M, Cohen SL, Chait BT, Rabinowitz D, Lallone RL, Burley SK, Friedman JM. 1995. Weight-reducing effects of the plasma protein encoded by the obese gene. Science 269: 855~856.

Hales CH, Barker DJP. 2001. The thrifty phenotype hypothesis. Brit Med Bull 60: 51~67.

Hall KRL, Schaller GB. 1064. Tool-using behavior of the California sea otter. J Mammalogy 45: 287~298.

Hallschmid M, Benedict C, Schultes B, Fem H-L, Born J, Kern W. 2004. Intranasal insulin reduces body fat in men but not in women. Diabetes 53: 3024~3029.

Hamadeh MJ, Devries MC, Tarnopolsky MA. 2005. Estrogen supplementation reduces whole body leucine and carbohydrate oxidation and increases lipid oxidation in men during endurance exercise. JCEM 90: 3592~3599.

Hambly C, Speakman JR. 2005. Contribution of different mechanisms to compensation for energy restriction in the mouse. Obesity Res 13: 1548~1557.

Hammoud AO, Gibson M, Peterson CM, Hamilton BD, Carrell DT. 2006. Obesity and male reproductive potential. J Androl 27: 619~626.

Hanover LM, White JS. 1993. Manufacturing, composition, and applications of fructose. Am J Clin Nutr 58 (suppl): 724S~732S.

Hany TF, Gharehpapagh E, Kamel EM, et al. 2002. Brown adipose tissue: a factor to consider in symmetrical tracer uptake in the neck and upper chest region. Eur J Nucl Med Mol Imaging 29: 1393~1398.

Hare B, Melis A, Woods V, Hastings S, Wrangham R. 2007. Tolerance Allows Bonobos to Outperform Chimpanzees on a Cooperative Task. Current Biol 17: 619~623.

Hart D, Sussman RW. 2005. Man the Hunted: Primates, Predators, and Human Evolution. New York: Basic Books.

Havel PJ. 2001. Peripheral signals conveying metabolic information to the brain: short-term and long-term regulation of food intake and energy homeostasis. Experimental Biol and Med 226: 963~977.

Havel PJ. 2005. Dietary fructose: implications for dysregulation of energy homeostasis and lipid/ carbohydrate metabolism. Nutr Rev 63: 133~157.

Havel PJ, Kasim Karakas S, Mueller W, Johnson PR, Gingerich RL, Stern JS. 1996. Relationship of plasma leptin to insulin and adiposity in normal weight and overweight women: effects of dietary fat content and sustained weight loss. JCEM 81: 4406~4413.

Hay RL, Leakey MD. 1982. Fossil footprints of Laetoli. Sci Am Feb.: 50?57.

He Q, Horlick M, Thornton J, Wang J, Pierson RN, Jr., Heshka S, Gallagher D. 2004. Sex-specific fat distribution is not linear across pubertal groups in a multiethnic study. Obesity Res 12: 725~733.

Heaney RP, Davies KM, Barger-Lux MJ. 2002. Calcium and weight: clinical studies. J Am Coll Nutr 21: 152S~155S.

Hebebrand J, Wulftange H, Goerg T, Ziegler A, Hinney A, Barth N, Mayer H, and Remschmidt H. 2000. Epidemic obesity: are genetic factors involved via increased rates of assortative mating? Int J Obesity 24: 345~353.

Hedley AA, Ogden CL, Johnson CL, Carroll MD, Curtin LR, Flegal KM. 2004. Prevalence of overweight and obesity among US Children, Adolescents, and Adults, 1999?2002. JAMA 291: 2847~50.

Heekeren HR, Marrett S, Bandettini PA, Ungerleider LG. 2004. A general mechanism for perceptual decision-making in the human brain. Nature 431: 859~862.

Heekeren HR, Marrett S, Ruff DA, Bandettini PA, Ungerleider LG. 2006. Involvement of human left dorsolateral prefrontal cortex in perceptual decision making is independent of response modality. PNAS 103: 10023~100288.

Heindel JJ. 2003. Endocrine disruptors and the obesity epidemic. Toxicology Sci 76: 247~249.

Helmholtz, H von. 1847. Über die Erhaltung der Kraft, eine physikalische Abhandlung. Berlin: G. Reimer, 1847.

Hendler I, Blackwell S, Mehta S, Whitty J, Russell E, Sorokin Y, Cotton D. 2005. The levels of leptin, adiponectin, and resistin in normal weight, overweight, and obese pregnant women with and without preeclampsia. Am J Obstet Gynecol 193: 979~983.

Henson MC, Castracane VD. 2006. Leptin in pregnancy: an update. Biol Reprod 74: 218~229.

Henson MC, Swan KF, Edwards DE, Hoyle GW, Purcell J, Castracane VD. 2004. Leptin receptor expression in fetal lung increases in late gestation in the baboon: a model for human pregnancy. Reprod 127: 87~94.

Herbert J. 1993. Peptides in the limbic system: neurochemical codes for co-ordinated adaptive responses to behavioural and physiological demand. Neurobiology 41: 723~791.

Hershey AD, Chase M. 1952. Independent functions of viral protein and nucleic acid in growth of bacteriophage. J General Physiol 36: 39~56.

Hervey GR. 1959. The effects of lesions in the hypothalamus in parabiotic rats. J Physiol 145:

336~352.

Heyland A, Moroz LL. 2005. Cross-kingdom hormonal signaling: an insight from thyroid hormone functions in marine larvae. J Exp Biol 208: 4355~4361.

Hillman LS. 1990. Mineral and vitamin D adequacy in infants fed human milk or formula between 6 and 12 months of age. J Pediatr 117: S134~S142.

Hobolth A, Christensen OF, Mailund T, Schierup MH. 2007. Genomic relationships and speciation times of human, chimpanzee, and gorilla inferred from a coalescent hidden Markov model. PLoS Genetics 3: 294~304.

Hoffman DJ, Wang Z, Gallagher D, Heymsfield SB. 2005. Comparison of visceral adipose tissue mass in adult African Americans ans whites. Obesity Res 13: 66~74.

Hohmann G, Fruth B. 1993. Field observations on meat sharing among bonobos (Pan paniscus). Folia Primatologica, 60: 225~229.

Hohmann G, Fruth B. 2003. Intra- and inter-sexual aggression by bonobos in the context of mating. Behav 140 (11~12): 1389~1413.

Holick MF. 1994. Vitamin D: new horizons for the 21st century. Am J Clin Nutr 60: 619~630.

Holick MF. 2004. Vitamin D: importance in the prevention of cancer, type 1 diabetes, heart disease and osteoporosis. Am J Clin Nutr 79: 362~371.

Holliday R. 1990. Mechanisms for the control of gene activity during development. Biol Rev Cambr Philos Soc 65: 431~471.

Holliday R. 2006. Epigenetics: a historical overview. Epigenetics 1: 76~80.

Hosoi T, Kawagishi T, Okuma Y, Tanaka J, Nomura Y. 2002. Brain stem is a direct target for leptin's action in the central nervous system. Endocrinology 143: 3498~3504.

Hossain P, Kawar B, El Nahas M. 2007. Obesity and diabetes in the developing world: a growing challenge. N Eng J Med 356: 213~215.

Houseknecht KL, McGuire MK, Portocarrero CP, McGuire MA, Beerman K. 1997. Leptin is present in human milk and is related to maternal plasma leptin concentration and adiposity. Biochem Biophys Res Comm 240: 742~747.

Howlett J, Ashwell M. 2008. Glycemic response and health: summary of a workshop. Am J Clin Nutr 87 (suppl): 212S~216S.

Hsu F-C, Lenchik L, Nicklas BJ, Lohman K, Register TC, Mychaleckyj J, Langefeld CD, Freedman BI, Bowden DW, Carr JJ. 2005. Heritability of body composition measured by DXA in the Diabetes Heart Study. Obesity Res 13: 312~319.

Huising MO, et al. 2004. Structural characterization of a cyprinid (Cyprinus carpio L.) CRH, CRH-BP, and CRH-R1, and the role of these proteins in the acute stress response. J Molecular Endocrinol 32: 627~648.

Huising MO, Flik G. 2005. The remarkable conservation of corticotropin-releasing hormone (CRH)-binding protein in the honeybee (Apis mellifera) dates the CRH system to a common ancestor of insects and vertebrates. Endocrinology 146: 2165~2170.

Huising MO, Geven EJ, Kruiswijk CP, Nabuurs SB, Stolte EH, Spanings FAT, Verburg-van Kemnade BMJ, Flik G. 2006. Increased leptin expression in common carp (Cyprinus carpio) after food intake but not after fasting or feeding to satiation. Endocrinol 147: 5786~5797.

Hypponen E, Power C. 2006. Vitamin D status and glucose homeostasis in the 1958 British birth cohort. Diabetes Care 29: 2244~2246.

Iacobellis G, Sharma AM. 2007. Obesity and the heart: redefinition of the relationship. Obesity Rev 8: 35~39.

Irwin M, Thompson J, Miller C, Gillin JC, Ziegler M. 1999. Effects of sleep and sleep deprivation on catecholamine and interleukin-2 levels in humans: clinical implications. JCEM 84:

1979~1985.

Isganaitis E, Lustig RH. 2005. Fast food, central nervous system insulin resistance, and obesity. Arterioscler Thromb Vasc Biol 25: 2451~2462.

Jackson KG, Robertson MD, Fielding BA, Frayn KN, Williams CM. 2002. Olive oil increases the number of triacylglycerol-rich chylomicron particles compared with other oils: an effect retained when a second standard meal is fed. Am J Clin Nutr 76: 942~949.

Jacobson P, Torgenson JS, Sjostrom L, Bouchard C. 2007. Spouse resemblance in body mass index: effects on adult obesity prevalence in the offspring generation. Am J of Epidemiol 165 (1): 101~108.

Jakimiuk AJ, Skalba P, Huterski R, Haczynski J, Magoffin DA. 2003. Leptin messenger ribonucleic acid (mRNA) content in the human placenta at term: relationship to levels of leptin in cord blood and placental weight. Gynecol Endocrinol 17: 311~316.

Jang H-J, Kokrashvili Z, Theodorakis MJ, Carlson OD, Kim B-J, Zhou J, Kim HH, Xu X, Chan SL, Juhaszova M, Bernier M, Mosinger B, Margolskee RF, Egan JM. 2007. Gut-expressed gustducin and taste receptors regulate secretion of glucagon-like peptide-1. PNAS 104: 15069~15074.

Janson CH, Terborgh JW. 1979. Age, sex, and individual specialization in foraging behavior of the brown capuchin (Cebus apella). Am J Phys Anthro 50: 452.

Jasienska G, Thune I, Ellison PT. 2006. Fatness at birth predicts adult susceptibility to ovarian suppression: an empirical test of the Predictive Adaptive Response hypothesis. PNAS 103: 12759~12762.

Jasienska G, Ziomkiewicz A, Lipson SF, Thune I, Ellison PT. 2005. High ponderal index at birth predicts high estradiol levels in adult women. Am J Hum Biol 18: 133~140.

Jensen MD. 2006. Is visceral fat involved in the pathogenesis of the metabolic syndrome? Human model. Obesity 14 (suppl): 20S~24S.

Jensen MD, Cryer PE, Johnson CM, Murray MJ. 1996. Effects of epinephrine on regional free fatty acid and energy metabolism in men and women. Ann Rev Physiol 33: 259~264.

Jetter KM, Cassady DL. 2005. The availability and cost of healthier food items. University of California Agricultural Issues Center, AIC Issues Brief 29: 1~6.

Ji H, Friedman MI. 1999. Compensatory hyperphagia after fasting tracks recovery of liver energy status. Physiol Behav 68: 181~186.

Ji H, Friedman MI. 2003. Fasting plasma triglyceride levels and fat oxidation predict dietary obesity in rats. Physiol Behav 78: 767~772.

Johanson D, White T. 1979. A Systematic Assessment of Early African Hominids. Science 202: 321~330.

Johnson, MS, Thomson, SC, Speakman, JR. 2001a. Effects of concurrent pregnancy and lactation in Mus musculus. J Exp Bio 204: 1947~1956.

Johnson, MS, Thomson, SC, Speakman, JR. 2001b. Inter-relationships between resting metabolic rate, life-history traits and morphology in Mus musculus. J Exp Bio 204: 1937~1946.

Johnson MS, Thomson SC, Speakman JR. 2001c. Lactation in the laboratory mouse Mus musculus. J Exp Bio 204: 1925~1935.

Johnson RM, Johnson TM, Londraville RL. 2000. Evidence for leptin expression in fishes. J Exp Zool 286: 718~724.

Jones M. 2007. *Feast: Why Humans Share Food.* New York: Oxford University Press.

Jorde LB, Wooding SP. 2004. Genetic variation, classification, and "race." Nat Genet 36: 528~533.

Jørgensen ME, Borch-Johnsen K, Bjerregaard P. 2006. Lifestyle modifies obesityassociated risk of cardiovascular disease in a genetically homogeneous population. Am J Clin Nutr 84: 29~36.

Juge-Aubrey CE, Somm E, Giusti V, Pernin A, Chicheportiche R, Verdumo C, Rohner-Jeanrenaud F, Burger D, Dayer J-M, Meier CA. 2003. Adipose tissue is a major source of interleukin-1 receptor antagonist. Diabetes 52: 1104~1110.

Kalkwarf HJ, Specker BL, Bianchi DC, Ranz J, Ho M. 1997. The effect of calcium supplementation on bone density during lactation and after weaning. N Eng J Med 337: 523~528.

Kalliomaki M, Collado MC, Salminen S, Isolauri E. 2008. Early differences in fecal microbiota composition in children may predict overweight. Am J Clin Nutr 87: 534~538.

Kamagai J. 2001. Chronic central infusion of ghrelin increases hypothalamic neuropeptide Y and agouti-related protein mRNA levels and body weight in rats. Diabetes 50 (11): 2438~2443.

Karelis AD, Brochu M, Rabasa-Lhoret R. 2004. Can we identify metabolically healthy but obese individuals (MHO)? Diabetes and Metabol 30: 569~572.

Karelis AD, Faraj M, Bastard JP, St-Pierre DH, Brochu M, Prud'homme D, Rabasa-Lhoret R. 2005. The metabolically healthy but obese individual presents a favorable inflammation profile. JCEM 90: 4145~4150.

Karelis AD, St-Pierre DH, Conus F, Rabasa-Lhoret R, Poehlman ET. 2004. Metabolic and body composition factors in subgroups of obesity: what do we know? JCEM 89: 2569~2575.

Katschinski M. 2000. Nutritional implications of cephalic-phase gastrointestinal responses. Appetite 34: 189~196.

Katschinski M, Dahmen G, Reinshagen M, Beglinger C, Koop H, Nustede R, Adler G. 1992. Cephalic stimulation of gastrointestinal secretory and motor responses in humans. Gastroenterology 103: 383~391.

Kawai K, Sugimoto K, Nakashima K, Miura H, Ninomiya Y. 2000. Leptin as a modulator of sweet taste sensitivities in mice. PNAS 97: 11044~11049.

Keita SOY, Kittles RA, Royal CDM, Bonney GE, Furbert-Harris P, Dunston GM, Rotimi CN. 2004. Conceptualizing human variation. Nat Genet 36: S17~S20.

Kelly K. 1993. Environmental enrichment for captive wildlife through the simulation of gum feeding. Animal Welfare Information Center Newsletter 4 (3): 1~2, 5~10. Accessed at www.nal.usda.gov/awic/newsletters/v4n3/4n3.htm.

Kenagy GJ, Vleck D. 1982. Daily temporal organization of metabolism in small mammals: adaptation and diversity. In *Vertebrate Circadian Systems*, Aschoff J, Dann S, Groos GA (eds.). Berlin: Springer-Verlag.

Kennedy A, Gettys TW, Watson P, Wallace P, Ganaway E, Pan Q, Garvey WT. 1997. The metabolic significance of leptin in humans: gender-based differences in relationship to adiposity, insulin sensitivity, and energy expenditure. JCEM 82: 1293~1300.

Kennedy GC. 1953. The role of depot fat in the hypothalamic control of food intake in the rat. Proc Royal Soc London 140: 578~592.

Kenny DE, Irlbeck NA, Chen TC, Lu Z, Holick MF. 1999. Determination of vitamins D, A, and E in sera and vitamin D in milk from captive and freeranging polar bears (Ursus mauritimus), and 7-dehydrocholecterol levels in skin from captive polar bears. Zoo Biol 17: 285~293.

Kershaw EE, Flier JS. 2004. Adipose tissue as an endocrine organ. JCEM 89: 2548~2556.

Keskitalo K, Knaapila A, Kallela M, Palotie A, Wessman M, Sammalisto S, Peltonen L, Tuorila H, Perola M. 2007. Sweet taste preferences are partly genetically determined: identification of a trait locus on chromosome 16. Am J Clin Nutr 86: 55~63.

Kim S, Popkin BM. 2006. Current perspectives on obesity and health: black and white, or shades of grey? Int J Epidemiol 35: 69~71.

Kissileff HR, Pi-Sunyer X, Thornton J, Smith GP. 1981. C-terminal octapeptide of cholecystokinin decreases food intake in man. Am J Clin Nutr 34: 154~160.

Kitano H, Oda K, Matsuoka Y, Csete M, Doyle J, Muramatsu M. 2004. Metabolic syndrome and robustness tradeoffs. Diabetes 53 (suppl 3): S6~S15.

Kleiber M. 1932. *The Fire of Life*. Huntington, NY: Robert E. Krieger.

Kluger MJ, Rothenburg BA. 1979. Fever and reduced iron: their interaction as a host defense response to bacterial infection. Science 203: 374~376.

Knowler WC, Pettitt DJ, Saad MF, Bennett PH. 1990. Diabetes mellitus in the Pima Indians: incidence, risk factors and pathogenesis. Diabetes Metab Rev 6: 1~27.

Knutson KL, Spiegel K, Penev P, van Cauter E. 2007. The metabolic consequences of sleep deprivation. Sleep Med Rev 11: 163~178.

Kochan Z. 2006. Leptin is synthesized in the liver and adipose tissue of the dunlin (Calidris alpine). Gen Comp Endocrinol 148: 336~339.

Kojima M, Hosoda H, Date Y, Nakazato M, Matsuo H, Kangawa K. 1999. Ghrelin is a growth-hormone-releasing acylated peptide from stomach. Nature 402: 656~660.

Kos K, Harte AL, James S, Snead DR, O'Hare JP, McTernan PG, Kumar S. 2007. Secretion of neuropeptide Y in human adipose tissue and its role in maintenance of adipose tissue mass. Am J Physiol Endocrinol Metab 293: E1335~E1340.

Koska, J, DelParigi, A, de Courten, B, Weyer, C, Tataranni, PA. 2004. Pancreatic polypeptide is involved in the regulation of body weight in Pima Indian male subjects. Diabetes 53: 3091~3096.

Kothapalli KSD, Anthony JC, Pan BS, Hsieh AT, Nathanielsz PW, and Brenna JT. 2007. Differential cerebral cortex transcriptomes of baboon neonates consuming moderate and high docosahexaenoic acid formulas. PLoS One 2 (4): e370.

Kothapalli KSD, Pan BS, Hsieh AT, Anthony JC, Nathanielsz PW, and Brenna JT. 2006. Comprehensive differential transcriptome analysis of cerebral cortex of baboon neonates consuming arachidonic acid and moderate and high docosahexaenoic acid formulas. FASEB J 20: A1347.

Koutsari C, Jensen MD. 2006. Free fatty acid metabolism in human obesity. J Lipid Res 47: 1643~1650.

Kovacs CS, Kronenberg HM. 1998. Maternal-fetal calcium and bone metabolism during pregnancy, puerperium, and lactation. Endocrine Rev 18: 832~872.

Kovacs P, Harper I, Hanson RI, Infante AM, Bogardus C, Tataranni PA, Baier LJ. 2004. A novel missense substitution (Val1483Ile) in the fatty acid synthase gene (FAS) is associated with percentage of body fat and substrate oxidation rates in nondiabetic Pima Indians. Diabetes 53: 1915~1919.

Kratzsch J, Lammert A, Bottner A, Seidel B, Mueller G, Thiery J, Hebebrand J, Kiess W. 2002. Circulating soluble leptin receptor and free leptin index during childhood, puberty, and adolescence. JCEM 87: 4587~4594.

Kripke D, Simons R, Garfinkel L, Hammond E. 1979. Short and long sleep and sleeping pills. Is increased mortality associated? Arch Gen Psychiatry 36: 103~116.

Kugyelka JG, Rasmussen KM, Frongillo EA. 2004. Maternal obesity is negatively associated with breastfeeding success among Hispanic but not black women. J Nutr 134: 1746~1753.

Kuk JL, Katzmarzyk PT, Nichaman MZ, Church TS, Blair SN, Ross R. 2006. Visceral fat is an independent predictor of all-cause mortality in men. Obesity 14: 336~341.

Kuk JL, Lee SJ, Heymsfield SB, Ross R. 2005. Waist circumference and abdominal adipose tissue

488

distribution: influence of age and sex. Am J Clin Nutr 81: 1330~1334.

Kunz, LH, King, JC. 2007. Impact of maternal nutrition and metabolism on health of the offspring. Seminars in Fetal and Neonatal Med 12: 71~77.

Kuo LE, Kitlinska JB, Tilan JU, Baker SB, Johnson MD, Lee EW, Burnett MS, Fricke ST, Kvetnansky R, Herzog H, Zukowska Z. 2007. Neuropeptide Y acts directly in the periphery on fat tissue and mediates stress-induced obesity and metabolic syndrome. Nat Med 13: 803~811.

Kuzawa CW. 1998. Adipose tissue in human infancy and childhood: an evolutionary perspective. Yrbk Phys Anthropol 41: 177~209.

Kuzawa CW, Quin EA, Adair LS. 2007. Leptin in a lean population of Filipino adolescents. Am J Phys Anthro 132: 642~649.

Laaksonen M, Piha K, Sarlio-Lahteekorva S. 2007. Relative weight and sickness absence. Obesity 15: 465~472.

Laden G, Wrangham R. 2005. The rise of hominids as an adaptive shift in fallback foods: plant underground storage organs (USOs) and australpith origins. J Hum Evol 49: 482~498.

Laird SM, Quinton N, Anstie B, Li TC, Blakemore AIF. 2001. Leptin and leptin binding activity in recurrent miscarriage women: correlation with pregnancy outcome. Human Reproduction 16: 2008~2013.

Lammert A, Kiess W, Glasow A, Bottner A, Kratzsch J. 2001. Different isoforms of the soluble leptin receptor determine the leptin binding activity of human circulating blood. Biochem Biophys Res Commun 283: 982~988.

Lamont LS. 2005. Gender differences in amino acid use during endurance exercise. Nutr Rev 63: 419~422.

Lamont LS, McCullough AJ, Kalhan SC 2001. Gender differences in leucine, but not lysine, kinetics. J Appl Physiol 91: 357~362.

Lamonte MJ, Blair SN. 2006. Physical activity, cardiorespiratory fitness, and adiposity: contributions to disease risk. Curr Opin Clin Nutr Metab Care 9: 540~546.

Laugerette F, Passilly-Degrace P, Patris B, Niot I, Febbraio M, Montmayeur J-P, Besnard P. 2005. CD36 involvement in orosensory detection of dietary lipids, spontaneous fat preference, and digestive secretions. J Clin Invest 115: 3177~3184.

Le K-A, Tappy L. 2006. Metabolic effects of fructose. Curr Opin Clin Nutr Metab Care 9: 469~475.

Leakey MD, Roe DA (eds.). 1994. *Olduvai Gorge*. Vol. 5, Excavations in Beds III, IV, and the Masek Beds, 1968~1971. Cambridge: Cambridge University Press.

LeBlanc J, Soucy J, Nadeau A. 1996. Early insulin and glucagon responses to different food items. Horm Metab Res 28: 276~279.

Lee AT, Plump A, DeSimone C, Cerami A, Bucala R. 1995. A role for DNA mutations in diabetes associated teratogenesis in transgenic embryos. Diabetes 44: 20~24.

Lee CD, Blair S, Jackson A. 1999. Cardiorespiratory fitness, body composition, and all-cause and cardiovascular disease mortality in men. Am J Clin Nutr 69: 373~380.

Lee H-M, Wang G, Englander EW, Kojima M, Greeley GH, Jr. 2002. Ghrelin, a new gastrointestinal endocrine peptide that stimulates insulin secretion: enteric distribution, ontogeny, influence of endocrine, and dietary manipulations. Endocrinol 143: 185~190.

Lee JM, Appugliese D, Kaciroti N, Corwyn RF, Bradley RH, Lumeng JC. 2007. Weight status in young girls and the onset of puberty. Pediatr 119: E624~E630.

LeGrande EK, Brown CC. 2002. Darwinian medicine: applications of evolutionary biology for veterinarians. Can Vet J 43: 556~559.

Leibowitz SF, Chang G-Q, Dourmashkin JT, Yun R, Julien C, Pamy PP. 2006. Leptin secretion after a high-fat meal in normal-weight rats: strong predictor of long-term body fat accrual on a high-fat diet. Am J Physiol Endocrinol Metab 290: E258~E267.

Leitzmann MF, Park Y, Blair A, Ballard-Barbash R, Mouw T, Hollenbeck AR, Schatzkin A. 2007. Physical activity recommendations and decreased risk of mortality. Arch Intern Med 167: 2453~2460.

Lemieux S, Prud'homme D, Bouchard C, Tremblay A, Depres J-P. 1993. Sex differences in the relation of visceral adipose tissue accumulation to total body fatness. Am J Clin Nutr 58: 463~467.

Leonard, WR, Robertson, ML. 1992. Nutritional requirements and human evolution: a bioenergetics model. Am J Hum Biol 4: 179~195.

Leonard, WR, Robertson, ML. 1994. Evolutionary perspectives on human nutrition: the influence of brain and body size on diet and metabolism. Am J Hum Biol 6: 77~88.

Leonard, WR, Robertson, ML, Snodgrass, JJ, Kuzawa, CW. 2003. Metabolic correlates of hominid brain evolution. Comp Biochem Physiol A 135: 5~15.

Leonard, WR, Snodgrass, JJ, Robertson, ML. 2007. Effects of brain evolution on human nutrition and metabolism. Ann Rev Nutr 27: 311~327.

Leperq J, Challier JC, Guerre-Millo M, Cauzac M, Vidal H, Haugel-de Mouzon S. 2001. Prenatal leptin production: evidence that fetal adipose tissue produces leptin. JCEM 86: 2409~2413.

Lewis K, Li C, Perrin MH, Blount A, Kunitake K, Donaldson C, Vaughan J, Reyes TM, Gulyas J, Fischer W, Bilezikjian L, Rivier J, Sawchenko PE, Vale WW. 2001. Identification of urocortin III, an additional member of the corticotropin-releasing factor (CRF) family with high affinity for the CRF2 receptor. PNAS USA 98: 7570~7575.

Ley RE, Turnbaugh PJ, Klein S, Gordon JI. 2006. Microbial ecology: human gut microbes associated with obesity. Nature 444: 1022~1023.

Li H-j, Ji C-y, Wang W, Hu Y-h. 2005. A twin study for serum leptin, soluble leptin receptor, and free insulin-like growth factor~I in pubertal females. JCEM 90: 3659~3664.

Li X, Li W, Wang H, Bayley DL, Cao J, Reed DR, Bachmanov AA, Huang L, Legrand-Defretin V, Beauchamp GK, Brand JG. 2006. Cats lack a sweet taste receptor. J Nutr 136: 1932S~1934S.

Licinio J, Negrao AB, Mantzoro C, Kaklamani V, Wong M-L, Bongiorno PB, Mulla A, Cearnal L, Veldhuis JD, Flier JS, McCann SM, Gold PW. 1998. Synchronicity of frequently sampled, 24-hr concentrations of circulating leptin, luteinizing hormone, and estradiol in healthy women. PNAS USA 95: 2541~2546.

Lietzmann MF, Park Y, Blair A, Ballard-Barbash R, Mouw T, Hollenbeck AR, Schatzkin A. 2007. Physical activity recommendations and decreased risk of mortality. Arch Intern Med 167: 2453~2460.

Lihn AS, Pedersen SB, Richelsen B. 2005. Adiponectin: action, regulation and association to insulin sensitivity. Obesity Rev 6: 13~21.

Lindeberg S, Cordain L, Eaton SB. 2003. Biological and clinical potential of a Paleolithic diet. J Nutr and Enviro Med 13: 149~160.

Linder K, Arner P, Flores-Morales A, Tollet-Egnell P, Norstedt G. 2004. Differentially expressed genes in visceral or subcutaneous adipose tissue of obese men and women. J Lipid Res 45: 148~154.

List JF, Habener JF. 2003. Defective melanocortin 4 receptors in hyperphagia and morbid obesity. N Eng J Med 348: 1160~1163.

Lostao MP, Urdaneta E, Martinez-Anso E, Barber A, Martinez JA. 1998. Presence of leptin receptors in rat small intestine and leptin effect on sugar absorption. FEBS Lett 423:

302~306.

Lourenço AEP, Santos RV, Orellana JDY, Coimbra CEA. 2008. Nutrition transition in Amazonia: obesity and socioeconomic change in the Surui Indians from Brazil. Am J Hum Bio 20(5): 564~571.

Lu GC, Rouse DJ, DuBard M, et al. 2001. The effect of the increasing prevalence of maternal obesity on perinatal morbidity. Am J Obstet Gynecol 185: 845~849.

Ludwig DS. 2000. Dietary glycemic index and obesity. J Nutr 130 (suppl): 280S~283S.

Luscombe-Marsh ND, Smeets AJPG, Westerterp-Plantenga MS. 2008. Taste sensitivity for monosodium glutamate and an increased liking of dietary protein. Br J Nutr 99: 904~908.

Ma L, Hanson RL, Que LN, Cali AMG, Fu M, Mack JL, Infante AM, Kobes S, Bogardus C, Shuldiner AR, Baier LJ. 2007. Variants in ARHGEF11, a candidate gene for the linkage to type 2 diabetes on chromosomes 1q, are nominally associated with insulin resistance and type 2 diabetes in Pima Indians. Diabetes 56: 1454~1459.

Ma L, Tataranni PA, Bogardus C, Baier LJ. 2004. Melanocortin 4 receptor gene variation is associated with severe obesity in Pima Indians. Diabetes 53: 2696~2699.

Ma L, Tataranni PA, Hanson RL, Infante AM, Kobes S, Bogardus C, Baier LJ. 2005. Variations in peptide YY and Y2 receptor genes are associated with severe obesity in Pima Indian men. Diabetes 54: 1598~1602.

MacLean PS, Higgins JA, Jackman M, Johnson GC, Fleming-Elder BK, Wyatt H, Melanson EL, Hill JO. 2006. Peripheral metabolic responses to prolonged weight reduction that promote rapid, efficient regain in obesity-prone rats. Am J Physiol Regul Integr Comp Physiol 290: 1577~1588.

Mallon L, Broman JE, Hetta J. 2005. High incidence of diabetes in men with sleep complaints or short sleep duration. Diabetes Care 28: 2762~2767.

Margolskee RF, Dyer J, Kokrashvili Z, Salmon KS, Ilegems E, Daly K, Maillet EI, Ninomiya Y, Mosinger B, Shirazi-Beechy SP. 2007. T1R3 and gustducin in gut sense sugars to regulate expression of Na^+-glucose cotransporter 1. PNAS 104: 15075~15080.

Mars M, de Graaf C, de Groot L, Kok FJ. 2005. Decreases in fasting leptin and insulin concentrations after acute energy restriction and subsequent compensation in food intake. Am J Clin Nutr 81: 570~577.

Martin RD. 1981. Relative brain size and basal metabolic rate in terrestrial vertebrates. Nature 293: 57~60.

Martin RD. 1983. *Human Brain Evolution in an Ecological Context*. New York: American Museum of Natural History.

Martin RD. 1996. Scaling of the mammalian brain: the maternal energy hypothesis. News in Physiol Sciences 11: 149~156.

Martínez V, Barrachina MD, Ohning G, Tache Y. 2002. Cephalic phase of acid secretion involves activation of medullary TRH receptor subtype I in rats. Am J Physiol Gastrointest Liver Physiol 283: G1310~G1319.

Matkovic V, Ilich JZ, Skugor M, Badenhop NE, Goel P, Clairmont A, Klisovic D, Nahhas RW, Landoll JD. 1997. Leptin is inversely related to age at menarche in human females. JCEM 82: 3239~3245.

Matson CA, Ritter RC. 1999. Long-term CCK-leptin synergy suggests a role for CCK in the regulation of body weight. Am J Physiol Regul Integr Comp Physiol 276: R1038~R1045.

Matter KC, Sinclair SA, Hostetler SG, Xiang H. 2007. A comparison of the characteristics of injuries between obese and non-obese inpatients. Obesity 15: 2384~2390.

Mattes RD. 2002. Oral fat exposure increases the first phase triacylglycerol concentration due to release of stored lipid in humans. J Nutr 132: 3656~3662.

Mattes RD. 2005. Fat taste and lipid metabolism in humans. Physiol Behav 86: 691~697.

Maynard LA, Loosli JK, Hintz HF, Warner RG. 1979. Animal Nutrition. 7th ed. New York: McGraw-Hill.

McDowell MA, Brody DJ, Hughs JP. 2007. Has age at menarche changed? Results from the National Health and Nutrition Examination Survey (NHANES) 1999~2004. J Adolescent Health 40: 227~231.

McEwen BS. 1998. Stress, adaptation, and disease: allostasis and allostatic load. Ann NY Acad Sci 840: 33~44.

McEwen BS. 2000. Allostasis and allostatic load: implications for neuropsychopharmacology. Neuropsychopharmacology 22: 108~124.

McEwen BS. 2005. Stressed or stressed out: what is the difference? J Psychiatry Neurosci 30: 315~318.

McEwen BS. 2007. Physiology and neurobiology of stress and adaptation: central role of the brain. Physiol Rev 87: 873~904.

McEwen BS, Stellar E. 1993. Stress and the individual: mechanisms leading to disease. Arch Int Med 153: 2093~2101.

McGrew WC, Brennan JA, Russell J. 1986. An artificial "gum-tree" for marmosets (Callithrix j. jacchus). Zoo Biology 5: 45~50.

McHenry HM, Coffing K. 2000. Australopithecus to Homo: transformations in body and mind. Ann Rev Anthropol 29: 125~146.

McNab BK, Brown JH. 2002. The Physiological Ecology of Vertebrates: A View from Energetics. Ithaca: Cornell University Press.

Melis AP, Hare B, Tomasello M. 2006. Engineering cooperation in chimpanzees: tolerance constraints on cooperation. Anim Behav 72: 275~286.

Mendel G. 1865. Experiments in plant hybridization. Meetings of the Brunn Nat Hist Soc, Brno, current Czech Republic. February 8 and March 8, 1865.

Merchant JL. 2007. Tales from the crypts: regulatory peptides and cytokines in gastrointestinal homeostasis and disease. J Clin Invest 117: 6~12.

Miescher F. 1871Der physiologische Process der Athmung. Akademische Habilitationsrede 1871. In Die Histochemischen und Physiologischen Arbeiten von Friedrich Miescher — Arbeiten von F. Miescher, W His et al. (eds.), 35~54. Vol. 2. Leipzig: FCW Vogel.

Miles R. 2008. Neighborhood disorder, perceived safety, and readiness to encourage use of local playgrounds. Am J Prev Med 34: 275~281.

Milligan LA. 2005. Concentration of sIgA in the milk of Macaca mulatta [abstract]. Am J of Phys Anthropol Annual Meeting Issue: 153.

Milligan LA. 2008. Nonhuman primate milk composition: relationship to phylogeny, ontogeny and, ecology. PhD diss., University of Arizona.

Milligan LA, Rapoport SI, Cranfield MR, Dittus W, Glander KE, Oftedal OT, Power ML, Whittier CA, Bazinet RP. 2008. Fatty acid composition of wild anthropoid primate milks. Comp Biochem Physiol Pt B 149: 74~82.

Millikan GC, Bowman RI. 1967. Observations of Galapagos tool-using finches in captivity. Living Bird 6: 23~41.

Milton K. 1987. Primate diets and gut morphology: implications for hominid evolution. In Food and Evolution: Toward a Theory of Food Habits, Harris M, Ross EB (eds.), 93~115. Philadelphia: Temple University Press.

Milton K. 1988. Foraging behavior and the evolution of primate cognition. In Machiavellian

Intelligence: Social Expertise and the Evolution of Intellect in Monkeys, Apes, and Humans, Whiten A and Byrne R (eds.), 285~305. New York: Oxford University Press.

Milton K. 1999a. Nutritional characteristics of wild Primate foods: do the natural diets of our closest living relatives have lessons for us? Nutrition 15: 488~498.

Milton K. 1999b. A hypothesis to explain the role of meat-eating in human evolution. Evol Anthropol 8: 11~21.

Milton K, Demment MW. 1988. Digestion and passage kinetics of chimpanzees fed high and low fiber diets and comparison with human data. J Nutr 118: 1082~1088.

Mistry AM, Swick A, Romsos DR. 1999. Leptin alters metabolic rates before acquisition of its anorectic effect in developing neonatal mice. Am J Physiol Regul Integr Comp Physiol 277: R742~R747.

Mitani JC. 2006. Demographic influences on the behavior of chimpanzees. Primates 47: 6~13.

Mitani JC, Watts DP. 1999. Demographic influences on the hunting behavior of chimpanzees. Am J Phys Anthropol 109: 439~454.

Mittendorfer B. 2003. Sexual dimorphism in human lipid metabolism. J Nutr 135: 681~686.

Mizuno TM, Bergen H, Funabashi T, Kleopoulos SP, Zhong YG, Bauman WA, Mobbs CV. 1996. Obese gene expression: reduction by fasting and stimulation by insulin and glucose in lean mice, and persistent elevation in acquired (diet-induced) and genetic (yellow agouti) obesity. PNAS 93: 3434~3438.

Mock CN, Grossman DC, Kaufman RP, Mack CD, Rivara FP. 2002. The relationship between body weight and risk of death and serious injury in motor vehicle crashes. Accid Anal Prev 34: 221~228.

Mojtabai R. 2004. Body mass index and serum folate in childbearing women. Eur J Epidemiol 19: 1029~1036.

Monro JA, Shaw M. 2008. Glycemic impact, glycemic glucose equivalents, glycemic index, and glycemic load: definitions, distinctions, and implications. Am J Clin Nutr 87 (suppl): 237S~243S.

Montecucchi PC, Henschen A. 1981. Amino acid composition and sequence analysis of sauvagine, a new active peptide from the skin of Phyllomedusa sauvagei. Int J Pept Protein Res. 18: 113~120.

Monteiro CA, Conde WL, Popkin BM. 2004. The burden of disease from undernutrition and overnutrition in countries undergoing rapid nutrition transition: a view from Brazil. Am J Pub Health 94: 433~434.

Moore TR. 2004. Adolescent and adult obesity in women: a tidal wave just beginning. Clin Obstet Gynecol 47: 884~889.

Moore-Ede MC. 1986. Physiology of the circadian timing system: predictive versus reactive homeostasis. Am J Physiol 250: R737~752.

Moran TH, Kinzig KP. 2004. Gastrointestinal satiety signals II. Cholecystokinin. Am J Physiol Gastrointest Liver Physiol 286: G183~G188.

Morris JG. 1999. Ineffective vitamin D synthesis in cats is reversed by an inhibitor of 7-dehydrocholesterol-7-reductase. J Nutr 129: 903~908.

Morris KL, Zemel MB. 2005. 1,25-dihydroxyvitamin D3 modulation of adipocyte glucocorticoid function. Obesity Res 13: 670~677.

Morton NM, Emilsson V, Liu YL, Cawthorne MA. 1998. Leptin action in intestinal cells. J Biol Chem 273: 26194~26201.

Mountain JL, Risch N. 2004. Assessing genetic contributions to phenotypic differences among "racial" and "ethnic" groups. Nat Genet 36: S48~S53.

Mrosovsky N. 1990. *Rheostasis: The Physiology of Change*. New York: Oxford University Press.

Muglia LJ. 2000. Genetic analysis of fetal development and parturition control in the mouse. Pediatr Res 47: 437~443.

Narayan KMV, Boyle JP, Thompson TJ, Gregg EW, Williamson DF. 2007. Effect of BMI on lifetime risk for diabetes in the U.S. Diabetes Care 30: 1562~1566.

Natalucci G, Reidl −S, Gleiss A, Zidek T, Frisch H. 2005. Spontaneous 24-h ghrelin secretion pattern in fasting subjects: maintenance of a meal-related pattern. Eur L Endocrinol 152: 845~850.

National Academy of Sciences. 2006. Assessing fitness for military enlistment: physical, medical, and mental health standards. Committee on Youth Population and Military Recruitment: Physical, Medical, and Mental Health Standards, National Research Council.

National Center for Health Statistics. 2005. Quick stats: percentage of adults who reported an average of ≥ 6 hours of sleep per 24-hour period, by sex and age group — United States, 1985 and 2004. JAMA 294: 2692.

Nead KG, Halterman JS, Kaczorowski JM, Auinger P, Weitzman M. 2004. Overweight children and adolescents: a risk group for iron deficiency. Pediatrics 114: 104~108.

Nedergaard J, Bengtsson T, Cannon B. 2007. Unexpected evidence for active brown adipose tissue in adult humans. Am J Physiol — Endocrinol and Metabol 293: E444~E452.

Neel JV. 1962. Diabetes mellitus: a "thrifty" genotype rendered detrimental by "progress"? Am J Hum Genet 14: 353~362.

Nesse RM, Berridge KC. 1997. Psycoactive drug use in evolutionary perspective. Science 278: 63~66.

NHLBI press release. 2008. For safety, NHLBI changes intensive blood sugar treatment in trial of diabetes and cardiovascular disease. February 6. Accessed at www.nhlbi.nih.gov/health/prof/heart/other/accord/.

Nicholls DG. 2001. A history of UCP1. Biochem Soc Trans 29: 751~755.

Nicholls DG, Rial E. 1999. A history of the first uncoupling protein, UCP1. J Bioenergetics Biomembranes 31: 399~406.

Nielsen S, Guo ZK, Albu JB, Klein S, O'Brien PC, Jensen MD. 2003. Energy expenditure, sex, and endogenous fuel availability in humans. J Clin Invest 111: 981~988.

Nielson S, Guo ZK, Johnson M, Hensrud DD, Jensen MD. 2004. Splanchic lipolysis in human obesity. J Clin Invest 113: 1582~1588.

Niijima A, Togiyama T, Adachi A. 1990. Cephalic-phase insulin release induced by taste stimulus of monosodium glutamate (umami) taste. Physiol Behav 48: 905~908.

Nilsson PM, Roost M, Engstrom G, Hedblad B, Berglund G. 2004. Incidence of diabetes in middle-aged men is related to sleep disturbances. Diabetes Care 27: 2464~2469.

Norgan NG. 1990. Body mass index and body energy stores in developing countries. Euro J Clin Nutr 44: 79~84.

Norgan NG, Ferro-Luzzi A. 1982. Weight-height indices as estimators of fatness in men. Human Nutr−Clin Nutr 36: 363~372.

Norgren R. 1995. Gustatory system. In *The Rat Nervous System*, Pazinos G (ed.). New York: Academic Press.

Oddy DJ. 1970. Food in nineteenth-century England: nutrition in the first urban society. Proc of the Nutr Soc 29: 150~157.

Oftedal OT. 1984. Milk composition, milk yield, and energy output at peak lactation: a comparative review. Symp Zool Soc Lon 51: 33~85.

Oftedal OT. 1993. The adaptation of milk secretion to the constraints of fasting in bears, seals, and baleen whales. J of Dairy Sci 76: 3234~3246.

Oftedal OT, Alt GL, Widdowson EM, Jakubasz MR. 1993. Nutrition and growth of suckling black bears (Ursus americanus) during their mothers' winter fast. Brit J Nutr 70: 59~79.

Ogden CL, Carrol MD, Curtin LR, McDowell MA, Tabak CJ, Flegal KM. 2006. Prevalence of overweight and obesity in the United States, 1999~2004. JAMA 295: 1549~1555.

Ogden CL, Fryar CD, Carroll MD, Flegal KM. 2004. Mean body weight, height, and body mass index, United States, 1960~2002. Advance Data from Vital and Health Statistics 347: 1~18. Accessed at www.cdc.gov/nchs/data/ad/ad347.pdf.

Oguma Y, Sesso HD, Paffenbarger RS, Lee IM. 2002. Physical activity and all cause mortality in women: a review of the evidence. Br J Sports Med 36: 162~172.

Ohara I, Otsuka S, Yugari Y. 1988. Cephalic-phase response of pancreatic exocrine secretion in conscious dogs. Am J Physiol Gastrointest Liver Physiol 254: G424~G428.

Okawara Y, Morley SD, Burzio LO, Zwiers H, Lederis K, Richter D. 1988 Cloning and sequence analysis of cDNA for corticotropin-releasing factor precursor from the teleost fish Catostomus commersoni. PNAS 85: 8439~8443.

O'Keefe JH, Cordain L. 2004. Cardiovascular disease resulting from a diet and lifestyle at odds with our Paleolithic genome: how to become a 21st-century hunter-gatherer. Mayo Clin Proc 79: 101~108.

Olivereau M, Olivereau J. 1988. Localization of CRF-like immunoreactivity in the brain and pituitary of teleost fish. Peptides 9: 13~21.

O'Reardon JP, Ringel BL, Dinges DF, Allison KC, Rogers NL, Martino NS, Stunkard AJ. 2004. Circadian eating and sleeping patterns in the night eating syndrome. Obesity Res 12: 1789~1796.

Østbye T, Dement JM, Krause KM. 2007. Obesity and workers' compensation. Arch Intern Med 167: 766~773.

Ostlund RE, Yang JW, Klein S, Gingerich R. 1996. Relation between plasma leptin concentration and body fat, gender, diet, age, and metabolic covariates. JCEM 81: 3909~3913.

O'Sullivan AJ, Kriketos AD, Martin A, Brown MA. 2006. Serum adiponectin levels in normal and hypertensive pregnancy. Hypertension in Pregnancy 25: 193~203.

Paczoska-Eliasiewicz HE, Gertler A, Proszkowiec M, Proudman J, Hrabia A, Sechman A, Mika M, Jacek T, Cassy S, Raver N, Rzasa J. 2003. Attenuation by leptin of the effects of fasting on ovarian function in hens (Gallus domesticus). Reproduction 126 (6): 739~751.

Paczoska-Eliasiewicz HE, Proszkowiec-Weglarz M, Proudman J, Jacek T, Mika M, Sechman A, Rzasa J, Gertler A. 2006. Exogenous leptin advances puberty in domestic hen. Domestic Animal Endocrinol 31: 211~226.

Pannacciulli N, Le DS, Salbe AD, Chen K, Reiman EM, Tataranni PA, Krakoff J. 2007. Postprandial glucagon-like peptide-1 (GLP-1) response is positively associated with changes in neuronal activity of brain areas implicated in satiety and food intake regulation in humans. Neuroimage 35: 511~517.

Papas MA, Alberg AJ, Ewing R, Helzlsouer KJ, Gary TL, Klassen AC. 2007. The built environment and obesity. Epidemiol Rev 29: 129~143.

Park Y-W, Allison DB, Heymsfield SB, Gallagher D. 2001. Larger amounts of visceral adipose tissue in Asian Americans. Obesity Res 9: 381~387.

Parra R. 1978. Comparison of foregut and hindgut fermentation in herbivores. In *Ecology of Arboreal Folivores*, Montgomery GG (ed.), 205~229. Washington, DC: Smithsonian Institution Press.

Parsons TJ, Power C, Manor O. 2001. Fetal and early life growth and body mass index from birth to early adulthood in 1958 British cohort: longitudinal study. BMJ 323: 1331~1335.

Pasquali R, Cantobelli S, Casimirri F, Capelli M, Bortoluzzi L, Flamia R, Labate AMM, Barbara L. 1993. The hypothalamic-pituitary-adrenal axis in obese women with different patterns of body fat distribution. JCEM 77: 341~346.

Pasquali R, Gambineri A, Pagotto U. 2006. The impact of obesity on reproduction in women with polycystic ovary syndrome. BJOG 113: 1148~1159.

Pasquali R, Pelusi C, Genghini S, Cacciari M, Gambineri A. 2003. Obesity and reproductive disorders in women. Hum Repro Update 9: 359~372.

Patel MS, Srinivasan M. 2002. Metabolic programming: causes and consequences. J Biol Chem 277: 1629~1632.

Paulsen IT, Press CM, Ravel J, Kobayashi DY, Myers GA, Mavrod DV, Deboy RT, Seshadri R, Ren Q, Madupu R, Dodson RJ, Durkin AS, Brinkac LM, Daugherty SC, Sullivan SA, Rosovitz MJ, Gwinn ML, Zhou L, Nelson WC, Weidman J, Watkins K, Tran K, Khouri H, Pierson EA, Pierson III LS, Thomashow LS, Loper JE. 2005. Complete genome sequence of the plant commensal pseudomonas fluorescens pf-5: insights into the biological control of plant disease. Nature Biotech 23: 873~878.

Pavlov IP. 1902. *The Work of the Digestive Glands*. London: Charles Griffin.

Peciña S, Schulkin J, Berridge KC. 2006. Nucleus accumbens corticotropin-releasing factor increases cue-triggered motivation for sucrose reward: paradoxical positive incentive effects in stress? BMC Biology 4: 8. doi: 10.1186/1741-7007-4-8

Pedersen SB, Kristensen K, Hermann PA, Katzenellenbogen JA, Richelsen B. 2004. Estrogen controls lipolysis by up-regulating α2A-adrenergic receptors directly in human adipose tissue through the estrogen receptor α. Implications for the female fat distribution. JCEM 89: 1869~1878.

Perreault L, Lavely JM, Kittleson JM, Horton TJ. 2004. Gender differences in lipoprotein lipase activity after acute exercise. Obesity Res 12: 241~249.

Perry GH, Dominy NJ, Claw KG, Lee AS, Fiegler H, Redon R, Werner J, Villanea FA, Mountain JL, Misra R, Carter NP, Lee C, Stone AC. 2007. Diet and the evolution of human amylase gene copy number variation. Nat Genet 39: 1256~1260.

Peters JC, Wyatt HR, Donahoo WT, Hill JO. 2002. From instinct to intellect: the challenge of maintaining healthy weight in the modern world. Obesity Rev 3: 69~74.

Peters JH, Karpiel AB, Ritter RC, Simasko SM. 2004. Cooperative activation of cultured vagal afferent neurons by leptin and cholecystokinin. Endocrinol 145: 3652~3657.

Peters JH, McKay BM, Simasko SM, Ritter RC. 2005. Leptin-induced satiation mediated by abdominal vagal afferents. Am J Physiol Regul Integr Comp Physiol 288: R879~R884.

Pico C, Oliver P, Sanchez J, Palou A. 2003. Gastric leptin: a putative role in the short-term regulation of food intake. Br J Nutr 90: 735~741.

Place AR. 1992. Comparative aspects of lipid digestion and absorption: physiological correlates of wax ester digestion. Am J Physiol Regul Integr Comp Physiol 263: R464~R471.

Plummer TW, Stanford CB. 2000. Analysis of a bone assemblage made by chimpanzees at Gombe National Park, Tanzania. J Hum Evol 39 (3): 345~365.

Pobiner BL, DeSilva J, Sanders WJ, Mitani JC. 2007. Taphonomic analysis of skeletal remains from chimpanzee hunts at Ngogo, Kibale National Park, Uganda. J Hum Evol 52: 614~636.

Poitout V. 2003. The ins and outs of fatty acids on the pancreatic β cell. Trends Endocrinol Metab 14: 201~203.

Popkin BM. 2001. The nutrition transition and obesity in the developing world. J Nutr 131: 871S~873S.

496

Popkin BM. 2002. An overview on the nutrition transition and its health implications: the Bellagio meeting. Public Health Nutr 5: 93~103.

Porte D, Jr., Baskin DG, Schwartz MW. 2005. Insulin signaling in the central nervous system: a critical role in metabolic homeostasis and disease from C. elegans to humans. Diabetes 54: 1264~1276.

Power ML. 1991. Digestive function, energy intake, and the response to dietary gum in captive callitrichids. Ph.D. diss., University of California at Berkeley. 235.

Power ML. 2004. Viability as opposed to stability: an evolutionary perspective on physiological regulation. In *Allostasis, Homeostasis, and the Costs of Adaptation*, Schulkin J (ed.), 343~364. Cambridge: Cambridge University Press.

Power ML, Heaney RP, Kalkwarf HJ, Pitkin RM, Repke JT, Tsang RC, Schulkin J. 1999. The role of calcium in health and disease. Am J Obstet Gynecol 181: 1560~1569.

Power ML, Oftedal OT, Tardif SD. 2002. Does the milk of callitrichid monkeys differ from that of larger anthropoids? Am J Primatol 56: 117~127.

Power ML, Schulkin J. 2006. Functions of corticotropin-releasing hormone in anthropoid primates: from brain to placenta. Am J Hum Biol 18: 431~447.

Power ML, Tardif SD, Power RA, Layne DG. 2003. Resting energy metabolism of Goeldi's monkey (Callimico goeldii) is similar to that of other callitrichids. Am J Primatol 60: 57~67.

Power RA, Power ML, Layne DG, Jaquish CE, Oftedal OT, Tardif SD. 2001. Relations among measures of body composition, age, and sex in the common marmoset monkey (Callithrix jacchus). Comp Med 51: 218~223.

Powley TL. 1977. The ventralmedial hypothalamic syndrome, satiety and a cephalic-phase hypothesis. Psychol Rev 84: 89~126.

Powley TL. 2000. Vagal circuitry mediating cephalic-phase responses to food. Appetite 34: 184~188.

Powley TL, Berthoud H-R. 1985. Diet and cephalic-phase insulin responses. Am J Clin Nutr 42: 991~1002.

Prentice A, Jarjou LM, Cole TJ, Stirling DM, Dibba B, Fairweather-Tait S. 1995. Calcium requirements of lactating Gambian mothers: effects of a calcium supplement on breast-milk calcium concentration, maternal bone mineral content, and urinary calcium excretion. Am J Clin Nutr 62: 58~67.

Prentice A, Jebb S. 2004. Energy intake/physical activity interactions in the homeostasis of body weight regulation. Nutr Rev 62: S98~S104.

Prentice AM. 2005. The emerging epidemic of obesity in developing countries. Int J Epidemiol 1~7.

Prentice AM, Rayco-Solon P, Moore SE. 2005. Insights from the developing world: thrifty genotypes and thrifty phenotypes. Proc Nutr Soc 64: 153~161.

Preshaw RM, Cooke AR, Grossman MI. 1966. Sham-feeding and pancreatic secretion in the dog. Gastroenterology 50: 171~178.

Proulx K, Richard D, Walker C-D. 2002. Leptin regulates appetite-related neuropeptides in the hypothalamus of developing rats without affecting food intake. Endocrinol 143: 4683~4692.

Pruetz JD, Bertolani P. 2007. Savanna chimpanzees, Pan troglodytes verus, hunt with tools. Curr Biol 17 (5): 412~417.

Pryer J. 1993. Body mass index and work-disabling morbidity: results from a Bangladeshi case study. Eur J Clin Nutr 47: 653~657.

Racette SB, Hagberg JM, Evans EM, Holloszy JO, Weiss EP. 2006. Abdominal obesity is a stronger predictor of insulin resistance than fitness among 50~95 year olds. Diabetes Care 29: 673~678.

Ramsay JE, Ferrell WR, Crawford L, Wallace AM, Greer IA, Sattar N. 2002. Maternal obesity is associated with dysregulation of metabolic, vascular, and inflammatory pathways. JCEM 87: 4231~4237.

Rask E, Olsson T, Soderber S, Andrew R, Livingstone DEW, Johnson O, Walker BR. 2001. Tissue-specific dysregulation of cortisol metabolism in human obesity. JCEM 86: 1418~1421.

Rask E, Walker BR, Soderber S, Livingstone DEW, Eliasson M, Johnson O, Andrew R, Olsson T. 2002. Tissue-specific changes in peripheral cortisol metabolism in obese women: increased adipose 11β -hydroxysteroid dehydrogenase type 1 activity. JCEM 87: 3330~3336.

Ray JG, Wyatt PR, Vermeulen MJ, Meir C, Cole DE. 2005. Greater maternal weight and the ongoing risk of neural tube defects after folic acid flour fortification. Obstet Gynecol 105: 261~265.

Rechtschaffen A, Gilliland MA, Bergmann BM, Winter JB. 1983. Physiological correlates of prolonged sleep deprivation in rats. Science 221: 182~184.

Reed DR, Lawler MP, Tordoff MG. 2008. Reduced body weight is a common effect of gene knockout in mice. BMC Genetics 9: 4.

Renehan AG, Tyson M, Egger M, Heller RF, Zwahlen M. 2008. Body-mass index and incidence of cancer: a systematic review and meta-analysis of prospective observational studies. Lancet 371: 569~578.

Resnick HE, Redline S, Shahar E, Gilpin A, Newman A, Walter R, Ewy GA, Howard BV, Punjabi NM. 2003. Diabetes and sleep disturbances. Diabetes Care 26: 702~709.

Rice T, Perusse L, Bouchard C, Rao DC. 1999. Familial aggregation of body mass index and subcutaneous fat measures in the longitudinal Quebec family study. Genet Epidemiol 16: 316~334.

Richelsen B. 1986. Increased alpa 2- but similar beta-adrenergic receptor activities in subcutaneous gluteal adipocytes from females compared with males. Eur J Clin Invest 16: 302~309.

Richter CP. 1936. Increased salt appetite in adrenalectomized rats. Am J Physiol 115: 155~161.

Richter CP. 1953. Experimentally produced reactions to food poisoning in wild and domesticated rats. Ann NY Acad Sci 56: 225~239.

Robson SL. 2004. Breast milk, diet, and large human brains. Curr Anthropol 45: 419~425.

Rodriguez G, Samper MP, Olivares JL, Ventura P, Moreno LA, Perez-Gonzalez JM. 2005. Skinfold measurements at birth: sex and anthropometric influence. Arch Dis Child Fetal Neonatal Ed 90: F273~F275.

Rodriguez-Cuenca S, Monjo M, Proenza AM, Roca P. 2005. Depot differences in steroid receptor expression in adipose tissue: possible role of the local steroid milieu. Am J Physiol Endocrinol Metab 288: E200~E207.

Rolls BJ, Roe LS, Meengs JS. 2006. Reductions in portion size and energy density of foods are addictive and lead to sustained decreases in energy intake. Am J Clin Nutr 83: 11~17.

Rolls BJ, Roe LS, Meengs JS. 2007. The effect of large portion sizes on energy intake is sustained for 11 days. Obesity 15: 1535~1543.

Rosati A, Stevens J, Hare B, Hauser M. 2007. The evolutionary origins of human patience: temporal preferences in chimpanzees, bonobos, and human adults. Curr Biol 17: 1663~1668.

Rosenbaum M, Nicolson M, Hirsch J, Heymsfield SB, Gallagher D, Chu F, Leibel RL. 1996. Effects of gender, body composition, and menopause on plasma concentrations of leptin.

JCEM 81: 3424~3427.

Ross N. 1997. Effects of diet- and exercise-induced weight loss on visceral adipose tissue in men and women. Sports Med 24: 55~64.

Roth J, Qiang X, Marban SL, Redelt H, Lowell BC. 2004a. The obesity pandemic: where have we been and where are we going? Obesity Res 12: 88S~101S.

Roth J, Volek JS, Jacobson M, Hickey J, Stein DT, Klein S, Feinman R, Schwartz GJ, Segal-Isaacson CJ. 2004b. Paradigm shifts in obesity research and treatment: roundtable discussion. Obesity Res 12: 145S~148S.

Royal CDM, Dunston GM. 2004. Changing the paradigm from "race" to human genome variation. Nat Genet 35: S5~S7.

Rozin P. 1976. The selection of food by rats, humans, and other animals. In *Advances in the Study of Behavior*, Rosenlatt JS, Hinde RA, Shaw E, Beer C (eds.). Vol. 6. New York: Academic Press.

Rozin P. 2005. The meaning of food in our lives: a cross-cultural perspective on eating and well-being. J Nutr Educ Behav 37: S107~S112.

Rozin P, Schulkin J. 1990. Food selection. In *Handbook of Behavioral Neurobiology*, Stricker EM (ed.). New York: Plenum Press.

Ruff CB, Trinkaus E, Holliday TW. 1997. Body mass and encephalization in Pleistocene Homo. Nature 387: 173~176.

Russell JA, Leng G. 1998. Sex, parturition, and motherhood without oxytocin? J Endocrinol 157: 343~359.

Saad MF, Damani S, Gingerich RL, Riad-Gabriel MG, Khan A, Boyadjian R, Jinagouda SD, El-Tawil K, Rude RK, Kamdar V. 1997. Sexual dimorphism in plasma leptin concentration. JCEM 82: 579~584.

Saguy AC, Riley KW. 2005. Weighing both sides: morality, mortality, and framing contests over obesity. J Health Politics Policy Law 30: 869~921.

Sahu A. 2004. Minireview: a hypothalamic role in energy balance with special emphasis on leptin. Endocrinol 145: 2613~2620.

Sallis JF, Glanz K. 2006. The role of built environments in physical activity, eating, and obesity in childhood. The Future of Children 16: 89~108.

Samaras K, Spector TD, Nguten TV, Baan K, Campbell LV, Kelly PJ. 1997. Genetic factors determine the amount and distribution of fat in women after the menopause. J Clin Epidemiol Metab 82: 781~785.

Sapolsky RM. 2001. Physiological and pathophysiological implications of social stress in mammals. In *Coping with the Environment: Neural and Endocrine Mechanisms*, McEwen BS, Goodman HM (eds.). New York: Oxford University Press.

Sarich VM. Wilson AC. 1973. Generation time and genomic evolution in primates. Science 179: 1144~1147.

Schlundt DG, Briggs NC, Miller ST, Arthur CM, Goldzweig IA. 2007. BMI and seatbelt use. Obesity 15: 2541~2545.

Schmid SM, Hallschmid M, Jauch-Chara K, Bandorf N, Born J, Schultes B. 2007. Sleep loss alters basal metabolic hormone secretion and modulates the dynamic counterregulatory response to hypoglycemia. JCEM 92: 3044~3051.

Schmidt-Nielsen K. *Animal Physiology: Adaptation and Environment.* 1994. Cambridge: Cambridge University Press.

Schrauwen P, Hesselink MKC. 2004. Oxidative capacity, lipotoxicity, and mitochondrial damage in type 2 diabetes. Diabetes 53: 1412~1417.

Schulkin J. 1991. *Sodium Hunger.* Cambridge: Cambridge University Press.

Schulkin J. 1999. Corticotropin-releasing hormone signals adversity in both the placenta and the brain: regulation by glucocorticoids and allostatic overload. J Endocrinol 161: 349~356.

Schulkin J. 2001. *Calcium Hunger: Behavioral and Biological Regulation.* Cambridge: Cambridge University Press.

Schulkin J. 2003. *Rethinking Homeostasis: Allostatic Regulation in Physiology and Pathophysiology.* Cambridge: MIT Press.

Schulz LO, Bennet PH, Ravussin E, Kidd JR, Kidd KK, Esparza J, Valencia ME. 2006. Effects of traditional and western environments on prevalence of type 2 diabetes in Pima Indians in Mexico and the U.S. Diabetes Care 29: 1866~1871.

Schulze MB, Manson JE, Ludwig DS, et al. 2004. Sugar-sweetened beverages, weight gain, and incidence of type 2 diabetes in young and middle-aged women. JAMA 292: 927~934.

Schwartz GJ, Moran TH. 1996. Sub-diaphragmatic vagal afferent integration of meal-related gastrointestinal signals. Neurosci Behav Rev 20: 47~56.

Schwartz MW, Woods SC, Porte D, Jr., Seeley RJ, Baskin DG. 2000. Central nervous system control of food intake. Nature 404: 661~671.

Schwartz MW, Woods SC, Seeley RJ, Barsh GS, Baskin DG, Leibel RL. 2003. Is the energy homeostasis inherently biased toward weight gain? Diabetes 52: 232~238.

Schweitzer MH, Suo Z, Avci R, Asara JM, Allen MA, Arce FT, Horner JR. 2007. Analyses of soft tissue from Tyrannosaurus rex suggest the presence of protein. Science 316: 277~280.

Scott EM, Grant PJ. 2006. Neel revisited: the adipocyte, seasonality, and type 2 diabetes. Diabetologia 49: 1462~1466.

Seasholtz AF, Valverde RA, Denver RJ. 2002. Corticotropin-releasing hormonebinding protein: biochemistry and function from fishes to mammals. J Endocrinol 175: 89~97.

Seidell JC, Perusse L, Despres J-P, Bouchard C. 2001. Waist and hip circumferences have independent and opposite effects on cardiovascular disease risk factors: the Quebec family study. Am J Clin Nutr 74: 315~321.

Senut B, Pickford M, Gommery D, Mein P, Cheboi K, Coppens Y. 2001. First hominid from the Miocene (Lukeino Formation, Kenya). Comptes Rendus de l'Academie des Sciences, Series IIA — Earth and Planetary Sci 332, 2: 137~144.

Seppala-Lindroos A, Vehkavaara S, Hakkinen AM, Goto T, Westerbacka J, Sovijarvi A, Halavaara J, Yki-Jarvinen H. 2002. Fat accumulation in the liver is associated with defects in insulin suppression of glucose production and serum free fatty acids independent of obesity in normal men. JCEM 87: 3023~3028.

Sharrock KCB, Kuzawa CW, Leonard WR, Tanner S, Reyes-Garcia VE, Vadez V, Huanca T, McDade TW. 2008. Developmental changes in the relationship between leptin and adiposity among Tsimane children and adolescents. Am J Hum Bio 00: 00~00.

Shi H, Dirienzo D, Zemel MB. 2001. Effects of dietary calcium on adipocyte lipid metabolism and body weight regulation in energy-restricted aP2-agouti transgenic mice. FASEB J 15: 291~293.

Shipman P, Walker A. 1989. The costs of becoming a predator. Am Anthropol 88: 26~43.

Short L, Horne J. 2002. *Toucans, Barbets, and Honeyguides.* New York: Oxford University Press.

Sierra-Johnson J, Johnson BD, Bailey KR, Turner ST. 2004. Relationships between insulin sensitivity and measures of body fat in asymptomatic men and women. Obesity Res 12: 2070~2077.

Singh R, Artaza JN, Taylor WE, Braga M, Yuan X, Gonzalez-Cadavid NF, Bhasin S. 2006. Testosterone inhibits adipogenic differentiation in 3T3-L1 cells: nuclear translocation of androgen receptor complex with beta-catenin and T-cell factor 4 may bypass canonical Wnt signaling to down-regulate adipogenic transcription factors. Endocrinology 147: 141~154.

Škopková M, Penesová A, Sell H, Rádiková Ž, Vlček M, Imrich R, Koška J, Ukropec J, Eckel J, Klimeš I, Gašperíková D. 2007. Protein array reveals differentially expressed proteins in subcutaneous adipose tissue in obesity. Obesity 15: 2396~2406.

Slawik M, Vidal-Puig AJ. 2006. Lipotoxicity, overnutrition, and energy metabolism in aging. Ageing Res Rev 5: 144~164.

Smeets AJ, Westerterp-Plantenga MS. 2006. Oral exposure and sensory-specific satiety. Physiol and Behavior 89: 281~286.

Smith GP. 1995. Pavlov and appetite. Int Physiol Behav Sci 30: 169~174.

Smith GP. 2000. The controls of eating: a shift from nutritional homeostasis to behavioural neuroscience. Nutrition 16: 814~820.

Smith SR, de Jonge L, Pellymounter M, Nguyen T, Harris R, York D, Redmann S, Rood J, Bray GA. 2001. Peripheral administration of human corticotropinreleasing hormone: a novel method to increase energy expenditure and fat oxidation in man. JCEM 86: 1991~1998.

Smith-Kirwin SM, O'Connor DM, De Johnston J, Lancey ED, Hassink SG, Funanage VL. 1998. Leptin expression in human mammary epithelial cells and breast milk. JCEM 83: 1810~1813.

Snih SA, Ottenbacher KJ, Markides KS, Kuo Y-F, Eschbach K, Goodwin JS. 2007. The effect of obesity on disability vs. mortality in older Americans. Arch Intern Med 167: 774~780.

Snijder MB, Dekker JM, Visser M, Bouter LM, Stehouwer CDA, Kostense PJ, Yudkin JS, Heine RJ, Nijpels G, Seidell JC. 2003. Associations of hip and thigh circumferences independent of waist circumference with the incidence of type 2 diabetes: the Hoorn Study. Am J Clin Nutr 77: 1192~1197.

Sobhani I, Buyse M, Goiot H, Weber N, Laigneau JP, Henin D, Soul JC, Bado A. 2002. Vagal stimulation rapidly increases leptin secretion in human stomach. Gastroenterology 122: 259~263.

Sookoian S, Gemma C, Garcfa SI, Gianotti TF, Dieuzeide G, Roussos A, Tonietti M, Trifone L, Kanevsky D, Gonzalez CD, Pirola CJ. 2007. Short allele of serotonin transporter gene promoter is a risk factor for obesity in adolescents. Obesity 15: 271~276.

Sooranna SR, Ward S, Bajoria R. 2001. Fetal leptin influences birth weight in twins with discordant growth. Pediatr Res 49: 667~672.

Soucy J, LeBlanc J. 1999. Protein meals and postprandial thermogenesis. Physiol Behav 65: 705~709.

Spanovich S, Niewiarowski PH, Londraville RL. 2006. Seasonal effects on circulating leptin in the lizard Sceloporus undulatus from two populations. Comp Biochem Physiol Pt B, Biochem and Molecular Biol 143: 507~513.

Speakman JR. 2006. Thrifty genes for obesity and the metabolic syndrome-time to call off the search? Diab Vasc Dis Res 3: 7~11.

Speakman JR. 2007. A nonadaptive scenario explaining the genetic predisposition to obesity: the "predation release" hypothesis. Cell Metab 6: 5~12.

Speakman JR, Djafarian K, Stewart J, Jackson DM. 2007. Assortative mating for obesity. Am J Clin Nutr 86: 316~323.

Speakman JR, Ergon T, Cavanagh R, Reid K, Scantlebury DM, Lambin X. 2003. Resting and daily energy expenditures of free-living field voles are positively correlated but reflect extrinsic rather than intrinsic effects. PNAS 100: 14057~14062.

Speakman JR, Gidney A, Bett J, Mitchell IP, Johnson MS. 2001. Effect of variation in food quality on lactating mice Mus musculus. J Exp Bio 204: 1957~1965.

Speiser PW, Rudolf MCJ, Anhalt H, Camacho-Hubner C, Chiarelli F, Eliakim A, Freemark M, Gruters A, Hershkovitz E, Iughetti L, Krude H, Latzer Y, Lustig RH, Pescovitz OH, Pinhas-Hamiel O, Rogol AD, Shalitan S, Sultan C, Stein D, Vardi P, Werther GA, Zadik Z, Zuckerman-Levin N, Hochberg Z. 2005. Consensus statement: childhood obesity. JCEM 90: 1871~1887.

Spiegel D, Sephton S. 2002. Re: night shift work, light at night, and risk of breast cancer. J Nat Cancer Institute 94: 530.

Spiegel K, Knutson K, Leproult R, Tasali E, van Cauter E. 2005. Sleep loss: a novel risk factor for insulin resistance and type 2 diabetes. J Appl Physiol 99: 2008~2019.

Spiegel K, Leproult R, L'Hermite-Baleriaux M, Copinnschi G, Penev PD, Van Couter E. 2004. Leptin levels are dependent on sleep duration: relationships with sympathovagal balance, carbohydrate regulation, cortisol, and thyrotropin. JCEM 89: 5762~5771.

Spoor F, Leakey MG, Gathogo PN, Brown FH, Anton SC, McDougall I, Kiarie C, Manthi FK, Leakey LN. 2007. Implications of new early Homo fossils from Ileret, east of Lake Turkana, Kenya. Nature 448: 688~691.

Stanford CB. 2001. The ape's gift: meat-eating, meat-sharing, and human evolution. In *Tree of Origin*, de Waal FBM (ed.). Cambridge: Harvard University Press.

Stanford CB, Wallis J, Matama H, Goodall J. 1994. Patterns of predation by chimpanzees on red colobus monkeys in Gombe National Park, 1982~1991. Am J Phys Anthropol 94: 213~228.

Stein CJ, Colditz GA. 2004. The epidemic of obesity. JCEM 89: 2522~2525.

Stellar E. 1954. The physiology of motivation. Psychol Rev 61: 5~22.

Stenzel-Poore MP, Heldwein KA, Stenzel P, Lee S, Vale WW. 1992. Characterization of the genomic corticotropin-releasing factor (CRF) gene from Xenopus laevis: two members of the CRF family exist in amphibians. Mol Endocrinol 6: 1716~1724.

Sterling P. 2004. Principles of allostasis: optimal design, predictive regulation, pathophysiology, and rational therapeutics. In *Allostasis, Homeostasis, and the Costs of Adaptation*, Schulkin J (ed.), 17~64. Cambridge: Cambridge University Press.

Sterling P, Eyer J. 1988. Allostasis: a new paradigm to explain arousal pathology. In *Handbook of Life Stress, Cognition, and Health*, Fisher S, Reason J (eds.). New York: John Wiley.

Stewart PM, Boulton A, Kumar S, Clark PMS, Shakleton CHL. 1999. Cortisol metabolism in human obesity: impaired cortisone to cortisol conversion in subjects with central obesity. JCEM 84: 1022~1027.

Stiner MC. 1993. Modern human origins: faunal perspectives. Ann Rev Anthropol 22: 55~82.

Stiner MC. 2002. Carnivory, coevolution, and the geographic spread of the genus Homo. J Archaeological Res 10: 1~63.

Straif K, Baan R, Grosse Y, Secretan B, El Ghissassi F, Bouvard V, Altieri A, Benbrahim-Tallaa L, Cogliano V. 2007 Carcinogenicity of shift-work, painting, and fire-fighting. Lancet Oncol 8: 1065~1066.

Strum SC. 1975. Primate predation: interim report on the development of a tradition in a troop of olive baboons. Science 187: 755~757.

Strum SC. 2001. *Almost Human: A Journey into the World of Baboons*. Chicago: University of Chicago Press.

Stubbs RJ, Tolkamp BJ. 2006. Control of energy balance in relation to energy intake and energy expenditure in animals and man: an ecological perspective. Br J Nutr 95: 657~676.

Stunkard AJ. 1988. The Salmon lecture. Some perspective on human obesity: its causes. Bull NY Acad of Med 64 (8): 902~923.

Stunkard AJ, Grace WJ, Wolff HG. 1955. The night-eating syndrome: a pattern of food intake among certain obese patients. Am J Med 19: 78~86.

Stunkard AJ, Harris JR, Pedersen NL, McClearn GE. 1990. The body-mass index of twins who have been reared apart. N Eng J Med 322: 1483~1487.

Stunkard AJ, Sørensen TI, Hanis C, Teasdale TW, Chakraborty R, Schull WJ, Schulsinger F. 1986. An adoption study of human obesity. N Eng J Med 314: 193~198.

Subar AF, Krebs-Smith SM, Cook A, Kahle LL. 1998. Dietary sources of nutrients among US children, 1989~1991. Pediatrics 102 (4 Pt 1): 913~923.

Sui X, LaMonte MJ, Blair SN. 2007. Cardiorespiratory fitness as a predictor of nonfatal cardiovascular events in asymptomatic women and men. Am J Epidemiol 165: 1413~1423.

Sui X, LaMonte MJ, Laditka JN, Hardin JW, Chase N, Hooker SP, Blair SN. 2007. Cardiorespiratory fitness and adiposity as mortality predictors in older adults. JAMA 298: 2507~2516.

Sumner AE, Farmer NM, Tulloch-Reid MK, Sebring NG, Yanovski JA, Reynolds JC, Boston RC, Premkumar A. 2002. Sex differences in visceral adipose tissue volume among African Americans. Am J Clin Nutr 76: 975~979.

Sun X, Zemel MB. 2004. Role of uncoupling protein 2 (UCP2) expression and 1alpha, 25-dihydroxyvitamin D3 in modulating adipocyte apoptosis. FASEB J 18: 1430~1432.

Sun X, Zemel MB. 2007. Calcium and 1,25-dihydroxyvitamin D3 regulation of adipokine expression. Obesity 15 (2): 340~348.

Sun Y, Ahmed S, Smith RG. 2003. Deletion of Ghrelin impairs neither growth nor appetite. Molecular Cellular Biol 23: 7973~7981.

Suter KJ, Pohl CR, Wilson ME. 2000. Circulating concentrations of nocturnal leptin, growth hormone, and insulin-like growth factor-I increase before the onset of puberty in agonadal male monkeys: potential signals for the initiation of puberty. JCEM 85: 808~814.

Swanson LW, Simmons DM. 1989. Differential steroid hormone and neural influences on peptide mRNA levels in CRH cells of the paraventricular nucleus: a hybridization histochemical study in the rat. J Comp Neurol 285: 413~435.

Taché Y, Perdue MH. 2004. Role of peripheral CRF signaling pathways in stressrelated alterations of gut motility and mucosal function. Neurogastroenterol Motil 16 (suppl): 137~142.

Taheri S, Lin L, Austin D, Young T, Mignot E. 2004. Short sleep duration is associated with reduced leptin, elevated ghrelin, and increased body mass index. PLoS Medicine/Public Library of Science 1: e62.

Takaya K, Ariyasu H, Kanamoto N, Iwakura H, Yoshimoto A, Harada M, Mori K, Komatsu Y, Usui T, Shimatsu A, Ogawa Y, Hosoda K, Akamizu T, Kojima M, Kangawa K, Nakao K. 2000. Ghrelin strongly stimulates growth hormone (GH) release in humans. JCEM 85: 1169~1174.

Tam CS, de Zegher F, Garnett SP, Baur LA, Cowell CT. 2006. Opposing influences of prenatal and postnatal growth on the timing of menarche. JCEM 91: 4369~4373.

Taouis M, Chen J-W, Daviaud C, Dupont J, Derouet M, Simon J. 1998. Cloning the chicken leptin gene. Gene 208: 239~242.

Tardif SD, Power M, Oftedal OT, Power RA, Layne DG. 2001. Lactation, maternal behavior, and infant growth in common marmoset monkeys (Callithrix jacchus): effects of maternal size and litter size. Behav Ecol Sociobiol 51: 17~25.

Tchernof A, Desmeules A, Richard C, Laberge P, Daris M, Mailloux J, Rheaume C, Dupont P. 2004. Ovarian hormone status and abdominal visceral adipose tissue metabolism. JCEM 89: 3425~3430.

Tebbich S, Taborsky M, Fessl B, Dvorak M. 2002. The ecology of tool use in the woodpecker finch (Cactospiza pallida). Ecology Letters 5: 656~664.

Teff KL. 2000. Nutritional implications of the cephalic-phase reflexes: endocrine responses. Appetite 34: 206~213.

Teff KL, Devine, J, Engelman, K. 1995. Sweet taste: effect on cephalic phase insulin release in men. Physiol and Behav 57: 1089~1095.

Teff KL, Elliott SS, Tschop M, Kieffer TJ, Rader D, Heiman M, Townsend RR, Keim NL, D'Alessio D, Havel PJ. 2004. Dietary fructose reduces circulating insulin and leptin, attenuates postprandial suppression of ghrelin, and increases triglycerides in women. JCEM 89: 2963~2972.

Teff KL, Engelman K. 1996. Oral sensory stimulation improves glucose tolerance in humans: effects on insulin, C-peptide, and glucagon. Am J Physiol 270: R1371~R1379.

Teff KL, Mattes RD, Engelman K. 1991. Cephalic-phase insulin release in normal weight males: verification and reliability. Am J Physiol 261: E430~E436.

Teff KL, Townsend RR. 1999. Early-phase insulin infusion and muscarinic blockade in obese and lean subjects. Am J Physiol 277: R198~R208.

Teleki G. 1973. The Predatory Behavior of Wild Chimpanzees. Lewisburg, PA: Bucknell University Press.

Temple JL, Legierski CM, Giacomelli AM, Salvy SJ, Epstein LH. 2008. Overweight children find food more reinforcing and consume more energy than do nonoverweight children. Am J Clin Nutr 87: 1121~1127.

Terborgh J. 1984. *Five New World Primates*. Princeton: Princeton University Press.

Thomas DE, Elliott EJ, Baur L. 2007. Low glycaemic index or low glycaemic load diets for overweight and obesity. Cochrane Database Syst Rev 3: CD005105.

Thompson SD, Power ML, Rutledge CE, Kleiman DG. 1994. Energy metabolism and thermoregulation in the golden lion tamarin (Leontopithecus rosalia). Folia Primatol 63: 131~143.

Thouless CR, Fanshawe JH, Bertram CR. 1989. Egyptian vultures Neophron percnopterus and ostrich Struthio camelus eggs: the origin of stone-throwing behavior. Ibis 131: 9~15.

Tittelbach TJ, Berman DM, Nicklas BJ, Ryan AS, Goldberg AP. 2004. Racial differences in adipocyte size and relationship to the metabolic syndrome in obese women. Obesity Res 12: 990~998.

Tittelbach TJ, Mattes RD. 2001. Oral stimulation influences postprandial triacylglycerol concentrations in humans: nutrient specificity. J Am Coll Nutr 20: 485~493.

Todes DP. 2002. *Pavlov's Physiology Factory: Experiment, Interpretation, Laboratory Enterprise*. Baltimore: Johns Hopkins University Press.

Tomasetto C, Karam SM, Ribieras S, Masson R, Lefebvre O, Staub A, Alexander G, Chenard MP, Rio MC. 2000. Identification and characterization of a novel gastric peptide hormone: the motilin-related peptide. Gastroenterology 119: 395~405.

Tordoff MG, Friedman, MI. 1989. Drinking saccharin increases food intake and preference — IV. Cephalic phase and metabolic factors. Appetite 12: 37~56.

Travers JB, Travers SP, Norgren R. 1987. Gustatory neural processing in the hindbrain. Annual Rev of Neuroscience 10: 595~632.

Trayhurn P, Bing C, Wood IS. 2006. Adipose tissue and adipokines — energy regulation from the human perspective. J Nutr 136: 1935S~1939S.

Trevathan WR, Smith EO, McKenna JJ. 1999. *Evolutionary Medicine*. New York: Oxford University Press.

Trevathan WR, Smith EO, McKenna JJ. 2007. *Evolutionary Medicine and Health: New Perspectives.* New York: Oxford University Press.

Trifiletti LB, Shields W, Bishai D, McDonald E, Reynaud F, Gielen A. 2006. Tipping the scales: obese children and child safety seats. Pediatr 117: 1197~1202.

Tritos NA, Kokkotou EG. 2006. The physiology and potential clinical applications of ghrelin, a novel peptide hormone. Mayo Clin Proc 81: 653~660.

Trujillo ME, Scerer PE. 2005. Adiponectin — journey from an adipocyte secretory protein to biomarker of the metabolic syndrome. J Int Med 257: 167~175.

Tschop M, Smiley DL, Heiman ML. 2000. Ghrelin induces adiposity in rodents. Nature 407: 908~913.

Tso P, Liu M. 2004. Apolipoprotein A-IV, food intake, and obesity. Physiol Behav 83: 631~643.

Turnbaugh PJ, Ley RE, Mahowald MA, Magrini V, Mardis ER, Gordon JI. 2006. An obesity-associated gut microbiome with increased capacity for energy harvest. Nature 444: 1027~1031.

Uppot RN, Sahani DV, Hahn PF, Gervais D, Mueller PR. 2007. Impact of obesity on Medical imaging and image-guided intervention. AJR 188: 433~440.

Vale W, Spiess J, Rivier C, Rivier J. 1981. Characterization of a 41-residue ovine hypothalamic peptide that stimulates secretion of corticotropin and β-endorphin. Science 78: 1394~1397.

van Dam RM, Wilett WC, Manson JE, Hu FB. 2006. The relationship between overweight in adolescence and premature death in women. Ann Intern Med 145: 91~97.

Van der Merwe M-T, Pepper MS. 2006. Obesity in South Africa. Obesity Rev 7: 315~322.

Van Pelt RE, Evans EM, Schechtman KB, Ehsani AA, Kohrt WM. 2002. Contributions of total and regional fat mass to risk for cardiovascular disease in older women. Am J Physiol Endocrinol Metab 282: E1023~E1028.

Vasilakopoulou A, le Roux CW. 2007. Could a virus contribute to weight gain? Int J Obes 31: 1350~1356.

Vasudevan S, Tong Y, Steitz JA. 2007. Switching from repression to activation: microRNAs can up-regulate translation. Science 318: 1931~1934.

Votruba SB, Jensen MD. 2006. Sex-specific differences in leg fat uptake are revealed with a high-fat meal. Am J Physiol Endocrinol Metab 291: E1115~E1123.

Waddington CH. 1942. Canalization of development and the inheritance of acquired characters. Nature 150: 563~565.

Wade GN, Jones JE. 2004. Neuroendocrinology of nutritional infertility. Am J Physiol Regul Integr Comp Physiol 287: R1277~R1296.

Waga IC, Dacier AK, Pinha PS, Tavares MCH. 2006. Spontaneous tool use by wild capuchin monkeys (Cebus libidinosus) in the Cerrado. Folia Primatol 77: 337~344.

Wallace B, Cesarini D, Lichtenstein P, Johannesson M. 2007. Heritability of ultimate game responder behavior. PNAS 104: 15631~15634.

Waller DK, Shaw GM, Rasmussen SA, Hobbs CA, Canfield MA, Siega-Riz AM, Gallaway MS, Correa A. 2007. Prepregnancy obesity as a risk factor for structural birth defects. Arch Pediatr Adolesc Med 161: 745~750.

Wang JX, Davies MJ, Norman RJ. 2002. Obesity increases the risk of spontaneous abortion during infertility treatment. Obesity Res 10: 551~554.

Waterland RA, Jirtle RL. 2003. Transposable elements: targets for early nutritional effects on epigenetic gene regulation. Molecular and Cellular Biol 23: 5293~5300.

Watson JD, Crick FHC. 1953. Molecular structure of nucleic acids: a structure for the deoxyribose nucleic acid. Nature 171: 737~738.

Watts DP, Mitani JC. 2002. Hunting behavior of Chimpanzees at Ngogo, Kibale National Park, Uganda. Int J Primatol 23: 1~28.

Weedman K. 2005. Gender and stone tools: an ethnographic study of the Konso and Gmao hideworkers of southern Ethiopia. In *Gender and Hide Production*, Frink L, Weedman K (eds.), 175~196. Walnut Creek, CA: AltaMira Press.

Weigle DS, Duell PB, Conner WE, Steiner RA, Soules MR, Kuijper JL. 1997. Effect of fasting, refeeding, and dietary fat restriction on plasma leptin levels. JCEM 82: 561~565.

Weingarten HP, Powley TL. 1980. Ventromedial hypothalamic lesions elevate basal and cephalic-phase gastric acid output. Am J Physiol 239: G221~G229.

Weisberg SP, McCann D, Desai M, Rosenbaum M, Leibel RL, Ferrante AW, Jr. 2003. Obesity is associated with macrophage accumulation in adipose tissue. J Clin Invest 112: 1796~1808.

Wellen KE, Hotamisligil GS. Inflammation, stress, and diabetes. 2005. J Clin Invest 115: 1111~1119.

West DB, Fey D, Woods SC. 1984. Cholecystokinin persistently suppresses meal size but not food intake in free-feeding rats. Am J Physiol Regul Integr Comp Physiol 246: R776~R787.

White FJ, Wood KD. 2007. Female feeding priority in bonobos, Pan paniscus, and the question of female dominance. Am J of Primatol 69: 837~850.

White TD, Suwa G, Asfaw B. 1994. Australopithecus ramidus, a new species of early hominid from Ethiopia. Nature 371: 306~312.

Wicks D, Wright J, Rayment P, Spiller R. 2005. Impact of bitter taste on gastric motility. Eur J Gastroenterol Hepatol 17: 961~965.

Wild S, Roglic G, Green A, Sicree R, King H. 2004. Global prevalence of diabetes: estimates for the year 2000 and projections for 2030. Diabetes Care 27: 1047~1053.

Wilkins MHF, Stokes AR, Wilson HR. 1953. Molecular structure of nucleic acids: molecular structure of deoxypentose nucleic acids. Nature 171: 738~740.

Williams CM. 2004. Lipid metabolism in women. Proc Nutr Soc 63: 153~160.

Williams GW, Nesse RM. 1991. The dawn of Darwinian medicine. Quart Rev of Biol 66: 1~22.

Williams LS, Rotich J, Qi R, Fineberg N, Espay A, Bruno A, Fineberg SE, Tierney WR. 2002. Effects of admission hyperglycemia on mortality and costs in acute ischemic stroke. Neurology 59: 67~71.

Wimmer R, Kirsch S, Rappold GA, Schempp W. 2002. Direct evidence for the Homo-Pan clade. Chromosome Res 10: 55~61.

Wingfield JC. 2004. Allostatic load and life cycles: implications for neuroendocrine control mechanisms. In *Allostasis, Homeostasis, and the Costs of Adaptation*, Schulkin J (ed.), 302~342. Cambridge: Cambridge University Press.

Won Y-J, Hey J. 2005. Divergence population genetics of chimpanzees. Molecular Biol Evol 22: 297~307.

Wong SNP, Sicotte P. 2007. Activity budget and ranging patterns of Colobus vellerosus in forest fragments in central Ghana. Folia Primatol 78: 245~254.

Wood B, Collard M. 1999. The human genus. Science 284: 65~71.

Wood B, Richmond BG. 2000. Human evolution: taxonomy and paleobiology. J of Anat 197: 19~60.

Woodhouse LJ, Gupta N, Bhasin M, Singh AB, Ross R, Phillips J, Bhasin S. 2004. Dose-dependent effects of testosterone on regional adipose tissue distribution in healthy young men. JCEM 89: 718~726.

Woods SC. 1991. The eating paradox. How we tolerate food. Psychol Rev 98: 488~505.

Woods SC. 2006. Dietary synergies in appetite control: distal gastrointestinal tract. Obesity 14:

171S~78S.

Woods SC, Gotoh K, Clegg DJ. 2003. Gender differences in the control of energy homeostasis. Exp Biol Med 228: 1175~1180.

Woods SC, Hutton RA, Makous W. 1970. Conditioned insulin secretion in the albino rat. Proc Soc Exp Biol Med 133: 965~968.

Woods SC, Seeley RJ, Porte D, Jr., Schwartz MW. 1998. Signals that regulate food intake and energy homeostasis. Science 280: 1378~1383.

Woods SC, Vasselli JR, Kaestner E, Szakmary GA, Milburn GA, Vitiello MV. 1977. Conditioned insulin secretion and meal feeding in rats. J Cop Physiol Psychol 91: 128~133.

Wortsman J, Matsuoka LY, Chen TC, Lu Z, Holick MF. 2000. Decreased bioavailability of vitamin D in obesity. Am J Clin Nutr 72: 690~693.

Wraith A, Törnsten A, Chardon P, Harbitz I, Chowdhary BP, Andersson L, Lundin L-G, Larhammar D. 2000. Evolution of the neuropeptide Y receptor family: gene and chromosome duplications deduced from the cloning and mapping of the five receptor subtype genes in pig. Genome Res 3: 302~310.

Wrangham RW. 2001. Out of the Pan, into the fire: from ape to human. In *Tree of Origin*, de Waal FBM (ed.). Cambridge: Harvard University Press.

Wrangham RW, Conklin-Brittain NL. 2003. The biological significance of cooking in human evolution. Comp Biochem Physiol Pt A 136: 35~46.

Wrangham RW, Jones JH, Laden G, Pilbeam D, Conklin-Brittain NL. 1999. The raw and the stolen: cooking and the ecology of human origins. Curr Anthropol 40: 567~594.

Wrangham RW, Peterson D. 1996. Demonic Males: Apes and the Origins of Human Violence. Boston: Houghton Mifflin.

Wren AM, Seal LJ, Cohen MA, Byrnes AE, Frost GS, Murphy KG, Dhillo WS, Ghatei MA, Bloom SR. 2001b. Ghrelin enhances appetite and increases food intake in humans. JCEM 86: 5992.

Wren AM, Small CJ, Abbott CR, Dhillo WS, Seal LJ, Cohen MA, Batterham RL, Taheri S, Stanley SA, Ghatei MA, Bloom SR. 2001a. Ghrelin causes hyperphagia and obesity in rats. Diabetes 50: 2540~2547.

Xiang H, Smith GA, Wilkins JR, Chen G, Hostetler SG, Stallones L. 2005. Obesity and risk of nonfatal unintentional injuries. Am J Prev Med 29: 41~45.

Xu H, Barnes GT, Yang Q, Tan G, Yang D, Chou CJ, Sole J, Nichols A, Ross JS, Tartaglia LA, Chen H. 2003. Chronic inflammation in fat plays a crucial role in the development of obesity-related insulin resistance. J Clin Invest 112: 1821~1830.

Yaggi HK, Araujo AB, McKinlay JB. 2006. Sleep duration as a risk factor for the development of type 2 diabetes. Diabetes Care 29: 657~661.

Yajnik CS. 2004. Early life origins of insulin resistance and type 2 diabetes in India and other Asian countries. J Nutr 134: 205~210.

Yan LL, Daviglus ML, Liu K, Stamler J, Wang R, Pirzada A, Garside DB, Dyer AR, Van Horn L, Liao Y, Fries JF, Greenland P. 2006. Midlife body mass index and hospitalization and mortality in older age. JAMA 295: 190~198.

Young TK, Bjerregaard P, Dewailly E, Risica PM, Jorgensen ME, Ebbesson SEO. 2007. Prevalence of obesity and its metabolic correlates among the circumpolar Inuit in 3 countries. Am J of Pub Health 97: 691~695.

Young WS, Shepard E, Amico J, Hennighausen L, Wagner K-U, La Marca ME, McKinney C, Ginns EI. 1996. Deficiency in mouse oxytocin prevents milk ejection, but not fertility and parturition. J Neuroendocrinol 8: 847~853.

Zafra MA, Molina F, Puerto A. 2006. The neural/cephalic-phase reflexes in the physiology of nutrition. Neurosci Biobehav Rev 30: 1032~1044.

Zellner DA, Loaiza S, Gonzalez Z, Pita J, Morales J, Pecora D, Wolf A. 2006. Food selection changes under stress. Physiol and Behav 87: 789~793.

Zemel MB. 2002. Regulation of adiposity and obesity risk by dietary calcium: mechanisms and implications. J Am Coll Nutr 21: 146S~151S.

Zemel MB. 2004. Role of calcium and dairy products in energy partitioning and weight management. Am J Clin Nutr 79: 907S~912S.

Zhang JV, Ren P-G, Avsian-Kretchmer O, Luo C-W, Rauch R, Klein C, Hseuh A. 2005. Obestatin, a peptide encoded by the ghrelin gene, opposes ghrelin's effects on food intake. Science 310: 996~999.

Zhang Y, Proenca R, Maffei M, Baron M, Leopold L, Friedman JM. 1994. Positional cloning of the mouse Obese gene and its human analog. Nature 372: 425~531.

Zhu S, Layde, PM, Guse, CE, Laud, PW, Pintar, F, Nirula, R, Hargarten, S. 2006. Obesity and risk for death due to motor vehicle crashes. Am J Pub Health 96: 734~739.

Zhu X, Barch Lee C. 2008. Walkability and safety around elementary schools: economic and ethnic disparities. Am J Prev Med 34: 282~290.

Zigman JM, Elmquist JK. 2003. Minireview: from anorexia to obesity: the yin and yang of body weight control. Endocrinol 144: 3749~3756.

Zuberbuhler K, Jenny D. 2002. Leopard predation and primate evolution. J Hum Evol 43: 873~886.